HISTOIRE DES PARACHUTISTES FRANÇAIS

Du même auteur

L'ÉPOPÉE MODERNE DE LA LÉGION
(Société de Production Littéraire)

VÉRITÉ SUR SUEZ 56
(En collaboration avec le général Massu, Plon)

LE VOLEUR D'ÂME
(Société de Production Littéraire)

HISTOIRE DE LA LÉGION
DE NARVIK A KOLWEST
(Éditions Albin Michel)

HENRI LE MIRE

HISTOIRE DES PARACHUTISTES FRANÇAIS

La guerre para de 1939 à 1979

Albin Michel

22, rue Huyghens, 75014 Paris
ISBN 2-226-00890-X

Ce livre est dédié à la mémoire du capitaine Graziani, tué en Algérie — sa terre natale — le 6 janvier 1959. Ce n'était pas un de ces ascètes (fichtre non !) qui portent leur destin sur un visage illuminé de futur martyr. Cette race de messies est odieuse et dangereuse. Non, Graziani était seulement « un des nôtres », comme eût dit Conrad, qui s'y connaissait. Un des nôtres, peut-être plus ardent, plus insouciant que la moyenne. Son âme franchit sans attendre les portes du paradis car il était « une sorte de bon larron » dur et compatissant.

Avec les remerciements à notre camarade Paul Gaujac dont les travaux ont permis de mener à bien cet ouvrage.

PREMIÈRE PARTIE

L'AUDACE ET LA SURPRISE

LA SECONDE GUERRE MONDIALE 1939-1945

Il ne fait aucun doute que le haut commandement de l'Armée soviétique imagina avant toute autre autorité militaire les possibilités nouvelles que pouvaient apporter dans le déroulement d'un conflit le transport et le parachutage d'unités d'infanterie. Dès 1930, le lieutenant Mochkovski et 10 volontaires, largués sur les arrières de l'ennemi (il s'agissait de manœuvres) surprirent un QG de corps d'armée. 1932 voyait la création de bataillons parachutistes. En 1934, dans la région de Kiev, une flotte de trente avions largua 1200 paras au-dessus d'un terrain d'aviation. Quelques minutes après, atterrissait un groupe d'avions d'où débarquèrent 2500 fantassins et leur armement. Le maréchal Toukhatchevsky faisait aérotransporter une division de Moscou à Vladivostock. En 1937, nouvelles manœuvres avec quatre brigades de 1200 parachutistes. Mais, en 1937, Toukhatchevsky est victime des purges staliniennes qui décapitent l'Armée rouge.

Quand on connaît les conversations confidentielles que le maréchal avait eues avec certains membres du haut état-major allemand, on ne s'étonne plus de la création des troupes aéroportées du Reich dès le 26 janvier 1936. On sait le développement qu'elles devaient prendre sous l'impulsion du général Student et le rôle éminemment efficace qu'elles jouèrent dans les premières années de la guerre.

Et pendant ce temps-là, en France... pendant ce temps-là, le colonel Geille essaie d'attirer l'attention sur les démonstrations soviétiques, mais on n'envisage nullement la création d'unités parachutistes. Grâce à son obstination, un décret de 1937 décide la mise sur pied de deux compagnies « destinées à transporter par avion et à débarquer par parachute, en territoire ennemi, des détachements d'infanterie ». Sans aucun doute, les auteurs du décret n'ont en vue qu' « actions ponctuelles... sabotages », au mieux « actions tactiques de petite envergure ». Et, en 1940, il n'y a toujours que deux compagnies.

Student, lui, se voit fixer des objectifs stratégiques pour ses unités relativement puissantes. Et, prétention apparemment démesurée,

Stirling, qui ne dispose que de quelques dizaines d'hommes, parle lui aussi de stratégie. Ces parachutistes ont une haute idée de l'influence que leur action peut avoir sur le développement du conflit au plus haut niveau.

Ils ont raison.

Car trois éléments nouveaux, ou d'une ampleur nouvelle par rapport à 1914-1918, vont caractériser la Seconde Guerre mondiale :

— l'importance de l'aviation dans les domaines stratégique (destruction du potentiel industriel de l'ennemi), logistique (transport aérien, ravitaillement par air) et tactique (appui direct de l'action de l'infanterie) ;

— la mise en œuvre des blindés par masses compactes capables de réaliser la rupture du front et l'enveloppement des forces ennemies, que les masses d'hommes et d'artillerie n'avaient pu réussir lors de la Première Guerre mondiale ;

— l'utilisation de la troisième dimension par l'infanterie qui, grâce au parachute et au planeur, apparaît soudain sur les arrières de l'ennemi, même lorsque la défense horizontale de celui-ci interdit tout mouvement de débordement et d'enveloppement par les ailes. Désormais, il n'existe plus de sécurité en arrière du front. Un front intérieur peut se constituer brusquement n'importe où.

Le commandement allemand comprend dans toute son étendue le parti que l'on peut tirer de l'utilisation de la troisième dimension, dont aucun obstacle permanent ne peut interdire l'usage. Les seules limites imposées à la manœuvre aéroportée sont le potentiel aérien et la trop lente évolution de la technique des matériels aérotransportables. A un si merveilleux outil, on ne peut que confier de merveilleux objectifs stratégiques.

En Hollande, l'objectif initial n'est rien de moins que la capture du gouvernement néerlandais dès la première heure du conflit. A la limite, on confie aux seuls aéroportés la conquête d'un territoire : la Crète reste finalement aux mains des paras du Reich. On a écrit que cette victoire était leur première défaite, parce que l'énormité de leurs pertes retint ensuite le commandement de les engager par voie aérienne. En réalité, leurs pertes provinrent non de la conception de l'emploi des unités paras, mais d'une erreur des généraux d'aviation qui montèrent l'opération. Des généraux de l'armée de terre n'auraient sans doute pas largué leurs troupes sur trois têtes de pont trop éloignées les unes des autres pour pouvoir se porter un appui mutuel. L'appartenance des troupes aéroportées à l'aviation procède d'une confusion de pensée. L'avion n'est qu'un véhicule, un simple moyen, pas un but. Les parachutistes sont des combattants terrestres transportés par air. En 1914, certains vainqueurs de la Marne n'avaient-ils pas rejoint le lieu des combats en taxi ?...

Une stratégie forme un tout. Dans la plupart des cas, elle met en œuvre l'ensemble de ses moyens, soigneusement coordonnés. La masse blindée peut rompre le front et piétiner ensuite sur des obstacles, des coupures et, finalement, sur un second front rétabli plus loin par les forces ennemies (après un recul qu'on qualifie justement de stratégique... même quand cette épithète camoufle dans les communiqués un échec plus cuisant et imprévu qu'on veut bien l'avouer). Le blindé, en effet, ne peut bénéficier d'une surprise totale. La portée de son action se limite à celle de son canon. L'aviation tactique peut la prolonger ; elle peut détruire un pont — si c'est cela que l'on cherche. Mais elle ne peut le préserver. Le parachutiste, lui, le peut. Son apparition sur les arrières ennemis est imprévisible. Il crée l'inattendu, dans le temps et dans l'espace. Bien souvent, il détient la clé de la victoire.

Et pourtant, ce n'est pas dans ce genre d'opérations combinées — comme « Overlord » ou « Arnhem » — que les parachutistes britanniques et ceux de la France libre, incorporés au SAS de Stirling, firent leurs premières armes. Car le globe terrestre n'est pas formé que de zones tempérées, civilisées, semblables à l'Europe, recouvertes de routes, de fleuves, de canaux, de ponts, de voies ferrées, de ports, d'agglomérations. Il existe encore — Dieu merci — la jungle où l'on n'y voit pas à 50 mètres, le désert où la vue s'étend à l'infini. Des espaces où il faut se frayer un chemin à la machette, d'autres où l'on roule au compas solaire. Il existe aussi la nuit... et des criques secrètes. Et aucune loi divine ne prescrit que la rupture d'un front et la création d'une tête de pont sont les seules formes de combat possibles. L'action directe ne constitue pas la seule façon de désarçonner l'adversaire.

Les aéroportés peuvent désorganiser les arrières de l'ennemi, y créer des maquis, détruire ses dépôts, interrompre son ravitaillement. L'infiltration des agents (des espions, comme on disait en 1914-1918) n'est pas chose nouvelle, mais l'aérotransport d'unités organisées est une facilité technique nouvelle. On crut d'abord qu'elle était indispensable, et certains esprits y virent la seule différence existant entre le SAS (*Special Air Service*) et le SOE (*Special Operation Executive*). Stirling, en revanche, distingua clairement que cette confusion risquait soit de restreindre le rôle du SAS à celui d'agent d'exécution du SOE, soit d'étendre la responsabilité du SOE à un domaine qui n'était pas le sien : les SAS devaient agir au niveau stratégique et, pour cela, rester autonomes.

Stirling parvint à ses fins, grâce à la sagesse du commandement. Mais ce commandement ne distingua sans doute pas exactement la philosophie de la chose. Le couteau de Jeannot, quand on change le manche, est toujours le couteau de Jeannot. Et quand on change la lame, c'est encore le même couteau. Les SAS pouvaient aller loin grâce au parachute. Ils pouvaient donc agir stratégiquement. On s'aperçut ensuite qu'il était préférable d'aller loin autrement qu'en parachute, mais le caractère stratégique de leur mission demeura

Car ce n'est pas le parachute qui fait le parachutiste. Certes, on ne redira pas ici la différence qui existe entre le sauteur et le parachutiste. Celui-ci est un soldat et il ne sera question, dans cet ouvrage, que de soldats. Et quels soldats ! Nous ne retraçons pas, dans cette première partie, l'histoire des opérations aéroportées françaises durant la Seconde Guerre mondiale, mais l'histoire des parachutistes français durant cette guerre.

On saisit la différence (nuance serait un mot trop faible). La tactique des détachements aventurés sur les arrières de Rommel requiert de l'audace, exige surprise et mobilité. Les paras de Bergé apportèrent au style SAS originalité, intuition, courage. Evidemment, raisonner ainsi, choisir de tels exemples, c'est jouer sur le velours, car les hommes de Bergé étaient sélectionnés, entraînés individuellement à toutes les disciplines du service. Mais les paras des gros bataillons ?

Les SAS fournirent justement à ces gros bataillons (pas si gros que ça, d'ailleurs) la majeure partie de leur encadrement et apportèrent avec eux un esprit spécial, ayant pris l' « habitude d'exprimer leurs propres idées sur la conduite à tenir, sans restriction », sans pour autant cesser de veiller au maintien des plus hautes règles de discipline. Aux 2e et 3e RCP, comme au 1er RCP (qui, lui, n'était pas encadré par des SAS), l'initiative et le non-conformisme ne seront aucunement synonymes de pagaille, de débraillé. Interpréter les ordres ne consiste pas à les modifier, mais à les adapter aux circonstances tout en gardant leur esprit.

Voilà deux fois que le mot esprit nous vient sous la plume. Parce que, finalement, c'est l'esprit qui fait le parachutiste. Et cet esprit se manifeste très vite. Si vite qu'on peut légitimement se demander si le saut en parachute le fait éclore, ou si les individus qui le possèdent de naissance sont tout naturellement attirés par le parachutisme militaire. La question semble aussi difficile à résoudre que celle de la création de la première poule — qui pondra le premier œuf — ou de l'existence préalable d'un œuf primordial — d'où sortira la première poule. Une chose au moins est sûre : l'esprit para est le même partout dans le monde, que ce soit au Pakistan, en Espagne, aux Etats-Unis ou en Israël. Comme le caractère de l'adolescent, dû pour 75 % à l'hérédité et pour 25 % à l'éducation, l'esprit para provient pour les trois quarts du tempérament du volontaire et pour un quart de la formation reçue dans les unités. Et pourtant, chez le jeune volontaire, quelle est l'image qui obsède, qui prend presque complètement possession de son inconscient et oblitère tout le reste ? Le saut.

Pour le jeune, pour le public, pour les non initiés, le saut est la grande chose. Pour le combattant, il est moins que rien. Les taxis de la Marne… Les combattants de 1914 ont prouvé leur courage en arrêtant les soldats du Kaiser, pas en descendant des taxis. Pour le para, tout commence vraiment quand il descend du taxi, quand il arrive au sol. Cela est objectivement indiscutable. Mais, subjectivement, le saut paraît une épreuve énorme. La nature a horreur du vide. Quand on a surmonté cette horreur, ce qui reste à faire paraît bien peu de chose, alors que c'est bien plus redoutable. Et le malheureux qui, très habitué au saut, refuse soudain en opération de franchir la portière, c'est moins l'horreur du vide que la prémonition de ce qui l'attend en bas, qui le retient.

Car le para se lance dans le combat comme le sauteur se lance dans le vide. Le « cul de plomb » du bataillon de « longues capotes » (en américain : *straight leg*) qui, tout là-bas, en bas, avance vers l'ennemi pour prendre contact, y va progressivement. Il ralentit parfois, observe, marque un temps d'arrêt, creuse son trou si ça tire trop fort en face, infléchit sa marche vers les angles non battus (comme dit le règlement). Au besoin, il s'arrête et demande la répétition du tir d'artillerie, ou l'intervention de l'aviation d'attaque au sol, voire le renfort d'une section ou d'une compagnie. Le para, lui, y va tout d'un coup. En une seconde, il passe de la paix à la bagarre. Irrémédiablement, sans retour ni recours. Comme Cortés abordant au Mexique, il brûle ses vaisseaux et se condamne à la mort ou à la victoire.

Et cela demeure vrai même si l'ennemi ne l'attend pas sur la DZ. Dès qu'il est au sol, chez l'ennemi, le para est gibier. A lui de se débrouiller pour devenir chasseur. A lui la ruse, l'initiative, l'imprévu, l'inattendu. A lui l'attaque brutale et brusque sur le point où l'ennemi ne l'attend pas. Et ce point, ce sera presque toujours le point le plus défendu, le plus casse-gueule. Le point qu'il faudrait être fou pour attaquer. C'est l'audace même qui crée la surprise.

Audace n'est pas folie. Le courage doit se doubler d'un esprit d'invention, la fantaisie ne signifie pas la désinvolture. Cet esprit peut être inné, mais ne nous y fions pas trop. Fions-nous plutôt à l'entraînement et à la sélection. Sélection que bien des chefs de corps, « déshabillés » par le départ de leurs meilleurs éléments, qualifient d'écrémage. Ecrémage dont personne n'est finalement coupable car, à qui la faute, s'il y a coïncidence entre volontariat et sélection ? A qui la faute si le volontaire a été piqué, comme l'écrit le colonel Geille, « par un virus qui ne consent à pénétrer en vous et à vous ravager le cœur et l'esprit que s'il vous en juge digne » ?

I

LES PARAS DE LA FRANCE LIBRE

La défaite et l'armistice de 1940 portaient en eux-mêmes la source de toute la confusion qui allait régner près de trois ans dans les esprits et dans les cœurs. Un choix de l'honneur particulièrement délicat entraînait chacun dans des voies divergentes. Dans la tristesse et la discipline, les parachutistes du groupement d'infanterie de l'air rejoignaient l'Algérie, où les 601e et 602e compagnies étaient dissoutes le 25 août 1940. En même temps, était créée à Londres, dans l'enthousiasme et la débrouillardise, la première unité de volontaires parachutistes de la France libre.

Le 25 juin 1940, le capitaine Bergé, évadé de France, est reçu par le général de Gaulle à son QG provisoire de St Stephen House. Bergé demande s'il est envisagé de créer une unité parachutiste dans le cadre des Forces françaises libres naissantes. Il reçoit une réponse affirmative. L'urgence des tâches commande toutefois de repousser de quelques mois la création d'une telle unité. Le capitaine Bergé persévère et, sur sa demande, est reçu le 19 juillet par le capitaine Passy, chef des 2e et 3e Bureaux de l'EM des Forces françaises libres. Durant une heure, il explique toutes les possibilités d'emploi des parachutistes et leurs capacités. Convaincu par cet ardent plaidoyer, Passy conseille à Bergé de faire une fiche assez brève résumant ce qu'il vient d'exposer et de se représenter le lendemain avec un projet de constitution d'unité. Le 20 juillet, le projet est soumis à l'approbation du général de Gaulle qui le paraphe après avoir écrit ce simple mot : « d'accord ».

L'autorisation n'inclut pas la permission de recruter parmi les maigres formations qui, à grand-peine, viennent d'être reconstituées avec les forces évacuées de Norvège. Bergé doit donc former son unité vaille que vaille et chercher des volontaires parmi les évadés récemment arrivés en Angleterre, les blessés rescapés de Dunkerque sortant des hôpitaux, les jeunes scouts dont certains ont falsifié leur état civil pour se vieillir... Après sélection et examen médical, le premier noyau de volontaires de toutes origines s'élève à 25 : 2 officiers, 4 sous-officiers, 19 hommes de troupes. La 1re Compagnie d'Infanterie de l'Air est créée officiellement à compter du 15 septembre 1940.

Bergé doit rapidement se rendre à l'évidence : la préparation opérationnelle et l'engagement d'une unité parachutiste française ne pourront être réalisés que dans le cadre des directives et des moyens donnés aux unités aéroportées britanniques, elles-mêmes en cours de formation. Aussi, après deux mois d'entraînement à Wrothan, dans le Kent, les 25 hommes sont admis le 20 novembre à la *Central Landing School* de Ringway, qui vient d'être créée de toutes pièces, en juillet 1940, sur ordre personnel de Churchill. La section française est brevetée le jour de Noël en même temps que les éléments du *11th Special Air Service Battalion* qui deviendra le *1st Parachute Battalion* l'année suivante.

Le 5 janvier 1941, après accord obtenu auprès du capitaine de corvette d'Estienne d'Orves, chef du 2e Bureau de l'EMG des FFL, 10 parachutistes sont choisis pour suivre un stage d'instructeur sabotage et renseignement dans un centre britannique d'agents, la station 17. Il s'agit de former les premiers cadres d'une troupe destinée à préparer le combat clandestin en France. Vers la fin du stage, une mission leur est confiée avec l'accord du général de Gaulle. Le capitaine Bergé et 4 hommes sont conduits en Ecosse pour préparer dans le plus grand secret la mission baptisée du nom de code « Savannah ». Celle-ci consiste à attaquer et détruire un autocar transportant chaque nuit de Vannes à Meucon des spécialistes de la Luftwaffe chargés du guidage nocturne des bombardiers allemands pilonnant les villes anglaises. En cas d'échec, le groupe doit se disperser et étudier les possibilités d'organiser des noyaux de résistance.

Les 5 hommes sont parachutés dans la nuit du 15 au 16 mars 1941, dans la région d'Elven car l'avion s'est égaré. Après trois jours et trois nuits de guet, l'équipe a acquis la conviction que le renseignement est erroné ou périmé. Pour des raisons de sécurité, elle est obligée d'éclater. Chacun de ses membres se dirige alors vers une région de France (Finistère, Landes et Paris) dans l'intention de prospecter les possibilités de parachutage et de monter un réseau de recueil des parachutistes.

Trois semaines après le largage, le capitaine Bergé s'embarque sur la côte vendéenne à bord du sous-marin britannique *Tigris* qui le ramène sans encombre en Angleterre. Il est accueilli avec éclat et chaudement félicité. La mission a permis de prouver que le parachutage de nuit était un excellent moyen de liaison avec la France occupée et que des agents convenablement choisis et instruits pouvaient jouer un rôle efficace dans la lutte clandestine.

Pendant ce temps, le lieutenant Weill, commandant en second la compagnie, encadre et instruit avec le reste de la 1re section, à Camberley puis à Ringway, une 2e section qui est brevetée le 21 février. Malgré les protestations unanimes, la compagnie passe le

10 avril 1941 sous le contrôle des forces terrestres. Elle s'appellera désormais la 1re compagnie parachutiste. Le 1er mai elle se compose de 9 officiers, 19 sous-officiers et 70 hommes de troupe et se regroupe le 15 à Exbury, dans le New Forest. Une année plus tard, le lieutenant Weill, parachuté en France, sera arrêté et se donnera volontairement la mort.

A l'occasion d'une inspection de la base, les parachutistes français sont félicités par Winston Churchill. La veille, « Joséphine B », seconde mission sur la France, a été larguée dans la région de Bordeaux. L'adjudant Forman et ses 2 équipiers doivent faire sauter la centrale électrique de Pessac qui alimente la base de sous-marins de Bordeaux. Après avoir repris contact avec le sergent Le Tac resté à Paris après la mission « Savannah », ils exécutent leur mission avec succès grâce à l'aide des éléments de la Résistance locale. Aidés par le réseau de recueil mis en place par le capitaine Bergé, les 4 hommes regagnent l'Angleterre en juillet en passant par l'Espagne.

L'expérience acquise permet d'orienter l'instruction avec plus d'efficacité. La compagnie est alors divisée en deux sections : la première, formée d'éléments aptes à la lutte clandestine en France ; la seconde, plus nombreuse, constituée d'éléments réservés à l'action directe et aux coups de main.

A cette époque apparaît également pour l'EMG de la France libre la nécessité d'organiser la liaison avec l'embryon de Résistance intérieure et, selon les directives du général de Gaulle, de regrouper en vue de les préparer au combat les Forces françaises combattantes sur un territoire sous contrôle FFL.

Par suite de ces deux impératifs et pour des raisons de sécurité, la première section, composée de 6 officiers et d'une vingtaine de sous-officiers et hommes de troupe, est détachée à la station 36, centre français de préparation d'agents pour la Résistance récemment créé à Exbury et contrôlé par le service de renseignements des FFL. Elle sera ensuite incorporée au bureau central de renseignements et d'action militaire au sein duquel les parachutistes deviendront des « agents » de ce BCRAM.

Le reste de la compagnie, sous les ordres du capitaine Bergé, soit 2 officiers, 1 médecin-auxiliaire, 3 sous-officiers et 50 hommes de troupe, embarque le 21 juillet à Glasgow en direction du Levant. Après quarante-deux jours de mer, l'unité débarque à Suez pour rejoindre Beyrouth. Le 25 septembre 1941, par décision du général de Larminat, commandant les Forces françaises du Moyen-Orient, la 1re Compagnie parachutiste devient le peloton parachutiste du Levant et repasse sous le commandement de l'armée de l'air. A la fin du mois, le peloton fait mouvement sur Damas et stationne d'abord à la caserne des spahis, puis sur la base aérienne de Mezzé. Le 15 octobre enfin, par décision du général de Gaulle, l'unité prend le titre de 1re compagnie de chasseurs parachutistes.

Pendant toute cette période, l'instruction de ces « combattants d'élite » se poursuit activement. Ils s'entraînent à la conduite de tous les véhicules, à la mise en œuvre de toutes les armes d'infanterie et d'artillerie, au combat individuel ou par petites équipes isolées. En revanche, l'entraînement au saut ne peut se poursuivre faute d'avions et de moyens techniques spéciaux. Comme en Angleterre quelques mois auparavant, le capitaine Bergé songe à profiter des possibilités offertes par l'Armée britannique. Sur ses demandes réitérées, la compagnie est finalement autorisée à rejoindre le *Combined Training Centre* qui est en train de se monter à Kabret, sur les rives du grand lac Amer. Le 31 décembre 1941, l'unité prend enfin la route de l'Egypte où elle arrive le 2 janvier 1942.

A Kabret, tout en restant rattachée administrativement aux FAFL du Moyen-Orient, la compagnie française est intégrée au détachement L du « Special Air Service » en tant que *French SAS Squadron.* Le major Stirling, qui commande le détachement, n'est pas étranger à la venue de la compagnie à Kabret. Lui aussi est en mal de recrues de qualité. Il est intervenu personnellement auprès du général de Gaulle afin que les paras français désœuvrés en Syrie soient contrôlés dans le SAS.

Quoique ayant déjà subi l'entraînement en Angleterre et au Levant, les Français doivent se perfectionner et s'accoutumer à la tactique originale utilisée par Stirling dans le désert. Cette tactique consiste essentiellement à opérer sur les arrières ennemis par petites équipes de 5 hommes au maximum se regroupant éventuellement au dernier moment, se dispersant ensuite dans la nuit, leur « forfait » effectué. Elle requiert de l'audace et elle exige surprise et mobilité.

L'audace repose sur la qualité des individus et leur haut niveau d'entraînement. A cet égard, le « fanatisme » des Français désireux d'en découdre au plus vite, ne peut que satisfaire le « major fantôme ». Pour ces missions, la richesse de l'encadrement — un officier pour 5 hommes — devient un impératif.

La surprise et le mouvement sont alors facilités et favorisés par les caractéristiques du théâtre d'opération (immensité du désert, fragilité des lignes de communication italo-allemandes étirées le long du littoral, présence de tribus nomades...). S'ajoutent à cela les possibilités de pénétration dans les trois dimensions en utilisant les divers moyens de renseignement et de transport offerts par les nombreuses « armées privées » qui opèrent alors dans le *Western Desert :* LRDG (Long Range Desert Group, créé en juillet 1940 par le major Bagnold et spécialisé dans la recherche du renseignement dans le désert), PPA (*Popski Private Army,* créé par le commandant Peniakoff et spécialisé dans les coups de main en liaison avec les partisans libyens), SIG (*Special Interrogation Group,* composé de Juifs allemands de Palestine), SBS (*Special Boat Service,* appartenant à la

Royal Navy et destiné au sabotage des navires dans les ports et aux coups de main amphibies).

Si les premières missions du SAS sont effectuées par parachutage — avec retour à pied — ou par voie de mer, l'infiltration relativement aisée par le sud de la Libye à partir des oasis méridionales fait bientôt préférer le véhicule à tout autre moyen de mise en place. D'abord tributaire du LRDG pour son transport et sa navigation dans le désert, le SAS obtient, à partir de mai 1942, les camions qui lui assurent une autonomie logistique complète. Les camionnettes Chevrolet, dont la mode a été lancée par le LRDG, ajoutent à la mobilité la puissance de feu de plusieurs armes automatiques (deux à trois) concentrée en un temps très court. L'autonomie est une nouvelle victoire du major écossais qui a su imposer ses vues auprès de l'état-major du Caire et recruter patiemment les « pirates », en majorité écossais et irlandais, qui portent fièrement la dague ailée et le brevet SAS obtenu après la destruction d'un avion ennemi.

De janvier à la mi-mars, l'instruction des parachutistes français se poursuit à un rythme accéléré : sauts en parachute, sabotage, maniement des armes italiennes et allemandes. Le tout se termine par un exercice très réussi d'attaque de l'aérodrome d'Héliopolis qui n'est pas particulièrement apprécié du commandement local. Les effectifs de la compagnie sont complétés par l'arrivée au Levant de nouveaux cadres, officiers et sous-officiers. A présent, l'unité est alignée quantitativement et qualitativement sur son modèle et homologue britannique. L'opération projetée au profit du « convoi de Malte » va lui permettre de donner sa mesure.

Rentrant d'un raid sur le port de Benghazi, Stirling est convoqué au QG du Caire. L'île de Malte subit alors le blocus et des bombardements continuels. Ses réserves s'épuisent ; il ne reste plus de vivres, plus de mazout. Malte, qui constitue une menace évidente sur les lignes de communication maritimes de l'Axe vers l'Afrique du Nord, doit tenir. Il faut donc ravitailler la base. Un grand effort est entrepris en juin par la Royal Navy ; deux convois de ravitaillement doivent faire route simultanément de Gibraltar et Alexandrie vers Malte. Le QG demande au chef du SAS ce qu'il peut faire pour réduire ou neutraliser les forces aériennes adverses et soulager ainsi la flotte qui va s'engager à découvert. Vingt-quatre heures plus tard, le major Stirling revient avec un plan détaillé : il est en mesure d'attaquer dans la nuit du 12 au 13 juin les principaux terrains d'Afrique et de Crète susceptibles d'être utilisés par l'aviation italo-allemande pour intercepter le convoi oriental. Dans cette opération, le *French Squadron* se taille la part du lion, puisque six sur huit des objectifs lui sont attribués.

En Crète, l'équipe de Bergé, qui vient d'être promu commandant, est composée du capitaine Lord Jellicoe, d'un officier de liaison grec et de trois parachutistes français. Elle débarque du sous-marin

Triton sur la côte Nord après quatre jours de navigation. Les SAS réussissent à atteindre l'aérodrome d'Héraklion dans la nuit du 13 au 14 juin mais ils sont repérés par une sentinelle au moment de pénétrer sur l'objectif. Le commandant Bergé décide de reporter l'opération à la nuit suivante malgré l'alerte qui vient d'être donnée. L'attaque, minutieusement combinée, a lieu à 22 h 30. Sans être décelée, l'équipe pénètre sur le terrain d'aviation et lorsqu'elle se retire, vingt et un appareils, des Stukas pour la plupart, quatre camions et un dépôt d'essence sont la proie des flammes. Deux jours de marche et les parachutistes se regroupent à proximité du point de rembarquement sur la côte Sud. Tandis que le capitaine Jellicoe et le lieutenant Petrakis vont reconnaître l'itinéraire qui leur permettra de rejoindre la plage d'embarquement, le commandant Bergé et ses trois compagnons, trahis par un guide indigène, sont encerclés par un détachement d'une cinquantaine d'Allemands. Après un engagement inégal, ils sont mis hors de combat. Conduits au PC du commandant des forces allemandes du nord de la Crète, ils sont interrogés toute la nuit et menacés d'être fusillés. Au terme de huit jours de durs traitements, les deux survivants du raid, le commandant Bergé et le sergent Mouhot, sont dirigés sur l'Allemagne. Après trois tentatives d'évasion, le sergent Mouhot réussira à regagner l'Angleterre le 11 septembre 1943 via la Hollande, la Belgique, la France et l'Espagne.

En Cyrénaïque, l'oasis de Siwa sert de base de départ aux trois groupes d'attaque. Le lieutenant Jordan, avec trois équipes, est chargé de Derna et des deux terrains de Martuba. L'aspirant Zirnheld attaquera Berka III, tandis que le sous-lieutenant Jacquier, progressant initialement avec le major Stirling et son adjoint, le capitaine Mayne, les laissera ensuite pour s'occuper de Barce.

Le groupe Jordan, accompagné de Palestiniens du SIG camouflés en soldats allemands, pénètre sans coup férir dans sa zone d'action à bord de véhicules allemands récupérés. Mais, trahi par le chauffeur d'un des camions, ancien sous-officier de la Légion étrangère récemment recruté par le SIG, Jordan est fait prisonnier et ses équipes sont anéanties avant d'avoir pu atteindre leurs objectifs. Profitant de la mêlée, le chasseur Guichaoua, bien que blessé à la tête, réussit à s'enfuir et à incendier un bombardier. Durant plusieurs jours, il erre dans le désert. Il est recueilli le 17 juin, complètement épuisé, par une patrouille italienne à 20 km de Derna. De son côté, Jordan, profitant du désarroi des sentinelles, s'enfuit et sans perdre de temps gagne le point de rendez-vous en plein désert. Après avoir attendu en vain les rescapés, il rejoint les guides du LRDG.

A Martuba 3, le caporal Tourneret ne peut pénétrer sur l'aérodrome, dont les défenseurs ont été mis en alerte. Traquée par les Allemands, l'équipe est encerclée par une compagnie et succombe sous le nombre. Pour sa part, l'aspirant Zirnheld réussit à pénétrer sur l'aérodrome de Berka III. A la faveur d'un bombardement imprévu de la RAF, il décèle les emplacements des sentinelles. Aussitôt, il se taille un chemin sur l'objectif à la grenade et à la bombe incendiaire. Il regagne l'oasis de Siwa le 20 juin après avoir effectué un coup de main en compagnie de Stirling sur une gare de la voie ferrée Benghazi-Derna.

Le sous-lieutenant Jacquier, enfin, manquant son effet de surprise, n'en a pas moins la chance de pouvoir détruire avec une forte charge d'explosifs le dépôt de bombes. Une vingtaine d'appareils sont endommagés. Les dégâts causés rendront l'aérodrome de Barce inutilisable pendant près d'un an. Le 17 juin, guidé par une patrouille de LRDG, il regagna Siwa avec toute son équipe. Le bilan total du *French Squadron* s'établit à trente-huit appareils détruits. Mais les pertes ont été lourdes : 14 parachutistes, soit la moitié du personnel français participant à l'opération. Quant aux convois, deux bateaux seulement sur les dix-sept prévus ont pu atteindre l'île ; dans leurs flancs, 17 000 tonnes de cargaison, représentant pour l'île deux mois de ravitaillement. En définitive, compte tenu des effectifs engagés, cette opération peut être considérée comme un succès. Les parachutistes français du peloton se sont d'emblée hissés au niveau de leurs anciens du SAS britannique.

A la fin du mois de juin 1942, la base de Siwa, surnommée « la piscine de Cléopâtre », est abandonnée sous la pression de l'Afrika Korps. Tobrouk vient de tomber, malgré le répit accordé par la défense héroïque de Bir Hakeim. Rommel pénètre en Egypte, menace Alexandrie, puis fait une pause à hauteur d'El Alamein avant de poursuivre son avance. Le major Stirling rassemble la centaine d'hommes valides instruits, met la main sur vingt camions de 3 tonnes et quinze jeeps récemment arrivées d'Amérique qu'il arme avec des mitrailleuses d'avion Vickers récupérées dans un dépôt de la RAF. Il obtient, d'autre part, de garder provisoirement « son » *French Squadron.*

Tandis que les plus jeunes poursuivent leur instruction, tout en se tenant prêts à se replier au Liban, 60 parachutistes quittent Kabret le 3 juillet avec une cinquantaine de véhicules pour rejoindre le QG de la 8e Armée. Guidé par une patrouille du LRDG pendant quatre jours et quatre nuits en plein désert, le SAS regiment s'infiltre derrière les lignes par la dépression de Qattara et établit sa base arrière à 110 km au sud de Marsa-Matruh. Dans le sable, sont enterrés et camouflés des bidons d'eau et d'essence, des vivres et des munitions. Le major Stirling répartit alors les missions entre les équipes : cinq à six raids doivent être lancés simultanément sur les terrains de la côte. Le 8 juillet, Jordan, qui vient d'être promu capitaine, détruit huit Messerschmitt 109 F à Fuka 19. Les autres attaques tombent dans le vide, mis à part celle de l'équipe Stirling-Mayne, qui s'attribue vingt-deux appareils à Bagush.

Le 11 juillet, après avoir changé de base, le SAS lance une

nouvelle série de raids sur trois aérodromes à Fuka 16 et deux terrains à proximité d'El Daba. Jordan réussit à détruire sept avions, Paddy Mayne 15, mais les trois autres équipes, décelées par l'aviation, doivent renoncer à leur mission. Le 14 juillet, le major Stirling laissant en plein désert une base très réduite, regagne Kabret pour recompléter son potentiel et surtout étudier une nouvelle méthode de combat. En effet, l'ennemi, mis en garde, assure désormais une protection efficace de ses bases. Il faut donc s'adapter à ces nouvelles conditions, par une puissance de feu et une rapidité de manœuvre accrues, l'assaillant ne bénéficiant que d'une surprise de courte durée. Le 24 juillet, Stirling rejoint sans encombre sa base dans le désert, emmenant avec lui des jeeps modifiées, puissamment armées de deux jumelages de mitrailleuses d'avion Vickers et aménagées pour 4 hommes.

Sidi Haneish, terrain de transit où la RAF a signalé des concentrations d'avions, devient l'objectif de choix que Stirling décide d'attaquer dans la nuit du 26 au 27 juillet avec dix-huit jeeps, « à la hussarde », en profitant de la pleine lune. Après une dernière répétition du scénario de l'assaut, les jeeps, guidées par une patrouille du LRDG, quittent la base. Trois jeeps sont montées par le *French Squadron*. Après avoir suivi un itinéraire déterminé, les jeeps débouchent sur l'aérodrome. Soixante-huit mitraillettes crachent la mort et la dévastation. La surprise est complète. Les avions, qui sont en train de faire le plein de bombes ou d'essence, brûlent ou explosent. Les hommes affolés courent dans tous les sens. A 1 h 45, l'ordre de repli est donné : les SAS comptent 1 tué et 1 blessé dans leurs rangs. Dans le désert, le convoi se disperse par groupes de deux ou trois voitures. Au cours du repli, la jeep de l'aspirant Zirnheld a des ennuis. L'aspirant Martin lui porte secours et, à l'aube, ils se réfugient dans un mouvement de terrain au bord de la piste de Siwa qui leur offre une protection providentielle. Mais, vers 7 h 30, ils sont découverts par les Stukas. Zirnheld est blessé à deux reprises. Martin, craignant un retour d'avions ou de blindés, décide de repartir au plus vite. Le blessé souffre atrocement et meurt vers midi. Il est enterré sur place par ses camarades, sous un tas de rocaille.

Le bilan s'établit à quarante avions dont quatorze JU 52 qui feront cruellement défaut aux Allemands ; ceux-ci ont alors perdu à la suite des actions SAS, deux cent cinquante-six appareils. Après un dernier raid sur le trafic routier du front, sous la pression de l'ennemi qui s'est lancé à la poursuite du SAS et devant la perspective d'une vaste opération de commando annoncée par le GQG, le major Stirling obtient que ses hommes soient récupérés par avion sur un terrain de fortune aménagé en plein désert, tandis que les véhicules rejoignent par les pistes.

A la fin d'août 1942, pour alléger la pression de Rommel sur El Alamein et favoriser la reprise de l'offensive par les Britanniques, le

SAS est une nouvelle fois mis à contribution. L'opération dont le nom de code est « Perce-neige », consiste à attaquer Benghazi dans le cadre d'une action d'envergure menée contre les ports de Tobrouk et Benghazi. Sans connaître la mission, le détachement, scindé en trois colonnes, reçoit l'ordre de rejoindre au plus vite l'oasis de Koufra. Il y retrouve le major Stirling arrivé en avion. A un jour d'intervalle, les trois colonnes repartent vers un point de rendez-vous au sud de Benghazi. Elles y parviennent après une randonnée exténuante dans le désert où de multiples incidents retardent la colonne. Là, les SAS prennent contact avec un officier britannique des Affaires arabes qui leur apprend de mauvaises nouvelles. L'attaque est éventée par l'ennemi, les bateaux ont quitté le port et une division allemande ramenée en hâte d'El Alamein défend la ville et en barre toutes les issues. Le plan initial, qui consiste à s'emparer de la ville, doit être abandonné, mais Stirling ne renonce pas cependant à une attaque brutale pour infliger le maximum de pertes à l'Afrika Korps. Le 15 septembre, à minuit, un détachement d'une douzaine d'hommes s'empare d'un fortin qui commande l'accès de la ville sur la hauteur, au prix de la perte des deux officiers qui commandent l'action et qui sont grièvement blessés. La progression est alors très ralentie en raison des difficultés du terrain. Le bombardement de la RAF manque son but et les équipes, bloquées bientôt par un barrage à l'entrée de la ville, doivent faire demi-tour sous le feu sans avoir atteint leurs objectifs et non sans dommages. Durant tout le repli, elles sont harcelées par l'aviation et subissent encore quelques pertes. Le point de rendez-vous est atteint le 17, à 3 h du matin. Toute la journée du 17, la base est attaquée par l'aviation. Abandonnant les blessés aux prisonniers italiens ainsi qu'une jeep désarmée qui ira chercher du secours à Benghazi, Stirling doit se résoudre à un repli. Dès lors, c'est un long calvaire à travers le désert, émaillé de divers incidents aux oasis de Gialo, Birzeghen, Koufra, où les avions qui doivent transporter le SAS sont détruits par un bombardement. Le 20 octobre, enfin, le regroupement s'effectue à Kabret.

Si les résultats immédiats et tangibles de l'attaque paraissent plutôt minces pour les SAS, ils sont très sensibles sur le théâtre d'opérations. En effet, toutes les troupes fraîches arrivées d'Allemagne ont dû être utilisées pour renforcer les arrières allemands et n'ont donc pu être employées dans le corps d'attaque. Pourtant, Stirling est furieux, car il vient de subir son premier échec. Ironie du sort : il apprend à son retour du Caire qu'il est promu lieutenant-colonel et que le SAS, à qui le statut de régiment est accordé, peut augmenter ses effectifs. David Stirling reçoit également le commandement du SRS, des restes du commando du Moyen-Orient et de l'escadron sacré grec, soit près de 800 hommes. Mais c'est le moment, pour Stirling, de tenir ses promesses et de libérer le *French Squadron* qu'il a pu conserver pour l'opération de Benghazi après une intervention auprès du général de Gaulle venu en Egypte saluer les héros de Bir Hakeim. Le 10 décembre 1942, la 1re compagnie d'infanterie de l'air, aux ordres du lieutenant Fouchet, car son chef le capitaine Lambert est alors hospitalisé, embarque à Suez pour l'Europe. Le capitaine Jordan obtient néanmoins de rester avec le régiment. Avec quelques anciens, amalgamés à des recrues à l'instruction depuis l'été, il constitue une 2e CIA.

Dans les premiers jours de 1943, Rommel, pressé de toutes parts par les armées alliées, se prépare à faire face sur la ligne Mareth. La voie ferrée de Sfax-Gabès, son principal axe de ravitaillement, et les territoires de Tunisie du Nord deviennent les objectifs désignés par Montgomery lui-même au « major fantôme », alors que son armée avance prudemment vers Misurata et Tripoli.

Partant de Bir Guedaffia, où les groupes britanniques et français de Stirling, Mayne et Jordan se sont rassemblés pour une dernière mise au point, les SAS s'enfoncent par éléments séparés vers Ghadames et Bir Soltane qui doit constituer la base d'opérations au cœur même du territoire tunisien contrôlé par les forces de l'Axe. Après la longue traversée du Grand Erg oriental, terrain exténuant comme « les lames courtes de la Méditerranée un jour de vent », les patrouilles de jeeps de la 2e Compagnie pénètrent en Tunisie le 19 janvier 1943. Dans la nuit du 22 au 23, malgré des difficultés sans nombre et la densité des troupes italo-allemandes, les parachutistes français, aux prix d'un violent combat au cours duquel ils détruisent trois camions ennemis, réussissent à forcer la trouée de Gabès. Traqués par les Allemands, les SAS ajoutent cependant trente-quatre destructions à leur actif sur la voie ferrée Sfax-Gabès. Malgré la capture du capitaine Jordan et du sous-lieutenant Klein, les patrouilles de Martin, Legrand et Harent continuent leur mission jusqu'à épuisement total de leurs moyens. Ils réussissent finalement à franchir les lignes allemandes et se regroupent à Constantine, effectuant ainsi la jonction entre la 8e Armée d'Egypte et les forces alliées débarquées en Algérie.

Entre-temps, le lieutenant-colonel Stirling a été fait prisonnier par les Allemands. Le régiment SAS perd le chef prestigieux qui l'a créé. Interné en Italie puis en Allemagne, à Colditz, il s'évadera quatre fois et sera chaque fois repris. Paddy Mayne, qui deviendra le soldat le plus décoré de l'armée britannique avec trois *bars* à sa DSO, le remplace, tandis que les SAS français, après quelques jours de repos, rejoignent l'Angleterre. L'épopée africaine des parachutistes français du *French Squadron* s'achève. Une nouvelle tâche se présente à eux : la libération du sol national dans le cadre de la nouvelle armée française qui reprend le combat aux côtés des Alliés. Deux bataillons parachutistes équipés et instruits à l'américaine constituent en AFN le 1er Régiment de chasseurs parachutistes. Deux bataillons indépendants, intégrés au SAS britannique et mis sur pied en Grande-Bretagne, deviennent les 2e et 3e Régiments de chasseurs parachutistes. D'autres unités « non conformistes » sont formées en Afrique du Nord et seront plus tard réunies en groupement de choc avant de former un nouveau régiment parachutiste à la fin de la guerre.

II

DE LA TUNISIE A LA CORSE ET A LA BRETAGNE

La première unité de Choc créée est le bataillon d'assaut. Elle est l'œuvre du chef de bataillon Gambiez. Aidé de quelques officiers animés du désir de « faire du neuf » dans la guerre contre les Allemands, celui-ci a persuadé l'état-major de la nécessité de créer une unité spéciale « susceptible d'apporter le moment venu une aide puissante aux éléments implantés clandestinement dans la zone des opérations de débarquement ». Il rejoint en cela les vues de la direction des services spéciaux qui coiffe les organisations de Résistance. Celle-ci décide donc, à compter du 25 mai, la création à Staouéli du bataillon d'assaut avant qu'il ne prenne son nom définitif de bataillon de Choc. Une liberté totale lui est accordée pour constituer son armement et sa doctrine d'emploi autour d'officiers qui ont connu pendant de longs mois les geôles espagnoles et qui ont le feu sacré depuis le 6 mai 1943, date de l'arrivée à Casablanca du premier convoi d'évadés de France.

Trois mois après sa création, le bataillon est jugé opérationnel par le général Giraud, qui l'inspecte. C'est donc avec confiance qu'il s'engage dans la libération de la Corse, après une préparation qui ne dure pas quarante-huit heures. Dans la nuit du 10 au 11 septembre 1943, le commandant Gambiez est convoqué chez le chef d'état-major du général en chef pour y recevoir sa première mission de guerre.

Depuis la fin de 1942, de sérieux noyaux de résistance se sont constitués en Corse sous l'impulsion du colonel Colonna d'Istria qui a établi des liaisons suivies avec le général Giraud et reçoit armes et munitions par parachutage ou par sous-marin. Le 9 septembre 1943, la nouvelle de l'armistice italien provoque un soulèvement dans toutes les villes corses. Le colonel d'Istria obtient du commandement des Forces italiennes un ralliement assez passif, qui lui permet de se retourner contre les détachements allemands. L'état-major français ne peut obtenir l'intervention alliée, faut de moyens. Il décide de diriger sur Ajaccio, avec le maximum de célérité, un premier échelon de forces, composé de la totalité du bataillon de Choc mis à la disposition du 1er corps d'armée.

Le 11 septembre, à 18 h, trois sections de la 3e Compagnie embarquent sur le sous-marin *Casabianca*. Après une journée de navigation, les 109 chasseurs du bataillon de Choc débarquent le 13, à 1 h du matin à Ajaccio où ils sont accueillis par une foule délirante. Sans rencontrer de résistance, le capitaine Manjot, en liaison avec les patriotes, tient la ville et le port tandis qu'une de ses sections occupe l'aérodrome de Campo de l'Oro. Le 14, à la même heure que la veille, les torpilleurs *Fantasque* et *Terrible* débarquent le reste du bataillon qui vient renforcer la tête de pont. Première unité française à reprendre pied sur le sol de France, le bataillon de Choc provoque un enthousiasme indescriptible qui trouve sa conclusion dans la création d'une compagnie composée uniquement de volontaires corses.

Devant la menace, les Allemands resserrent leur dispositif le long de la côte orientale, afin de couvrir par de forts détachements le décrochage des forces de Sardaigne par Bonifacio, Bastia et l'île d'Elbe. En face, le général Martin, arrivé à Ajaccio avec de nouvelles troupes, fait relever le bataillon par le 1er RTM. Le commandant Gambiez pousse alors, dès le 17, ses compagnies vers l'est et les amène à pied d'œuvre pour agir sur les axes de communication ennemis dans toute la longueur de son dispositif. Jusqu'au 30 septembre, ce ne sont que coups de main, attaques de PC, de convois, d'aérodromes, harcèlements, embuscades où les compagnies, agissant par petits éléments, rivalisent d'ardeur. L'offensive générale est ensuite lancée sur Bastia, où la 3e compagnie pénètre le 4 octobre et hisse les couleurs sur la sous-préfecture que l'ennemi vient d'abandonner.

Le bilan (20 tués, 31 blessés) est lourd pour le bataillon. Mais il est léger en regard des pertes infligées aux Allemands : 413 hommes hors de combat ; 38 véhicules et leur chargement détruits ; 12 armes automatiques ; 3 mortiers et 1 canon antichar saisis. Ce baptême du feu est aussi une source incomparable d'enseignements tant pour l'amélioration de « la doctrine d'emploi » que de l'équipement et l'instruction du bataillon.

* * *

De son côté, le groupe de commandos d'Afrique, qui vient de quitter plus ou moins clandestinement le sol algérien, a été constitué le 26 juillet 1943 à partir d'un noyau issu du corps franc d'Afrique et dans d'étranges conditions, par le commandant Bouvet, ancien commandant du 1er bataillon du CFA. Le corps franc d'Afrique, « unité éphémère qui vécut le temps d'une campagne », est la vivante illustration du profond désarroi qui déchire l'Armée française de 1943. Recruté parmi les volontaires de tous âges, de toutes origines nationales ou confessionnelles mais de tendance ouvertement gaulliste, son effectif atteint rapidement 4500 hommes. Commandé à sa création le 25 novembre 1942 par le général de Monsabert, le CFA prend à sa charge tous les réfractaires à « l'armée de Darlan » qui se sont d'abord regroupés à Cap Matifou, au *Special Detachment* britannique où ils ont reçu un début d'instruction commando.

Le 1er bataillon, formé à Constantine, est engagé sur le front tunisien en janvier 1943. En février, le colonel Magnan en prend la tête. Le CFA vit d'expédients, de rapine et de mendicité. Mal armés, mal équipés, les quatre bataillons se comportent particulièrement bien face aux parachutistes allemands du 11.Falls.Pi.Btl. *Btl Witzig,* puis dans les combats de Bizerte où ils pénètrent le 8 mai, forçant l'admiration des généraux Giraud et Bradley. Mais sa trop grande indépendance d'esprit, son indiscipline, sa politisation lui sont fatales. Le 25 juillet 1943, les volontaires du corps franc doivent choisir entre les unités gaullistes et un groupe de commandos à la 3e DIA du général de Monsabert, en présence des représentants des deux chefs d'EM généraux (de Gaulle et Giraud). Certains, comme le commandant Durand ou le capitaine Puech-Samson, rejoignent les SAS, tandis que la plupart d'entre eux se retrouvent au groupe de commandos qui restera marqué par ses origines.

Son effectif (2000 volontaires évadés de France, volontaires des trois armées d'AFN, Algériens et Marocains rassemblés à Dupleix) a fondu de moitié lorsque le groupe s'installe à Staouéli où il occupe la place encore chaude du bataillon de Choc. Comme lui, il est destiné aux actions sur les arrières et reçoit donc le même entraînement (parcours d'assaut, sécurité, close-combat, parachutage). Mais le groupe se différencie nettement du « Choc » par son recrutement hétérogène et haut en couleur, sa vocation amphibie type commandos britanniques et une richesse en moyens d'appui que le « Choc » lui envie.

Le 26 avril, les deux unités de Choc sont remises à la disposition du 1er corps d'armée en vue de l'opération « Brassard » sur l'île d'Elbe. Depuis trois semaines, les instructeurs des commandos n° 9 et n° 40 (Royal Marines) font bénéficier de leur expérience les commandos et le bataillon. Notons cette performance accomplie à l'entraînement : 18 km en 3 h de parcours d'assaut avec chargement complet... Le 16 mai, le 9e DIC prend « Brassard » à sa charge. Ce même jour est créé à Staouéli le centre spécial des unités légères d'assaut et de Choc. Y sont rattachés : le bataillon de Choc, le groupe des commandos d'Afrique, ainsi qu'une autre unité spéciale en cours de formation : le groupe de commandos de France.

L'unité est créée en mai 1944 par le capitaine Henri d'Astier de la Vigerie avec des évadés de France passés par l'Espagne : même ambiance qu'au bataillon de Choc, turbulente, frondeuse ; même entraînement, au club des Pins, chez les Britanniques, au saut avec des moniteurs du 1er RCP ou américains. Début juin, ce qui devait devenir le 2e bataillon de Choc devient le groupe de commandos de France et poursuit sa mise sur pied avec beaucoup de difficultés. Le groupe est une formation « hors-plan » pour lequel aucun équipement n'est disponible, malgré le charme que d'Astier déploie auprès de l'OSS ou les « malhonnêtetés » du commandement d'Alger.

Mais l'heure de la libération du sol national a enfin sonné. C'est « Overlord », le plan d'invasion de l'Europe occidentale par les armées alliées...

* * *

Dans le cadre d'Overlord, la brigade SAS dont font partie les deux régiments parachutistes d'Angleterre, doit participer, par le renseignement et l'action, à l'appui des 21e et 12e groupes d'armées lors de la phase critique de la constitution de la tête de pont et de la poursuite à travers la France. Pour Anvil (débarquement de Provence), les diverses unités spéciales intégrées à la nouvelle Armée française doivent jouer un rôle forcément non spécifique puisque seul le théâtre d'opérations dispose des moyens aériens adéquats de mise à terre et qu'il est le seul à pouvoir prendre des décisions stratégiques. De même, presque rien n'est envisagé quant à l'utilisation des forces de l'intérieur. L'OSS et le SOE ont bien prévu des équipes de renseignements et de liaison, ainsi que des groupes de guérilla :

— *Jedburgh Party,* du nom d'un bourg écossais à la frontière anglo-écossaise. Composées d'un officier américain, d'un britannique, d'un officier français et d'un radio, les équipes doivent être parachutées en uniforme et affectées à un secteur pour assurer la liaison entre l'EM allié et la Résistance ;

— *Operational Group* (OG), comprend 4 officiers et 30 parachutistes américains ; chargé de missions particulières (coups de main, renforcement des maquis) et disposant d'une autonomie complète.

Mais aux yeux du commandement français, toute la magnifique planification anglo-américaine ne fait pas la part assez belle aux Forces nationales dans la Libération de la France. Début juillet 1944, le chef d'état-major de la Défense nationale propose qu'une opération aéroportée soit exécutée dans le Massif central par une force entièrement française baptisée « force C ». Les trois RCP[1], le « Choc » et les commandos doivent entrer dans sa composition. Le but de l'opération est de tenir le Massif central avec l'appui de la population et une force intérieure de 40 à 80000 hommes. Mais cette opération est essentiellement tributaire des moyens aériens que le général Eisenhower peut accorder et des troupes que le général

1. Le 1er, créé en AFN, les 2e et 3e étant issus des deux bataillons SAS créés en Grande-Bretagne.

Wilson peut divertir d'Anvil. Tandis que, pour le commandement français, l'opération représente l'offensive stratégique Centre, au même titre que l'offensive stratégique Nord (Overlord) ou que l'offensive stratégique Sud (Anvil), pour les Alliés elle n'est qu'une annexe de l'opération Sud et passe donc à la priorité n° 4, après la Normandie, la Provence et l'Italie. Ils proposent donc une action aéroportée dans les Alpes en avant-garde des forces d'Anvil.

L'état-major se résigne à remettre à l'armée B les éléments récupérés sur Anvil. La force C garde le 1er RCP et s'adjoint le groupe de commandos de Staouéli, futur GCF, qu'il reste à entraîner avant de le transporter en Angleterre et de l'engager vers J + 30 (14 septembre 1944).

Le 27 juillet, l'hypothèque sur les régiments SAS est levée et, devant l'opposition générale des Alliées, le commandement français se résigne à abandonner l'opération. Les forces aéroportées disponibles sont conservées en réserve générale en vue d'intervenir au profit de la Résistance du Sud de la France, à la demande, et en fonction du déroulement des opérations. L'offensive stratégique Centre est définitivement enterrée.

* * *

Retournons à Overlord. Le plan comporte d'autant plus de risques que le débarquement dans le sud de la France, initialement prévu comme action complémentaire simultanée de l'invasion par le Nord, est reporté après le 15 juillet, faute de moyens de transport aérien et maritime suffisants. Pour le général Eisenhower, commandant suprême responsable de la conduite des opérations en Europe occidentale, il importe donc d'empêcher l'afflux des divisions allemandes vers la fragile tête de pont de Normandie pendant les vingt premiers jours cruciaux du débarquement. Il faut ensuite couvrir son flanc méridional, au moins jusqu'à la jonction avec les forces remontant du couloir rhodanien, forces dont l'avance devra être par ailleurs facilitée et couverte.

L'aviation stratégique alliée s'emploie à neutraliser les nœuds de communication ferroviaires et les ponts névralgiques des vallées de la Seine et de la Loire, sur les arrières lointains de l'ennemi. Mais cette action est insuffisante. D'une part, elle ne peut appliquer son effort au plus près de la zone de débarquement de crainte que les Allemands n'en décèlent prématurément le lieu exact. D'autre part, ces bombardements ne peuvent être effectués sans entraîner des pertes importantes parmi la population civile des pays alliés occupés.

Une fois de plus, comme il y a deux ans en Afrique, il est demandé aux parachutistes de compléter, voire de remplacer, l'action de l'aviation. Le SAS et les *Operational Groups,* disposant d'une autonomie complète, sont ainsi chargés de missions de renseignement et de sabotage. L'aide de la Résistance n'est alors envisagée que comme un appoint. Si un double plan d'action couvrant l'ensemble du territoire et reposant sur l'action de la Résistance a été établi en liaison avec l'EM du général Kœnig, les Alliés n'ont qu'une confiance médiocre en des éléments qu'ils jugent disparates et incontrôlables. Les équipes *Jedburgh* sont néanmoins chargées d'assurer la liaison avec les maquis armés.

Trois semaines avant le Jour J, un état-major réduit du 2ᵉ RCP quitte l'Ecosse pour une destination inconnue au sud de l'Angleterre. C'est le début de la mise au secret absolu au « camp F », dirigé par l'*Intelligence Corps* et sévèrement gardé par des détachements de police militaire. Puis, le 24 mai, le reste du bataillon, à l'exception du *Jeep Squadron,* part à son tour pour le *Transit Camp* de la brigade afin de préparer la mission qui va lui incomber. Celle-ci comprend deux phases : une phase initiale de sabotage des voies de communication en vue d'isoler la zone d'action des lieux de débarquement et empêcher ainsi tout mouvement des forces de réserve allemandes ; une phase ultérieure, prolongée de guérilla alliant l'action au renseignement, assurée en liaison avec les groupes de résistance locaux, destinée à entretenir la désorganisation de l'ennemi et finalement à faciliter la pénétration alliée.

Le plan établi par l'EM réduit prévoit un échelonnement du bataillon en quatre éléments :

— la nuit du débarquement, deux groupes de deux équipes de 9 hommes munies de moyens de transmission et d'aide à la navigation sont envoyés en précurseurs. But : rechercher et reconnaître deux bases de guérilla baptisées « Samwest » et « Dingson ».

— la deuxième soirée après le débarquement, dix-huit équipes de sabotage de 3 à 5 hommes, répondant au nom de code de « Cooney », sont chargées des destructions initiales. Ces équipes doivent rejoindre les bases, missions exécutées, entre J + 5 et J + 10.

— de J + 1 à J + 10, le reste des éléments à pied du bataillon est parachuté par groupes de 10 sur les deux bases. Il y recueillera les équipes de sabotage et entreprendra l'action de guérilla.

— enfin, le *Jeep Squadron* doit être ultérieurement largué ou posé par planeurs en fonction du déroulement des opérations générales. Il éclairera et guidera les avant-gardes blindées alliées. Un peloton peut préalablement être adapté à chaque base afin de la renforcer et d'accroître la mobilité tactique des équipes de guérilla.

La zone d'action est enfin divulguée : c'est la Bretagne. Ce pays de bocage, à l'habitat dispersé et au réseau de communications peu complexe, se prête admirablement à la guérilla. Mais la forte densité des troupes allemandes implantées initialement dans la région constitue un obstacle important au plan élaboré par les SAS. L'ennemi dispose de huit divisions. Cinq sont de valeur médiocre et gardent le littoral entre les forteresses portuaires protégées par des batteries côtières de la Kriegsmarine, mais trois divisions, dont deux de parachutistes, peuvent intervenir rapidement avec l'aide de nombreuses forces territoriales de police et d'éléments de la milice.

Le 5 juin, à 23 h, les deux détachements précurseurs sont équipés près des deux avions qui vont les emmener vers la France. Les détachements comprennent deux équipes embarquant dans un avion différent et devant se regrouper sur la même DZ. Chaque équipe dispose de 3 radios munis d'un poste à grande portée, d'un S-phone, de deux pigeons et d'une balise radio-électrique « Eureka » (équipement radar mis au point par les Américains en AFN pour leurs *pathfinders;* l'avion est muni d'un récepteur type « Rebeka ». Les hommes ont reçu six jours de vivres. Le lieutenant Deschamps, assisté du lieutenant Botella, est destiné à la base Samwest, les lieutenants Marienne et Deplante à la base Dingson. Non sans émotion, le brigadier Mac Leod, commandant la brigade SAS, leur serre une dernière fois la main en leur annonçant que l'invasion commence avec leur départ.

Deux heures après, le détachement Deschamps saute à proximité de la forêt de Duault, dans les Côtes-du-Nord. Tout se passe sans incident sur cette zone où les points de repère remarquablement choisis sur les photos aériennes, permettent aux parachutistes de se regrouper rapidement et de se réunir dès le 6, au matin, dans la forêt. En revanche, il n'en va pas de même pour le détachement Marienne, dont la zone de saut choisie près du moulin de Plumelec, dans les landes de Lanvaux, est difficilement repérable. Comble de malheur, le moulin de Plumelec sert d'observatoire aux Allemands, ce qu'aucune source de renseignements n'a révélé. Peu après son arrivée au sol, le détachement est encerclé par une unité de l'*Ost Legion* alertée par la vigie. Après un accrochage sérieux dans la nuit, les parachutistes réussissent à se dégager non sans avoir perdu 1 caporal, tué, et les 3 radios capturés avec les postes et les codes intacts. Servie par la chance dans son malheur, la deuxième équipe est larguée par erreur 12 kilomètres au nord. Le contact est finalement rétabli grâce à l'aide d'un maquis. Le 8 juin, les parachutistes regroupés à quelques kilomètres de Malestroit, rendent compte qu'ils sont prêts à remplir leur mission sur la nouvelle zone, près de Saint-Marcel.

Pendant ce temps, les 18 *Cooney Parties* sont largués dans la nuit du 7 au 8 juin à proximité de leurs objectifs sur le réseau ferroviaire, où les bretelles importantes doivent faire l'objet de plusieurs sabotages simultanés. Chaque équipe a, en effet, reçu une mission principale obligatoire, faisant l'objet d'un contrôle par photo aérienne et que la brigade peut renouveler si elle juge le résultat insuffisant. L'ordre est alors passé par message camouflé sur les ondes de la BBC. Dans la nuit du 8 au 9, la plupart des destructions sont exécutées avec plus ou moins de bonheur, car les Allemands sont en éveil et la majeure partie des points sont gardés, parfois avec des chiens policiers.

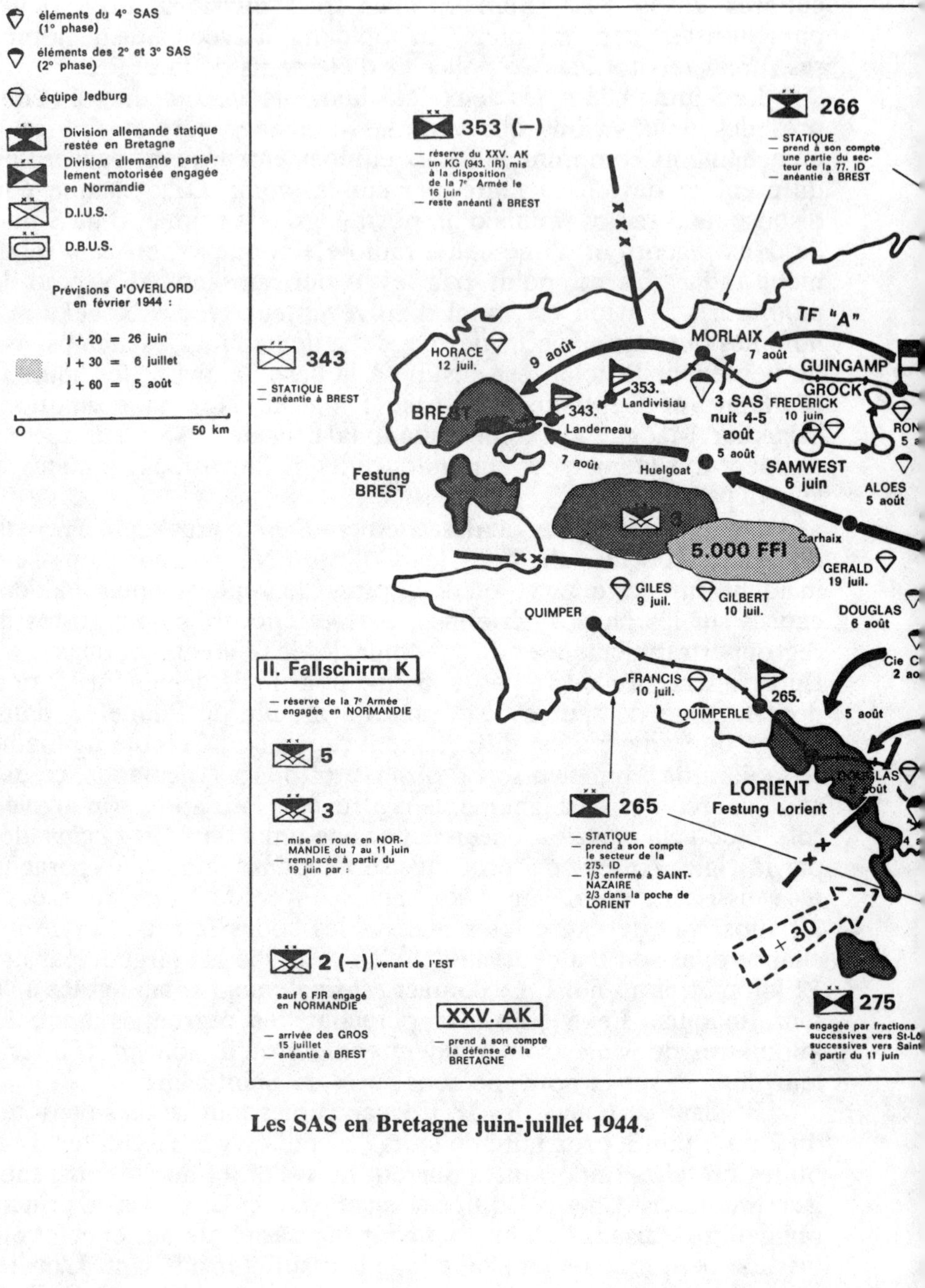

Les SAS en Bretagne juin-juillet 1944.

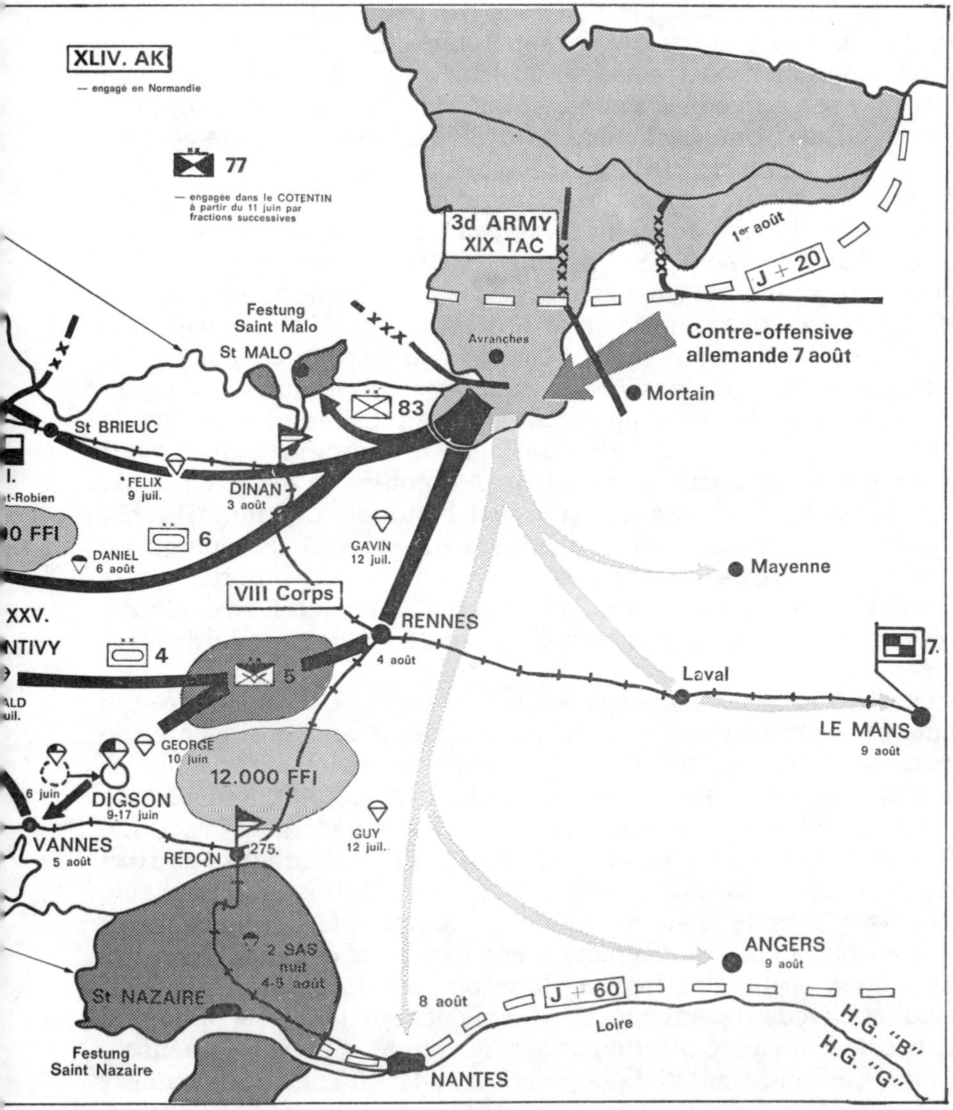

XLIV. AK
— engagé en Normandie
77
— engagée dans le COTENTIN à partir du 11 juin par fractions successives
3d ARMY
XIX TAC
1er août
J + 20
Festung Saint Malo
St MALO
Avranches
Contre-offensive allemande 7 août
Mortain
83
St BRIEUC
FELIX 9 juil.
DINAN 3 août
6
DANIEL 6 août
GAVIN 12 juil.
Mayenne
VIII Corps
XXV.
RENNES 4 août
4
5
Laval
7.
LE MANS 9 août
GEORGE 10 juin
6 juin
DIGSON 9-17 juin
12.000 FFI
VANNES 5 août
REDON
275.
GUY 12 juil.
2 SAS nuit 4-5 août
St NAZAIRE
ANGERS 9 août
8 août
J + 60
Loire
H.G. "B"
H.G. "G"
Festung Saint Nazaire
NANTES

Citons à titre d'exemple l'odyssée des deux groupes qui se sont attaqués à la voie transversale Redon-Rennes. Le lieutenant Camaret doit faire dérailler un train dans le tunnel au sud de Messac. En arrivant sur son objectif, il s'aperçoit que celui-ci, bien gardé, ne peut être attaqué de front. Le lieutenant décide de monter sur la colline, qui n'est pas surveillée. Il y laisse le reste des hommes en recueil et s'avance en rampant avec un aide jusqu'au sommet de la voûte, en portant un sac bourré de 30 kg d'explosifs. Là, il attend deux heures l'arrivée d'un convoi, à quelques mètres des sentinelles qui vont et viennent sur la voie. Le train arrive. Lâchant son explosif juste devant la machine, Camaret se jette en arrière mais le souffle de l'explosion est si fort qu'il est assommé, et c'est son équipier qui le ramène. Le train, sous l'effet de la vitesse, pénètre dans le tunnel tout en déraillant et en obstrue complètement l'entrée. Simultanément, le tunnel nord fait l'objet de l'attaque d'un autre groupe. Après avoir vainement attendu l'arrivée d'un convoi, l'équipe se divise en deux. Tandis qu'un élément pose les explosifs à l'intérieur du tunnel, le chef de groupe et un homme vont à la gare de Messac. Ils mettent en marche une machine, car l'instruction SAS a aussi porté sur la conduite des locomotives, et la lancent dans le tunnel. Elle explose à l'intérieur. La principale transversale du réseau breton est dorénavant coupée.

Dès le 8 juin, les chefs des bases Samwest et Dingson ont rendu compte de leurs contacts avec les mouvements de Résistance et de l'espérance qu'ils ont de réunir les nombreux maquisards pour les renforcer. Dingson annonce le chiffre de 2000 à 2500, Samwest de 500, mais très peu sont armés. Dès lors, le commandant de la brigade SAS lance la troisième phase de l'opération. Dans la nuit du 9 au 10 et les nuits suivantes, le reste du régiment est parachuté : une compagnie sur Samwest avec le capitaine Leblond qui prend le commandement de l'ensemble ; deux compagnies, la compagnie de commandement et un peloton de jeeps sur Dingson. Bourgoin, le commandant manchot, y saute le 9 avec un parachute spécialement conçu pour lui et dont la voile tricolore lui a été offerte par le brigadier Mac Leod. Malheureusement, l'enthousiasme de la population et des FFI, les parachutages massifs trop fréquents (soixante-huit avions du 9 au 17 juin, notamment le 13 juin, où vingt-cinq appareils larguent sept cents containers), les indiscrétions et les imprudences qui ne peuvent manquer de se produire dans une telle ambiance de kermesse attirent l'attention des Allemands. Ceux-ci n'arrivent pourtant pas à apprécier les forces qui leur sont opposées. Dans le même temps, le général Mac Leod ordonne par message : « Eviter à tout prix bataille rangée. — Continuer guérilla à outrance et armement FFI. » La dispersion décidée ne pourra être exécutée.

Le 11 juin, un premier incident se produit à Samwest. Un officier allemand se présente en voiture pour se ravitailler dans une ferme, qui sert d'avant-poste. Au lieu d'éviter le combat, les sentinelles abattent l'officier et un soldat. Le second réussit à s'échapper et donne l'alerte à Maël-Carhaix où réside une garnison d'environ 400 hommes. A l'aube du 12, trois camions chargés d'Allemands arrivent à la ferme et entreprennent de la brûler. Le capitaine Leblond se trouve alors pris dans un cruel dilemme : ou bien laisser brûler la ferme pour ne pas dévoiler la base qui est probablement ignorée des Allemands ; ou bien attaquer le détachement pour garder la confiance des maquisards et de la population, au risque de rendre plus difficile l'accomplissement de sa mission. C'est finalement la seconde solution qui est choisie. A 9 h, une contre-attaque des parachutistes repousse le détachement allemand en lui infligeant de lourdes pertes. Les trois camions sont détruits, tandis qu'un seul parachutiste est tué, et 2 autres blessés. Mais, dès cet instant, la base est condamnée. Le capitaine Leblond décide de maintenir dans la région un petit détachement pour continuer la mission sur la voie ferrée Paris-Brest. Il avertit tous les *Cooney Parties* et le commandant du bataillon que Samwest n'existe plus, et il replie le gros de la base par petits éléments sur Dingson.

Le commandant Bourgoin, prévenu à temps, envoie un élément pour recueillir les éléments de Samwest et renforcer la nouvelle base à créer près de Pontivy. Il tient compte de l'expérience et la dispersion des éléments est faite sur une grande échelle. La nouvelle base, aux ordres du lieutenant Deplante, doit prendre le nom conventionnel de « Grock ». Quant à Dingson, elle devient à partir du 11 la seule base du bataillon, ce qui représente un grave inconvénient car les parachutages effectués toutes les nuits sont de plus en plus importants.

En outre, dans la nuit du 17 au 18 juin, au moment même où les derniers éléments rescapés de Samwest la rejoignent, vingt-sept avions de la RAF, en colonne serrée, larguent plus de six cents containers de matériel que les hommes doivent ramasser avant l'aube. Est également largué le peloton de jeeps du lieutenant de La Grandière mais, le container des mitrailleuses Vickers s'étant écrasé au sol, seule une jeep pourra être armée.

Le commandement vient de commettre une grave imprudence. Il semble n'avoir pas saisi la différence qu'il y a entre le front de Normandie où existent des zones libérées, et la Bretagne où amis et ennemis vivent étroitement mêlés. Cette lourde erreur causera la perte de la base car les centaines de parachutes de couleur ne peuvent matériellement pas être ramassés avant le lever du jour, malgré les efforts des parachutistes et des deux bataillons FFI qui se sont constitués avec un encadrement de gendarmes. Dès l'aube, une patrouille de *Feldgendarmerie* s'engage, avec deux voitures et 12 hommes à bord, sur le chemin de la zone de largage au moment même où les trois quarts du personnel sont encore occupés à ramasser les containers. La réaction des avant-postes est immédiate et les deux voitures sont détruites. Mais un *Feldgendarme* s'échappe et donne l'alerte. A 8 h, le combat s'engage avec les premiers Allemands, deux compagnies venues de Malestroit. L'ennemi ne paraît pas réaliser l'importance de la base, défendue par près de 200 parachutistes et 2000 FFI bien armés. Attaquant d'abord la face est, les Allemands réussissent à s'infiltrer jusqu'à 300 mètres du poste de commandement. Rejetés avec de lourdes pertes par une violente contre-attaque de deux sections parachutistes et du peloton de jeeps, ils s'infiltrent alors sur la face sud où ils sont finalement contenus jusqu'au crépuscule. Le commandant Bourgoin obtient même, dans l'après-midi, l'appui de chasseurs-bombardiers Thunderbolt qui neutralisent les observatoires et paralysent les mouvements ennemis.

Vers 18 h, l'attaque reprend brutalement entre la face ouest et la face sud avec l'engagement de troupes fraîches allemandes, venues de Coëtquidan. Des éléments du bataillon FFI qui tient la face nord arrivent en renfort une heure plus tard. Les assaillants sont contenus à 200 mètres. Le commandant Bourgoin décide alors l'abandon de la base à partir de 22 h, au cours d'une réunion qu'il tient avec les commandants d'unités parachutistes et FFI. A chaque compagnie parachutiste est attribuée une zone de rassemblement qu'elle doit gagner par petits groupes. Quant aux unités FFI, il est décidé qu'elles retourneront dans leurs villages, tout en se tenant prêtes à se rassembler sur convocation de leurs chefs. Le combat a été meurtrier pour les deux camps : les SAS déplorent une trentaine de tués, dont 3 officiers ; les FFI ont de leur côté une centaine d'hommes hors de combat, tandis que les Allemands perdent 300 des leurs, dont le lieutenant-colonel parachutiste ayant dirigé l'attaque.

Dans les environs de Kerusten où elle s'est établie, la base Grock, elle aussi, n'a qu'une existence éphémère. Dès le 21 juin, la *Wehrmacht* commence l'encerclement. Sans attendre, le lieutenant Deplante donne l'ordre de dispersion aux 800 FFI qui l'ont rejoint tandis qu'il répartit les parachutistes dans les divers maquis. Lui-même essaie de reconstituer avec un petit noyau une nouvelle base qui doit se disperser à nouveau dès que les parachutages la signalent à l'attention de l'ennemi. Une dernière tentative est vouée à l'échec et, au début juillet, il n'existe plus qu'une possibilité : la dispersion absolue.

Les Allemands organisent alors une chasse impitoyable aux « terroristes » : le 261e escadron de cavalerie (ukrainien) et le 708e *Ost Bataillon* (géorgien) sont lancés dans la campagne guidés par la Milice, pillant, massacrant les isolés, terrorisant la population. Le 25 juin, le commandant Bourgoin, resté aux environs de Saint-Marcel, échappe de peu à la capture : les services de police allemands s'obstinent à arrêter tous les manchots de Bretagne... Le 12 juillet, c'est le lieutenant Marienne qui est capturé par surprise avec les quelques hommes qu'il a rassemblés. Ils sont abattus sur place par des agents français à la solde du SD allemand. Plus tard, ces derniers brûlent une ferme près de Tredion après y avoir enfermé des parachutistes blessés. Quatre jours après, ils assassinent les lieutenants Skinner et Fleuriot. Heureusement, le 3 août met fin à leur sinistre activité, car l'armée Patton atteint les faubourgs de Rennes après avoir percé le front allemand à Avranches deux jours plus tôt. Ce même jour, la fameuse phrase : « Le chapeau de Napoléon est-il toujours à Perros-Guirec ? » retentit sur les ondes de la BBC. C'est elle qui donne le signal de l'insurrection pour les 10 000 FFI armés par les SAS. Le 4 août, la dernière phase de l'opération est déclenchée : le reste du *Jeep Squadron,* un peloton par parachutes, les deux autres en planeurs, est mis à terre au sud d'Auray. Il s'engage immédiatement avec quelques parachutistes pour éclairer la progression de la 4e DB américaine, tandis que le régiment amorce l'investissement de Lorient et Saint-Malo.

Le 2e RCP se rassemble à Vannes pour trois semaines d'un repos bien mérité. Seuls 180 SAS sont sur les rangs : le régiment a perdu en deux mois d'opérations 23 officiers (sur 45) et 175 hommes tués ou disparus, soit près du tiers de son effectif. Le 2 août 1944, le général de Gaulle cite le 2e RCP à l'ordre de la Nation et lui attribue la croix de la Libération.

Brevet para FFL

III

DE LA LOIRE A BASTOGNE ET A LA HOLLANDE

Tandis que le 2e RCP est engagé globalement pour participer à l'isolement de la péninsule bretonne et faciliter la progression des blindés alliés en direction des ports armoricains, le 3e RCP ronge son frein en Angleterre. Enfin, dans la première quinzaine de juillet, le commandant Conan est convoqué par le brigadier Mac Leod. La brigade SAS a été chargée, avec l'aviation tactique, de couvrir le flanc sud de la 3e Armée US qui va déboucher de Normandie et envelopper les Forces allemandes au nord de la Loire. Le commandant du 3e RCP reçoit donc la mission suivante : agissant sur la direction de Nantes-Lyon, interdire, en liaison avec les maquis du Centre, toute action des forces de la *Wehrmacht,* évaluées à 100000 hommes, refluant du bassin aquitain.

A partir du 16 juillet et jusqu'au 7 octobre 1944, les sticks du régiment, regroupés en onze missions, vont être essaimés de la Bretagne à la France-Comté, menant une « guerre d'indiens » dans le plus pur style SAS, harcelant les colonnes allemandes en retraite, signalant les objectifs intéressants à la RAF et à l'USAAF, épaulant ou encadrant les FFI, opérant la jonction avec les Forces américaines et françaises débarquées en Provence.

Le 3e *squadron* avec la moitié du *squadron* de commandement et le *squadron* de renfort, aux ordres du capitaine Simon, opère à partir du 16 juillet dans le Poitou et le Limousin, puis se regroupe autour de Châteauroux avant de rejoindre les poches de l'Atlantique. Le 2e *squadron* du capitaine Sicaud intervient le 5 août dans le nord du Finistère pour conserver intacts les ouvrages d'art que les Allemands menacent de détruire devant les blindés américains. Récupéré en Angleterre, il est à nouveau parachuté dans le Jura à proximité duquel opèrent depuis le 12 août le 1er *squadron* et l'autre moitié du *squadron* de commandement aux ordres du commandant Conan. De son côté, le *squadron* de jeeps débarque en Normandie, puis éclate en cinq pelotons qui travaillent indépendamment, soit en liaison avec les divers groupes SAS, soit avec les unités de reconnaissance de la

3e Armée US. Il s'ensuit un fantastique cross-country à travers les lignes, au milieu des colonnes de Panzers et des convois allemands qui refluent vers l'Est et le Nord.

Ainsi, dans l'Yonne, à un passage à niveau, la jeep de l'aspirant Aubert-Stribi fonce à tombeau ouvert, suivie par l'équipage des frères Djian. Au moment même où la première jeep va tomber dans une embuscade, Lucien Djian, qui voit la scène d'un seul coup d'œil, vire en pleine vitesse, franchit le talus de la voie ferrée et prend l'ennemi de flanc, à bout portant. Aubert-Stribi passe sans mal tandis que ses deux mitrailleuses fauchent le FM et ses servants. Sans même s'arrêter, les deux jeeps disparaissent, laissant une vingtaine de cadavres sur la voie. Le 1er septembre, il rejoint le PC du régiment.

Le 4 septembre, le peloton, qui a reçu l'ordre d'agir sur la nationale 6, approche vers 4 h du matin de Sennecey-le-Grand. Un convoi allemand de près de 3 000 hommes en route vers la trouée de Belfort y stationne. Le capitaine Combaud de Roquebrune décide d'attaquer ; les quatre jeeps foncent à 80 km /h dans la Grand-Rue. La panique s'empare des Allemands, surpris par la violence du feu, l'audace et la rapidité de l'attaque. Malheureusement, à la sortie du village, les jeeps se trouvent face à face avec un autre convoi ennemi qui arrive. Les premiers camions, incendiés, barrent la route. Il ne reste qu'une seule issue : repasser par Sennecey. Alors, sous le feu, les jeeps font demi-tour sur place, mais leur élan est brisé par les cadavres qui jonchent la grand-rue. Sauf la première qui atteindra la sortie du village, les trois autres s'immobilisent une à une, bloquant le passage. Les équipages se dégagent et mènent un combat désespéré au corps à corps, dont ils ne peuvent sortir vivants. Seuls, l'adjudant Tramoni, Beaude et Bailleux, blessés tous trois, se traînent à travers champs et s'échappent de cet enfer dont la première vision sera pour eux l'aspirant Aubert-Stribi se défendant au colt et la jeep en flammes du chef de peloton continuant à cracher le feu de toutes ses armes. Si les pertes allemandes n'ont pu être dénombrées exactement, il a cependant fallu réquisitionner plus de 30 médecins civils pour soigner leurs blessés.

Le 6 septembre, les 25 SAS des capitaines Rouan et Poro, aidés des 125 FFI, s'emparent de Montceau-les-Mines, puis s'installent en bouchon sur la route et la voie ferrée. A midi, un train se présente et déraille sur la coupure préparée. Le combat s'engage contre 300 Allemands. De son côté, le capitaine Rouan voit débarquer une autre unité d'un convoi auto. La situation n'est pas brillante, lorsque le sergent-chef Le Carré et un maquisard, avec un sang-froid qui frise la témérité, sauvent la situation. Sautant sur le remblai, ils s'avancent et demandent d'autorité le commandant à qui ils déclarent sans ambages : « Vous êtes encerclés par une division aéroportée, rendez-vous ! » Après quelques hésitations, l'Allemand s'exécute. Au moment où quelques maquisards récupèrent les armes et rassemblent les prisonniers, survient un train blindé. Quelques coups de feu sont échangés. Le Carré intervient. Renouvelant son geste, il ouvre les portières, fait descendre les Allemands et leur ordonne de jeter les armes à terre. Sur ces entrefaites, les hommes du convoi-auto arrivent. Ils regardent le spectacle et, à leur tour, jettent les armes et se rendent. En quelques instants, au prix de 2 tués, les parachutistes se retrouvent à la tête de 500 prisonniers, deux trains, deux chars, plusieurs canons et cinq cents armes diverses, tandis que l'ennemi laisse sur le terrain 20 tués et 32 blessés.

Le bilan général du 3e RCP est suffisamment éloquent : 5 476 Allemands hors de combat, 1 390 prisonniers, 11 trains et 382 véhicules détruits pour la perte de seulement 41 parachutistes, tués ou disparus.

Le régiment frère, dont la gloire acquise en Bretagne a quelque peu fait oublier le magnifique travail effectué par le 3e RCP, est alors en train de regrouper ses éléments éparpillés sur toute la Bretagne et de se réorganiser. Renforcé par les FFI qui ont combattu dans ses rangs et monté sur jeeps type SAS, le 2e RCP va bientôt prêter main-forte au 3e RCP dans sa mission de flanc-garde.

Le 26 août, soixante-cinq jeeps arrivent à Vannes, apportant les bérets amarante que le roi d'Angleterre, en un geste de reconnaissance profonde, accorde aux SAS français. Aussitôt équipées, les jeeps du 2e RCP démarrent vers la Loire et la région de Briare à partir de laquelle les quatre *squadrons* vont opérer en direction de Nevers, Châteauroux et Bourges. D'un bilan aussi prestigieux que celui de son homologue, nous ne retirerons que quelques chiffres indiscutables et qui sont certainement bien au-dessous de la réalité : 326 Allemands hors de combat, 2 520 prisonniers et 320 véhicules divers pour 2 tués, 12 blessés et une jeep détruite chez les SAS. Cela, semble-t-il, n'a pas besoin de commentaires !

L'épisode le plus extraordinaire se situe le 11 septembre. Ce jour-là, le sous-lieutenant Le Bobinnec, commandant un peloton du 2e *Squadron,* enlève par surprise un avant-poste sur la route de Saint-Pierre-le-Moutier. Les prisonniers assis avec un drapeau blanc sur le capot des jeeps, il pénètre alors dans le village encombré par un convoi du détachement d'avant-garde de la colonne Elster. Après discussion avec le commandant du convoi, il le persuade qu'il est à l'avant-garde d'une division blindée américaine et que toute résistance est inutile. Impressionné par l'assurance du sous-lieutenant et déprimé par les attaques incessantes dont la colonne est l'objet, le commandant du détachement finit par céder. La capitulation englobe 2 500 Allemands, 300 véhicules, 8 canons et tout l'armement individuel correspondant. Les 2e et 3e *Squadrons,* arrivés en renfort, envoient des prisonniers munis d'une demande de reddition en bonne et due forme au commandant du gros des forces de la *Wehrmacht.* Ce dernier refuse de se rendre aux parachutistes ou aux FFI, mais demande à être mis en contact avec le commandant des Forces américaines. Le contact réalisé par les SAS, les prisonniers se dirigent vers Orléans sous la garde des parachutistes.

Avec cet exploit se termine, le 14 septembre, la campagne de la Loire. Les *squadrons* se regroupent à Briare. Depuis le 12 septembre, à hauteur de Dijon, la jonction entre les armées alliées de l'Ouest et du Sud est réalisée.

* * *

Les deux régiments profitent alors de la pause momentanée dans les opérations pour se réorganiser et compléter leurs effectifs et leur matériel. Le 2e RCP se regroupe à Briare et s'installe à Esternay et Montmirail. Son chef, le colonel Bourgoin, nommé inspecteur général des troupes aéroportées, quitte le régiment et laisse le commandement au chef de bataillon Puech-Samson. Le 3e RCP, quant à lui, ne termine son regroupement à Dizy qu'un mois plus tard, le 14 octobre, la compagnie du capitaine Sicaud étant encore engagée dans les Vosges. Il s'installe à Epernay.

Le 16 décembre, le maréchal von Rundstedt lance son offensive dans les Ardennes belges. Le VIIIe corps américain est coupé en deux. D'un seul élan et profitant de la surprise, la *Wehrmacht* espère continuer son attaque en profitant des stocks américains que l'action ne doit pas manquer de faire tomber entre ses mains.

Deux DAP sont affectées au 12e groupe d'armées du général Bradley et les réserves stationnées en Angleterre dépêchées d'urgence vers le continent. Toutes les unités dispersées sont rameutées pour colmater les brèches.

Le 22 décembre, le lieutenant-colonel Prendergast, de la brigade SAS, demande à Puech-Samson de constituer au moins un *squadron* de combat avec les éléments cantonnés en France, les volontaires récents étant encore à l'instruction en Angleterre. Le 24 au matin, un *squadron* de commandement et un *squadron* de combat font mouvement de Montmirail vers Florenville, PC du VIIIe corps : il y a là 20 officiers, 166 sous-officiers et parachutistes montés sur 36 jeeps, 8 camions et 4 voitures légères. Arrivé vers 20 h, le commandant du 2e RCP reçoit la mission de s'installer à Bertrix, qu'il rejoint le lendemain matin par un froid intense sur des routes verglacées. La contre-offensive américaine en direction de Bastogne vient de déboucher. Mais une énorme brèche existe entre Marche et Bastogne, dans laquelle les *Panzerdivision* essaient de s'engouffrer. Le régiment est placé « en l'air », à l'aile gauche de la 3e Armée US, dans le secteur de la 28e division, pour couvrir par le renseignement le VIIIe corps attaquant vers le nord.

Après avoir installé une base en point d'appui fermé, le *squadron* de combat, aux ordres du capitaine Deplante, se scinde en deux éléments chargés à tour de rôle de la protection de la base et des patrouilles en direction de Saint-Hubert et de Rochefort. Jusqu'au 30 décembre, les reconnaissances, souvent très aventureuses dans la neige et le froid, permettent de resserrer le dispositif et d'apporter de précieux renseignements. Ensuite, il s'agit de maintenir la pression sur les Allemands qui cherchent à garder la brèche ouverte. Des troupes fraîches sont arrivées : la 28e division a été relevée par la 17e DAP et la 87e division qui couvre Bastogne, à l'ouest.

Le 11 janvier, au soir, le sous-lieutenant Baufast va stupéfier les Américains. Parti en patrouille vers Saint-Hubert, il apprend que les Allemands de la *Panzer Lehr* l'évacuent. Après un violent engagement, 20 Allemands restent entre ses mains et son compte rendu radio annonce : « Avons pris Saint-Hubert, envoyez renforts. » Les Américains ne sont pas loin de penser que « ces Français sont fous ». Le commandant Puech-Samson, lui, réalise vite et rameute tous les éléments disponibles sur la ville que la 87e division n'ose pas aborder. Une fois installé, il confirme la prise de la ville. Le 13 au matin, les Belges refusent de reconnaître d'autres libérateurs que les Français et remettent en grande cérémonie les clefs de la ville au commandant Puech-Samson, et celui-ci les remet au général américain.

L'avance continue en direction de Houffalize. Limerlé est occupé le 20 janvier. Les Allemands décrochent, laissant entre nos mains de nombreux prisonniers. Malheureusement, le 24, la veille même de la relève, la jeep du commandant saute sur une mine et celui-ci est sérieusement blessé. Les sticks se regroupent à Bertrix qu'ils quittent le 29 pour rejoindre Esternay.

* * *

De là, c'est le départ pour l'Angleterre avec le 3e RCP et l'installation, le 16 février, au camp d'Orwell Park. Le commandement britannique ne veut plus utiliser « les hommes au béret amarante » que pour des opérations spécifiques. L'entraînement reprend donc pour tous les jeunes venus tout au long de la campagne combler les nombreux vides, tandis que les anciens qui n'ont plus peur de rien associent les joies du dancing et des pubs aux exercices fastidieux qu'ils subissent par habitude.

Tandis que se poursuit l'entraînement et que plusieurs opérations envisagées par la brigade sont abandonnées, le 21e groupe d'armées prépare l'ultime offensive vers l'Elbe et la Baltique. La 1re Armée canadienne, placée en couverture sur le flanc gauche, est chargée de nettoyer la Hollande et la zone côtière jusqu'à l'Elbe. Le général Belchem, chef des opérations du 21e groupe, propose l'emploi d'unités SAS au profit du 2e corps canadien chargé du nettoyage de la Frise. Après en avoir discuté à Bruxelles, le 28 mars 1944, avec le 21e groupe, puis à l'état-major de l'armée canadienne, le brigadier

Calvert, commandant les troupes SAS donne son accord de principe sous deux conditions : que les SAS soient rejoints dans les soixante-douze heures après le largage et que le commandement de l'opération soit assuré par un chef unique.

La brigade SAS doit engager dans cette affaire un *squadron* du 2e régiment (opération Keystone), le 1er bataillon belge (opération Larkswood) et les deux régiments français (opération Amherst). Le 4 avril, ces deux derniers sont à nouveau mis au secret au camp de Mushroom Farm après trente-six heures d'agitation fébrile, pendant lesquelles on a récupéré tout le personnel instruit. Les chefs de corps sont « briefés » à 9 h, au PC de liaison nº 20.

Les deux régiments doivent sauter avec quarante-huit heures d'avance sur les éléments de tête du 2e corps canadien, pour « créer la plus grande confusion possible, empêcher l'ennemi d'établir des lignes de défense en profitant des canaux orientés est-ouest et éviter la destruction des ponts ». L'expérience d'Arnhem a porté ses fruits ! Plus qu'un résultat matériel, Calvert cherche à créer chez l'ennemi une confusion et une psychose du parachutiste auxquelles s'ajouteront bien sûr les coups heureux que ne peuvent manquer de porter cinquante-deux sticks essaimés sur dix-neuf zones de saut dans un carré de 60 km de côté entre Ommen et Groningue. Le bluff escompté et amplifié par la BBC, soigneusement entretenu par le largage de 150 mannequins, l'abandon volontaire des parachutes sur les zones de mise à terre, les bombardements de diversion du 100e groupe de *pathfinders* de la RAF, atteindra son but puisque les Allemands croiront à un nouvel « Arnhem ».

L'ordre finalement donné aux deux commandants des bataillons relève de la plus grande simplicité : « Dans la zone à l'est de la voie ferrée Groningue, Assen, Hargeven pour la 2e RCP, à l'ouest pour le 3e, chasse libre pour engendrer le maximum de panique dans les rangs de la *Wehrmacht.* » Traduit en langage militaire, il signifie : « Harcèlements des convois, attaque des PC, sabotage des transmissions ennemies, renseignement sur toute la zone d'action grâce aux quatre émetteurs-récepteurs à grande puissance répartis dans chacun des bataillons. » Au dernier moment, le brigadier Calvert a accepté de porter à quatre-vingt-seize heures le délai de jonction avec les troupes au sol, en raison des difficultés de progression prévisibles des blindés.

C'est ainsi que dans la nuit du 7 au 8 avril, les 696 hommes et quatre Jedburghs du lieutenant-colonel de Bollardière et du commandant Puech-Samson se retrouvent dans les soixante Stirling qui vont les larguer sur la Hollande. En l'absence de toute infrastructure d'accueil possible au sol, les avions sont seulement guidés, dans la crasse de cette nuit noire, par radars jusqu'à leur point de largage. Ce procédé, révolutionnaire pour l'époque et actuellement appelé « largage assisté », n'en entraîne pas moins une erreur moyenne de 6 à 8 km dans les points d'arrivée des parachutistes. Malgré la confusion qui s'ensuit, le bon déroulement de l'opération terrestre n'en subira pas d'incidence.

Peu à peu, les sticks se regroupent. Les contacts avec la résistance hollandaise s'établissent et les premières missions improvisées commencent. Ainsi, le 8 au matin, le capitaine Betbeze et son stick sont rejoints dans un bois à 4 km au sud-ouest de Westerbrock par le commandant Puech-Samson et le groupe de commandement qui, eux aussi, ont été largués avec 10 km d'erreur. Le commandant décide de faire attaquer au plus vite un PC situé dans le village proche et non tenu par les troupes allemandes où le général, dit-on, est en train de plier bagage. Le capitaine Betbeze s'y rend avec les sous-lieutenants Le Bobinnec, Lorang et 13 hommes. Les SAS sont guidés par un para britannique qui se cache dans la région depuis Arnhem. Le Bobinnec et l'adjudant Bouard sont chargés de l'attaque. Le reste du groupe assure leur protection. Au moment où les deux hommes atteignent la barrière de la maison, les Allemands ouvrent le feu sur le groupe. Ils se plaquent le long du mur. Par une fenêtre, le sous-lieutenant aperçoit le général, épaule, tire : le général tombe mort. En quelques secondes, Le Bobinnec et Bouard abattent un commandant puis un lieutenant qui s'encadrent dans la porte. Une bombe gammon achève le nettoyage du rez-de-chaussée. Le poste radio est détruit. Mais il n'est pas question de déloger les Allemands du 1er étage. Pendant le décrochage, 2 hommes sont tués, 4 sont blessés. Parmi ces derniers, il y a Le Bobinnec et Bouard qui se réfugient dans la cave d'un Hollandais qui les dénonce le lendemain. Ils sont faits prisonniers.

Pour d'autres sticks comme celui de Thome, ce sont les embuscades qui se révèlent payantes, surtout lorsqu'elles permettent de récupérer les archives de la Gestapo de Groningue dans un side-car dont le pilote a été descendu en pleine course d'un coup de fusil par Klein, l'Alsacien au sang-froid imperturbable. A Aphelsga, c'est Duno avec ses 10 hommes qui surprend la garde allemande sur le pont qu'il a mission de conserver intact. Il la déloge et s'installe en plein jour après avoir neutralisé le système de destruction. C'est enfin le lieutenant-colonel de Bollardière qui, le 10 avril, apprenant l'approche des blindés canadiens, enlève par surprise le village de Spier où il se retranche avec le gros de la compagnie de commandement. Une contre-attaque a lieu dans la nuit. Au moment où tout semble perdu, les blindés sauvent la situation et, guidés par les paras, s'emparent de Beilen dans la foulée.

Là encore, comme dans toutes les opérations SAS, il n'est pas possible de citer tous les faits d'armes qui illustrent ces actions. A l'heure du bilan, le 15 avril, il est certain que l'action des 700 parachutistes français a largement contribué à semer le désarroi chez l'ennemi, qui a perdu 666 hommes (260 tués, dont deux généraux, 220 blessés, 186 prisonniers). Si la perte de 29 parachutistes et d'autant de disparus peut paraître lourde, il n'en reste pas moins vrai

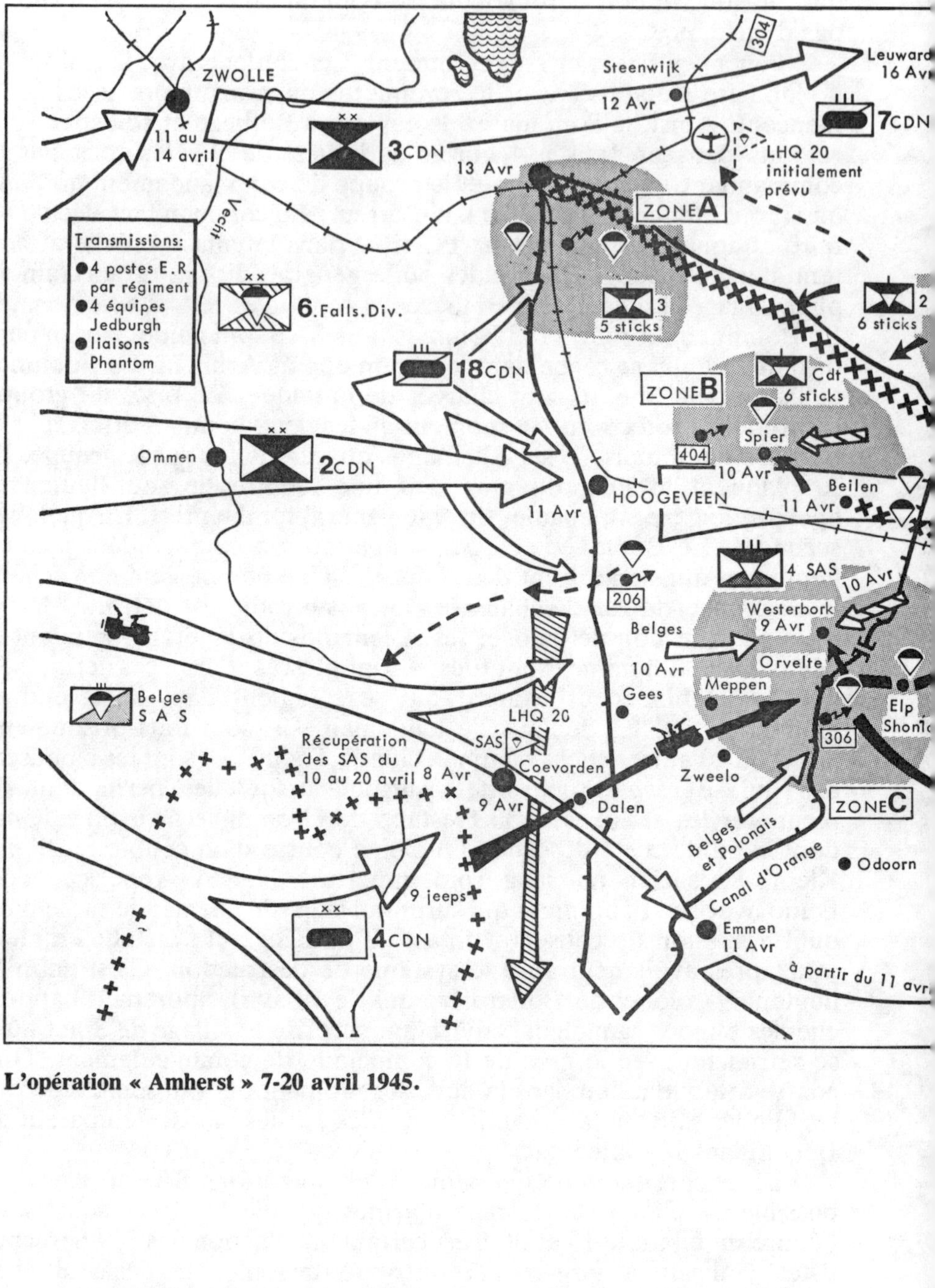

L'opération « Amherst » 7-20 avril 1945.

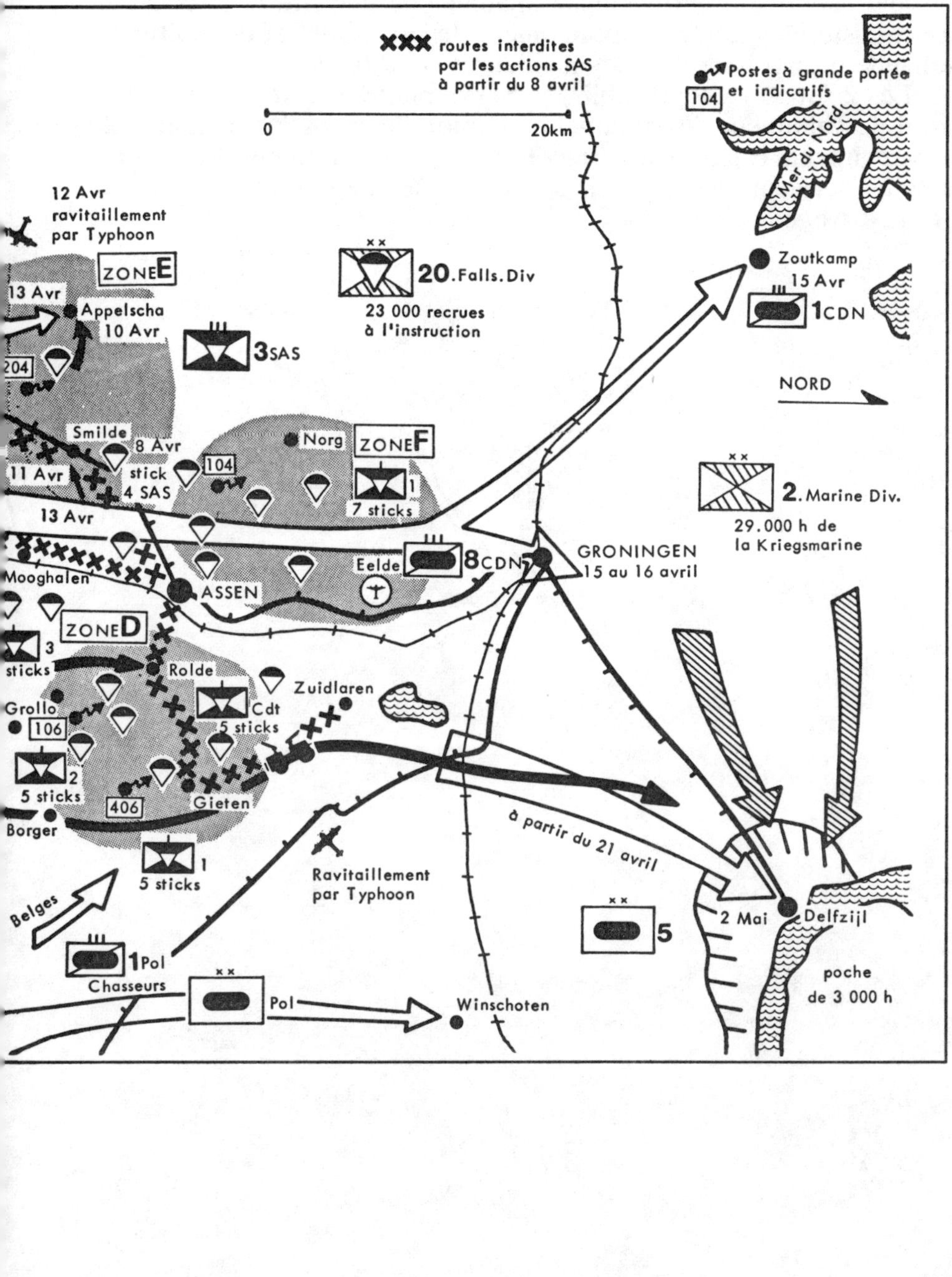

XXX routes interdites par les actions SAS à partir du 8 avril
0
20km
Postes à grande portée et indicatifs
104
Mer du Nord
12 Avr ravitaillement par Typhoon
ZONE E
13 Avr
Appelscha
10 Avr
204
3SAS
20. Falls. Div
23 000 recrues à l'instruction
Zoutkamp
15 Avr
1CDN
NORD
Smilde
8 Avr
stick 4 SAS
11 Avr
104
Norg
ZONE F
1
7 sticks
13 Avr
2. Marine Div.
29.000 h de la Kriegsmarine
Mooghalen
Eelde
8CDN
GRONINGEN
15 au 16 avril
ASSEN
ZONE D
3 sticks
Rolde
Grollo
106
Cdt
5 sticks
Zuidlaren
2
5 sticks
406
Gieten
Borger
à partir du 21 avril
1
5 sticks
Ravitaillement par Typhoon
Belges
2 Mai
Delfzijl
5
1Pol
Chasseurs
Pol
Winschoten
poche de 3 000 h

que leur sacrifice a permis aux Canadiens de détruire la 6e division parachutiste allemande, complètement désorganisée, et de libérer la Hollande du nord-est dans les meilleures conditions.

Les 2e et 3e RCP, affaiblis, se regroupent à Coevorden avec un moral de vainqueur. Après quelques jours de repos à Nimègue, les deux régiments rejoignent l'Angleterre par voie aérienne. La fin des hostilités survient avant que ne soit exécutée une opération projetée sur la Norvège.

Bataillon de Choc

IV

DE L'ILE D'ELBE A COLMAR

Pendant ce temps, le régiment frèrc — le 1er RCP — va mener une tout autre guerre avec la 1re Armée française, dans le sud de la France. Une guerre aussi glorieuse mais, hélas, une guerre de biffins : les premiers parachutistes ne seront pas parachutés...

Avant d'entreprendre la libération du sud de la France, le commandement allié décide de conquérir l'île d'Elbe. Cette opération a été préparée dès novembre 1943 et repoussée à plusieurs reprises jusqu'au 25 mai 1944. Le 15 décembre, le 1er RCP, rattaché depuis le 21 novembre au 1er CA chargé de l'opération, a envoyé un détachement précurseur à Alger. Puis, le 28 mars 1944, il est remis à la disposition de l'EMAA. L'idée est reprise plus tard, avec beaucoup moins d'enthousiasme du côté des Français. Les Alliés insistent, jugeant que l'opération de l'île d'Elbe constituera une expérience qui permettra d'utiles mises au point avant l'entrée en scène de l'Armée B sur le sol de Provence.

Une nouvelle date est arrêtée, celle du 17 juin, pour profiter d'une nuit sans lune et en raison du renforcement des effectifs ennemis, qui comprennent 2000 Allemands et 700 Italiens, avec onze batteries d'artillerie et une soixantaine de canons antichars. Le général de Lattre juge en effet les délais de préparation insuffisants et, bien qu'il ait toute confiance dans les unités de Choc qui doivent percer les défenses essentiellement axées sur le littoral, il obtient que le 1er RCP soit mis à la disposition de la Force 255 dans le but de paralyser dès le premier jour les réserves stationnées sur la côte orientale, à Porto Longone.

Le régiment se prépare donc activement à tous les échelons et complète sa préparation par une reconnaissance et un exercice en vraie grandeur les 9 et 10 juin dans des conditions identiques à celles de l'opération projetée. Hélas ! les Alliés retirent leurs avions rassemblés à Milo, dont ils ont un urgent besoin en Italie. L'opération aéroportée est décommandée. Quant au moral, il est fortement atteint à l'annonce du débarquement des « Chocs » et des commandos d'Afrique sur l'île, venant après celle du largage du 2ᵉ RCP en Bretagne, tandis que le régiment se sent oublié sur son aérodrome perdu au fin fond de la Sicile.

En effet, depuis la fin mars, les deux unités spéciales ont été mises à la disposition de la 9ᵉ DIC pour préparer et faciliter son engagement dans l'opération « Brassard ». Scindé en sept détachements qui embarquent à Bastia dans la journée du 16 juin, le « Choc », mis à terre par surprise à H – 3, doit déclencher son action quinze minutes avant l'heure H. Sa mission : neutraliser les batteries et défenses côtières ennemies pour permettre le débarquement sur la plage de Marina di Campo à partir de 3 h 45.

Comme prévu, trois sections des détachements 1 et 2 débarquent sans problème. En revanche, la 4ᵉ est décelée et prise à partie par des tirs de mitrailleuse. Tout cela crée une certaine confusion qui rend difficile leur mission de destruction des batteries de Porro et Punta-Bardella. Malgré tout, une équipe de 4 hommes aborde cette dernière à 4 h 30, fait prisonnier le personnel qui a abandonné les pièces et les détruit à l'explosif. De son côté, le capitaine Carbonnier arrive à proximité de la batterie de Porro vers 3 h 30. Voyant qu'il ne pourra la réduire avant l'heure H, il demande les tirs de la marine puis neutralise la batterie avec ses FM en empêchant les servants de rejoindre leurs pièces. Les Allemands ripostent mais finalement se rendent avant que le coup de main prévu ne soit exécuté. Le détachement nº 2 s'empare du PC de San Piero puis continue sa progression et s'empare de Marciana Marina sans coup férir. Le capitaine Lefort est blessé dans l'action sur Pila. Les détachements 3, 4 et 5, quant à eux, s'emparent de Fonza et Capo Stella. Mais ils échouent devant la résistance organisée de la batterie de Ripalti qu'ils n'ont pu atteindre avant l'heure H.

Le commandant Gambiez et le PC s'installent en « bivouac camouflé » sur la cote 183 d'où ils dominent tout le terrain. Les fusées à feu blanc leur apprennent bientôt que les objectifs sont atteints bien que le débarquement dans Marina di Campo n'ait pas l'air de se dérouler comme prévu. En effet le 3ᵉ commando d'Afrique et le bataillon Gilles du 13ᵉ RTS s'accrochent désespérément à la plage de débarquement truffée de mines et de barbelés alors même qu'ils sont l'objet d'une violente concentration des feux de toutes les armes allemandes. Le commandant Bouvet, qui avait pressenti tout le danger de cette mission de sacrifice, avait proposé et obtenu du général de Lattre d'assurer un débarquement plus à l'est sur la petite plage de Kodak Green, avec les autres commandos. Cette action initialement secondaire, sur la ligne de crête des monts Tombone, Puccio et San Martino, a finalement de profondes répercussions sur l'opération, puisqu'elle permet de dégager Marina di Campo en le débordant et de sauver les hommes fixés sur la plage principale.

Tandis que ces événements se déroulent au sud de l'île, les deux détachements nord du « Choc » sont également actifs. Malheureusement, la section Durieux, qui a pour mission d'attaquer le PC présumé de l'île à la villa Napoleone, est retardée dans sa progression et abandonne son objectif en raison de l'alerte donnée et des renforts ennemis qui affluent. Durieux soit se replier devant deux compagnies qui arrivent avec de l'armement lourd.

En revanche, le détachement du lieutenant Jacobsen, après une escalade acrobatique, détruit la batterie d'Enfola attaquée dans la foulée. La réaction allemande est forte. Le détachement, rejeté sur la côte, perd 2 tués, 1 blessé et 20 disparus. Le reste se porte sur Porto Longone où il fait sa jonction avec le détachement n° 5 qui vient de conquérir la citadelle. Le 18 juin, après d'ultimes combats, les Allemands capitulent.

Le lendemain, au cours de la prise d'armes organisée à Porto Longone, le général de Lattre décore ceux qui sont sortis vainqueurs du « plus dur de tous les débarquements en Méditerranée ». Les « Chocs », comme les commandos d'Afrique ont largement participé à la conquête de l'île, au prix du sacrifice de 38 tués et 27 disparus dans leurs rangs.

* * *

L'opération « Brassard » terminée, il s'agit de se consacrer à l'invasion de la Provence, baptisée d'abord « Anvil », puis « Dragoon » à partir du 1er août 1944. Début juillet, le 1er RCP quitte la Sicile pour Rome qu'il rejoint après un voyage assez long par route, ferry-boat et chemin de fer à travers un paysage que la guerre n'a pas épargné. Il s'installe dans les faubourgs de la Ville éternelle en cantonnement de compagnies et l'entraînement reprend. Le moral n'y est pas tout à fait. L'accueil chaleureux de la population, les possibilités de « dégagement » qui s'offrent venant s'ajouter à l'annonce que le régiment ne participera pas au débarquement de Provence sont peu propices à une intense activité sur le plan militaire, malgré une intervention désespérée du colonel Geille et du commandant Faure auprès du général de Lattre de Tassigny. Comme ce dernier l'a écrit dans l' « Histoire de la 1re Armée française », il se heurte au refus du général de Gaulle qui entend garder le 1er RCP en réserve. Une nouvelle fois, hommes et cadres du régiment ont le sentiment d'être des « laissés pour compte », surtout lorsqu'ils voient s'embarquer à Rome les parachutistes américains et britanniques, ainsi que les groupes de Choc détachés auprès des Alliés pour assurer la liaison et servir de guides. L'emploi du régiment avait été pourtant maintes fois envisagé, notamment dans l'ébauche de manœuvre de mai 1944 qui prévoyait un largage au sud du Luc dans la nuit de J — 1 à J. Les informations qui arrivent de France ne font que renforcer l'amertume et éloigner définitivement l'espoir de participer à l'opération tellement désirée. C'est à des soldats désabusés que finalement parvient l'ordre de se préparer à l'aérotransport vers la France. Le 1er RCP se pose le 4 septembre à Valence où il arrive « en spectateur » : Lyon vient d'être libéré.

La déception des hommes du commando de France n'est pas moins grande. A l'exception de ses deux commandos lourds, qui rejoignent la France fin août, et du détachement spécial qui participe seul aux premières opérations, tout le reste du groupe ne débarque à Toulon que le 10 octobre, au moment où commence la bataille pour les Vosges et l'Alsace, les fronts de l'Ouest et du Sud ayant effectué leur jonction.

Le bataillon de Choc, pour sa part, se regroupe à Calvi et complète ses effectifs avec des renforts amenés du centre spécial des unités de Choc de Staouéli, dont le lieutenant-colonel Gambiez prend le commandement le 1er août.

Les commandos d'Afrique, de leur côté, rejoignent Agropolis, au sud de Naples, où ils préparent activement, en parfaite harmonie avec les alliés américains et canadiens, la mission qui leur est confiée pour « Dragoon ». Celle-ci consiste à débarquer au voisinage du cap Nègre dans la nuit précédant l'invasion pour détruire les défenses allemandes, bloquer la route côtière et s'emparer des hauteurs avoisinantes, protégeant ainsi le flanc gauche de l'assaut principal.

La Force « Roméo » rallie la Corse et s'embarque le 14 août, à 10 h, dans la baie de Propriano sur les bateaux qui doivent l'amener à pied d'œuvre au cap Nègre pour minuit. Vers 22 h, après leur transbordement sur les LCA et les embarcations d'assaut, les détachements d'assaut Ducournau et Texier, ainsi que le groupe de reconnaissance du commandant Rigaud s'apprêtent à ouvrir la voie aux 600 hommes que le commandant Bouvet garde sous son autorité en deuxième échelon. Des erreurs de navigation font accoster ces éléments plus à l'ouest que prévu. La section Jannerot se trouve ainsi immédiatement sous le feu des ouvrages de défenses côtières de La Fossette. Le détachement Texier est décimé par une patrouille allemande pendant son escalade de la face est du cap Nègre. Seul le capitaine Ducournau, avec les 30 hommes qui lui restent, réussit l'ascension de la face ouest et parvient à mettre hors de combat les batteries qui lui ont été désignées. Vers 1 h du matin, le gros des commandos, qui n'a pu découvrir les signaux du commandant Rigaud, débarque à son tour sur la plage du Canadel et réussit à s'infiltrer sans pertes vers les crêtes boisées dominant le littoral. Le 3e commando pousse vers le village de La Môle qu'il occupe à 15 h. A 18 h, la jonction est assurée par les auto-mitrailleuses du 6e corps d'armée US. Dans le seul secteur des commandos, l'ennemi a perdu 300 des siens et abandonné 700 prisonniers. Le lendemain, la marche en avant reprend pour nettoyer la côte jusqu'au cap Bénat inclus. A la tête du 2e commando, le capitaine Thorel est mortellement blessé au moment même où l'ouvrage de La Fossette succombe à l'assaut de ses hommes. Le 17, c'est la libération du Lavandou et la fin de toute résistance sérieuse sur les objectifs initialement assignés. Enfin, le 18, après une lutte particulièrement chaude où 30 des nôtres sont atteints, le capitaine Ducournau s'empare de la batterie de Mauvanne commandant le débouché vers Hyères et qui est composée de quatre canons de 150 de marine battant la rade des Salines et la route littorale.

Déjà se dessinent l'attaque et la prise de Toulon, seconde phase de l'opération que le général de Lattre veut mener au plus vite pour que l'Allemand, « saisi à la gorge », n'ait pas le temps de renforcer ses défenses. Tandis que les commandos d'Afrique vont recevoir la délicate mission de s'emparer du fort du Coudon sur la face orientale, les « Chocs », placés sous le commandement du capitaine Heriard-Dubreuil et débarqués le 20 août aux Sablettes, auront à faire tomber entre nos mains les défenses du mont Faron sur la face nord. De leurs actions respectives, en pointe sur les autres formations de l'armée B, dépend tout le succès de la manœuvre d'enveloppement de la ville.

Pour atteindre le Coudon, tenu par une centaine d'hommes de la *Kriegsmarine,* les hommes du commandant Bouvet, lourdement chargés, s'infiltrent à pied, dans la journée du 20, au travers des lignes ennemies sur le Gapeau. Dans la nuit suivante, le détachement du capitaine d'Armagnac, qui doit coiffer par surprise le fort du Bau Pointu et l'ouvrage est, échoue dans cette action. A l'aube, le commandant Bouvet, sans nouvelles de cet élément, décide d'attaquer en force. Sous le feu ennemi, le 1er commando du capitaine Ducournau escalade le Bau Pointu. Inoccupé, l'ouvrage devient rapidement le PC du groupe. Puis Ducournau continue sa progression vers l'ouvrage en liaison avec le 3e commando. Malgré la densité du feu qui ne faiblit pas, le capitaine Ducournau, le lieutenant Girardon et quelques hommes escaladent pieds nus la muraille nord et pénètrent dans l'ouvrage. Peu après, les Allemands se rendent, non sans avoir tenté une dernière fois de rompre l'assaut des commandos en faisant effectuer un tir d'artillerie qui tue ou blesse indistinctement vainqueurs et prisonniers : le lieutenant Girardon en sera l'une des victimes.

Hormis le groupe Corley-Muelle, qui opère isolément dans le département de la Drôme du 1er août au 7 septembre, le 22 août marque l'entrée du « Choc » dans la mêlée sur les crêtes du Faron. La 3e compagnie obtient dans la soirée, dès la première sommation, la reddition des ouvrages et fortins. La 4e compagnie du capitaine Torri progresse vers la poudrière où les Allemands, appuyés par un char et une mitrailleuse quadruple, sont solidement retranchés. Soumis à la pression constante des « Chocs » puis à l'intervention des tanks destroyers, ils se rendent en fin de soirée, laissant 152 prisonniers et 50 morts. Le même jour, le groupement Lefort, composé des 1re et

2e compagnies, s'infiltre au cœur de la ville. Guidées par les FFI, les sections progressent vers l'arsenal. Mais le 23, au lever du jour, l'attaque d'une compagnie allemande les oblige à s'enfermer en point d'appui isolé sur la place du colonel Bonnier. Toute la journée, elles résistent aux assauts des différents groupes qui essaient de refluer vers l'ouest. Le 25, le nettoyage de la ville est terminé. Le bataillon se regroupe au Revest ; placé en réserve d'armée, il rejoint le 28 août Aix-en-Provence où il retrouve le détachement spécial rattaché à la 1re DB.

Le détachement de vingt-cinq commandos de France, aux ordres d'Henri Astier, s'est embarqué sur un voilier corsaire de la Royal Navy, la *Marietta Madre,* pour Saint-Tropez, qu'il atteint le 17 août. Intégré aux *special forces* alliées, il assure des missions de découverte au profit de la 7e Armée US et de l'armée B, d'abord sur Castellane, puis sur Arles et Sisteron. Les groupes organisent leurs actions avec la plus large initiative, devant les éléments de tête des divisions : reconnaissances en civil, coups de main, encadrement des FFI. Le 3 septembre, le détachement spécial entre dans Lyon en même temps que le bataillon de Choc qui s'engage aussitôt, en soutien du 2e Spahis algérien, dans les combats pour la libération de Dijon, qui tombe le 11 septembre.

La 1re Armée française est donc regroupée, dès le 30 septembre, face à la trouée de Belfort. Le général de Lattre se prépare à déclencher une offensive en vue de libérer la Haute Alsace. Pour faciliter le débouché du 2e corps d'armée au nord, en direction de Giromagny, du Ballon d'Alsace et du col de Bussang, il envisage une opération aéroportée exécutée à H — 2 par le 1er RCP sur Thann et Cernay afin d'y bloquer les voies de communication. Finalement, la manœuvre d'ensemble doit être modifiée. « Voyant s'éloigner l'éventualité d'une opération parachutée », le colonel Geille et le commandant Faure « sollicitent l'honneur de combattre sans plus attendre », écrit de Lattre. Il est fait droit à leur requête et les compagnies quittent l'aérodrome de Chabeuil en camions, pour rejoindre le corps d'armée de Montsabert dans la région de Luxeuil-Faucogney. L'ensemble des unités parachutistes de Choc est alors engagé dans les combats de l'aile gauche axée sur les Vosges.

Le bataillon de Choc en réserve après Dijon, vient renforcer le 1er zouaves de la 1re DB à La-Chapelle-de-Ronchamp. Il subit de violents tirs d'artillerie et de nombreuses mais vaines contre-attaques allemandes. Malgré tout, les pertes sont lourdes : le capitaine Lamy est tué avec 7 chasseurs, 26 sont blessés. Jusqu'au 12 octobre, le bataillon se trouve engagé dans des opérations très dures vers Servance et Château-Lambert où il montre un mordant exceptionnel, bien que les chasseurs n'apprécient pas vraiment ce combat d'infanterie pure vers lequel leur instruction ne les a pas orientés. Le bilan qui fait état de 132 prisonniers, de mitrailleuses détruites ou capturées, n'en est pas moins élogieux. Mais les pertes sont sévères : 27 tués, 68 blessés.

Les commandos et le 1er RCP sont engagés au nord, toujours dans le cadre de la 1re DB qui couvre l'action principale de la 3e DIA, afin d'ouvrir la voie aux blindés vers la vallée de la Thur par les cols de Bussang et d'Oderen. Le 2 octobre, le retrait inopiné de deux bataillons américains dans la forêt de Longegoutte précipite l'engagement de la section de reconnaissance du 1er RCP, composée d'une vingtaine d'officiers et d'aspirants, qui se trouve rapidement au contact d'un ennemi très agressif. Simultanément, la 8e compagnie, transportée en hâte à Rupt, vient occuper le village de Ferdrupt, le 3 à midi. La 10e compagnie qui la suit est arrêtée dans la forêt de Gehant. Dans la journée du 4, la progression se poursuit vers le col de Morbieu en débordant le village du Thillot par le nord. La 4e compagnie, en tête, tombe sur les Allemands à moins de 200 mètres sans être décelée. Mais elle est prise à partie au cours du débordement et un combat d'une rare violence s'engage. Pendant quatre heures, dans un terrain difficile, un feu intense interdit tout mouvement. Les Allemands utilisent de nombreux tireurs d'élite qui ont pour mission de ne tirer que sur les officiers ou gradés. Le capitaine Lehmann, blessé grièvement dès le début, ne doit son salut qu'au courage de son ordonnance qui le ramène dans les lignes amies malgré le déluge de projectiles. Finalement, la compagnie d'appui peut mettre en batterie ses mitrailleuses lourdes sur le flanc de l'adversaire et l'oblige à décrocher à la nuit tombante. La 4e compagnie peut alors dénombrer ses morts et ses blessés, qui sont brancardés par les prisonniers jusqu'à Ferdrupt.

Profitant de la nuit dense, le colonel Geille tente un coup d'audace pour s'infiltrer entre les défenses ennemies. Il met le régiment colonne par un; il fait si noir que chacun doit tenir la musette du précédent. Et, trouvant la faille dans le dispositif, « l'immense mille-pattes » que constitue le régiment s'enfonce de 8 kilomètres dans la forêt et atteint le col de Morbieu. La 10e compagnie s'en empare sans coup férir, récupérant de nombreuses armes dont deux canons de 150. Dans la foulée, l'infiltration continue jusqu'à la Tête du Midi où s'intalle le 2e bataillon tandis que le 1er organise la défense du col. Mais les parachutistes sont les seuls à avoir trouvé la faille, et ils ne tardent pas à subir les contre-attaques. Le 6 octobre, au col de Morbieu, le 1er bataillon repousse tous les assauts. Le terrain, jonché de cadavres allemands, reste entre ses mains. Mais le régiment se trouve isolé dans les lignes ennemies. Cela n'atteint pas son moral et quelques coups de main payants sont montés.

Le 7 octobre, le capitaine Bréchignac, à la tête des 1re et 10e compagnies, attaque le village du Ménil et s'en empare, dégageant une équipe de *Pathfinders* en mauvaise posture, qui n'avait pu s'empêcher, malgré sa faiblesse, de surprendre une compagnie allemande rassemblée pour le rapport. Son chef, le capitaine Duboucher, est retrouvé grièvement blessé. Les derniers tireurs isolés seront vite débusqués du clocher, à l'arme blanche, par le caporal Chamarat de la 10ᵉ compagnie. Après avoir détruit un char Panther et deux canons automoteurs, les deux compagnies décrochent en faisant brancarder les blessés légers par les prisonniers, tandis que les plus atteints, qui n'ont que peu de chances de s'en sortir dans la forêt, sont laissés sur place avec les blessés allemands et confiés aux bons soins de la population.

Le 8 octobre, la 8ᵉ compagnie du capitaine Chevallier attaque à son tour en direction de Ramonchamps pour faciliter la progression du 4ᵉ RTT vers Le Thillot. Malheureusement, à la sortie de la forêt, elle tombe dans une forte embuscade où elle perd son chef. Prise à partie par l'artillerie, elle se replie avec de fortes pertes. L'ennemi, bien retranché sur la position Le Thillot-Château-Lambert, ne pourra être délogé que par un débordement vers Bussang par le col du Ménil. L'isolement, qui dure depuis quatre jours, a de graves conséquences pour les blessés ; beaucoup meurent faute d'être soignés ou opérés rapidement. Enfin, le 9 au soir, le 3ᵉ RTA, renforcé de blindés, réussit à faire passer un convoi de ravitaillement et d'ambulances qui va permettre l'évacuation des blessés sur Rupt. Le régiment n'en continue pas moins ses actions de coups de main sur les observatoires, les PC et les unités isolées. Il pleut sans arrêt. Dans les bois déchiquetés par l'artillerie, on s'enfonce de faignes en faignes. Les futaies de sapins renvoient l'écho des arrivées d'obus comme des grandes orgues.

Le 15 octobre, maître de la partie est de la forêt, le régiment reçoit la mission de pousser en direction d'Oderen, en liaison avec le groupe de commandos d'Afrique qui doit s'infiltrer sur le versant nord de la vallée de Ventron. Le 16, l'attaque débute sous une pluie battante : premier objectif, le col du Ménil ; deuxième objectif, la cote 1008. Après une très forte préparation d'artillerie, le 1ᵉʳ bataillon s'élance sur les derniers deux cents mètres dénudés. Les Allemands ne réagissent que lorsque les parachutistes sont sur eux, au moment même où le 2ᵉ bataillon en soutien franchit le col à son tour. Le tir d'enfilade est particulièrement meurtrier et ce n'est qu'après trois heures d'un combat sévère que la position est nettoyée. Sous l'énergique impulsion du colonel Geille, les parachutistes reprennent la progression vers 1008, toujours sous la pluie, avec le 2ᵉ bataillon renforcé de la 5ᵉ compagnie, tandis que le 1ᵉʳ bataillon assure la défense du col. Dans la soirée, les deux objectifs initiaux sont atteints.

Plus au nord, à la limite entre la 3ᵉ DIA et la 1ʳᵉ DB, le 16 octobre, le lieutenant-colonel Bouvet s'engage avec ses quatre commandos vers la cote 743 que n'ont pu atteindre les tirailleurs algériens. L'infiltration réalisée de nuit entraîne un rapide succès. Mais bientôt les 1ᵉʳ et 2ᵉ commandos, en flèche sur les hauts de Tonteux et le mont

Brûleux, se trouvent coupés des gros. Sous la pluie qui tombe toujours, la situation se dégrade rapidement. Le lendemain, les hommes subissent des tirs d'artillerie très meurtriers. Chaque unité combat isolément, sans liaison radio. Durant six jours, les Commandos épuisés, mais continuant à bluffer, tiennent l'ennemi en haleine. Le 23, l'attaque de la 1re DB conjuguée à celle du 3e RTA débouche enfin. Le groupe de commandos est dégagé et rejoint Salins le 26, alors que le 1er RCP a dû se replier dès le 21 avant d'être mis au repos à Sault-de-Vesoul et Lons-le-Saunier.

Les pertes sont très lourdes. Les Allemands se sont battus avec acharnement, utilisant avec habileté un terrain truffé de champs de mines et d'abattis, battus par l'artillerie. L'aviation, par suite du mauvais temps, n'a pu intervenir. La « guerre buissonnière » est bien terminée.

La bataille des Vosges se solde par un demi-échec, le 2e CA n'ayant pu déborder la trouée de Belfort. Les unités de Choc et de parachutistes ont été particulièrement éprouvées et ont atteint les limites de l'épuisement. Les « Chocs » ont perdu au cours de la bataille des Vosges 95 hommes (27 tués dont 3 officiers et 68 blessés), les commandos 462 hommes (92 tués dont 19 officiers et 370 blessés), et le 1er RCP, 468 hommes (129 tués dont 13 officiers et 339 blessés). Avant la reprise de l'offensive vers l'Alsace, une pause se révèle nécessaire pour réorganiser les unités, compléter les effectifs et l'équipement (d'hiver notamment) par l'intégration des éléments FFI et l'apport de matériel allié, essentiellement américain.

Dès le 9 août, le général Eisenhower avait demandé que puissent être équipés un troisième corps SAS, identique aux deux unités placées sous commandement britannique, et deux bataillons de type Rangers. Sans attendre la décision de Washington, il autorise le général Revers, commandant le 6e groupe d'armées, à puiser dans les dépôts de l'US Army et à compléter les dotations avec du matériel récupéré. Les hommes, eux, ne manquent pas. Les mois de septembre et d'octobre 1944, en effet, marquent la période de montée vers le front de nombreux volontaires issus de toutes les origines de la Résistance. Si leur incorporation individuelle ou en unité constituée dans les rangs de la 1re Armée pose d'importants problèmes matériels et moraux, leur volonté inébranlable de rejeter l'Allemand outre-Rhin est le puissant ressort de la réussite de cet « amalgame » délicat avec les vétérans de Corse ou de Provence. Amalgame qui est néanmoins facilité par le caractère particulier des unités spéciales et l'importance des individualités, voire des options politiques. Cela dit, il reste à leur inculquer un sens de la discipline et une connaissance parfaite des armes et du combat qui font le plus souvent défaut aux anciens maquisards.

Il en est ainsi des compagnies du « régiment de la Marseillaise » et de Ferry qui s'intègrent respectivement au commando d'Afrique et au « Choc ». Mais d'autres unités plus nombreuses viennent se jumeler. C'est notamment le cas du commando de Provence qui est né des maquis ORA, CFL et NERF de la région d'Aix et renforce dès le 4 septembre le commando d'Afrique, sous l'impulsion du chef d'escadrons de Courson de Villeneuve. C'est aussi le cas du maquis Laurent qui vient à son tour de former le commando de Cluny. Peu après, un nouvel afflux de bataillons FFI, venant de toutes les provinces libérées, marque une deuxième étape dans cet apport qui nécessite beaucoup de doigté de la part du commandement. Parmi eux, le bataillon Janson-de-Sailly, regroupé par le capitaine de Gayardon depuis le 25 août, « déserte vers l'avant » le 20 septembre et rejoint Gray après une fuite discrète de Paris en camions. Quelques jours plus tard, c'est le bataillon 12/22 de Neuilly qui rejoint le commando d'Afrique.

* * *

Tandis que s'ébauche l'amalgame des armées d'Afrique et de l'Intérieur, le groupe de commandos de France rejoint à son tour et, avec le « Choc », le lieutenant-colonel Gambiez forme la demi-brigade de Choc dont il prend le commandement. En même temps, il fait appel pour son état-major au capitaine Hiérard-Dubreuil qui laisse ainsi le commandement du bataillon au capitaine Lefort, un bataillon qui doit être étoffé et transformé en infanterie légère de Choc. C'est alors que le général de Lattre, voulant toujours libérer la Haute Alsace au plus tôt tout en laissant croire qu'il maintient son axe d'effort dans les Vosges, bascule son attaque vers le Doubs. Successivement nous allons voir la demi-brigade de Choc engagée dans les Vosges puis l'exploitation de toutes les unités vers Belfort et le Rhin.

Du 3 au 6 novembre, le « Choc », couvert par le groupe de commandos de France vers Moyemont et La Sottière, s'empare de tous les objectifs qui lui sont assignés : Haut-du-Tot, Blanc-Faing, bois de La Sottière. Pour lui, c'est à nouveau la rigueur des tirs d'artillerie et d'un combat d'infanterie classique, où 43 hommes sont tués ou blessés. Pour le commando de France du commandant Wallon, c'est le baptême du feu sous de violents tirs de mitrailleuses qui arrêtent un moment la progression du 1er commando, malgré le sacrifice des pelotons du lieutenant Lamothe et de l'aspirant Lanusse. Relevée le 6 sur les positions, la demi-brigade, après un court repos qui lui permet de se réorganiser, est intégrée au groupement chargé d'exploiter la rupture obtenue par le 1er corps d'armée sur le Doubs, dès le 18 novembre. Placé à la charnière des deux corps d'armée, l'ensemble des unités de Choc et de commandos, par des actions convergentes et simultanées, va être l'artisan de la chute des défenses du camp retranché, puis de la prise rapide de la ville de Belfort.

Le 17, après le nettoyage de Trémoins par le groupe franc Burger de la demi-brigade de Choc, le bataillon Lefort et le GCF s'engagent en direction du nord-est. La neige commence à tomber. Le lendemain, Coisevaux, puis Chagey sont occupés sans combat et le 19, Chalonvillars. Dans la nuit du 19 au 20, l'assaut final commence et c'est au tour du groupement Bouvet qui vient de rejoindre le PC des « Chocs » d'intervenir sur le fort du Salbert. Renforcé par deux bataillons « irréguliers », (les bataillons « Désiré » (FFI) et « Hoche » (FTP), récupérés à Paris sur les conseils du général de Lattre pour constituer une brigade de Choc), les hommes de Bouvet, les Africains précédant les Provençaux, s'infiltrent entre les lignes jusqu'au fort en profitant des tirs d'appui au sud, vers les Esserts, qui masquent sa progression. Puis le capitaine Ducournau, qui a pris le commandement des commandos d'Afrique, renouvelant son exploit du Coudon, escalade l'enceinte avec ses hommes et capture toute la garnison sans tirer un coup de feu. Profitant de cet avantage, le 3e commando dévale sur Cravanche, qu'il dépasse, et pénètre dans les faubourgs de Belfort, tandis que le commando de Courson s'empare de Valdoie. La surprise passée, le combat fait rage et la situation devient précaire. Le 2e commando de France s'est bien emparé dans la nuit du souterrain d'Essert, sous le canal de la Haute-Saône, mais son étroitesse ne permet pas le passage des chars. L'absence des blindés met les hommes du commandant de Foucaucourt, remplaçant le commandant Wallon, rappelé à Paris, en position d'infériorité dans les violents combats qui s'engagent pour la conquête du village à partir de 3 h du matin. C'est avec soulagement que tous accueillent les trois premières compagnies de Choc appuyées par les chars, à Essert comme à Cravanche. Celles-ci, sans se laisser briser dans leur élan, s'engagent dans la ville. Tandis que la 4e compagnie occupe dès 16 h la cité ouvrière, la 2e désamorce les charges de destruction des deux ponts principaux de la ville.

Après un dernier effort en direction du fort de Roppe, le groupement Bouvet, qui a perdu 44 hommes, doit être mis au repos à Belfort. En revanche, la demi-brigade de Choc, sans avoir eu le loisir d'achever complètement la libération de la ville, repart couper la retraite aux Allemands qui s'accrochent à la bordure orientale des Vosges vers Masevaux. Le 23, tout entière regroupée à Giromagny aux ordres de la 1re DFL, elle s'avance jusqu'à La Madeleine, qui est rapidement occupée par le GCF, puis le PC et le Choc.

A partir de là, la demi-brigade bascule vers le sud-est en direction d'Etrefflont et Masevaux. Les quatre jours qui suivent sont marqués pour les commandos de France et le bataillon de Choc de Gayardon par les combats d'une violence inouïe dans le village de Masevaux. Au cours de l'engagement, 5 officiers, 4 sous-officiers et de nombreux chasseurs sont mis hors de combat et seul le détachement spécial est en mesure d'apporter son concours au « Choc » et au bataillon Bayard dans la bataille qui se poursuit vers Bourbach-le-Haut, le 29 novembre. Finalement, dans un dernier effort, du 30 novembre au 6 décembre, et au prix de combats meurtriers qui amenuisent dangereusement les effectifs, les « Chocs », le bataillon Bayard et le détachement spécial, étroitement soudés dans leurs actions, s'emparent du col de Hundsruck avant d'être relevés par les Marocains du 8e RTM et de regagner, pour une réorganisation nécessaire, leurs cantonnements de Delle.

Le général de Lattre, profitant du répit que l'usure des unités de choc et de commandos lui impose pour la poursuite des opérations, décide la constitution, à compter du 5 janvier 1944, d'une Brigade de Choc à trois regroupements qui pourront agir, soit isolément, soit regroupés. Pour tous, FFI comme anciens de l'armée d'Afrique, c'est la consécration de la réussite totale de cet « amalgame » si ardemment souhaité, que seuls pouvaient permettre les combats menés ensemble, les sacrifices et les souffrances endurées tout au long de cet hiver particulièrement rigoureux.

Le « Choc » devient donc le 1er bataillon de Choc tandis que le groupe de commandos de France adopte le no 3, la demi-brigade de Choc prenant le titre de 1er groupement de Choc après avoir absorbé les effectifs du bataillon Bayard, dissous. Le 2e groupement de Choc est formé avec les bataillons de Gayardon et le commando de Cluny qui deviennent respectivement 2e et 4e « Choc ». Quant au 3e groupement, il est constitué autour des commandos d'Afrique et de Provence (5e et 6e « Choc ») après avoir amalgamé les « irréguliers » des deux bataillons parisiens dissous. Le 1er RCP enfin, après avoir recomplété ses effectifs à Lons-le-Saunier et perdu le colonel Geille affecté à l'EMAA le 28 novembre 1944, est mis en alerte et rejoint l'Alsace le 6 décembre, aux ordres du lieutenant-colonel Faure. Dans le cadre de la 2e division blindée, elle-même rattachée au 2e corps d'armée du général de Monsabert, les parachutistes viennent prendre position le 8 à Gerstheim, qui vient d'être libéré.

Dès le début, le mauvais temps, l'importance des crues et la violente réaction des Allemands obligent le commandement à limiter l'importance de son offensive qui piétine jusqu'au 10 décembre. Le 12, le 2e bataillon se porte sur Friesenheim tandis que le 1er bataillon gagne Herbsheim en vue de l'attaque prévue le lendemain. Le 13, à 6 h 30, débouchant des lisières du village, les trois compagnies du bataillon progressent sous les tirs d'artillerie denses et très précis. L'assaut est meurtrier. De la première vague, il ne reste que quatre hommes autour du lieutenant Vernet. Elle est sauvée par la deuxième qui arrive au moment même où Vernet et ses compagnons croyaient être sacrifiés. A 10 h 30, finalement, les compagnies pénètrent dans le village de Witternheim, où les cloches se mettent à sonner à toute volée. Vers midi, les premiers chars les rejoignent ; il a fallu déminer. Deux kilomètres à l'est, l'Allemand abandonne Neunkirch et la 4e compagnie en prend la défense à son compte.

Le 14, à 7 h, le bataillon poursuit l'attaque selon l'ordre reçu, vers Bindernheim à partir de Neunkirch. Malheureusement, au moment même où il arrive à la lisière du bois qui doit lui permettre de déboucher, il est pris à partie par des tirs d'artillerie meurtriers qui, en quelques heures, tuent ou blessent 136 hommes. L'ordre de repli est donné.

Le 15, le 1er bataillon repousse une contre-attaque sur Neunkirch. Il est soumis pendant deux jours encore aux tirs de l'artillerie ennemie, mais heureusement soulagé par l'intervention des chasseurs-bombardiers alliés. En trois jours il a perdu plus de 200 hommes hors de combat, dont 10 officiers, et 43 sous-officiers. Le 21 décembre, alors qu'une nouvelle attaque est prévue sur Diebolsheim, l'ordre arrive d'y surseoir. Toute la 1re Armée s'arrête sur ses positions. Le 23, le 1er RCP, retiré à la 2e division blindée, est mis au repos dans la région de Plombières. Il est à la limite d'usure.

Une semaine plus tard, le 1er RCP est rappelé en plaine d'Alsace. Le 30, il passe le col du Bonhomme et vient renforcer la 1re DFL qui essaie de s'opposer à la poussée allemande en direction de Strasbourg. Le 7, l'opération « Sonnenwende » se déclenche. Après des combats acharnés, l'offensive est stoppée sur l'Ill et Strasbourg sauvée. Le général de Lattre peut alors enfin regrouper ses forces et entreprendre la réduction de la poche de Colmar.

L'offensive débute le 20 janvier par une manœuvre en tenaille, visant les passages du Rhin. Au sud, le 1er corps d'armée, dont fait partie le 3e groupement de Choc, attaque en direction de Chalampé. Deux jours plus tard, au nord, le 2e corps, auquel sont rattachés le 1er RCP et le 1er groupement de Choc, doit entrer à son tour en action vers les ponts de Neuf-Brisach.

Le 21 janvier, dans la nuit et la neige, les hommes du lieutenant-colonel Bouvet tentent en vain de franchir la Thur pour faire sauter avec la 2e DIM le verrou de Cernay. Engagés dans un combat sans merci contre un bataillon de montagne allemand, qui n'hésitera pas à achever les blessés, les commandos Métivier, Farret et Allery pratiquement encerclés, ne devront leur salut qu'au sacrifice délibéré du lieutenant Chochon à la tête du 1er commando. Les 189 tués et 192 blessés suffisent à témoigner de la violence de la lutte. Réorganisé en groupe de commandos de marche, aux ordres du commandant Ruyssen, le 3e groupement de Choc participe, à partir du 2 février, à l'exploitation vers Guebwiller et Buhl où il se regroupe six jours plus tard, avant de regagner Giromagny pour une pause nécessaire à sa refonte.

Vers Mulhouse, le 2e groupement de Choc du commandant Quinche, initialement en réserve, agissant dans le cadre de la 9e DIC, s'empare le 23 de la cité de Richwiller dans une violente tempête de neige. Il combat ensuite à l'est de Mulhouse dans la forêt de Hart.

C'est au 2e corps que va cette fois revenir l'honneur de conclure victorieusement la bataille de Colmar. Le 21 janvier, le 1er RCP, regroupé à Obernai, fait mouvement sur Guemar. Mis à la disposition de la 5e DB, son objectif est Jebsheim, charnière du dispositif ennemi dont la conquête est capitale aux yeux du général commandant la 1re Armée. Le 25 au soir, le 2e bataillon reçoit pour mission de s'emparer du moulin de Jebsheim, base de départ indispensable pour la conquête ultérieure du village. La neige tombe à gros flocons lorsque les parachutistes, enfin revêtus d'anoraks blancs, entament leur progression. Pendant trois jours, le 2e bataillon nettoie et tient la position malgré un froid de −20° et les tirs d'artillerie qui lui infligent plus de 80 tués ou blessés. Le 26 au matin, le 254e RI US prend pied à Jebsheim, en dépit d'une résistance acharnée des Allemands. Le lendemain, les 1er et 2e bataillons ainsi que le RMLE viennent alimenter la bataille dans le village même. « L'avance se poursuit, lente et meurtrière », écrira le général de Lattre. Finalement, le 27, à 18 h, Jebsheim est entre nos mains avec de nombreux prisonniers. Le 29, les chasseurs de montagne allemands contre-attaquent à deux reprises montrant ainsi l'importance capitale de la position. Au soir, le village est définitivement conquis avec plus de 1 000 prisonniers. 500 cadavres allemands jonchent les rues tandis que nous y avons perdu 300 des nôtres et les Américains à peu près autant. Le groupement Gambiez est alors engagé le 30 en direction de Neuf-Brisach. Après avoir atteint Durrenentzen, il participe avec le 1er RCP, qui a récupéré son 3e bataillon FFI, au nettoyage de la ville de Colmar. Et, le 8 février, toutes les unités de Choc et les parachutistes, unis dans la gloire, participent à la prise d'armes sur la place Rapp.

Jusqu'à la fin du mois de mars 1945, les trois groupements de Choc profitent du calme relatif pour se reconstituer, instruire les jeunes et préparer les futures opérations d'Allemagne. Seuls, quelques coups de main sont effectués sur la rive gauche du Rhin, comme préparation à son franchissement. Les 1er et 2e groupements participent activement à la vie de la nouvelle école des cadres créée à Rouffach par la 1re Armée et dont le lieutenant-colonel Gambiez est le directeur adjoint.

Les 2 et 3 avril, le mouvement en avant reprend pour le 1er groupement de Choc qui franchit le Rhin dans la tête de pont de Germersheim. Sans marquer d'arrêt, les hommes du capitaine Lefort et du commandant Viotte, qui commande le 3e « Choc », s'enfoncent dans le Hartwald et surprennent le 4, en fin de matinée, les avant-postes de la ville de Karlsruhe, qui est rapidement nettoyée de tous ses éléments ennemis avec le concours des chars.

Puis c'est la chevauchée en Allemagne, la reprise de la guerre buissonnière, de cette « guerre de pieds-nickelés », où les « Chocs » excellent et où ils se vengent des vicissitudes et de l'amertume de l'hiver. Mis à la disposition de la 5e DB, le 1er groupement atteint l'Enz, à Pforzheim, le 8 avril, manœuvre sur Reutlingen, longe le lac de Constance, pénètre en Autriche après avoir fait sauter le verrou de Bregenz le 1er mai, et atteint le col de l'Arlberg le 7 mai où il donne la main aux tirailleurs de la 2e DIM.

Le 2e groupement est mis à la disposition de la 5e DB à partir du 24 avril pour participer au nettoyage de la région de Biberach. Quant au 3e groupement, renouant avec ses premières amours, il franchit de vive force le Rhin à hauteur de Neuf-Brisach le 23 avril et participe au sein de la 9e DIC au nettoyage de la partie méridionale de la Forêt Noire.

Le 26 mai a lieu une grandiose prise d'armes à Constance qui clôt la campagne d'Allemagne. Pour les « Chocs », la guerre se termine en apothéose sur le sol de l'ennemi vaincu.

Quant au 1er RCP, la prise de Colmar a mis un point final à sa campagne au sein de la 1re Armée française. Après quinze jours de repos, ses trois bataillons se regroupent dans la région de Lons-le-Saunier puis, le 5 avril, sur le terrain d'aviation d'Avord. Leur remise en condition aéroportée en vue d'opérations éventuelles en Allemagne s'impose. Rapidement, grâce à l'aide de la 9e Royal Air Force et à l'efficacité de l'école de saut mise sur pied, le 3e bataillon est breveté tandis que les 1er et 2e bataillons s'entraînent sérieusement. La fin de la guerre survient avant que le régiment, rattaché à la 1re Armée aéroportée alliée, ne soit à nouveau engagé. Tout au long de cette campagne, le 1er RCP a montré qu'il était « une infanterie d'élite ». A Jebsheim, il a forcé l'admiration des légionnaires, mais son regret subsiste, malgré tout, dans le cœur de ceux qui avaient participé à sa création, celui de ne pas avoir été parachuté sur le sol de France ou d'Allemagne.

Commandos d'Afrique

DEUXIÈME PARTIE

L'ATTAQUE ET LA RESCOUSSE

LA GUERRE D'INDOCHINE
1945-1954

Que les parachutistes, surgissant avec audace au milieu des défenses ennemies, comme ceux de Jourdan ou de Zirnheld en Libye, paralysant les mouvements des grandes unités comme ceux de Conan au centre de la France et ceux de Bollardière en Hollande, dominant l'adversaire par leur folle témérité comme ceux du 1er RCP dans les Vosges et dans la poche de Colmar, ou écrasant de leur masse soudain larguée des unités étalées en profondeur comme les Américains et les Anglais du 6 juin 1944 en Normandie, que ces parachutistes aient partout détenu la clé de la victoire, voilà ce qui ne fait aucun doute dans l'esprit des bérets rouges débarquant à Saigon au début de 1946 et des bérets bleus arrivant au Tonkin à l'automne 1947.

De fait, les premières années du conflit indochinois confirment le bien-fondé d'une telle confiance en soi. Alors que les rebelles croient le corps expéditionnaire encore embourbé dans la boue cochinchinoise, les paras interviennent à Luang Prabang. Ils sautent au milieu du dispositif viet et de la plaine des Giongs, où les guérilleros jaunes se croyaient protégés de la surprise par le glacis parfait des eaux dormantes. Leurs jeeps sillonnent les routes des plantations. Partout l'attaque soudaine donne l'avantage au combattant du ciel.

Au Tonkin, il s'en faut de peu que l'enveloppement vertical par largages dans la région de Backan ne permette à l'opération « Léa » d'enfermer l'ensemble du corps de bataille vietminh en un piège sans issue. Il a manqué deux bataillons et cinquante Dakotas.

Désormais, Giap se méfie et étale son dispositif en attendant des jours meilleurs. Nous nous installons dans la guerre en espérant des renforts. Mais Paris se divertit à d'autres jeux, se contentant de déléguer à quelque ministre le soin de gérer la guerre aux moindres frais. Le temps ne travaille pas pour nous. Giap recrute et instruit des divisions toujours plus nombreuses. L'effort en hommes et en matériel, qui eût été suffisant au début de la guerre, quand on se décide à le consentir, se révèle déjà dépassé. Dans l'escalade entre le nécessaire et le possible, le second accuse toujours un retard d'un ou deux ans sur le premier.

En 1948, le territoire contrôlé par nos troupes atteint son extension maximum. Le temps de l'offensive est passé ; on ne peut que veiller au grain en attendant l'événement qui débloquera la situation. Les parachutistes deviennent les « pompiers » de l'Indochine, ceux qu'on envoie partout où il y a le feu, pour secourir un poste encerclé, dégager un convoi empêtré dans une embuscade... C'est un sport excitant, qui maintient en haleine, mais un sport chaque jour plus dur, et où la moindre faute est sévèrement sanctionnée. Le courage et le culot ne pallient plus la désinvolture et l'impréparation.

Il y a longtemps que les jeeps armées n'impressionnent plus les tendeurs d'embuscade. Là où une section suffisait jadis, une compagnie devient nécessaire. Les moyens aériens ne permettent pas toujours de larguer en une seule vague les effectifs indispensables. Arrivé au sol, le para, alourdi par son sac de vivres et de munitions, dénué de tout moyen de transport, dépourvu d'armement lourd, peut assener à l'adversaire un coup foudroyant, mais doit bien souvent renoncer à le poursuivre si d'aventure il s'échappe.

En 1950, les hélicoptères (d'ailleurs réservés aux évacuations sanitaires) sont moins nombreux sur le théâtre d'opérations indochinois que sur le champ de foire de la ville de Pau où ils assurent la publicité d'une marque de chaussettes. Ça ramène la vie du combattant à un prix dérisoire ! Cette insuffisance du matériel aérien devient un mal permanent qui ne sera pas encore guéri en novembre 1956, lors de l'expédition de Suez, où nous ne disposerons même pas du nombre de Nord-Atlas permettant le largage en une seule rotation d'un régiment complet.

L'état-major ennemi sent venir le moment où ses troupes seront assez nombreuses et assez entraînées pour résister, à l'instar du jeune Horace, aux interventions successives des compagnies paras, alors qu'elles ne pourraient contenir l'assaut massif et brutal d'un bataillon largué d'un coup.

Le commandement du corps expéditionnaire supplée à l'insuffisance de ses moyens en suscitant dans les populations locales des unités de partisans anticommunistes. Déjà, en 1947, quelques paras (Charvet, Olivier Le Mire, Liot, Merchadier, Gérard) avaient pris en main les farouches commandos Hoa-hao ralliés. Le GCMA, créé par le commandant Grall, organise chez les montagnards des maquis antivietminh. L'évolution qui va conduire, en trente ans, à un renversement complet des rôles, est entamée. En 1945, la guerre avait commencé par la lutte d'une armée régulière contre une guérilla. Désormais, chaque camp possède ses grandes unités et ses guérilleros. Il faudra attendre 1976 pour assister à la fin de cette évolution : la lutte d'armées régulières communistes contre des guérillas vietnamienne, cambodgienne et laotienne.

La première défaite essuyée par les parachutistes a lieu en octobre 1950, sur la RC4. Au lieu de disparaître une fois leur coup fait, comme ils en avaient l'habitude, les Viets qui ont pris Dong Khé restent sur place. Et, pour la première fois, les paras sont impuissants à les en chasser. Le 1er REP de Segrétain et le petit 3e BCCP de Cazaux disparaissent dans le grand désastre de la RC4, avec leurs camarades légionnaires, marocains et partisans. Est-ce le grand tournant ? Sommes-nous désormais dominés en force pure ? Giap le croit, comme le croiront tous ceux qui parleront du miracle de Lattre.

En réalité, le désastre de la RC4 n'était pas inévitable. Il trouve son origine dans une série (on pourrait dire une anthologie) d'erreurs commises par un commandement ignorant les réalités du terrain, éloigné de l'ambiance de la bataille, dépourvu de toute considération pour l'avis de ceux qui savent, l'avis des combattants. Le chef qui commande de loin à des abstractions représentées par des rectangles se déplaçant sur une carte, sera toujours battu par celui qui cherche en première ligne les éléments de la décision, et commande à des hommes peinant et souffrant, qui marchent sur un terrain boueux et caillouteux. Voir Rommel, Juin, de Lattre, Mac Arthur, Dayan et Sharon, d'un côté. Hitler, Keitel, Ismail et Ghazli (guerre du Kippour), de l'autre... J'en passe et des bien pires.

Giap a cru que son armée dominait le corps expéditionnaire alors que c'était seulement lui-même qui venait de dominer un état-major et des chefs incapables. Dès lors, si de Lattre opère un miracle, c'est avant tout un miracle d'ordre moral.

Vinh Yen, victoire ! Malheureux paras, ils ont failli vaincre sans vous !

Mais à Mao Khé, quelle revanche ! Le bataillon Balbin écrit ce jour-là la plus belle page de l'histoire des parachutistes coloniaux (nous en demandons pardon à la « tradition » française qui, pour honorer le courage, ne retient que le courage malheureux : Camerone, Sidi Brahim, Bazeille). Au corps à corps, le para a dominé le Viet. Comme il le dominera dans le combat livré à Xom Sui le 10 décembre 1951, par la compagnie Carrié, succombant sous le poids de plusieurs bataillons ennemis : quelques jours après, le 1er BEP repasse sur le lieu de combat et relève enchevêtrés une vingtaine de cadavres de paras et une centaine de cadavres viets. Certes, il est normal que l'assaillant éprouve des pertes plus sévères que le défenseur. Mais d'autres exemples pourraient être cités où, malgré l'inversement des facteurs (paras donnant l'assaut à une embuscade) le rapport des pertes est identique.

Cette constatation pose un problème troublant, dont nous ne nous avancerons pas à donner la réponse. Dès cette époque, le courage du soldat viet ne le cède en rien à celui de son adversaire. Il affiche un total mépris de la mort. Son aptitude à l'emploi des armes atteint la perfection. Et pourtant, il est dominé dans le corps à corps. Question de sang-froid ? de tempérament ? de réflexe ? Mystère...

Nul mystère, en revanche, dans l'excellence dont Giap fait preuve dans l'art de mener la guerre. Là encore, gardons-nous des superlatifs et épargnons au lecteur des considérations sur le génie de notre adversaire et à plus forte raison sur l'infaillibilité de la dialectique marxiste-léniniste appliquée à la science de la guerre. Giap possède un énorme avantage sur les généraux du corps expéditionnaire : c'est la confiance indéfectible de son gouvernement malgré ses erreurs. Car il commet des erreurs. Il les commet toutes, mais jamais deux fois la même. En sorte qu'il faut plutôt parler d'expériences, de répétitions, de manœuvres devant « plastron » réel ! Expériences faites avec le sang et la vie des hommes... d'hommes allégrement immolés sur l'autel de l'Histoire, puisqu'ils font partie de cette fameuse première génération sacrifiée.

L'erreur de Phu Tong Hoa ne se renouvelle pas à Dong Khé. Dong Khé enlevé mais repris la première fois par le 3ᵉ BPC ne le sera pas, la seconde fois, par le 1ᵉʳ BEP et les tabors. Nghia Lo, sauvé en 1951 par l'équipe du colonel de Rocquigny, sera enlevé au premier assaut en 1952. Certes, tout comme Hoa Binh, Na San résiste à tous les assauts, mais la région comprise entre le fleuve Rouge et la rivière Noire a définitivement été enlevée aux Français. Giap perfectionne sans cesse son outil, cerne de plus en plus près la réalité de cette guerre, s'enrichit de l'expérience de ses propres fautes. En face, rien de tel : l'expérience de l'un profite rarement à son successeur. Car la lecture attentive des rapports ne permet pas de saisir physiquement la vérité des choses. On s'intoxique avec sa propre propagande. A force d'écrire qu'Hoa Binh, Na San, la plaine des Jarres sont des victoires, on finit par le croire et on en conclut que les camps retranchés sont la panacée d'où sortira finalement la victoire.

A Paris, on vit dans l'illusion. Quand le général Navarre prend la suite du général Salan, nous sommes depuis un an déjà réduits à la défensive. Jouant intelligemment de ses réserves, de sa mobilité et de la précision de ses renseignements, Navarre donne à cette défensive un caractère agressif. Comme un boxeur habile tient à distance un adversaire plus puissant qui cherche le corps à corps, il tire parti du fait que Giap est contraint de constituer à l'avance les dépôts d'armes, de vivres et de munitions qui permettront d'alimenter les offensives profondes et prolongées qu'il a prévues pour la saison sèche de 1953-1954.

Ne disposant ni de routes ni d'aviations de transport, l'intendance viet, au lieu de suivre, doit précéder la bataille. Navarre le sait parfaitement.

Connaître les lieux d'accumulation des stocks, c'est connaître les points d'attaque des Viets. Détruire les stocks, c'est ruiner l'offensive avant même qu'elle ne débute. Ainsi fait-on à Langson (opération

« Hirondelle ») et dans le Thanh-hoa (opération « Mouette »). Giap ne pourra envahir le delta au début de la saison sèche de l'hiver 1953-1954. Les Français ont frappé, puis se sont retirés, gardant leurs forces intactes.

Pourtant, à Dien Bien Phu, on accepte la bataille, l'épreuve de force. Bien des bêtises ont été dites à ce sujet, surtout par ceux qui n'y étaient pas et par ceux qu'un masochisme intellectuel pousse à louer l'adversaire en toutes circonstances, quitte ensuite à verser des larmes sur le sort de ceux qui, se battant pour une mauvaise cause, ne pouvaient que courir vers la défaite. Passons. Giap, lui, y était. Et il a écrit que le plan Navarre était bien imaginé, mais condamné par la faiblesse des moyens disponibles.

Les hommes de Dien Bien Phu furent admirables. La manière dont ils réagirent au cours de la bataille des Cinq Collines, infligeant aux fanatiques de Giap un échec — sans lendemain certes, mais un échec quand même — est proprement incroyable. Cela aussi constitue une sorte de mystère. Ces hommes n'étaient pas intrinsèquement supérieurs aux légionnaires de « Béatrice », qui, le 13 mars, avaient succombé en quelques heures. En outre, ils vivaient dans des conditions bien pires, fatigués, mal nourris, assommés par l'artillerie. Ils combattaient un ennemi plus nombreux et, si possible, encore plus fanatisé. Alors ? Comment ont-ils pu résister, contre-attaquer, rétablir des positions perdues ? A un contre dix ? Etaient-ils anesthésiés, insensibles à tout ? Leurs réflexes, au lieu de s'émousser, s'accéléraient-ils ? Avaient-ils franchi une frontière au-delà de laquelle la peur n'existe plus ? Quand on se sait déjà mort — ou promis à la mort — la plaisanterie et le rire viennent-ils plus facilement aux lèvres ? Car ils plaisantaient et riaient, nous le savons.

Et que dire de quelques centaines de non-brevetés qui sautèrent au-dessus de la cuvette (j'allais dire : du creuset) les derniers jours, seulement pour être avec les copains — car ils savaient que tout était fichu ?

Autant de questions demeurées sans réponses. On ne peut qu'admirer, peut-être envier — prier si on le peut encore. Et garder le silence, parce qu'il y a là quelque chose d'incommunicable, que seuls les vrais soldats peuvent comprendre — ou sentir — mais que personne ne peut expliquer. Et c'est ce quelque chose-là, que seul le combat peut révéler, qui fait la grandeur de l'homme.

I

LA RECONQUÊTE

septembre 1945-janvier 1947

En Indochine comme en Europe, les parachutistes vont être une fois de plus à la pointe du combat. Le gouvernement provisoire décide en septembre 1944 la création d'un corps expéditionnaire français d'Extrême-Orient de 75 000 hommes. Le moment venu, aux côtés des Alliés qui assureront son équipement et son transport, le CEFEO participera à la bataille du Pacifique avec une division du type *marines,* et à la bataille de Birmanie avec une division organisée et instruite pour la guerre de jungle. Le corps léger d'intervention (CLI) en constitue le fer de lance.

Lorsque le détachement Ayrolles du CLI arrive en Inde, il est pris en compte par le détachement français aux ordres du lieutenant-colonel de Crèvecœur, qui coordonne les actions de renseignement et de guérilla dans le cadre de la force 136 dépendant du *Special Operations Executive* britannique. Grâce au parachutage de nombreux agents, le groupement des Gaurs prend contact avec les éléments de résistance en Indochine et permet de tenir le commandement du SEAC au courant de la situation. Le rôle du gros du CLI est « d'amorcer et de couvrir l'intervention » du corps expéditionnaire. Pour ce faire, son chef, le lieutenant-colonel Huard, se rend en mission de liaison à Hanoï, en décembre 1944. A la défense statique que les responsables du territoire veulent éventuellement opposer aux Japonais, Huard fait prévaloir une organisation de guérilla dont le détachement Ayrolles doit constituer le premier élément.

Rompus, grâce à l'aide généreuse des Britanniques, à toutes les disciplines nécessaires à leur action, les onze cadres du détachement sautent à partir du 22 décembre sur la plaine des Jarres, au Nord-Laos. Comme autrefois, lors de la première mission « Savannah » sur la France occupée, les Français veulent démontrer qu'ils peuvent agir et durer sur le territoire indochinois avec des éléments venus de l'extérieur, et cela face aux Japonais.

Le coup de force du 9 mars 1945 oblige le capitaine Ayrolles à passer à l'action directe le long de la RC7. Il réussit de nombreuses destructions, en particulier sur la Nam Mat et la Nam Tiet, en infligeant des pertes aux Japonais. Mais il doit abandonner sa zone et ses dépôts sous la pression de l'ennemi lancé à ses trousses. Aux prises avec mille difficultés, il réussit à gagner la Chine où son détachement, très éprouvé par la fatigue, la maladie et les combats qu'il a menés, doit être mis en sommeil. Malgré le caractère inéluctable mais attendu de la tragique journée du 9 mars, la surprise a joué contre nos troupes. Seuls quelques éléments arrivent à forcer l'étreinte japonaise.

Là encore, le CLI et le service Action sont gênés par les Américains, agissant de concert avec les Chinois. La position américaine est toutefois assez complexe. Officiellement, le général Chennault, commandant les forces aériennes du « théâtre » chinois, a reçu des ordres stricts, issus directement de Washington. Il ne doit fournir, en quelque circonstance que ce soit, ni armes, ni munitions aux Français. Chennault, à lui seul, connaît l'Orient en profondeur, mieux que tous les états-majors de Washington réunis et, sur place, la plupart des membres des services spéciaux américains sympathisent avec les Français auprès desquels ils viennent de combattre en Europe. Malheureusement, comme en Europe, le sentiment passe après le réalisme, ou ce que Washington croit être du réalisme. Et l'OSS américain autant que le SOE britannique prennent contact avec le mouvement vietminh. Le SOE parachutera même au Tonkin des communistes vietnamiens sortis de leur exil politique à Madagascar.

C'est dans ce décor politico-stratégique que les Français du CLI et du service Action vont jouer un rôle capital. Par des parachutages de vivres et de munitions, ils apportent à la colonne Alessandri tout le soutien dont elle a besoin pour réussir sa pénible retraite. Ils assurent son rétablissement sur la rivière Noire puis, autant que faire se peut, son recueil lorsqu'elle a franchi la frontière chinoise, avec le concours sans défaillance du *South East Asia Command.*

D'autre part, tous les agents disponibles répartis en vingt et une équipes munies de postes radio sont parachutés au Laos pour reprendre la liaison et éventuellement aider les détachements qui tentent de poursuivre la lutte contre les Japonais. Avec des fortunes diverses et dans des conditions incroyables, pourchassés à la fois par les Japonais et par les Viets, beaucoup d'entre eux seront victimes de cette mission de sacrifice qu'ils ont acceptée sans réticence.

A la fin du mois de mai 1945, le CLI, devenu 5e RIC, débarque enfin à Ceylan. Dès septembre, avec l'apport du commando parachutiste Ponchardier de l'aéronavale et de cadres venant des FFI, il met sur pied, notamment, un bataillon parachutiste type SAS à trois commandos : le B1 composé de marins et les B2 et B3 constitués par des coloniaux. Tous s'unissent au sein de ce que chacun continue d'appeler le CLI, sous le béret de toile verte de Birmanie et le battledress britannique. Pour faire face aux besoins opérationnels accrus, une compagnie cadres est formée avec 60 officiers et sous-officiers. Cette compagnie B, aux ordres du lieutenant Le Guillou, est parachutée le 11 septembre à Nong Khay pour rétablir la présence française à Vientiane, secouée par les agitateurs nationalistes. Malheureusement, elle est devancée par les Chinois qui occupent la ville en vertu des accords conclus entre Alliés. Son action se trouve réduite à néant. Restée sur le territoire, elle participera plus tard à l'encadrement des bataillons laotiens.

Le Laos ne constitue pas un véritable problème, en raison même de l'amitié séculaire qui nous rapproche de ce peuple pacifique. En revanche, l'ordre d'insurrection générale diffusé par le Vietminh le 13 août est beaucoup plus préoccupant pour nos alliés anglais, chargés de désarmer les Japonais au sud du 16e parallèle. Lord Mountbatten, soucieux d'assurer loyalement la sécurité de nos compatriotes et la coopération qu'il a établie avec nous, se trouve pour l'ensemble du Sud-Est asiatique devant un délicat problème de transport, dont l'Indochine ne constitue qu'un élément. Et, le 25 août, quand l'insurrection se déclenche à Saïgon, il décide de rassembler le plus rapidement possible les moyens aériens pour transporter un *Brigade Group* de la 20e division indienne du général Gracey. Le 12 septembre, 120 hommes de la Compagnie A du CLI sont ainsi conduits à Saïgon avec les premiers éléments de la 80e brigade. Ils contribuent à créer un périmètre de sécurité dans la ville et assurent une première protection des Européens, soumis journellement aux violences et aux manifestations. Mais ils ne peuvent malheureusement pas empêcher le massacre de 200 Français à la cité Héraud, dans des conditions atroces. Puis, les renforts arrivent peu à peu. Le reste du CLI embarque à son tour, le 27 septembre, sur le *Richelieu* et deux transports de troupes britanniques. Le 3 octobre 1945, après son transbordement au cap Saint-Jacques sur le *Triomphant,* le commando Ponchardier touche terre à Saïgon. Quarante-huit heures plus tard, au moment où le général Leclerc atterrit à Tan Son Nhut, les reconnaissances ont déjà commencé. Le commandant Ponchardier et son adjoint, le capitaine Dupuis, ne vont pas tarder à lancer les commandos dans les actions de dégagement qui s'imposent autour de la capitale.

Le 12 octobre, pour leur première opération au nord de Saïgon, les trois commandos s'emparent du pont D, des établissements Orsini, des phares et balises et finalement du pont B. Agissant tantôt par surprise, tantôt par assauts vivement menés, ils font bientôt leur jonction avec le 11e RIC. Jusqu'au 21 octobre, ils vont étendre méthodiquement le périmètre de sécurité tout autour de Saïgon et de la Société des Pétroles. C'est un succès. Les Viets et les Japonais abandonnent sur place cadavres, prisonniers et armement. Mais ce succès est payé de la mort d'un officier et de 3 sous-officiers du Commando no 3. A l'époque, on considérait ces pertes comme particulièrement lourdes.

Le général Leclerc pense déjà à reconquérir les points stratégiques qui serviront d'amarrage à son action future. Le Cambodge vit toujours sous l'emprise du Premier ministre Son Ngoc Thanh, suscité par les Nippons qui agissent encore librement et sous contrôle des Alliés. Le ministre est, dit-on, hostile à notre retour si celui-ci ne s'accompagne pas de l'indépendance. Finalement, avec le plein accord du général Gracey, le général Leclerc vient à Phnom Penh le 15 octobre avec 2 aides de camp et 4 hommes du commando Ponchardier en guise de gardes du corps. Leclerc s'empare de Son Ngoc Thanh chez le lieutenant-colonel Murray, commandant interallié, et le ramène à Saïgon où il est déféré à la Sûreté saïgonnaise. Huit jours plus tard, le Cambodge a retrouvé le calme qui ne sera troublé que par les quelques opérations de détail qui, en 1946, lui permettront de récupérer les provinces concédées au Siam en 1941.

En Cochinchine, la situation est différente. Avec le groupement de marche de la 2e DB qui vient d'arriver sous les ordres du lieutenant-colonel Massu et les unités qui se forment sur place, par recrutement direct auprès des anciens, Leclerc songe déjà aux opérations qu'il va pouvoir lancer. La pacification qu'il souhaite étendre promptement à tout le territoire en dépend. L'une de ces unités sera le commando Conus, mis sur pied par un ancien de Bir Hakeim qui a participé à des missions interalliées en France. Parachuté dans le Vercors, Conus, alias « capitaine Volume », combattra ensuite en Allemagne et formera en Indochine un commando de 30 parachutistes qui sera engagé à Tay Ninh, puis vers Luang Prabang en mars 1946, avant d'être dissous en juillet.

Dans la soirée du 22 octobre, le bataillon Ponchardier et la compagnie de fusiliers marins du lieutenant de vaisseau Merlet qui lui est rattachée, appareillent à bord d'un LCT (*Landing Craft Tank*) en direction de Mytho. Ils doivent attendre la colonne Massu, chargée d'appuyer leur débarquement. Après une navigation sans trop de difficultés, Ponchardier, devant la tranquillité qui règne, décide d'agir par surprise. Il n'attendra pas les blindés de la 2e DB, aux prises avec d'innombrables coupures sur la route. Rapidement, parachutistes et marins débarquent, neutralisent les sentinelles et cueillent tous ceux des 4 à 5000 Viets qui n'ont pas eu le temps de s'enfuir. A l'aube du 25, tout est terminé, au grand désappointement des équipages de chars qui rejoignent dans la soirée. Puis, dans la nuit du 28 au 29, les hommes de Ponchardier, appuyés par l'aviso *Annamite,* s'emparent de Vinh Long où 3 des leurs trouvent la mort. La ville devient leur base. Dans les jours qui suivent, c'est la prise de Cantho, le 30, et de Caï Rang, le 2 novembre, par le commando du capitaine Rouau, toujours accompagné dans son action par la compagnie Merlet du régiment de fusiliers marins.

Malheureusement, un drame va éclater le 11 novembre, à Caï Rang. Infiltrés et dissimulés dans la ville, les Viets surprennent et blessent grièvement le capitaine Rouau et son adjoint, l'aspirant Cera, qui réussit à donner l'alerte avant de s'effondrer devant le PC. Une lutte farouche au corps-à-corps s'engage immédiatement entre les Viets et les parachutistes qui circulaient sans méfiance au milieu de la foule. Pendant ce temps, les quatre postes sont attaqués simultanément. Heureusement, la compagnie Merlet, arrivée à la rescousse, aide les parachutistes à se dégager. Dans cette affaire qui aurait pu prendre l'allure d'une catastrophe, le B3 ne compte finalement que 2 tués et 5 blessés. Parmi eux, se trouve le caporal Plé qui, déjà grièvement blessé, sauve ses camarades en se couchant sur la grenade qu'il venait de dégoupiller et qu'il n'avait plus la force de lancer.

La fin du mois de novembre est mise à profit pour exécuter de nouvelles opérations de nettoyage qui permettent de capturer de nombreux prisonniers et un important butin en matériels divers, tout en allongeant gravement la liste des morts et des blessés. Mais la mission se poursuit et, le 6 décembre, Tra Vinh est occupé et nettoyé en moins d'une heure par les sections Demonet et Boby qui profitent d'une diversion faite par les avisos de la marine. Le 10, à Cuabo Gien, 800 personnes sont délivrées par le B3 et ramenées à Phnom Penh. Il en va ainsi jusqu'au dernier jour de l'année où les « Tigres », comme les surnomme la population, regagnent Saïgon après avoir été relevés par le 6e RIC.

Il faut combler les vides creusés dans les rangs. C'est avec joie que sont accueillis la vingtaine de « coloniaux » du capitaine Trinquier qui, après quatre ans d'inaction en Chine, débarquent à Saïgon le 8 janvier 1946 et souhaitent reprendre le combat au plus vite. Avec eux, le commandant Ponchardier forme l'ossature de son 4e commando (le B4), qui sera renforcé plus tard par les éléments du capitaine Baudenon, venus du Tonkin.

A peine réorganisés dans leurs cantonnements de Galliéni, les bérets verts repartent pour de nouveaux combats. Cette fois, c'est vers le nord de la province et l'Annam qu'ils vont porter leurs coups. Chargés de dégager et de nettoyer la route Bien Hoa-Tân Uyên en liaison avec l'escadron de tradition du 1er RFM et la 1re flottille fluviale de Cochinchine du capitaine de frégate Jaubert, ils engagent à l'aube du 25 janvier un dur combat pour la prise de Tân Uyên. Retranchés dans chaque maison, les Viets se battent sans esprit de recul sous la conduite de nombreux Japonais. Dès le début, les fusiliers marins subissent des pertes. Chaque maison est un nid de résistance. Vers midi, alors que les Viets viennent de lancer une contre-attaque meurtrière, le commandant Ponchardier lance son B2, qui a rejoint par la route. Le commandant Jaubert, qui essaye de tâter la position ennemie face au fleuve, est mortellement blessé. Le B4, qui devait prendre la position à revers, est lui-même pris sous le feu des mortiers, au village de Tan Tich. Finalement, après un combat d'une dizaine d'heures où marins et parachutistes sont étroitement mêlés, la ville est prise. Elle n'est plus que décombres. En fin de soirée, après un dernier assaut à la baïonnette sur les retranchements du village de Tan Phu, les commandos B2 et B4 font leur jonction. A Tan Tich, le capitaine Trinquier et ses hommes, tout comme à Tân Uyên, se trouvent en face de combattants fanatisés. C'est à la grenade que les Viets doivent être délogés par les parachutistes. Au cours de l'action, le B4 perd le lieutenant Mac Carthy, qui est tué. Le lendemain, dans l'île de la Tortue, sans subir de pertes, le groupement Ponchardier achève de mettre en fuite les Viets et Japonais qui avaient cru y trouver leur salut.

Pour le groupement Ponchardier, cette opération marque un tournant dans ses activités. Revenus à Saïgon pour participer à la relève des Britanniques qui quittent l'Indochine, les hommes du commandant Ponchardier vont assurer la garde du terrain d'aviation de Tan Son Nhut jusqu'à la fin du mois de février 1946. Ils participeront également à quelques opérations de nettoyage en attendant l'arrivée de la 3e division d'infanterie coloniale aux ordres du général Nyo, dont les premiers éléments débarquent au début de février. Le 16 février, perdant toute attache avec le 5e RIC, l'unité devient le groupement autonome Ponchardier.

L'arrivée de la 3e DIC permet au général Leclerc de relancer son action en direction de l'Annam, qui fait l'objet de l'opération « Gaur ». Une fois encore, le manque de moyens et d'effectifs interdira l'emploi combiné des parachutistes et des troupes à terre pour la délivrance de Hué puis, plus tard, de Quang Ngaï. C'est regrettable, compte tenu de l'importance et du nombre de PC et de dépôts vietminh qui, croit-on, auraient pu être détruits ou récupérés.

La grande question reste notre retour en Indochine du Nord. 30000 Français, désarmés et bafoués journellement, y vivent dans une situation précaire, à la merci du Vietminh et des occupants chinois qui, depuis le 15 septembre 1945, se sont abattus sur le pays comme une nuée de sauterelles. Bien que l'arrivée de Madagascar de la 3e DIC et de la brigade d'Extrême-Orient ait libéré pour les opérations au Tonkin les groupements de la 2e DB et la 9e DIC, le retour en force vers le Nord semble problématique. La dure expérience que nous venons de vivre au Sud n'incite pas à l'optimisme. Mais ce qui apparaît évident lorsqu'on est au contact des réalités quotidiennes, ne l'est plus à 12000 km de là pour les gouvernants de métropole. Peut-être faut-il trouver là l'origine de bien des distorsions qui vont tout de suite surgir au plus haut niveau ?

En fonction de l'accord de relève passé le 28 février avec les Chinois, une armada portant dans ses flancs les éléments aguerris de la 2e DB et de la 9e DIC se présente le 6 mars 1946 devant Haïphong. Les colonnes débarquées par mer doivent poursuivre sur Hanoï où elles feront leur jonction avec les parachutistes du groupement autonome Ponchardier largués sur le terrain de Gia Lam. Les deux jours précédents, le commandant du groupement a effectué une reconnaissance aérienne préparatoire à l'opération aéroportée baptisée « Bir Hakeim ». Du 22 au 28, 7 commandos dont 3 officiers partent sur Hanoï en détachement précurseur. Ils doivent renseigner le commandement sur le dispositif vietminh et préparer l'arrivée du gros du groupement en sabotant les communications chinoises (PTT et station TSF) quarante minutes avant l'heure H, protéger et guider les premiers éléments de combat, prendre contact avec les 300 militaires français enfermés dans la citadelle depuis le coup de force japonais et qui seront armés après l'arrivée des Ponchardier à Gia Lam. Le 1er mars, les Dakota sont prêts, les équipes constituées, les parachutes ajustés et les gaines confectionnées. Cela n'a pas été une mince affaire. Les hommes ont dû improviser et constituer leurs équipements avec les moyens du bord et des parachutes de toutes origines.

Le 6 mars, devant Haïphong, les Français sont reçus à coups de canon. A l'aube du 8, vingt-deux Dakota décollent de Tan Son Nhut, transportant vers le Nord un premier groupe de parachutistes, ainsi que des armes et des munitions qui doivent être larguées sur la citadelle de Hanoï. Au moment du départ, ordre est donné de se poser à Gia Lam, les Chinois autorisant l'atterrissage des avions. La formation est sans liaison avec les troupes du Tonkin. Mais, après trois heures de vol, alors qu'elle atteint la frontière entre le Laos et le Tonkin et que l'objectif n'est plus qu'à une demi-heure, le contact est établi par hasard. Le terrain de Gia Lam est occupé en force par les Chinois. Pour éviter tout incident, la formation est déroutée sur Paksan, au Laos, que le commando Conus, progressant en tête de la colonne de la 3e DIC remontant le long du Mékong, vient d'occuper. Trois jours plus tard, les avions regagnent Saïgon avec leur chargement.

L'opération tant attendue du commando n'aura pas lieu. Le 11, le détachement du Tonkin reçoit l'ordre de préparer le sabotage éventuel des liaisons et transmissions chinoises. Et le 18, il effectue sa liaison avec la colonne de la 2e DB qui remonte de Haïphong. Une opération envisagée sur le Laos est également suspendue. Le 19, tout le groupement est rassemblé dans sa base arrière.

Les négociations de Fontainebleau ne résolvent rien, chacun des partenaires accusant implicitement l'autre de duplicité. Finalement, Ho Chi Minh signe *in extremis* le *modus vivendi* pour gagner du temps. Giap l'avouera cyniquement, dans un livre, une dizaine d'années plus tard. Le problème immédiat des Viets est d'éliminer leurs adversaires politiques, les nationalistes des partis VNQDD et DMH dont les drapeaux flottent sur une grande partie du Tonkin. Les Vietnamiens ne peuvent saisir l'ambiguïté des positions françaises, souvent contradictoires, selon qu'elles sont exprimées soit par un gouvernement qui s'intéresse peu à la question, soit par l'entourage du haut-commissaire, l'amiral Thierry d'Argenlieu, volontiers autoritaire, soit par l'état-major du commandant en chef, le général Leclerc, plus généreux et plus libéral.

La tension ne cesse de croître au fil des mois. Elle est marquée par l'intensification du terrorisme et de la guérilla en Cochinchine et par la fréquence grandissante des incidents dans le Nord.

* * *

Au Sud-Vietnam, en effet, malgré l'accord du 6 mars 1946 qui prévoit l'arrêt des hostilités, la guérilla, soigneusement entretenue par le rebelle Nguyen Binh, contraint les troupes françaises à se lancer dans des opérations de nettoyage très éprouvantes.

En février 1946, arrivent à Saïgon les premiers éléments de ce qui sera la demi-brigade de SAS, aux ordres du lieutenant-colonel de Bollardière. A peine débarqué le 27 février à Saïgon, le 1er bataillon de Choc SAS se trouve engagé dans la boucle de la rivière de Saigon. Puis, dans le courant du mois de mars, il participe successivement au nettoyage de la Sablière, de Hoc Mon, Ba Quéo, Vinh Loï, Ba Dien et Thu Duc. Dans bien des cas, les bilans sont élogieux et démontrent la faculté d'adaptation de ces hommes qui, quelques jours auparavant, ignoraient tout du pays. Ils découvrent une végétation magnifique, un pays quadrillé d'innombrables canaux où les rebelles se dissimulent avec facilité. Le premier mois, par exemple, la 1re compagnie perd 1 officier et 3 hommes sans avoir pu accrocher les Viets. C'est une toute nouvelle guerre qu'il faut apprendre.

Début avril, de nouveau dans la région de Hoc Mon avec le Groupement Ponchardier rayonnant à partir de Govap en liaison avec la 13e DBLE, on tente, par une nouvelle série d'opérations, de démanteler les bandes de Nguyen Binh fortement encadrées par des Japonais. Toutes ces opérations démontrent malheureusement le caractère insaisissable des guérilleros qui réapparaissent dès que nos troupes se sont retirées. Inlassablement, agissant par petits éléments, de la section au commando, quelquefois les quatre commandos réunis comme le 17 avril à Tan Lang où les Ponchardier sont durement éprouvés, le groupement continue de porter des coups à l'adversaire, à An Loc-Dang et Thu Duc, en avril ; puis à An Hoa, Phu Thuan, Ben Cat, Tran Bang, et de nouveau Thu Duc, en mai. Finalement, c'est affaibli qu'il part au repos à Dalat le 12 juin, avant de regagner la France le 28 août, avec la fierté d'avoir conquis par son action une palme pour son fanion. Et, grâce aux marsouins qui en font partie, le groupement Ponchardier va bientôt donner naissance au 5e bataillon parachutiste d'infanterie coloniale, première des unités parachutistes des troupes coloniales.

Quant au 1er bataillon de Choc SAS du commandant Mollat, après cette période d'acclimatation où il s'est trouvé confronté à une nouvelle forme de guerre, une nouvelle mission l'attend. Le commandement décide de reprendre son action sur le Laos et le Cambodge afin d'y clarifier la situation. Le 17 avril, dans le cadre d'une opération combinée avec le commando léger n° 2 du 5e RIC, les parachutistes du 1er bataillon font mouvement vers le Laos. Il s'agit de faire respecter l'accord de relève par les Chinois. Or, ceux-ci, peu pressés de se retirer, attendent la récolte d'opium qui devrait leur rapporter un butin substantiel. L'action de la colonne Crèvecœur, complétée par un premier parachutage de deux compagnies SAS sur Vientiane, le 24 avril, puis un second d'une compagnie à Luang Prabang, début mai, fait vite comprendre à ces soldats chinois, qui n'ont jamais combattu, la vanité de leurs prétentions. Le calme revient avec le retrait des Chinois et les opérations autonomes menées par les deux compagnies du bataillon dans le courant de juin contre les quelques dissidents qui tentent de se regrouper au sein du Pathet Lao naissant. Elles ont malheureusement coûté au bataillon la mort du lieutenant Jean et de 6 parachutistes, sacrifice qui a contribué à rétablir l'amical protectorat de la France sur le Laos, où règne Si Savang Vong.

Lors de son retour en Cochinchine au mois de juin, le 1er bataillon y trouve son homologue, le 2e bataillon, qui vient de débarquer le 19 et s'est installé à Gia Dinh tandis que la compagnie de jeeps armées est basée à Phu My, en attendant sa répartition entre les unités.

Plus que jamais, le lieutenant-colonel de Bollardière, commandant le détachement SAS, est renforcé dans sa conviction que le facteur surprise, déjà mis en évidence par l'expérience des commandos Ponchardier et Conus et du 1er bataillon, est primordial pour l'avenir des opérations. Cela conduit Bollardière à organiser la demi-brigade SAS. Certes, son idée de créer un corps de parachutistes-commandos, apte à prendre à son compte « toute mission au pied levé », est séduisante. Mais elle nécessite une richesse de moyens que le commandement ne peut lui accorder. En particulier, les moyens de transports aériens sont insuffisants pour faire face aux multiples tâches opérationnelles et d'instruction.

Dès que l'aérodrome de Saïgon a été dégagé, fin septembre 1945, les Dakota du groupement de marche d'Extrême-Orient ont rallié Tan Son Nhut. En novembre, dix-huit appareils sont à pied d'œuvre. Le 1er février 1946, un groupe de seize Junkers 52 vient les renforcer. En fait, tout le monde fait un peu de tout, de la reconnaissance au bombardement qui est assuré par les Dak. Des lignes régulières sont mises en œuvre sur le territoire et vers la France, ce qui réduit considérablement les possibilités opérationnelles.

En août 1946, le GMEO devient le 1/15 « Anjou ». L'autre groupe disponible est le 1/34 « Béarn », équipé de Ju-52. Les équipages fatigués, les appareils à la limite d'usure ne permettent pas d'effectuer les liaisons sur les lignes régulières, le ravitaillement de certains postes isolés, le parachutage lors d'opérations importantes.

L'aviation de transport doit également effectuer, conjointement avec la section technique des unités parachutistes qui vient d'être créée de toutes pièces, le passage du brevet de tous ceux qui ont quitté la métropole sans avoir complété leur instruction. Cinq cents brevets seront décernés d'avril 1946 à juillet 1947, le commandant Mollat et le lieutenant Verguet se trouvant en tête de liste. Le commandant Morin de l'état-major Air appartient à la dernière promotion et concrétise ainsi la coopération — pour ne pas dire l'amitié — qui s'ébauche entre parachutistes et transporteurs. En Extrême-Orient comme en Europe, les possibilités des TAP seront toujours étroitement dépendantes des possibilités du transport aérien militaire.

C'est le 1er juillet que naît la demi-brigade SAS. Elle est constituée d'un état-major, de la STUP et deux bataillons identiques à deux compagnies de combat, un peloton de jeeps blindées et une section de commandement. Il faut bien reconnaître que le commandement n'a vu dans les parachutistes qu'une troupe essentiellement mobile grâce à l'avion. S'il a pressenti, par la mise en réserve générale, les avantages qu'il peut en tirer, il n'en a pas encore deviné toutes les possibilités qu'ils offrent, ni la valeur dynamique qui les anime.

Dans le courant du mois de juillet, le 2e bataillon poursuit son acclimatation en participant à des actions sur la plaine des Joncs, notamment à Duc Hoa et Hiep Hoa. Le 7 août, un sérieux incident éclate au Cambodge. Trois cents Khmers Issaraks, venus des provinces occupées par le Siam, attaquent simultanément le camp chargé de la protection de Siem Réap et le Grand Hôtel, centre de repos que le général Leclerc a fait aménager pour les auxiliaires féminines de l'armée de terre. Grâce à la prompte réaction des Cambodgiens et au sang-froid des AFAT, les rebelles manquent leur effet de surprise. Le commandement, inquiet de ce coup de semonce, décide l'envoi de renforts. Malgré le faible potentiel en avions disponibles, 80 parachutistes du 1er bataillon sautent le 10 août sur le terrain de football de la ville en élément précurseur de la demi-brigade. 250 autres sont prêts à suivre en cas de besoin. Le 11 au matin, les hommes de Bollardière font une large reconnaissance de la région et prennent contact avec l'ennemi devant l'enceinte du temple d'Angkor Vat dont toutes les portes sont défendues par des mitrailleuses. Le lendemain, accompagnés de légionnaires et de cavaliers venus par la route de Saïgon, les parachutistes engagent le combat dans les allées du temple. Ils débusquent les Issaraks un à un et les chassent de la contrée. Une nouvelle fois, le Cambodge retrouve son calme habituel. Aussi, le 16 octobre, lorsque le Siam lui rétrocède toutes les régions définies dans le traité de Tokyo du 9 juillet 1941 (province de Battambang, Siem Reap, Kompong Thon, Stung Treng et du Bassac laotien), il ne sera même pas nécessaire de déclencher l'opération aéroportée prévue pour assurer la protection de Battambang et de Sisophon.

Jusqu'à l'agression vietminh du 19 décembre 1946, la demi-brigade poursuit son action dans le Sud. En août, des éléments du 1er bataillon font un séjour sur les terres Rouges. Septembre et octobre trouvent le bataillon dans le secteur de Ben Tré, à l'exception de la 2e compagnie qui attend vainement son emploi éventuel au Cambodge. Le 2e bataillon, pour sa part, agit pendant trois semaines sur l'île de Mo Cay, puis dans le secteur de Long Than et de Ba Ria. Le rayonnement permanent des parachutistes et leur action de contre-guérilla apportent peu à peu le calme dans ces régions où l'implantation des postes reste encore fragile. Les jeeps blindées, comme autrefois en Bretagne ou sur la Loire, sillonnent les routes et font merveille dans la protection des éléments en déplacement. L'instruction s'organise sous la férule du capitaine Ducasse, qui prend le commandement de la compagnie créée à cet effet. Malheureusement, une nouvelle fois, les événements vont retarder la mise en application de toutes les idées du lieutenant-colonel de Bollardière. Mais ce dernier poursuit inlassablement son projet, même si quelques désaccords l'opposent parfois à ses supérieurs.

Au Tonkin, l'atmosphère d'euphorie qui suit l'accord du 6 mars 1946 ne dure pas. Les négociations pour établir une convention d'état-major statuant sur l'implantation et la valeur numérique de chacune des futures garnisons françaises donnent lieu à d'âpres discussions entre Giap et nos représentants. Cependant, jusqu'au départ des Chinois qui sont à l'origine de heurts fréquents, la coopération ne pose pas de problèmes majeurs. A partir du mois de juillet, la multiplication des incidents et leur gravité croissante deviennent rapidement insupportables.

Le 10 septembre 1946, l'amiral Thierry d'Argenlieu décide d'établir un dispositif de contrôle sur le transit du port d'Haïphong. Les autorités du Vietminh, qui trouvent cette mesure contraire à l'accord du 6 mars, protestent. La tension s'accroît dans toute la ville. Le 20 novembre, dans les eaux portuaires, un landing craft arraisonne une jonque remplie de « Tu Vé », miliciens de l'armée populaire vietnamienne. Les Tu Vé ouvrent le feu, la vedette riposte. Bientôt, c'est tout Haïphong qui est en effervescence. Les Européens isolés sont assaillis par la population. Après une intervention de la commission de liaison et deux journées de discussions inutiles, le colonel Dèbes, commandant les troupes, reprend l'initiative des opérations. Progressant méthodiquement, il nettoie peu à peu les quartiers européens. Mais les quartiers annamites, véritables labyrinthes, sont encore aux mains des forces vietminh, et l'accès de l'aérodrome de Cat Bi nous est fermé. Or, Cat Bi, qui représente le seul moyen de liaison sûr entre Hanoï et Haïphong en cas d'événements graves, peut servir de base de départ pour tout le ravitaillement du delta. Devant la nécessité de sauvegarder ce point essentiel, le général Valluy, commandant en chef depuis le départ du général Leclerc en juillet, prescrit à la demi-brigade SAS de s'en emparer et de le tenir jusqu'à la réalisation de la liaison avec les troupes du colonel Dèbes.

Le 25, décollant de Saïgon vers 5 h 45, 400 paras s'envolent vers leur objectif. C'est aux 150 hommes de la compagnie Moulié que revient l'honneur de sauter sur la bande de terrain parallèle à la piste. En quelques instants, pratiquement sans combat, les parachutistes des sections Edme et Tisserand s'emparent de tous les objectifs et protègent l'atterrissage de leurs camarades sur une piste dégagée de tout obstacle. En fin de journée, cette opération inopinée, qui malheureusement nous coûte 4 morts au saut par rupture de SOA, s'achève par la liaison avec les troupes et les blindés d'Haïphong qui viennent de terminer le nettoyage de la banlieue.

Le général Valluy, qui est également haut-commissaire par intérim, redoute le coup de force. Il prend les mesures qui s'imposent. Cela se traduit par de nouveaux mouvements pour la demi-brigade SAS, seule unité parachutiste présente sur le territoire depuis le départ des commandos Ponchardier. Elle constitue pour le commandement l'unique moyen d'intervenir rapidement au secours d'un poste ou d'une garnison isolée. Le 2e bataillon regagne la Cochinchine, à l'exception de la 2e compagnie qui reste en réserve avec la compagnie Charvet à l'aérodrome de Gia Lam. La compagnie Ducasse arrive à son tour au Tonkin. Partout la tension règne et les incidents s'accumulent. Chez les parachutistes, le nombre des morts et des blessés grandit, en même temps que l'exaspération.

Le 17 décembre à Hanoï, nouvel incident parmi tant d'autres, un parachutiste disparaît dans le quartier sino-annamite. Ses camarades décident de le venger et, le lendemain, y font une descente. Le combat devient rapidement très violent et lorsque les hommes du commandant Mollat rentrent dans leur cantonnement, ils ont perdu 2 des leurs et ont eu 9 blessés. Mais ils ont infligé aux Viets, en particulier aux Tu Vé, une cuisante défaite qui leur coûte une soixantaine de morts.

A la suite de cette affaire, le commandement français consigne les troupes dans leurs cantonnements. La consigne est levée dans l'après-midi du 19 décembre, à la demande du gouvernement vietnamien désireux d'assurer la détente. Ce même jour, au soir tombant, l'électricité s'éteint dans toute la ville d'Hanoï. Les passages à niveau sont bloqués par des wagons. Toutes les grandes artères et les carrefours se couvrent de barricades. Partout, on entend des tirs d'armes automatiques, des éclatements de grenades et de mortiers. Il est 20 h. Heureusement, deux heures auparavant, sur renseignement d'un Eurasien, toutes les troupes ont été de nouveau consignées. La surprise est manquée. Les civils et les militaires isolés résistent, tandis que les détachements d'intervention où, dans le même élan, se mêlent parachutistes, marsouins et blindés, vont leur porter secours. On regroupe à la citadelle tous ceux qui ont pu tenir les Tu Vé en échec, au long de cette nuit d'épouvante. A l'aube, commence le nettoyage méthodique de la capitale où quelques îlots de résistance subsistent encore. Les Tu Vé, combattant sans esprit de recul, couvrent le repli des troupes régulières vietminh. Celles-ci entraînent de nombreux otages, hommes, femmes ou enfants, Européens ou Eurasiens.

Hanoï n'est pas la seule cité à avoir connu cette nuit d'horreur. Bac Ninh, Phu Lang Thuong, Nam Dinh, Haï Duong, Hon Gai, Lang Son au Tonkin, Vinh, Hué et Tourane en Annam ont elles aussi été l'objet d'attaques contre les ressortissants français et les faibles garnisons qui ont pour mission de les défendre. Partout, le Vietminh subit un échec. Mais l'isolement des uns et des autres est total. La situation ne pourra être rétablie qu'au prix de longues et difficiles opérations. Pour les parachutistes des compagnies Moulié et Charvet, ce sera une nouvelle occasion de s'illustrer à Vinh Tuy, au village de Papier, à l'hôtel d'Annam, à Xuan Hoa, enfin dans le nettoyage du quartier sino-annamite, les 14 et 15 février 1947.

Depuis le coup de force du 19 décembre 1946, Nam Dinh, la troisième ville du Tonkin, est assiégée par 5 000 Viets bien armés. Le II/6e RIC, malgré sa ténacité, ne peut espérer tenir longtemps dans la Cotonnière, le camp Carreau et le poste de la banque d'Indochine. Le nombre des morts et des blessés augmente chaque jour et la présence des civils, femmes et enfants, ne facilite pas la tâche du commandant Daboval. Depuis le début de l'année 1947, les avions de reconnaissance peuvent lire sur le toit de la banque d'Indochine le signal « SOS ». Soucieux de sauvegarder cette importante cité, le commandement ne peut pourtant pas monter une opération terrestre qui exigerait des effectifs trop considérables en raison même des destructions obstruant les routes vers Hanoï et Haïphong. Il décide donc de monter une opération combinée avec la marine, mettant en jeu les LCT (*Landing Craft Tank*), les LCI (*Landing Craft Infantry*) et les LCM (*Landing Craft Mechanized*). Les barges transporteront des éléments de la Légion et du génie. Les parachutistes de la demi-brigade SAS devront assurer un couloir d'accès entre la Cotonnière et le point de débarquement des bateaux pour couvrir les chars et les sections de renfort, et permettre l'évacuation des civils et des blessés.

En moins de trois jours, l'opération « Dédale » est montée avec des éléments qui viennent de Saïgon et les compagnies Moulié et Charvet. Ces dernières se trouvent depuis le 20 décembre au Tonkin, où elles viennent de participer au dégagement de Hanoï et de Bac Ninh. Malgré le manque de pratique des aviateurs dans le largage nocturne, le lieutenant-colonel de Bollardière obtient le principe d'une opération aéroportée réalisée dans la nuit du 5 au 6 janvier, les marins devant aborder l'appontement de Doc Quan à l'aube. Il articule alors son détachement en trois éléments comprenant 380 hommes des 1er et 2e bataillons SAS : un avion de *pathfinders* et deux vagues larguées à deux heures d'intervalle sur une zone de saut entre le canal, la gare et la Cotonnière. Si elle présente des avantages certains sur le plan tactique, la zone est marécageuse sur presque toute son étendue.

Vers 22 h 30, les deux équipes de *pathfinders* du sous-lieutenant Chaumont et de l'aspirant Legendre, ainsi que la section de protection, sont accueillies dès la sortie des avions par un tir de DCA nourri. Sitôt à terre, les jalonneurs se mettent au travail et, malgré le tir des armes automatiques, remplissent leur mission. Pourtant, les 20 hommes chargés d'assurer leur protection, victimes d'une saute de vent, se sont retrouvés à près de 2000 mètres de la zone. Ils ne pourront rejoindre leurs camarades que dans la matinée du 6 après un combat épuisant qui durera six heures.

Un peu avant minuit, la première vague — compagnie de marche du capitaine Ducasse, section Josse et PC du colonel — se présente à son tour au-dessus de la zone de saut. Les parachutistes quittent les avions au milieu des gerbes de balles qui montent du sol. Sur les dix appareils, neuf sont touchés. L'un d'eux a ses quatre réservoirs crevés, tandis qu'un autre est obligé de mettre un moteur en croix. Toutefois, aucun homme n'est blessé, les balles venant par miracle se loger dans les ventraux ou brisant des armes sur l'homme lui-même. Et tous les avions réussiront finalement à rejoindre Hanoï. Au sol, les gaines d'armes lourdes s'enlisent profondément dans le fond des rizières : certaines seront reprises de haute lutte à l'ennemi, tandis que d'autres disparaîtront par manque de signalisation. Cependant, les hommes de la compagnie Ducasse se regroupent péniblement après ce trop long largage en ordre dispersé. Quatre hommes vont tomber directement aux mains de l'ennemi. Ils seront massacrés après un long martyre infligé par la populace, sous les yeux d'un de leurs camarades.

Malgré tout, le regroupement se poursuit. Bollardière, avec une soixantaine d'hommes qui l'ont rejoint, peut entrer en contact avec les défenseurs de la Cotonnière vers 2 h 30. C'est précisément à ce moment que devaient sauter les 200 paras du commandant Mollat qui constituent la deuxième vague. Malheureusement, depuis une heure, le clair de lune, qui illuminait le terrain, se voile sous une couche de brume de plus en plus dense qui monte du sol. Après avoir tourné en vain au-dessus de la région, le commandant Mollat, la mort dans l'âme, fait rentrer les avions sur Hanoï. Le capitaine Ducasse, qui saisit la fragilité de la situation, donne sans plus tarder l'ordre d'entamer la progression, tout en sachant qu'il ne peut compter que sur lui-même pour remplir la mission. L'effectif prévu est réduit de moitié. Il n'y a pas de bazookas, pas de postes radio, pas d'obus de mortier. Cependant les sections s'élancent à la conquête de leur objectif. Après de durs combats, l'appontement de la rue Balloy tombe entre leurs mains. Les rues adjacentes et, finalement, un gros pâté de maisons au bord du canal, sont nettoyés. Mais les parachutistes sont contraints de s'arrêter sur leurs positions, de crainte de manquer de munitions. Heureusement, dans le petit jour, les coups de feu qui crépitent à nouveau révèlent l'approche du convoi maritime. Dans un dernier élan, les parachutistes repartent à l'attaque. A 8 h, ils tiennent solidement l'appontement et la route de la Cotonnière.

Après une opération de débarquement sur la rive sud-ouest pour faire taire un 75 viet qui a coulé le LCM porte-chars, les opérations d'accostage commencent dans la foulée. Bientôt, les marsouins et une section de parachutistes tentent la liaison vers le poste de la banque d'Indochine. Malgré leur volonté d'aboutir et l'appui de l'aviation, ils sont bloqués à 100 mètres du poste par une défense viet très meurtrière et de violentes contre-attaques partant des rues adjacentes. A 16 h, il faut renoncer, car le convoi ne peut plus attendre. Depuis midi, les 200 civils sont embarqués ainsi que 70 blessés. A 17 h, le convoi remet le cap sur Haïphong qu'il regagne après une navigation sans incident. Deux jours plus tard, l'action sur le poste de la banque d'Indochine sera reprise. Elle réussira.

Cette première opération aéroportée de la guerre d'Indochine, qui nous coûte 6 tués, 4 disparus et 11 blessés, est sur tous les plans une réussite. Riche en enseignements de toute nature, elle démontre que le risque bien calculé conduit à des résultats payants. Dans l'avenir, ce genre de mission, qui consiste à dégager les postes assiégés ou à les renforcer, deviendra familier aux parachutistes.

La compagnie Ducasse, restée en renfort à Nam Dinh, combat les 8, 9 et 31 janvier sur le poste de la banque et aux abords du camp Carreau. Le 11 mars, après avoir percé le rideau de défense viet, les parachutistes opèrent leur jonction avec la colonne de l'opération « Escale 2 » qui vient vers eux. C'est enfin la délivrance.

Demi-Brigade SAS

II

LA GUÉRILLA DU SUD

décembre 1946-octobre 1947

Le coup de force vietminh du 19 décembre 1946 a brutalement réveillé la métropole tout entière absorbée par des préoccupations intérieures où l'Indochine n'a guère de place. Dans un pays aux mille contradictions apparentes et dans un décor opérationnel radicalement différent du théâtre européen, les cadres et les troupes de métier de l'armée française vont apprendre sur le tas une nouvelle forme de guerre à laquelle ils ne sont pas préparés.

Le général Leclerc demande 90000 hommes supplémentaires pour deux ans. Le gouvernement, qui se résout mal à ce rôle de pourvoyeur en hommes et en matériel et qui doit faire face à la rébellion malgache, en accordera 10000, et pour un an seulement. Avec ses maigres effectifs, dans le cadre d'un commandement territorial réorganisé, le général Valluy devra d'abord dégager les grands centres urbains et les voies de communication qui les relient. Puis, reconstituant ses forces de manœuvre au Tonkin en dégarnissant les secteurs les moins menacés, il s'attaquera au gouvernement d'Ho Chi Minh et aux forces régulières qui, intactes, se sont retirées dans le réduit tonkinois.

Les deux bataillons SAS, arborant le béret rouge adopté par le lieutenant-colonel de Bollardière, ne peuvent en aucun cas assurer toutes les missions que le commandant en chef voudrait leur confier. Pourtant, regroupés dans le Sud, ils permettront par leur ingéniosité et leur dynamisme de maintenir l'agressivité des troupes d'Indochine du Sud, affaiblies par l'envoi des renforts au Tonkin. Quant à la demi-brigade de marche parachutiste, aux ordres du lieutenant-colonel Sauvagnac et composée de trois bataillons formés avec les volontaires de la 25e DAP, elle arrivera en Indochine un an plus tard, au mois de janvier 1947. Après une période d'adaptation qui leur permettra de s'acclimater et de perfectionner leur instruction spécifique, les bérets bleus ou noirs constitueront le fer de lance des groupements terrestres et aéroportés lancés à l'assaut du gouvernement et du corps de bataille vietminh.

Le 19 décembre 1946, les principaux centres urbains d'Annam ont été attaqués dans les mêmes conditions que ceux du Tonkin. Sauf à Vinh, habité par une quinzaine d'Européens seulement, partout l'agression vietminh est éventée. A Hué, à Tourane, à Nha Trang, les assauts sont repoussés. Mais les garnisons restent isolées et encerclées par de fortes concentrations rebelles qui menacent à court terme de les étouffer. De fait, le contrôle de cette région est primordial pour l'un et l'autre camp. L'Annam, berceau historique du Vietnam, donc région importante sur le plan politique et moral, est aussi la voie naturelle de communication entre le Nord et le Sud de l'Indochine. Elle représente pour l'état-major vietminh le lien indispensable avec la Cochinchine. Sa perte remettrait en cause tout le système de liaison, d'approvisionnement vers les territoires méridionaux. Si cet aspect politique et logistique n'a pas échappé au commandement français, il n'est pourtant pas l'élément essentiel qui motive son intervention et les moyens qu'il lui consacre. En effet, comme au Tonkin, les villes constituent d'importants centres de regroupement des ressortissants français. Leur protection doit être assurée en priorité, malgré la faiblesse des effectifs et des moyens disponibles.

A partir du 20 décembre, les troupes du colonel Larroque, en étroite collaboration avec la marine, dégagent peu à peu les quartiers de Tourane, puis leurs abords. Mais la progression reste lente et difficile, les Viets déplaçant aisément leurs réserves dans l'arrière-pays et disposant d'un réseau de camps et de dépôts installés sur les contreforts de la cordillère annamitique.

Une opération combinée est montée en liaison avec les troupes du secteur chargées de « boucler » la zone par surprise. Un parachutage doit permettre de refermer la nasse au dernier moment. Le 28 décembre, le capitaine Toce, à la tête des 3e et 4e compagnies du 2e bataillon SAS, débarque à Tourane. Dès le surlendemain, les 130 hommes des lieutenants Leblond et Mantes participent, dans un terrain broussailleux et difficile, au dégagement du terrain d'aviation d'où doit être déclenchée l'OAP. Après un vif combat qui coûte la mort de l'adjudant-chef Biancardini et de 2 parachutistes au village de Tuyen Hoa, les Viets décrochent en laissant sur le terrain une quarantaine de cadavres. Les quatre jours suivants, le commandement essaie vainement de réunir les moyens aériens indispensables à l'exécution de l'OAP projetée, mais les Junkers 52, saturés de missions et trop peu nombreux, ne peuvent être libérés. C'est à pied ou embarqués sur les bateaux de la marine que les parachutistes participent à la deuxième phase de l'opération. Progressant par bonds successifs avec les légionnaires, ils dégagent la lagune qui relie Tourane à la mer. Le bilan se fait plus important au fur et à mesure que le périmètre de sécurité s'étend vers My Thy, le col de Daï Lao, Loc Hoa. Les 10 et 11 janvier, les deux compagnies sont relevées pour se préparer à la troisième phase qui doit aboutir au dégagement de Hué, la capitale impériale.

Le 18 janvier, dans le cadre de l'opération « François », le détachement SAS débarque dans la lagune de Phu Gia, s'empare de An Cu sans rencontrer la moindre résistance. Puis il entame sa progression vers le col des Nuages sans que les Viets se manifestent. Seule la 4e compagnie surprend un cantonnement vietminh et y trouve quelques armes et du matériel. A midi, le lendemain, le sommet du col est atteint et la liaison est effectuée avec la 13e DBLE. Le 20, les deux compagnies du capitaine Toce débarquent dans la baie de Chon May, attaquent un camp viet et, après le combat, s'emparent d'une cinquantaine d'armes. Les jours suivants, la progression continue, jalonnée par les combats de Cau Haï, Vinh Vé, Ha Phuong et An Lam. Enfin, le 4 février, tous les villages qui bordent directement la ville de Hué sont nettoyés. Ce succès obtenu, les parachutistes rentrent en Cochinchine où d'autres missions les attendent. En dehors d'un coup de main effectué en mai sur deux villages du cap Bon au Nord-Annam, et dont les résultats seront d'ailleurs décevants du fait du manque de coordination avec les troupes à terre, ce territoire ne fera pas l'objet d'actions aéroportées.

Si le Tonkin a connu, au cours de l'année 1946, une période de répit pendant laquelle le général Giap a forgé le noyau de son armée future, il n'en est rien en Cochinchine où la guérilla sévit depuis septembre 1945, sous l'impulsion de Nguyen Binh, Tonkinois d'origine, nommé responsable civil et militaire en juin 1946. Le 19 décembre n'a pas marqué de changement notable dans la vague d'attentats, d'embuscades et d'attaques de postes qui se succèdent à un rythme impressionnant. En ce début d'année 1947, la 3e DIC tient un certain nombre de postes qui forment ponctuellement des îlots de sécurité sans liens solides entre eux. Dans ce territoire semi-aquatique, parsemé d'innombrables rachs, arroyos et canaux, le guérillero vietminh, qui n'attaque que du fort au faible, est insaisissable. Seuls la surprise, le secret et la rapidité dans l'action permettent sa mise hors de combat. Ces facteurs essentiels vont montrer la justesse des vues du lieutenant-colonel de Bollardière quant à l'emploi des parachutistes en Cochinchine.

Tandis que les détachements SAS opèrent en Annam (deux compagnies) et au Tonkin (trois compagnies), la demi-brigade, puisant dans les effectifs de sa compagnie d'état-major, remet sur pied une compagnie de jeeps blindées. Les convois circulant à l'époque sur les routes de Cochinchine subissent de fréquentes attaques qui leur occasionnent des pertes sévères. Pour pallier la pénurie d'engins de reconnaissance dans le sud du territoire, le commandant imagine de confier la protection éloignée des convois à des patrouilles de jeeps montées par des parachutistes. Sillonnant les itinéraires, elles devront agir comme des chiens de chasse pour faire lever les éventuelles embuscades.

Les véhicules laissés en base arrière sont donc réarmés. Les pare-brise sont remplacés par des plaques de blindage fixes, percées d'une fente devant le conducteur. Le chef de bord dispose d'un jumelage de mitrailleuses légères Reibel protégé par un bouclier et pivotant sur un axe. Le troisième équipier sert une autre arme automatique pouvant tirer sur le côté ou vers l'arrière. Chaque membre de l'équipage dispose en plus d'un armement individuel, PM, carabine, pour le combat à pied. Une jeep par patrouille transporte un mortier léger de 50 mm.

Dès janvier 1947, les pelotons Legrand et Bonnet assurent de jour comme de nuit des missions de protection en Zone Est, sur l'axe Thu Dau Môt, Bien Hoa, Ba Ria. La puissance de feu des mitrailleuses tirant six cents coups à la minute inspire au début une crainte salutaire aux guérilleros vietminh. Pendant près de trois mois, ils n'osent pas s'attaquer aux groupes de trois jeeps qui prennent de l'assurance et deviennent téméraires.

D'autre part, le colonel de Bollardière, qui a tiré les enseignements de toutes les opérations précédentes, pense qu'il faut battre l'ennemi sur son propre terrain, en utilisant les mêmes méthodes et en améliorant l'efficacité des troupes européennes par un recrutement autochtone. Dès son retour du Tonkin, il propose au commandement la création de formations spécialisées dans la contre-guérilla. Des unités de commandos témoins sont constituées par la demi-brigade. Devant leur réussite, il est décidé d'installer à Dalat une école de commandos sous les ordres du lieutenant Lesecq, puis, à partir d'avril 1947, du capitaine Moulié. Toutes les unités y ont accès, notamment les renforts arrivant de métropole. Les commandos témoins sont successivement envoyés dans les bataillons de Cochinchine et du Sud-Annam pour instruire et accompagner en opération pendant leur rodage les compagnies de secteur dont la création est décidée par le commandement le 6 avril. Ces unités, bien vite appelées commandos de secteur, doivent être spécialisées dans le harcèlement permanent des bandes rebelles et disposer d'une complète autonomie.

Le 15 mars, sous l'égide du lieutenant Bonnet puis du capitaine Grall, est créée aux terres Rouges l'école de Jungle qui doit permettre d'apporter le complément indispensable à l'instruction dispensée à l'école de commando. Puisant dans les documents britanniques et les expériences propres à l'Indochine, ces deux officiers arrivent peu à peu à monter des stages dans lesquels l'instruction est suivie d'une application lors de séjours en brousse.

Pendant ce temps, entre mars et avril, les compagnies rentrent du Tonkin et d'Annam et reprennent leur activité de nettoyage dans le secteur qui leur est assigné. Dès le 20 mars, le colonel Chanson, commandant la Zone Centre, déclenche l'opération « Giongs ». La région des Giongs, située entre la frontière cambodgienne, la Vaïco et le rach Tram au nord, constitue un important centre de PC, de dépôts et d'ateliers pour le Nam Bo (la Cochinchine). Il s'agit de démanteler toute cette infrastructure en réalisant si possible la destruction des bandes qui trouvent dans la région un refuge à peu près sûr.

Trois groupements terrestres ont pour mission de rabattre sur le groupement Le Mire, de la demi-brigade SAS, tous les Viets qu'ils auront enfermés dans la nasse. Le 20 au matin, vers 8 h, les dix Dakota et les six Junkers, après une navigation difficile dans une région sans aucun point de repère, larguent au sud de Giong Dinh la compagnie Bourdon, le PC et les deux sections qui constituent la compagnie Leblond. En revanche, la compagnie Charvet, à la suite d'une erreur de navigation, est mise à terre à 5 km de sa zone de saut prévue. Par malheur, ce que les reconnaissances aériennes avaient laissé apparaître comme des rizières sèches ne sont que des marécages dans lesquels tous les parachutistes pataugent, alourdis par le poids des précieux parachutes qu'ils n'ont pas le droit d'abandonner. En effet, pendant toute la campagne, les opérations aéroportées comporteront la récupération des voilures. Sauf exception, une dizaine au plus, jamais les parachutistes n'abandonneront celles-ci. Une partie du personnel sera donc souvent occupée à la garde de la zone de saut et au ramassage des parachutes.

Après un regroupement très pénible au cours duquel il faut chercher vainement les gaines enfoncées dans la boue ou invisibles au milieu des joncs, la compagnie Bourdon et le PC atteignent après quatre heures d'efforts le village de Giong Dinh. Les deux sections Leblond réussissent à se porter sur Giong Sang Ma, objectif initial de la compagnie Charvet, tandis que celle-ci rejoint enfin le PC. Après quelques accrochages sporadiques qui nous coûtent un tué et un blessé, les Viets réussissent à se faufiler entre les mailles du filet sous les yeux mêmes de Leblond qui, avec ses 55 hommes, ne peut rien pour leur barrer le chemin si ce n'est renseigner la chasse et le commandement. Finalement, après une nuit et une journée de surveillance sur leurs positions, les trois compagnies lourdement chargées de tout leur matériel rejoignent Ba Thu le 22, après une marche épuisante dans les marécages. De là, en camion, elles rejoignent Saïgon dans la soirée. La déception est grande chez les SAS, car les résultats obtenus ne correspondent pas aux efforts qu'ils ont dû fournir. Cependant, cette première opération aéroportée en Cochinchine apporte sa moisson de renseignements.

Le 3 avril, 227 parachutistes sont largués en plaine des Joncs[1] sur

1. Un giong est un monticule, témoin d'un ancien rivage maritime. Mais, compte tenu du fait que, la plupart du temps, le giong se dresse au milieu d'un marécage planté de joncs, on appellera cette région indifféremment plaine des giongs ou des joncs.

Ap Thap Muoi. C'est l'opération « C ». A peine rentrés, ils sont à nouveau engagés dans l'opération « D » sur l'île de Ben Tré. Sautant à l'aube sur Batri, les SAS trouvent le village vidé de sa population masculine, tandis que les jeeps blindées de la compagnie Bourdon, débarquées des *landing crafts* de la marine font leur jonction sans avoir rencontré la moindre résistance. Le butin final est maigre. Aucun effet de surprise n'a pu jouer à cause des bruyants préparatifs des troupes de secteur. Une nouvelle fois les parachutistes vont se tourner vers la plaine des Joncs qui sert de repaire aux bandes de Nguyen Binh, comme elle l'a été autrefois pour les pirates. Les Viets resserrent leur étreinte sur tous les postes, comme celui de Marché 17. Investi depuis le 13 avril, le Marché 17 ne sera dégagé que le 20 dans un tel état qu'il faudra entièrement le reconstruire. Le commandement de Cochinchine décide de soulager le secteur en montant une opération combinée destinée à disloquer les bandes rebelles. Un premier groupe saute au confluent des canaux 4 bis et Lagrange. Il doit constituer un appât, mais le Viet ne se dévoile pas et semble s'être volatilisé. Le deuxième groupe, ayant pour mission de rabattre l'adversaire en sautant dix minutes plus tard sur une autre zone, tombe également dans le vide. Les deux commandos réunis s'emparent finalement sans coup férir d'un camp de prisonniers, d'un hôpital et d'ateliers qui n'ont pas été évacués à temps. Le troisième groupe, largué à proximité de Marché 17 et rejoint en fin de matinée par les trois commandos du secteur, monte un raid de cinq jours au cours desquels toutes les archives politiques, militaires et économiques de Nguyen Binh sont saisies dans un PC dont les commandos s'emparent par surprise. Puis, continuant dans ce terrain marécageux, les commandos dégagent une plantation, délivrent des otages et saisissent un important butin matériel. Refoulés, les Viets viennent tomber entre les mains des troupes de secteur.

Un tel succès acquis sans perte ne peut être obtenu que lors d'opérations délicates à monter et coordonner. Aussi l'expérience ne sera-t-elle pas renouvelée très souvent. Le 30 mai, lors d'une action combinée avec deux des commandos de secteur ayant participé à la précédente opération, un commando parachutiste saute sur la plantation de Binh Hoa, dont les SAS s'emparent à l'issue d'un bref combat. Puis ils partent vers les Giongs où ils doivent faire leur jonction avec les commandos de secteur progressant le long des rives du Vaïco. Mais la timidité du commandement local ne leur permettra pas d'exploiter les renseignements recueillis au cours des deux jours d'embuscades et d'observations, alors qu'ils auraient été en mesure de faire un bilan analogue à celui du Marché 17.

Inlassablement, la demi-brigade poursuit son effort d'instruction et d'organisation selon le style commando. A son retour de France, les divergences de vues sur l'emploi des parachutistes entre le général Valluy et le colonel de Bollardière valent aux SAS, un exil de courte durée d'ailleurs, à l'école de brousse des terres Rouges. Très vite, le détachement Bodolec doit être envoyé sur les plantations Michelin de Dautieng. Peu après, la 3e compagnie part vers la zone Ouest où les jeeps blindées vont sillonner les axes jalonnés par Vinh Long, Sadec, Cantho, Bac Lieu, Long Xuyen, Ben Tré, Bach Gia...

Le 26 août, le sous-lieutenant Metz, à la tête d'une patrouille de trois jeeps, ouvre la route à un convoi qui ravitaille les divers postes entre Cantho et Soc Trang. A l'aller, quelques incidents sont vite réglés par le feu des MAC. Mais, sur le chemin du retour, les deux jeeps de tête pressentent l'embuscade à proximité d'une maison abandonnée. Le feu ennemi se déclenche au moment où le chef de patrouille met pied à terre pour aller reconnaître cet objectif suspect. Le sous-lieutenant et un de ses hommes sont tués, un autre est capturé. Le combat fait rapidement rage entre les Viets et les hommes du convoi, qui se défendent avec l'énergie du désespoir. Heureusement, la troisième jeep, placée par erreur en queue du convoi, réussit à se dégager et revient une heure plus tard accompagnée de renforts. L'embuscade viet décroche. Mais les pertes sont élevées, en hommes et en matériel.

Plus lourdes encore sont les pertes subies le 23 septembre sur la route de Vinh Long, à Cantho. Les six jeeps du capitaine Bourdon roulent à 200 mètres d'intervalle sur cette route bordée par un canal et des marécages couverts de joncs. Lorsque le tir se déclenche de l'autre côté du canal, la première et la dernière jeep réussissent à se dégager et foncent rapidement vers les postes voisins. Mais les quatre autres sont assaillies par tout un bataillon viet qui sort des joncs en tirant à bout portant sur les équipages. Ceux-ci ne peuvent s'abriter et, en quelques minutes, les quatre jeeps sont détruites, leur armement de bord enlevé. Lorsque les renforts arrivent, ils relèvent les corps du capitaine Bourdon, de 5 tués et de 5 blessés étendus sur la chaussée. Cette malheureuse affaire détermine le commandement à retirer du combat les jeeps blindées qui ont pourtant rendu de grands services. Les Viets ont su s'aguerrir et s'adapter. A l'avenir, il faudra recourir à d'autres méthodes pour assurer la sécurité des convois en Cochinchine.

Durant toute cette période, le problème dominant sera, aussi bien pour le chef de la demi-brigade que pour le commandant des TFIS, celui de l'insuffisance des effectifs. Les idées du lieutenant-colonel de Bollardière relatives au recrutement indigène vont peu à peu porter leurs fruits dans la constitution des commandos Hoa Hao et la création des compagnies parachutistes autochtones.

La secte Hoa Hao, qui a son fief dans la zone Ouest, a longtemps été favorable au Vietminh, jusqu'à ce que Nguyen Binh commette l'erreur de faire assassiner son prophète Huinh Phu So. Quelques officiers, agissant avec adresse et retournant la situation à notre profit, vont utiliser la secte dans la lutte contre ses anciens alliés en s'appuyant sur Tran Van Soai, son chef militaire. A l'occasion d'opérations de rodage avec les commandos de secteur, des contacts sont pris avec les Hoa Hao qui se joignent bénévolement aux parachutistes. Le capitaine Charvet est frappé par les qualités de ces guerriers adaptés au pays, aussi rusés et silencieux que les Viets, tandis que la valeur combative de nos parachutistes impressionne les Hoa Hao. Charvet propose à Bollardière de former avec eux un commando-témoin de guérilla anti-Vietminh. Ce projet agréé par le commandement le 8 août, le capitaine, secondé par une vingtaine de parachutistes, s'installe avec 600 Hoa Hao au poste de Tan Quoï, à 15 km de Cantho. En deux mois, la région nettoyée et pacifiée est remise en valeur par les membres de la secte. Cette période, marquée par les combats de Tan Quoï le 18 septembre, de Giai Xuan et Sadec le 5 octobre, du rach Nha Man le 10, de Nga Tu le 25 novembre, voit la destruction quasi totale des deux bandes Viets qui tenaient le secteur depuis plus d'un an. Aussi le commandement décide-t-il d'étendre l'expérience dès le début de novembre. Trois autres commandos sont créés, le commando initial devenant « commando d'honneur ». La pacification de la région de Long Xuyen, Rach Gia et Chau Doc leur est confiée sous la direction du capitaine Charvet. Organisés en bataillons de quatre à six compagnies de 72 hommes, encadrés par un officier et quelques parachutistes assistés d'un état-major Hoa Hao, ils s'installent sur le Bassac et les principaux canaux de la région. Très rapidement leur sens du combat, leur aptitude à déceler et surprendre l'ennemi vont amener des résultats exceptionnels.

Cet effort demandé à la demi-brigade SAS, s'il contribue à l'œuvre de pacification, amenuise cependant le potentiel des bataillons parachutistes, déjà fortement diminué par les ponctions opérées au profit de la demi-brigade de métropole. Au début de septembre 1947, il est décidé de regrouper en un seul corps les restes des deux bataillons. Le capitaine Ducasse prend le commandement de ce nouveau premier bataillon SAS qui se regroupe à Dautieng avant de partir pour le Cambodge. Du 29 octobre au 6 novembre, il participe à l'opération « Néron » à l'issue de laquelle, après quatre accrochages violents, les Khmers Issaraks sont une nouvelle fois rejetés au Siam avec de nombreuses pertes. A peine de retour à Dautieng, deux compagnies monteront au Tonkin pour participer à l'opération « Ceinture ».

Octobre 1947 voit également le départ du lieutenant-colonel de Bollardière, remplacé à la tête de la demi-brigade par l'ancien commandant du 3e RCP, le chef de bataillon Chateau-Jobert. C'est à lui que va revenir le soin de concrétiser les idées de son prédécesseur sur le recrutement autochtone.

Depuis plusieurs mois déjà, le président de la République de Cochinchine met à la disposition de la demi-brigade SAS des guides et des interprètes indigènes qui sautent en opération avec les parachutistes. D'autre part, à la fin de l'année, l'escadron parachutiste de la GRC (garde républicaine cochinchinoise, qui prendra, en 1948, le titre de garde du Viet-Nam Sud-GVNS), tout en conservant son autonomie, participe aux opérations du bataillon Ducasse à son retour du Tonkin. Cette coopération, si elle accroît le prestige du gouvernement local, répond également au souci du commandement français d'accroître le potentiel opérationnel des bataillons d'intervention. Pour cela, le 1er SAS s'étoffe d'une compagnie indochinoise parachutiste composée de volontaires autochtones, brevetés parachutistes et encadrés par des officiers et gradés de la demi-brigade. Confiée au lieutenant Grillet-Paysan, la 1re CIP prend officiellement naissance le 1er janvier 1948.

Avec l'arrivée du 2e bataillon de commandos coloniaux parachutistes, formé à partir de février 1947 à Tarbes sous l'appellation de 5e BPIC et qui change d'appellation à son arrivée à Saïgon en novembre, la demi-brigade SAS renouvelle ses forces. Pendant ce temps, au Nord, la demi-brigade métropolitaine s'engage dans les opérations qui, selon le commandement civil ou militaire, doivent être décisives et terminer cette guerre qui n'en finit pas.

2e BCCP

III

L'ATTAQUE DU « RÉDUIT NATIONAL » VIET

avril 1947-décembre 1948

La demi-brigade de marche parachutiste, formée à partir des éléments de la 25e DAP, arrive en Indochine au début de 1947. Avec ses trois bataillons (I et III/1er RCP et 1er bataillon parachutiste de Choc), aux ordres du lieutenant-colonel Sauvagnac, elle constitue le premier renfort sérieux depuis le début de la guerre au Tonkin. De janvier à mars, la DBMP s'installe à Hanoï où elle relève les compagnies SAS qui rejoignent la Cochinchine.

Les compagnies sont d'abord utilisées sur la périphérie de la capitale à des tâches de « pacification et de colonisation » qui leur permettent de s'acclimater. Ainsi que l'écrit le rédacteur du journal de marche du « Choc » : « Pour les anciens, qui ont fait la guerre en Europe, comme pour les jeunes, tout est à apprendre dans cette guerre d'embuscade, de trahison, où la difficulté est de découvrir le véritable ennemi. »

L'instruction technique n'est pas négligée pour autant. Le 24 mars 1947, un centre école aérien est ouvert au sein de la demi-brigade. Les sauts ont lieu à Bach Mai : cinq cent trente et un brevets sont décernés en avril et mai. A partir du 10 avril, la DBMP est chargée d'assurer ce que l'on appellera plus tard la livraison par air au profit des troupes françaises en Indochine du Nord. Une section technique des unités parachutistes est créée pour stocker, plier, entretenir, mettre en œuvre les gaines et les voilures servant au largage du matériel et des vivres destinés aux troupes en opérations dans le delta ou aux postes du groupement Nord-Ouest, au-delà de la rivière Noire.

L'arrivée de troupes fraîches (parachutistes et tirailleurs marocains vétérans des campagnes d'Europe) va permettre au commandement de multiplier les actions offensives de dégagement conformes aux directives que le nouveau haut-commissaire, Emile Bollaert, a reçues du Gouvernement avant son départ de métropole. L'effort doit d'abord être porté vers l'ouest, en direction de Hoa Binh et de Viet Tri.

Début avril 1947, le commandant des TFIN rameute autour d'Hanoï les éléments libérés par la conclusion d'« Escale II », le dégagement de Nam Dinh. Disposant ainsi de deux bataillons opérationnels et de moyens de soutien et d'appui, il se propose de déclencher avant le 10 avril une opération visant à s'assurer du contrôle de la RC 6 entre le delta et le pays Thaï ravitaillé jusqu'alors par voie aérienne. L'axe de la RC6, coupé en de nombreux points, est vital pour le renforcement du groupement Nord-Ouest et l'acheminement des approvisionnements nécessaires à plusieurs mois d'opérations.

Il s'agit de s'emparer au plus vite du carrefour d'Hoa Binh et des passages sur la rivière Noire, puis de foncer à la rencontre des forces du groupement avant que les Viets aient pu pratiquer d'autres destructions sur la route. En fin d'opération, des postes devront assurer la sécurité de la circulation des convois de ravitaillement vers Son La. La reprise du contact avec les populations Muongs tombées sous l'autorité du Vietminh n'est pas la moindre conséquence du succès escompté.

Le 14 avril, l'ensemble de l'opération est placé aux ordres du lieutenant-colonel Sauvagnac. Le plan prévoit la progression, à partir du delta, d'une colonne motorisée à base de moyens du Génie et du Train, protégés par de l'infanterie et des blindés. Des éléments du secteur de Sam Neua, qu'il a fallu renforcer le 23 mars par parachutage de 113 parachutistes de la 3e compagnie du 1er RCP, doivent venir à sa rencontre. L'action de ces groupements terrestres doit être complétée par trois opérations aéroportées déclenchées sur ordre : « Papillon I » (prise d'Hoa Binh), « Papillon II » (prise de Cho Bo) et « Papillon III » (prise de Moc Chau), l'ensemble étant coordonné par le commandant de la DBMP. C'est en somme une ouverture de route, conduite à grande échelle. Seules Papillon I et III seront exécutées, la seconde OAP étant annulée au dernier moment en raison de la mauvaise interprétation d'un ordre.

Le 15 avril, le I/1er RCP s'élance à l'assaut d'Hoa Binh. Sa mission consiste à s'emparer des agglomérations d'Hoa Binh et Thin Luong (rive nord de la rivière Noire), ainsi que de Xam Su et Phuong Lam (rive sud). Cela réalisé, le bataillon doit contrôler la route coloniale n° 6 et pousser des éléments sur Cho Bo et Mai Chou. Le bataillon est divisé en deux détachements. Le détachement A, commandé par le chef de bataillon de Vismes et comprenant le PC du bataillon, la CB1 et la 4e compagnie, sautera au sud de la rivière Noire et s'attaquera à Phuong Lam-Xam Su. Le détachement B, aux ordres du capitaine Bastouil et comprenant le PC du bataillon réduit, un groupe de mortiers de 81, les 1re et 2e compagnies, agira par le nord en s'emparant d'Hoa Binh et des villages environnants.

L'impossibilité de réunir un nombre d'avions suffisant oblige l'état-major à concevoir une mise à terre en trois vagues. A 8 h 15,

10 JU 52 et 8 Dakota larguent la première vague sur les zones nord et sud. Accueillie par quelques Viets dissimulés dans les lisières de Phuong Lam, la 4e compagnie perd un sous-officier et doit réduire une certaine résistance à l'ouest du village. Au nord de la rivière Noire, la 1re compagnie atterrit sans incident et se porte immédiatement sur Hoa Binh. A 9 h, les deux villages sont aux mains des parachutistes tandis que la deuxième vague (6 JU 52 et 4 Dakota) s'apprête à parachuter les chasseurs qui vont procéder à la récupération du matériel largué au sud par la troisième vague vers 11 h 45. Le lendemain, les unités se regroupent à Phuong Lam où le matériel et les vivres sont stockés. Du terrain d'atterrissage aménagé la veille, le Morane emmène les blessés.

Le 16 avril, est déclenchée l'action sur Cho Bo et Mai Chau, confiée aux 1re et 2e compagnies. La 2e doit reconnaître la route, les moyens de franchissement de la rivière Noire et s'installer en point d'appui à Cho Bo, à 10 km à l'ouest d'Hoa Binh. Elle se met en route dans l'après-midi du 16, bivouaque au pont de Long Gia et atteint le bac de Cho Bo dans la matinée du 17, où elle est sérieusement accrochée par les Viets installés sur la rive gauche de la rivière Noire. Les parachutistes parviennent à les déborder et à les neutraliser, non sans peine. A 16 h, Cho Bo est occupé.

Le matin du 17, la 1re compagnie a reçu l'ordre de rejoindre la 2e et de la dépasser. Après avoir reconnu la route entre Cho Bo et Mai Chau-Su Yut, elle s'installera en point d'appui dans cette localité. En cours de route, alertée par le PC du bataillon, elle apprend les difficultés rencontrées par la 2e compagnie et accélère l'allure. Lorsque l'avant-garde parvient vers 18 h au bac de Cho Bo, toute résistance ennemie a cessé et le village est déjà occupé. Les VM ont laissé douze morts sur le terrain.

Le détachement léger s'arrête alors sur les rives de la rivière Noire attendant le reliquat de la 1re compagnie. A l'aube du 18 avril, la compagnie est attaquée par l'ennemi alors qu'elle franchit le fleuve. Elle réussit à repousser les VM et s'installe enfin à Cho Bo aux côtés de la 2e compagnie. Le lendemain, un renfort envoyé de Hoa Binh (une pièce de mortier de 81, deux groupes de fusiliers voltigeurs de la CB1) est attaqué à deux reprises à quelques kilomètres de Phuong Lam. Le PC du bataillon envoie alors un élément de la 4e compagnie en protection jusqu'au pont de Long Gia.

Le 20 avril, la 1re compagnie se porte sur Mai Chau. Elle est accrochée par les Viets au cours de la progression et parvient malgré tout au bac, sur la rive gauche. Elle s'y installe dans l'attente d'une intervention de la chasse, prévue à 12 h 30, et qui doit faire place nette sur la rive opposée. Mais le mauvais temps interdit tout appui aérien. Le Vietminh reste en place sur la rive droite, s'opposant violemment au franchissement de la rivière. La nuit tombe et les chasseurs s'installent en point d'appui. Le lendemain, à 11 h, nouvelle tentative.

C'est un succès partiel. Un groupe parvient à passer et établit une tête de pont. Vers 15 h, les premiers éléments venus de Sam Neua effectuent leur jonction avec le détachement. Le 22 avril, la 1re compagnie s'installe dans Mai Chau. Le lendemain, la pièce de mortier et une section de la CB1 repartent pour Cho Bo, puis Phuong Lam. La 1re compagnie reste un jour supplémentaire dans le village avant de rejoindre à son tour Phuong Lam, le 24.

Durant ces combats sur Cho Bo et Mai Chau, la 4e compagnie, sous le commandement du capitaine Bréchignac, a reçu l'ordre de rejoindre la route du col de Kem, au nord-est de Phuong Lam, et de se porter à la rencontre des éléments motorisés venant d'Hanoï. La compagnie quitte Phuong Lam à l'aube du 17 avril mais se trouve, dès 9 h 30, aux prises avec une trentaine de Viets qui tiennent le village de Xam Pho. Combat bref et sanglant où le Vietminh perd 8 tués. Ce n'est que le premier accrochage sur cette route où, au cours de la matinée, la 4e compagnie se heurte plusieurs fois à des groupes ennemis. Cependant, vers 12 h 30, la jonction se fait avec les tirailleurs du III/6e RTM venus d'Hanoï. Le détachement passe la nuit à Dong Giang où le lieutenant-colonel Sauvagnac l'a rejoint vers 16 h. Le 18, la compagnie retourne sur Hoa Binh, après un nouvel accrochage près de Xam Pho.

Sur la route de Hadong à Hoa Binh, en avant-garde du groupement motorisé, la 3e compagnie du « Choc » a participé aux patrouilles d'ouverture ou de liaison et aux reconnaissances de part et d'autre de la RC6. Les accrochages, la plupart du temps des embuscades, ont été fréquents, mais peu violents. Le génie devait être constamment protégé lorsqu'il relevait les bombes piégées ou les mines posées sur la route.

Après deux faux départs et sept jours d'attente, fort déprimants pour les parachutistes placés en réserve à Hanoï, l'opération « Papillon III » sur Moc Chau est déclenchée le 22 avril. La 10e compagnie du 1er RCP, renforcée d'une section du « Choc », a pour mission de couper de leurs arrières les forces vietminh de Moc Chau vers lesquelles convergent les forces françaises du Nord-Ouest. En outre, elle doit assurer la jonction entre les deux colonnes terrestres en contrôlant la RC6 entre Mai Chau et Moc Chau, sur laquelle l'ennemi peut opérer des destructions. A 16 h, le 22 avril, la 10e compagnie saute de huit JU 52 sur la DZ à quelques kilomètres à l'est du carrefour de Moc Chau. Elle se trouve immédiatement en contact avec les Viets qui s'enfuient devant les forces du Nord-Ouest. La panique saisit l'ennemi qui abandonne une cinquantaine de tués, trois FM, plusieurs fusils, vingt chevaux sellés et tous les documents du colonel commandant le 52e régiment VM. Le 22 au soir, la liaison est faite avec les éléments du Nord-Ouest. Hâves et hirsutes, les chasseurs de la 3e compagnie du RCP, parachutés le 23 mars à Sam Neua, rejoignent les éléments de « Papillon » après avoir effectué une marche de 300 km sur les pistes de montagne. Le surlendemain, la 4ᵉ compagnie repart vers l'est et fait sa jonction au col de N'Go Tat avec des éléments du III/6ᵉ RTM venus d'Hoa Binh.

En définitive, l'opération « Papillon » est un succès. La RC6 est dégagée, et Sam Neua enfin relié au delta. La coopération entre l'aviation et les troupes au sol, malgré les conditions météorologiques défavorables, a été excellente. Sur le plan aéroporté, « Papillon » est riche d'enseignements pour la DBMP. Mais surtout, ce raid profond lancé par surprise par plus de 500 parachutistes a jeté l'inquiétude chez l'adversaire. L'heure est à l'euphorie. Le commandant de la DBMP conclut : « Cette opération et les parachutages ultérieurs confirment cet axiome que les parachutistes vont où ils veulent au Tonkin, même au cœur des organisations VM. Tout est affaire de zone de sauts, de météo et de possibilités de récupération des troupes parachutées. » Mais il ajoute aussitôt : « Si l'on veut que l'opération soit payante, il faut que le renseignement soit précis et que son exploitation soit instantanée. »

En mai 1947, le pays Thai ayant reçu les renforts et le ravitaillement nécessaires, un raid est lancé au nord-ouest d'Hanoï. Le 6, la DBMP reçoit l'ordre de préparer l'opération aéroportée « Aphrodite » sur Viet Tri et Phu To. Le déclenchement est prévu entre le 10 et le 16 mai.

A la suite d'une reconnaissance aérienne effectuée le 7 à bord d'un Catalina, il est décidé que l'opération aéroportée sera lancée sur Phu To tandis que Viet Tri sera abordé par le fleuve Rouge. Sitôt la décision prise, les zones de saut sont reconnues et photographiées d'un JU 52 à bord duquel le commandant de la formation de transport a pris place. Le but d'« Aphrodite » est de s'emparer de Phu To, de capturer des personnages importants du gouvernement vietminh, de détruire PC, centres administratifs, dépôts, station de radio et de délivrer les otages qui pourraient se trouver dans le village. Le retour doit se faire par le fleuve Rouge en liaison avec les éléments amphibies engagés à Viet Tri. Supervisée par le lieutenant-colonel Sauvagnac, l'opération est placée sous les ordres du commandant Mayer, adjoint de la DBMP, qui dispose de trois compagnies parachutistes (4ᵉ compagnie du I/1ᵉʳ RCP, 9ᵉ compagnie du III/1ᵉʳ RCP, 1ʳᵉ compagnie du bataillon de Choc) ainsi que d'un groupe de mortiers de 81 du 1ᵉʳ « Choc ».

La veille du Jour J (12 mai) a lieu une dernière reconnaissance aérienne en Nord 1000, effectuée par le commandant de la force amphibie. Elle ne réussit qu'à attirer l'attention du Vietminh ! Le 13 mai, à 7 h 30, les parachutistes se préparent sur le terrain de Gia Lam. D'abord fixé à quinze, le nombre des avions est finalement ramené à dix (six Dakota, quatre JU 52). Les appareils devront larguer en deux vagues sur deux DZ, l'une à 2 km au nord de Phu To, l'autre à 3 km au sud-ouest, le but immédiat étant d'isoler la ville.

A 10 h 30, la première vague (2e compagnie du 1er « Choc » pour la DZ nord ; 4e compagnie du I/1er RCP pour la DZ sud) décolle enfin après avoir été retardée par la flottille qui rencontre quelques difficultés pour remonter le fleuve Rouge. Les avions sont chargés à bloc. La quantité de carburant nécessaire a été calculée au plus juste pour augmenter la capacité de chargement. Protégé par la chasse, qui straffe les DZ lors de la mise à terre, le largage se termine à 11 h 10. Dès son arrivée au sol, la 2e compagnie coupe la route au nord de Phu To et commence sa progression vers la ville. Elle accroche plusieurs fois, notamment à l'entrée de Phu To où elle est stoppée par trois blockhaus. Affrontement très dur qui entraîne la mort de 2 parachutistes et, en face, d'une vingtaine de réguliers commandés par un officier japonais.

De son côté, la 4e compagnie du I/1er RCP s'empare de la cartoucherie après un accrochage qui laisse au sol une quinzaine de Viets. Puis elle coupe la route à l'ouest de Phu To et s'avance vers la ville. Pendant ce temps, à 12 h 50, la deuxième vague largue ses parachutistes (9e compagnie du III/1er RCP, troupe de mortiers et PC). Par suite d'une erreur du largueur, le commandant de la 9e compagnie et son groupe de commandement atterrissent cinq kilomètres au nord de la zone prévue, en pleine forêt. Ils mettront plusieurs heures à retrouver et rassembler tout leur matériel et ne pourront rejoindre le bataillon qu'en fin d'après-midi.

Au nord et au sud de Phu To, la progression se poursuit avec difficulté. La 4e compagnie est accrochée par des armes automatiques entre la route et la voie ferrée. Le nid de résistance doit être réduit au mortier. La population, hostile aux Français et appliquant les consignes viets, lacère ou vole les parachutes sur les DZ avant de s'enfuir dans les rizières. Enfin, à 17 h, la jonction s'effectue à l'intérieur de la ville qui est peu à peu nettoyée. Mais les personnages importants, en l'occurrence des ministres, ont quitté Phu To depuis quinze jours. Seules des armes et des munitions, cachées dans les maisons, sont récupérées. Le bataillon s'installe alors en point d'appui fermé. Durant la nuit, deux postes sont attaqués au FM et à la grenade. Quand le jour se lève, les parachutistes retrouvent deux cadavres viets.

Le 14, dans la matinée, une patrouille de la 4e compagnie reconnaît à 4 km au sud-est de Phu To le séminaire et ses environs, tandis qu'une seconde patrouille est envoyée vers le nord. Le directeur du séminaire reçoit les parachutistes en les insultant. Sans sourciller, ceux-ci continuent à avancer et repèrent 250 réguliers qui progressent sur les diguettes, le long du fleuve Rouge. Le chef de patrouille alerte la chasse qui mitraille et disperse les éléments viets. De son côté, la seconde patrouille récupère, dans plusieurs villages, des parachutes volés sur les DZ. En représailles, les villages sont incendiés.

Durant cette journée du 14, les éléments restés à Phu To préparent une piste d'atterrissage de 800 m de long et 60 m de large pour Morane, afin d'évacuer les blessés. A 22 h, la liaison avec le colonel Communal, commandant l'opération, est assurée. Dans la nuit du 14 au 15 mai, plusieurs postes sont attaqués par les Viets, sans résultat. Le 15, le terrain d'aviation est remis en état et, dans l'après-midi, il est prêt à recevoir les JU 52 qui doivent rapatrier les parachutistes. Des patrouilles sont envoyées dans les environs de Phu To et l'unité de réguliers déjà repérée la veille est à nouveau attaquée par l'aviation. En fin d'après-midi, la 2e compagnie du bataillon de Choc embarque sur trois LCM pour Viet Tri. Le reste du bataillon doit partir en avion. Mais, le 16 mai, arrive un contrordre. Tous les éléments quitteront Phu To par le fleuve Rouge. A 14 h 30, trois LCM parvenus à Phu To en fin de matinée embarquent les paras. A 16 h 30, la flottille est attaquée depuis les falaises, surplombant le chenal d'Hung Hoa. Le bataillon perd 15 hommes (3 tués, 12 blessés). Enfin, vers 18 h, Viet Tri est en vue et le bataillon s'installe sur la rive sud de la rivière Claire. Le lendemain matin, 17 mai, les unités embarquent à nouveau ; elles atteignent Hanoï en fin d'après-midi sans incident.

Bien que les résultats d' « Aphrodite » puissent paraître modestes (180 réguliers VM tués), l'opération est payante. Elle permet à la DBMP de tirer un certain nombre d'enseignements sur l'emploi des unités parachutistes et sur la coopération avec l'aviation d'appui et les forces amphibies au Tonkin. Le commandant de la DBMP préconise la création de trois bataillons légers à deux compagnies de fusiliers voltigeurs de 200 hommes, un groupe de mortiers de 81 et surtout un PC réduit en personnel mais fourni en moyens radio et santé (35 à 40 hommes). La manœuvre aéroterrestre doit être conduite par le commandant de la DBMP qui est en mesure d'assurer les liaisons nécessaires, une dizaine d'avions constamment en alerte devant être mis à sa disposition.

Les renseignements fournis par le 2e Bureau ont été exploités beaucoup trop tard lors de l'opération « Aphrodite ». Néanmoins, maintenant que les positions sont raffermies au Tonkin, l'idée d'une capture par surprise du gouvernement d'Ho Chi Minh est trop séduisante pour être abandonnée. Chassés d'Hanoï, les responsables VM se sont retirés dans la région de Bac Kan avec leurs meilleures troupes et ont organisé une sorte de réduit national.

Le général en chef décide de frapper le coup décisif et de s'attaquer au réduit d'abord en l'isolant de la frontière de Chine par où arrive l'essentiel de son ravitaillement, puis en nettoyant la zone encerclée. Cette opération d'envergure, prévue pour terminer enfin la guerre d'Indochine, doit durer six mois et mettre en œuvre un corps de bataille de 20000 hommes. Malgré près de trois années d'expérience, on raisonne encore comme si l'on se battait sur le théâtre européen.

Cependant, le gouvernement français, bien qu'ayant adopté le principe de cette opération en juillet 1947, ne comprend pas la nécessité d'un tel effort militaire. Ce mois-là, 15000 hommes sont acheminés vers Madagascar pour combattre la rébellion, plusieurs bataillons destinés à l'Indochine sont détournés vers la Grande Ile. Quant au délai de six mois, il est ramené à trois, le gouvernement ayant exigé, afin d'alléger le fardeau financier de la métropole, que le corps expéditionnaire soit ramené de 115 à 90000 hommes dès le début de 1948.

Les moyens ne sont plus tout à fait à la mesure des intentions du commandement. Le général Salan dispose à peine de 12000 hommes pour boucler et nettoyer une zone montagneuse, boisée, chaotique de 80 km de côté, repaire traditionnel des pirates tonkinois. Le commandant des TFIN ne dispose pas non plus de la surprise stratégique, car le débarquement des bataillons de renfort venus de Cochinchine à partir de septembre et la concentration des unités opérationnelles aux deux extrémités du Delta ne laissent aucun doute au Vietminh sur les intentions offensives. Seuls les parachutistes, malgré leur petit nombre, peuvent lui assurer la surprise tactique indispensable. Le général Salan décide de forcer la chance.

L'opération, baptisée « Léa », se propose de surprendre les forces vietminh par une action aéroportée sur Bac Kan et Cao Bang, d'isoler le réduit national par une manœuvre en tenaille conduite par deux colonnes terrestres, l'une de 8000 hommes, aux ordres du colonel Beaufre, agissant de Lang Son vers Cao Bang et se rabattant ensuite sur Bac Kan, l'autre de 4000 hommes, commandée par le colonel Communal, se portant sur Tuyen Quang par la rivière Claire. Dans le même temps, une troisième colonne doit achever l'occupation du pays Thai. Pour avoir quelques chances de succès, « Léa » doit être déclenchée dès la fin de la saison des pluies et menée tambour battant. Les parachutistes sont les seuls à pouvoir coiffer dans les temps et d'emblée les principaux objectifs, tandis que les groupements terrestres progressant par des routes coupées en de nombreux endroits risquent d'être retardés par un ennemi connaissant parfaitement la région.

La demi-brigade parachutiste est engagée en totalité dans l'opération. Elle est articulée en deux éléments : le groupement Sauvagnac comprenant l'EM de la DBMP, des éléments de la CCB, une section du Génie et deux bataillons et le détachement de Vismes, composé du I/1er RCP moins une compagnie conservée en réserve des TFIN, qui passera aux ordres du groupement Beaufre dès son arrivée au sol.

Le groupement aéroporté Sauvagnac reçoit pour mission de s'emparer par surprise de Bac Kan, Cho Moi (RC3) et de Cho Don (RC3 *bis*) et de verrouiller les itinéraires commandant l'accès à Bac

Kan. Puis il amorcera le nettoyage de la région de Cho Don et se portera à la rencontre du groupement Beaufre en direction du col de Mi Vi. Sans s'en rendre compte, on se paie de mots. Verrouiller un itinéraire, c'est l'occuper de façon permanente d'un bout à l'autre. Dans les paysages chaotiques au milieu desquels serpentent la RC3 et la RC4, cela demanderait d'immenses effectifs. On ne les a pas.

Pour atteindre ses trois premiers objectifs (Bac Kan, Cho Moi, Cho Don), le groupement est divisé en trois détachements. Le détachement A, placé directement sous les ordres du lieutenant-colonel Sauvagnac, comprend le bataillon de Choc (600 hommes utilisés comme tireurs et voltigeurs d'élite), le PC de la demi-brigade et la section du Génie (100 hommes) et doit sauter sur Bac Kan le Jour J. Le détachement B sera largué, également le Jour J, sur Cho Moi. Commandé par le capitaine Guiard, il comprend deux compagnies de FV, un groupe de mortiers du III/1er RCP. Le détachement C, aux ordres du commandant Fossey-François, sautera sur Cho Don à J + 1. Il comprend le reste du III/1er RCP. Quant au commandant de Vismes qui commande le I/1er RCP, il reçoit l'ordre de s'emparer de Cao Bang à J + 2 et d'empêcher la destruction des ponts avant l'arrivée de la colonne terrestre Beaufre.

« Léa » est déclenchée le 7 octobre 1947. La première vague du détachement A est mise à terre sur les DZ de Bac Kan. Les zones de saut apparaissent, bordées de massifs et parsemées de pointes en bambous. Et, dès leur sortie des appareils, les hommes sont accueillis par le tir fourni d'un bataillon vietminh. Mais les parachutistes se rendent rapidement maîtres du terrain. A 8 h 45, le pont de Bac Kan est entre leurs mains tandis que deux compagnies attaquent la ville elle-même. A 10 h 45, le largage de la deuxième vague bloque le repli des Viets hors de la ville, si bien que la population, les services administratifs, les documents et une grande partie du matériel ne peuvent être évacués. Le combat cesse deux heures plus tard. En une matinée, le Vietminh a perdu 260 tués, 40 prisonniers, 250 fusils, 2 mitraillettes légères, une mitrailleuse lourde, un lance-grenades, 12 pistolets, le poste émetteur « La voix du Viet-Nam » et des dépôts de matériel de toutes sortes. Ce résultat apporte la preuve qu'un coup de main bien monté et rapidement exécuté par les troupes aéroportées désorganise totalement le commandement viet.

A 14 h 30, le détachement B du capitaine Guiard saute sur les deux DZ, au nord et au sud de Cho Moi. Des tireurs viets attendent au sol les parachutistes, qui parviennent à les déloger. A 16 h, ils occupent la ville et le pont sur le Song Cau que les rebelles étaient en train de miner. Les Viets tiennent encore les hauteurs dominant Cho Moi. Il faudra deux jours pour les réduire.

Le lendemain, 8 octobre, le détachement C du commandant Fossey-François doit opérer sur Cho Don. Mais, par suite d'un message erroné du Catalina radio qui annonce que la garnison de Bac

Kan est fortement attaquée, le général Salan décide de dérouter le détachement et de l'envoyer sur Bac Kan. Le largage commence à 11 h 45 pour être immédiatement interrompu, l'état-major venant de s'apercevoir de sa méprise. Malheureusement, il est trop tard pour le commandant Fossey-François, son PC et une compagnie de FV qui ont déjà passé la porte. Quant au reste du détachement, il se dirige de nouveau vers son objectif, Cho Don, qu'il atteint à 13 h. Les Viets ne résistent que très peu et les objectifs sont rapidement atteints. Seule la section chargée de bloquer la vallée à 2,5 km de Cho Don ne peut vraiment remplir sa mission. Lâchée par erreur à 6 km de sa zone de saut, elle va mettre plus de deux heures pour récupérer son matériel éparpillé en pleine forêt. De son côté, le commandant Fossey-François, accueilli avec étonnement par le lieutenant-colonel Sauvagnac, parvient à rejoindre Hanoï en Morane, s'embarque immédiatement sur un autre avion et saute à Cho Don le 8 octobre dans l'après-midi. Par cet exploit, il bat le record du monde des sauts opérationnels avec deux sauts sur objectif dans la même journée ! En fait, il a sauté deux fois sur des points déjà tenus par les amis, ce qui réduit considérablement la valeur de l'exploit !

Le 9 octobre 1947, se déclenche enfin l'attaque sur Cao Bang. A 11 h 35, le parachutage du I/1er RCP commence. La chasse qui devait précéder le flot de transport pour straffer les positions vietminh pendant la mise à terre, a été retardée et n'arrive pas à rejoindre. Le poste radio de l'avion leader est tombé en panne. Il survole à 120 mètres de hauteur la DZ, suivi en file indienne par les autres JU 52 de la formation. Une mitrailleuse Hotchkiss le prend à partie et incendie son moteur gauche. Les premiers à la porte, dont le lieutenant Rocolle, commandant la 2e compagnie, arrivent à sauter. Mais l'avion perd de la hauteur et s'écrase sur un piton, le chef de bord, le commandant Viot, commandant le groupe « Béarn », toujours aux commandes. Les avions qui ont perdu leur leader larguent à l'aveuglette, les parachutistes sont étalés sur plus de 3 km^2. Le sergent-clairon qui devait sonner au point de rassemblement est mort dans le premier JU 52. De plus, la nature accidentée du terrain se prête mal à la récupération du matériel et au regroupement des hommes. A 12 h 30, les parachutistes réussissent à prendre intact le pont à l'ouest de Cao Bang. Une heure plus tard, ils sont maîtres de la citadelle et de l'usine électrique. Dans le même temps, la 3e compagnie s'empare du pont est et fait sa jonction avec la 1re compagnie. A 15 h, la ville paraît nettoyée et le bataillon s'installe défensivement.

Leurs objectifs atteints, les détachements parachutistes vont alors tenter d'établir une liaison entre eux. Le 9 octobre, à 17 h 15, la section qui a été parachutée par erreur sur Bac Kan avec le commandant Fossey-François se met en route en direction de Cho Dan, renforcée par une compagnie du bataillon de Choc. Le lendemain, après un léger accrochage, la liaison se fait avec un élément venant de Cho Don. Ce même jour, une autre compagnie du bataillon de Choc part de Bac Kan pour Cho Moi, tandis que le capitaine Guiard et une compagnie quittent Cho Moi à leur rencontre. Il y a quatre jours que « Léa » est commencée, et l'on entame seulement le verrouillage. L'itinéraire est jalonné d'embuscades et le capitaine Guiard se trouve bientôt obligé de rebrousser chemin. Il a perdu 6 hommes et une quinzaine de blessés dans l'action. La compagnie partie de Bac Kan rencontre également de sérieuses difficultés mais elle réussit à passer. Le 10 octobre, en fin d'après-midi, la jonction se fait enfin avec un deuxième élément parti de Cho Moi. Le 12 octobre, une compagnie du I/1er RCP envoyée de Cao Bang rejoint l'avant-garde du groupement Beaufre. Il n'y a pas eu un seul accrochage. Le 15 octobre, une compagnie du bataillon de Choc rejoint le colonel Beaufre et ses hommes au col de Dio Giang. Une seule de ces liaisons échouera, celle qui devait avoir lieu entre le groupement Communal et le détachement Fossey-François.

Pendant que se déroulent les différentes prises de liaison, les hommes disponibles partent à la recherche des fabriques d'armement et des dépôts dissimulés dans la région par le Vietminh. Toutes les vallées autour de Bac Kan, Cho Don et Cho Moi, ainsi que les pistes aboutissant à la RC3 sont fouillées. Le butin est considérable. Mais le Vietminh profite de ces actions secondaires pour se regrouper et, dans la nuit du 15 au 16 octobre, attaque violemment Cho Moi. Les parachutistes parviennent non sans mal à les repousser.

A partir du 18 octobre, les éléments du groupement Sauvagnac se répartissent entre Bac Kan (PC demi-brigade, section du Génie parachutiste, bataillon de Choc avec trois compagnies) ; Cho Don (moitié du III/1er RCP) et Cho Moi (moitié du III/1er RCP). Toutes ces unités sont alors placées sous les ordres du colonel Beaufre.

Les premiers objectifs atteints, le nettoyage du « réduit national » peut être entrepris. Nous sommes déjà à J + 11. Les opérations visent à rechercher le contact avec les forces ennemies, à les isoler et les détruire, essentiellement de part et d'autre de l'axe Bac Kan-Cho Don. La topographie de la contrée (rares pistes de montagne, forêts denses), fait qu'il est pratiquement impossible de s'écarter des axes et que l'on est obligé de procéder par des actions de bouclage autour de la région à fouiller.

En voici un exemble : l'opération « Forban » débute le 18 octobre sous le commandement du chef de bataillon Fossey-François pour dégager l'axe Cho Don-Ban Thi et s'emparer de ce dernier village. Ces missions menées à bien, le détachement doit entrer en liaison avec le groupement Communal. Le 18 octobre, donc, les parachutistes quittent Cho Don vers 9 h, en deux groupes, à une demi-heure d'intervalle. A 13 h, les deux éléments se rejoignent aux abords du village de Na Pieng. La progression reprend. A 15 h, Na Dua est atteint. L'avant-garde met en fuite plusieurs guetteurs et fait 2 prisonniers. Le détachement passe la nuit dans le village. Le lendemain, nouveau départ en deux éléments, vers le col de Khau Po Bo, qui est atteint sans incident. A 13 h, arrivée à Pac Hop où les hommes de tête décèlent une embuscade et infligent 4 blessés aux Viets. Deux heures de repos, et la marche reprend. A 16 h, les premiers hommes parviennent au défilé de Na Ca et sont soudain pris sous le feu. Ils ripostent et foncent vers les positions des Viets qui décrochent au bout d'un quart d'heure. La progression continue dans le défilé. A la sortie, les parachutistes découvrent un hôpital de campagne récemment abandonné. L'ennemi n'est donc pas loin. Le chef de bataillon décide alors de passer la nuit dans le poste de Yen Tinh. Vers 3 h du matin, les Viets passent à l'attaque mais sont repoussés. Au matin, la découverte d'un mousqueton et de documents révèle que les assaillants de la nuit n'étaient autres que les élèves d'une compagnie de l'école des cadres de Bac Kan.

Le 20, en début de matinée, le commandant Fossey-François envoie une patrouille de reconnaissance, commandée par le capitaine Thomas, vers la voie ferrée et Ban Thi, où elle parvient à 11 h 30, juste sur les pas des Viets. Le commandant décide alors de se lancer à la poursuite de l'adversaire. Lorsqu'il arrive à Ban Thi, le village brûle et les Viets fuient dans le crépuscule. Les hommes du commandant Fossey-François vont maintenant s'employer à nettoyer la région, et cela jusqu'au 27 octobre. Dès le 22, un détachement part vers les mines de Pin Khao. La marche est extrêmement difficile, à travers des sentiers étroits où l'embuscade peut se dévoiler à chaque instant. En fin de matinée, les éléments de tête parviennent aux mines et aperçoivent des groupes de Viets en fuite. La poursuite s'engage dans les galeries de mine. Les parachutistes récupèrent 200 kg d'explosifs, douze cents grenades et un bazooka. Les fouilles se poursuivent les jours suivants aux alentours de Ban Thi, permettant de récupérer diverses armes.

Le 27 octobre, le groupement Communal n'étant toujours pas en vue, le colonel Sauvagnac donne l'ordre de retour pour le lendemain. Les hommes du III/1 arrivent à Cho Don le 29 après avoir subi une nouvelle attaque viet. L'opération « Forban » est terminée. Le détachement ramène 2 blessés, alors que les Viets ont perdu 23 morts, 45 blessés et 7 prisonniers, un grand nombre d'armes et des dépôts de matériel.

Parallèlement à ces opérations de bouclage et de ratissage, il faut assurer la sûreté des convois du groupement Beaufre qui procèdent au ravitaillement des diverses unités. D'autre part, les avions sanitaires faisant défaut, la plupart des blessés sont acheminés sur Bac Kan par la route où est installée l'antenne chirurgicale parachutiste. Formée à partir d'éléments du 1er RCP, celle-ci soignera pendant l'opération « Léa » une centaine de blessés, tant Français que Viets.

« Léa » a permis de désorganiser le dispositif de commandement viet ainsi que la plus grande partie de ses dépôts et usines d'armement en moyenne région. Le général Salan décide alors de passer à l'offensive générale contre les unités régulières du Vietminh, ce sera l'opération « Ceinture ». A cette fin, la demi-brigade de marche parachutiste se regroupe à Hanoï entre le 10 et le 21 novembre. La moitié d'un bataillon de bérets rouges SAS venant de Cochinchine, se joint à eux. Seul le bataillon de Choc est demeuré sur place.

Le commandant des TFIN a acquis la certitude que le gouvernement viet et le gros des forces adverses a glissé vers le sud dans le quadrilatère Cho Chu, Tuyen Quang, Viet Tri, Thai Nguyen. Il rameute toutes les forces disponibles en vidant le delta et les fait converger sur les quelque 30000 Viets qui s'obstinent à refuser le combat. Il ne s'agit plus cette fois de conquérir un réduit, des objectifs géographiques, mais de « casser du Viet » tant qu'on en a le temps et les moyens. Couverts sur la périphérie de la zone d'opérations, trois groupements tactiques à pied débouchant de Cho Moi, Tuyen Quang et Sept Pagodes doivent attaquer méthodiquement et simultanément les forces viets. Le groupement parachutiste est chargé de compléter ou de soutenir cette action en coiffant les objectifs politiques ou militaires importants.

Le groupement parachutiste aux ordres du lieutenant-colonel Sauvagnac, est articulé en cinq détachements. Le détachement A regroupe les deux compagnies SAS, placées sous le commandement du capitaine Ducasse. Le détachement B comprend le PC de la demi-brigade aux ordres du lieutenant-colonel Sauvagnac et la moitié du III/1er RCP. Le commandant de Vismes reçoit le commandement du détachement C (I/1er RCP moins une compagnie), tandis que le commandant Mayer dirigera les deux derniers détachements D (une compagnie du I/1er RCP) et E (PC et deuxième moitié du III/1er RCP).

La mission du groupement S comporte deux temps. Il doit d'abord s'emparer de Trang Wa, Vu Nhai, La Hien, Cu Van, détruire tous les objectifs militaires qui s'y trouvent et rechercher des renseignements concernant les personnalités nord-vietnamiennes. Les détachements D et E, demeurés en réserve, seront ensuite engagés pour exploiter les renseignements obtenus. Le Jour J initialement fixé au 23 novembre 1947 est reporté au 26 par suite du mauvais temps.

A 9 h 45, la première vague du détachement B est larguée sur La Hien. La chasse a neutralisé les installations défensives ennemies et les objectifs tombent immédiatement aux mains des parachutistes. Le Vietminh perd 14 tués, 10 fusils « Remington » et 76 fusils de fabrication locale. A 11 h, la deuxième vague largue le reliquat du bataillon et l'antenne chirurgicale. La fouille de la ville commence, des agents viets sont capturés, des cantonnements incendiés.

Le largage sur Trang Xa du détachement A a lieu au début d'après-midi. Le Vietminh a disposé des pointes de bambous sur

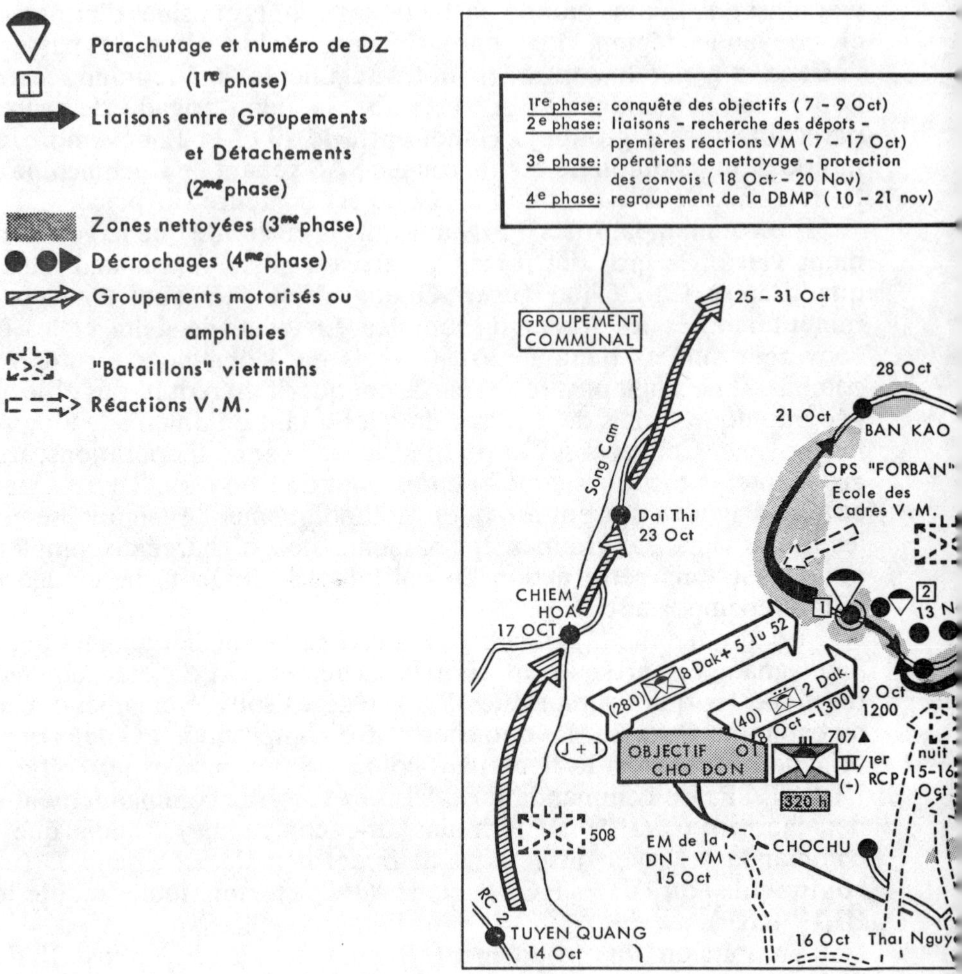

L'opération « LÉA » octobre-novembre 1947.

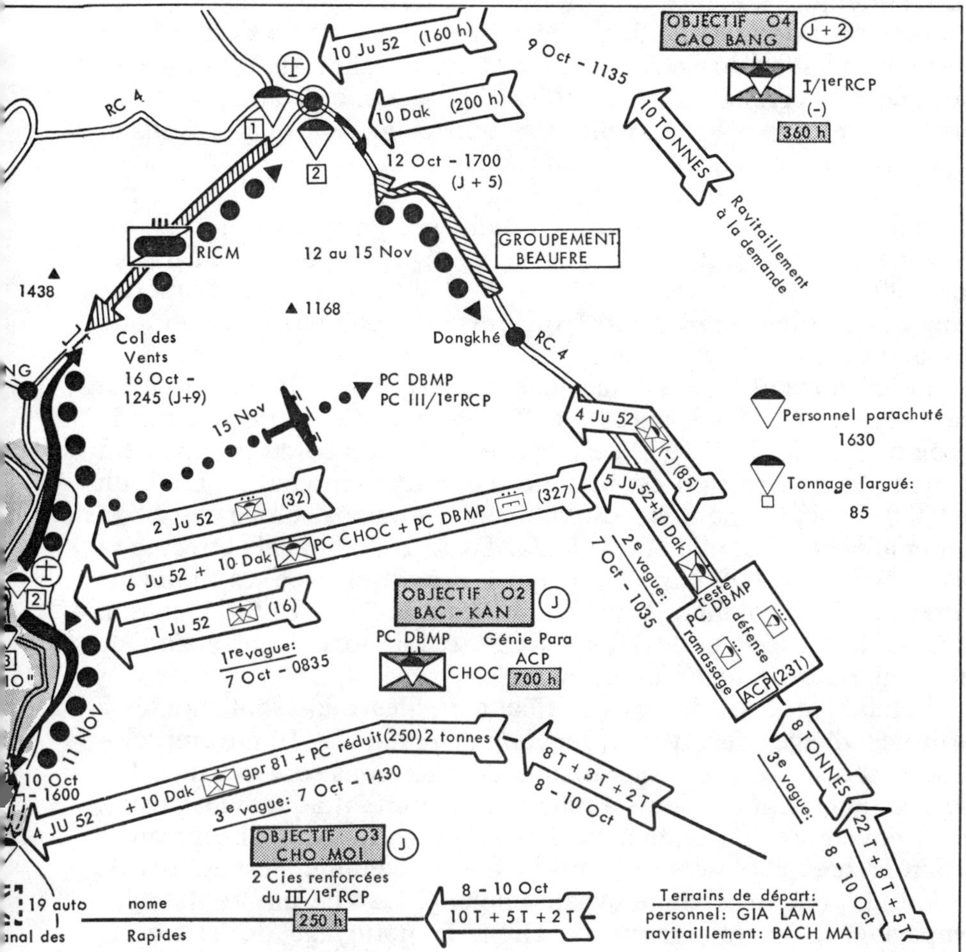

OBJECTIF O4
CAO BANG
J + 2
I/1er RCP
(-)
360 h
10 Ju 52 (160 h)
10 Dak (200 h)
9 Oct - 1135
10 TONNES
Ravitaillement à la demande
RC 4
12 Oct - 1700
(J + 5)
RICM
12 au 15 Nov
GROUPEMENT BEAUFRE
1438
1168
Col des Vents
16 Oct - 1245 (J+9)
Dongkhé
RC 4
PC DBMP
PC III/1er RCP
15 Nov
4 Ju 52
(-) (85)
Personnel parachuté
1630
Tonnage largué:
85
2 Ju 52
(32)
6 Ju 52 + 10 Dak
PC CHOC + PC DBMP
(327)
5 Ju 52 + 10 Dak
2e vague:
7 Oct - 1035
1 Ju 52
(16)
OBJECTIF O2
BAC - KAN
J
PC DBMP
Génie Para
ACP
CHOC
700 h
1re vague:
7 Oct - 0835
PC DBMP
reste
défense
ramassage
ACP (231)
11 NOV
10 Oct - 1600
4 JU 52
+ 10 Dak
gpr 81 + PC réduit (250) 2 tonnes
3e vague: 7 Oct - 1430
8 T + 3 T + 2 T
8 - 10 Oct
8 TONNES
3e vague:
22 T + 8 T + 5 T
8 - 10 Oct
OBJECTIF O3
CHO MOI
J
2 Cies renforcées
du III/1er RCP
250 h
19 auto
nome
Rapides
8 - 10 Oct
10 T + 5 T + 2 T
Terrains de départ:
personnel: GIA LAM
ravitaillement: BACH MAI

la DZ ; quelques hommes sont blessés à l'atterrissage. Trang Xa et ses alentours sont occupés en début de soirée. Le Vietminh s'est enfui la veille par la vallée du So Song Rong et par la vallée qui est située au nord-ouest de Trang Xa. Les moins rapides, une dizaine, sont mis hors de combat par les parachutistes qui récupèrent quatre fusils et détruisent plusieurs dépôts de munitions.

Dans le même temps, le I/1er RCP (détachement C) a sauté sur Cu Van vers 15 h 45. A 18 h, il atteint ses premiers objectifs. Le lendemain, 27 novembre, le nettoyage de la région continue. En deux jours, 20 Viets sont tués, 11 fusils et 3000 cartouches récupérés, 3 jonques détruites et plusieurs bâtiments incendiés dans une fabrique de munitions.

Le 28 novembre, un détachement du III/1er RCP venant de La Hien rejoint les SAS partis de Trang Xa. Le 2 décembre, la 2e compagnie du I/1er RCP se porte à la rencontre du groupement Beaufre. Sa progression est ralentie par deux accrochages. Le 3, un convoi de ravitaillement viet est intercepté et une patrouille détruit un camp militaire camouflé. Le 4, à Dai Tu, la 2e compagnie effectue sa liaison avec le bataillon de Choc qui a progressé avec les tirailleurs marocains de la colonne Beaufre le long de la RC3. Enfin, la liaison entre le I/1er RCP et le III/1er RCP se fait lors d'une action de nettoyage dans la région de Lang Hit.

Pendant que les liaisons s'effectuent, des raids sont montés à partir des villages de Cu Van, La Hien et Trang Xa (18 novembre — 10 décembre). De nombreux dépôts de munitions sont détruits. Les Viets commencent d'ailleurs à réagir et, de nuit, attaquent les postes. Le 30 novembre, La Hien subit l'assaut des Viets qui laissent sur le terrain 17 tués, 3 blessés et 12 fusils. Le 2 décembre, c'est au tour de Cu Van. L'ennemi est de nouveau repoussé. Le 4 décembre, les deux compagnies SAS rejoignent La Hien, le nettoyage de Trang Xa terminé. Le lieutenant-colonel Sauvagnac rassemble alors le groupement dans la région de Thai Nguyen en vue d'agir à l'ouest de la RC5. Seul le I/1er RCP reste basé à Cu Van.

Le 10 décembre, le III/1er RCP et les SAS constituent un groupe mobile léger chargé du nettoyage de la région Dai Tu, Ky Phu et Ben Dong.

Le 12 décembre, le groupe mobile part pour Dai Tu. Dès 9 h 30, un accrochage à 5 km à l'ouest de Cu Van stoppe la progression de la colonne. 7 Viets restent sur le terrain. Dai Tu est occupé à 13 h. Le lendemain, le détachement rejoint Ky Phu. Les SAS, en avant-garde, se heurtent à une forte résistance. Les Viets perdent de nouveau 7 hommes et le détachement relève 2 blessés. Le trajet Ky Phu — Ben Dong devient bientôt un véritable cauchemar. La piste, très encaissée, est obstruée par des arbres. Le brancardage des blessés est une tâche harassante et la colonne n'avance que très lentement. Deux obus piégés explosent, tuant un homme et en blessant un autre. Peu avant la tombée de la nuit, on arrive enfin à Ben Dong.

Le 16 décembre, le groupement se dirige vers Son Cat par trois itinéraires différents. Les SAS, qui passent par le nord, sont assaillis peu après le départ, tuent 7 ennemis mais perdent 1 tué et 1 blessé. Le III/1er RCP, qui a pris l'itinéraire sud, disperse quelques Viets et récupère un fusil. Le PC, renforcé par deux sections, parvient sans encombre à Son Cat. Tous les éléments s'y regroupent le 16 au soir. Le lendemain, une piste d'atterrissage ayant été aménagée par la section du Génie, on évacue tous les blessés par avion léger.

De nombreux renseignements indiquent que deux bataillons de réguliers se trouvent entre le RC3 et le Tam Dao. Des éléments du groupement tentent de les localiser plus précisément. Ils repèrent le premier au nord de l'axe Son Cat – Ben Dong, l'autre au Sud. Le 18 décembre, le III/1er RCP et la moitié du détachement SAS entreprennent de nettoyer la région nord-ouest de Son Cat et de rejoindre le I/1er RCP à Ba Van. Les SAS se font accrocher dans la région de Loi Xa. L'ennemi resserre son étreinte. 3 SAS sont tués. Les Viets s'emparent d'un fusil-mitrailleur. Les paras attaquent à revers, le récupèrent. Ils franchissent le Song Cong en fin de matinée et atteignent Ba Van à 13 h 45. Liaison est prise un peu plus tard avec le I/1er RCP, tandis que le détachement du III/1er RCP rejoint Son Cat par un autre itinéraire. Dans l'après-midi, les SAS fouillent les collines à l'ouest de Son Cat et tuent 4 Viets. Du 10 au 18 décembre, le I/1er RCP rayonne autour de sa base, tue 30 Viets et récupère de nombreuses munitions. Le 18, la base de Cu Van est définitivement abandonnée.

Le 20 décembre, le retour vers Hanoï commence, en compagnie du groupement Beaufre. Le 22, à 14 h 30, le pont des Rapides est atteint. Lorsque l'opération « Ceinture » prend fin, les parachutistes ont fait près de 400 km à pied.

Les opérations « Léa » et « Ceinture » ont coûté 108 morts et 277 blessés aux parachutistes, contre 793 tués et 168 prisonniers aux Viets. Nos troupes ont récupéré 791 armes légères, plus de 1 000 tonnes de munitions, des armes lourdes, des explosifs divers, du matériel technique, de l'outillage, du matériel auto, industriel, ou de transmission, des produits pharmaceutiques, alimentaires.

On se flatte que les états-majors viets soient désorganisés et les troupes disloquées. L'ensemble de la campagne d'automne a fait perdre au Vietminh 8 000 tués et 1 500 prisonniers, ainsi qu'un millier d'armes. En réalité, le coup décisif n'a pas été porté. Ho Chi Minh court toujours, le corps de bataille vietminh s'est esquivé et demeure intact… Le succès est illusoire et va nous coûter cher.

Le dernier espoir de mettre rapidement un terme à ce conflit qu'en métropole on n'ose appeler guerre et qui déroute autant les militaires qui la font que les civils qui devraient la conduire, vient de s'évanouir.

Avec 1948, c'est une nouvelle phase de la guerre d'Indochine qui commence. De profondes transformations des structures et des méthodes de combat et de mise à terre des parachutistes vont être nécessaires. Nécessaire également l'envoi de nouveaux bataillons formés en métropole ou en Afrique et qui vont venir assurer la relève des unités épuisées par leur séjour en Extrême-Orient.

Cependant, la politique d'indépendance et d'unification du Vietnam se heurte encore à bien des intrigues et bien des indécisions. Faute de changer de politique, on change les hommes : Léon Pignon, ancien conseiller politique de l'amiral Thierry d'Argenlieu, succède à Emile Bollaert. Le général Blaizot, qui a pris les fonctions de commandant en chef en juin 1948, reste en place. Le général Alessandri assure le commandement des forces terrestres. A cette même époque, le gouvernement consent à envoyer en Extrême-Orient une douzaine de bataillons. Il est temps, car les réserves mobiles s'amenuisent sur l'ensemble du territoire. Les positions françaises manquent de profondeur et de continuité, et sont donc vulnérables à toute action vietminh.

Le nouveau commandant en chef n'a pas reçu pour mission de détruire les forces communistes sur le champ de bataille mais de conduire une action politique et militaire correspondant à la nouvelle orientation politique. L'objectif final est de consolider le fragile édifice franco-vietnamien, d'en asseoir les bases et d'étouffer peu à peu la rébellion vietminh. En attendant l'arrivée des renforts, il faut tenir avec ce que l'on a. Ce sera le temps des pacificateurs.

Le général Blaizot voit clair mais, à Paris, on feint de croire que pacification est le contraire d'opération, alors qu'elle est son complément. « Etouffer la rébellion », d'autre part, ressemble fâcheusement au « Je les grignote » de Joffre en 1915, qui aboutit aux hécatombes de Verdun.

1er BPC

IV

LES OPÉRATIONS DE NETTOYAGE

janvier 1948-décembre 1949

En Cochinchine, le général Boyer de Latour, grâce à la reconstitution de trois bataillons à partir des éléments rentrés du Tonkin, procède à de vastes opérations de nettoyage. Au Tonkin, c'est le général Chanson qui applique les méthodes déjà éprouvées dans le sud et obtient le ralliement de nombreux villages. Il parvient à assainir quelque peu la région d'Haïphong-Haïduong. De leur côté, les parachutistes participent à l'activité des secteurs, complétant l'action des unités territoriales ou se portant à leur secours lorsqu'elles sont en mauvaise posture.

Les grandes opérations menées au Tonkin ont imposé un allégement du dispositif dans les autres territoires, particulièrement en Cochinchine. Le chef rebelle Nguyen Binh, poussé par la nécessité d'empêcher les diverses tendances nationalistes de basculer dans le camp de Bao Daï, intensifie son action parmi la population. Sans être vraiment hostile, celle-ci reste passive par peur des représailles lorsque nous ne pouvons assurer en permanence sa protection. Pour faire face à cette insécurité grandissante, le général Boyer de Latour reprend une idée de son prédécesseur au commandement des TFIS, le général Nyo. Le territoire est quadrillé par un ensemble de tours de guet jalonnant les principaux axes de circulation. L'intérieur des mailles de cet immense filet qui recouvre tout le delta devient le terrain de chasse des compagnies d'intervalle et des bataillons de la demi-brigade coloniale de commandos parachutistes.

Au fur et à mesure de leur arrivée de métropole, les bataillons parachutistes vont être répartis en détachements autonomes de la valeur d'une compagnie, rarement plus. En alerte permanente, ils vont être engagés, soit sur renseignement, soit en catastrophe, contre les PC, les dépôts et les refuges viets, ou au secours des postes et des convois en détresse. Les opérations aéroportées déclenchées sur court préavis vont alterner et parfois se confondre avec les grandes opérations combinées qui reçoivent le soutien constant de la marine.

L'année 1948 débute avec l'opération « Téta ». Il s'agit, en liaison avec un groupement terrestre agissant au sud du cours du Song Dong Nai, de nettoyer la région de Tan Tich et Tân Uyên. Sur les quatre objectifs initialement prévus, deux seulement sont retenus au dernier moment. Les vagues doivent être remaniées, les ordres concernant les DZ et les objectifs changés. Mais les mouvements des troupes à terre donnent l'alerte à l'ennemi et lorsque, le 11 janvier, le bataillon est largué sur les points prévus — sauf la 5e compagnie qui atterrit à 2 km au sud-est de son objectif — il tombe dans le vide. Cent soixante-quatre jeux de parachutes sont perdus dans cette affaire, ce qui n'est pas rien, compte tenu de leur valeur et de leur rareté. Les patrouilles ne rencontrent que le vide.

Le 16 janvier, la 5e compagnie tente un raid vers Xom Lom. Sur l'itinéraire d'approche, elle tombe dans une violente embuscade. Mais la section du sous-lieutenant Foulquier, grâce à une manœuvre aussi rapide que hardie, force les Viets à lâcher prise en abandonnant trente cadavres, un FM et de nombreuses munitions. Dans cette action, la compagnie ne déplore que quatre blessés légers. Le 17 janvier, le bataillon rentre à Laï Thieu.

Le 22 janvier, la 5e compagnie du 2e BCCP est mise à la disposition de la « Dinassau » (division navale d'assaut) du capitaine de frégate Ponchardier. Basée sur le croiseur *Duguay-Trouin* ou le porte-avions *Dixmude,* elle participe avec les LCVP, LCM, LCT et LST de la marine à une série de débarquements dans le golfe du Siam. Ensuite, à partir du 1er février, elle opère dans la région de Long Suyen, renforcée par la compagnie de débarquement du *Dixmude.* Le 25, au cours de l'opération « Véga », elle accroche, en liaison avec les Hoa-Hao, une section viet conduite par un Européen. Les viets, fusillés à bout portant, laissent sur le terrain 36 tués, un FM Bren et un FM japonais. Le 25 mars, le fanion de la compagnie reçoit, à bord du *Dixmude,* la croix de guerre TOE avec palme.

Le 23 mars, l'opération « Iota » vise à démanteler les *Chi Doi* 10 et 2 qui forment une bande d'environ 600 hommes, bien armés et regroupés, pense-t-on, dans deux bases de guérilla, au nord de Phuoc An et Dong Lon. Pour le 1er bataillon de Choc, arrivé en renfort de la demi-brigade depuis le 12 janvier, c'est l'occasion d'effectuer son premier saut opérationnel en Cochinchine. A 9 h 30, les 1re et 2e compagnies du « Choc », à 130 hommes chacune, sortent des six Dakota et huit Junker qui les larguent sur deux zones de saut au nord et au sud des objectifs présumés. On tombe à nouveau dans le vide. On ne découvre pas les fameuses « bases » de guérilla. Les « Chocs » s'obstinent à fouiller le terrain. Bilan : zéro.

Dans l'intervalle de ces actions parachutées, les trois bataillons (1er et 2e BCCP, 1er BPC) accomplissent de multiples opérations de secteur et les innombrables patrouilles nécessaires au maintien de la sûreté rapprochée de leurs cantonnements. Ce sont alors des accrochages quotidiens, des escarmouches. Et c'est aussi le courage quotidien de ceux qui refont inlassablement les mêmes gestes, les mêmes patrouilles et qui cherchent auprès des populations le signe imperceptible de l'infiltration ou du noyautage viet. Bref, un travail de fourmi, qui amenuise peu à peu le potentiel opérationnel des unités.

Le 8 février, les paras reprennent une nouvelle fois le chemin de Tan Uyên. Deux camps ennemis existeraient à Tri Giang et Vinh Loï. Tandis que la compagnie Boby du 2ᵉ BCCP, un élément du « Choc » et le bataillon de marche indochinois convergent à pied vers Tri Giang, la compagnie Joussaud, du « Choc », saute à proximité de l'emplacement présumé du camp. Nouvelle déception. On découvre bien le camp de Vinh Loï mais vide de tout occupant.

Six jours plus tard, l'opération « Véga » est déclenchée en plaine des Giongs, en vue de s'emparer des PC de Nguyen Binh et de la zone 7, ainsi que de nombreux camps, ateliers et dépôts inaccessibles par voie terrestre. Soigneusement montée par le lieutenant-colonel de Sairigné, cette opération met en œuvre un groupement terrestre de six bataillons, un groupement amphibie de « crabes » et un groupement parachutiste. Deux compagnies du 1ᵉʳ « Choc » et deux antennes chirurgicales parachutistes sont maintenues en réserve pendant les cinq jours que va durer l'action. La mission du groupement aéroporté, aux ordres du chef de bataillon Chateau-Jobert, commandant la 1ʳᵉ DBCCP consiste à se saisir d'entrée de jeu de tous les objectifs essentiels : Giong Dinh, Giong Mat Cat et Giong Lon. Mais la pénurie d'avions de transport oblige une fois de plus à étaler la manœuvre dans le temps : deux vagues sautent à deux heures d'intervalle sur les quatre zones prévues. A 9 h, le 14 février, l'arrivée sur Giong Dinh et Giong Sang Mat Cat, des Dakota et des Junker, dans lesquels ont pris place les compagnies Boby et Dobbels, du 2ᵉ BCCP, met les rebelles en fuite. A 11 h, lorsque les 250 hommes du capitaine Ducasse sont parachutés sur Giong Lon, ils trouvent les traces de plusieurs importants PC dont les occupants ont bénéficié de deux heures de répit pour décamper. Ils détruisent ce qui en reste et continuent la fouille. Durant trois jours, les légionnaires et les paras découvrent un nombre important d'installations et de dépôts. Nguyen Binh a pu s'échapper...

Malheureusement, au 2ᵉ BCCP, on déplore la perte accidentelle d'un stick presque entier. Au moment du saut, le câble auquel sont fixées les sangles d'ouverture automatique des parachutes s'est rompu. Le capitaine Boby, le capitaine Deguffroy, officier de transmissions du bataillon, deux sous-officiers et deux hommes de troupe, se sont écrasés au sol. Par miracle, Surcouf, premier de stick, et le capitaine Trinquier, dont la SOA est restée coincée dans la porte, s'en sont sortis indemnes.

Cependant, Nguyen Binh, abandonnant la plaine des Giongs, s'est retiré dans les zones montagneuses au sud-ouest de Dalat.

Le 1er mars, un coup de tonnerre éclate. Le convoi de Dalat est tombé dans une embuscade qui lui a coûté 49 morts ou disparus, civils et militaires, ainsi que 20 blessés. Parmi les victimes, se trouve le lieutenant-colonel de Sairigné, commandant la 13e DBLE[1]. Le Commandement décide de poursuivre la bande qui a fait le coup et lance sur ses traces des troupes à pied dont la 4e compagnie du 2e BCCP, les compagnies Genestout et Joussaud, du « Choc ». Simultanément, il monte l'opération aéroportée « Lagna », dirigée par le commandant Chateau-Jobert, avec la 6e compagnie à laquelle se joignent le reste du « Choc » et un détachement de la GRC du capitaine de gendarmerie Richard. Après un saut à Quang Keong, le 3 mars, ces éléments exécutent un raid de dix jours dans un pays impénétrable, mal connu et couvert de forêts, où les Viets ne peuvent que prendre de l'avance et esquiver nos coups. Les parachutes et les divers matériels portés à dos d'homme alourdissent considérablement la colonne. Le lendemain, le commandant Clauzon, ayant appris le nom du chef rebelle auteur de l'embuscade, demande et obtient du Commandement l'exploitation du renseignement. Avec la 2e compagnie et des éléments de commandement, il constitue le détachement Lafontaine, qui saute le 5 mars à Xom Mieu, à proximité du repaire du chef rebelle, dans la région de Tan Uyên.

Le 6 mars, le détachement est violemment attaqué par les Viets. L'accrochage, qui fait 2 tués et 6 blessés, nécessite le parachutage de l'antenne chirurgicale du lieutenant Chauvin, qui s'établit au poste de Xom Mieu. Jusqu'au 11 mars, le capitaine Lafontaine explore en vain avec la 4e compagnie tous les villages de la région, puis se décide à rentrer sur Thu Duc. Pour le bataillon de choc, c'est la dernière opération aéroportée sur ce territoire avant qu'il rejoigne la DBMP au Tonkin, le 11 avril. Mais, jusqu'à son embarquement à Saïgon, il se plonge à nouveau dans l'activité de secteur. Ses trois compagnies partagent pendant quelques jours la vie des postes à Phuoc Ho, Dong Xoai, Chonh Tanh, Minh Tang et Dang Tien.

La zone Est-cochinchinoise constituait le principal secteur d'activité de la 1re DBCCP. La zone Ouest est le théâtre d'une expérience entreprise depuis le mois d'août 1947 avec les commandos parachutistes Hoa Hao.

Les quatre commandos poursuivent la pacification de leur secteur. Les combats qu'ils livrent aux Viets des *Dai Doï* 1082 et 1084 les font progresser rapidement vers des zones qu'il n'avait pas encore été possible d'atteindre. Chaque opération est un succès. Le 17 janvier, à Xatac, les Viets abandonnent 82 tués sur le terrain. Tout le mérite de ces victoires revient au capitaine Charvet et à ses trois chefs de commandos, les lieutenants Marchadier, Gérard et Liot. Le

1. Voir à ce sujet : *De Narvik à Kolwezi*, du même auteur. Albin Michel édit.

2 février, le capitaine Charvet meurt en son PC de Long-Xuyen. Le capitaine O. Le Mire lui succède.

Le 11 février 1948, nouvelle victoire à Traet ; l'ennemi perd 40 morts. Le 22 février, à Dinh My, il en perd 70.

Mais les Hoa-Hao n'oublient pas que le fondateur de leur secte professait la haine farouche des Français. Des luttes sourdes opposent les différents patrons actuels, chacun prétendant au commandement suprême et exclusif. L'un d'eux, Lam Tanh Nguyen noyaute le 1er commando. Le 25 mars, l'adjudant Truffaut, parti depuis la veille à la recherche d'un élément viet se dirigeant vers Rach Gia, est assailli par ses hommes dès qu'il est au contact avec les rebelles et abattu d'une balle de colt en pleine tête. Laissé pour mort sur le terrain, il sera sauvé par la colonne de secours. Ses 20 compagnons ne bénéficieront pas de la chance extraordinaire de l'adjudant. Le lieutenant Liot est assassiné. L'agitation gagne les autres commandos. Des désertions se produisent. Le Mire regroupe les hommes sûrs dans un seul commando réorganisé et fortement encadré. Malheureusement, vers le milieu de l'année, il doit être rapatrié pour raison sanitaire.

Pendant des années, la lutte continuera entre fidèles et rebelles. Mais dans l'ensemble les Hoa-Hao — comme les Caodaïstes d'ailleurs — seront fidèles au camp français.

Ces incidents ne retardent pas l'action du général Boyer de Latour dont le but consiste à rejeter le Vietminh sur la plaine des Joncs par des opérations menées à un rythme rapide. Les parachutistes y participent par de nombreux coups de main, aéroportés ou non, le plus souvent exécutés en coopération avec la marine et des groupements terrestres. Le 21 avril, une compagnie du 1er bataillon SAS et quatre commandos des 5e et 6e compagnies du 2e BCCP sautent au sud de Chau Doc dans le cadre de l'opération combinée « Triton ». Jusqu'au 4 mai, les parachutistes opèrent avec les troupes du secteur dans la région de Cau Sac — Vinh Du et Ba Bang.

Le 30 avril, le commandant Chateau-Jobert, exploitant un renseignement frais, saute avec trois commandos (1er BCCP SAS-GVNS-2e BCCP) sur Xom Ly Thuan à l'embouchure du Soi Rap. L'apparition des avions laisse aux Viets à peine le temps de fuir : ils abandonnent sur place 50 prisonniers, des armes, du matériel et des documents. Récupérés le lendemain par la marine, les parachutistes rentrent sur Saïgon, ayant une fois encore prouvé l'efficacité de leur intervention quand l'opération a lieu dans les délais les plus courts après l'obtention du renseignement.

Le 1er juin, le 1er bataillon SAS participe à sa dernière opération aéroportée, avant de rejoindre la métropole. Il est largué avec un élément de la GVNS et un groupe du génie para sur quatre zones de saut qui encadrent la plantation de Binh Hoa, où est installé un camp viet de prisonniers. Bénéficiant de la surprise, il délivre 37 prisonniers, tue 17 Viets qui tentaient de fuir et s'empare de documents. Malheureusement, le manque de précision du largage au sud ne permet pas de cerner l'objectif, et quelque 120 prisonniers sont emmenés par les Viets. La poursuite, vivement engagée, n'aboutit pas. Le manque de moyens aériens a, encore une fois, amoindri le succès qui se présentait.

Le 12, inopinément, 60 hommes de la compagnie d'alerte sautent avec le commandant de la DBCCP à proximité d'une cagna, entre Saïgon et Cap Saint-Jacques, où une section viet vient se reposer tous les jours. En quelques instants, les parachutistes récupèrent dix-sept fusils et tuent 12 Viets. La surprise totale a permis ce succès.

Le lendemain, 13 juin, le commandant Dupuis avec les commandos 4 et 5 du 2ᵉ BCCP est engagé dans l'opération combinée « Huron » dont le résultat dépassera toutes les espérances. En effet, il s'agit de favoriser le ralliement des pirates Binh Xuyen et de leur chef, Bay Vien, qui sont plus ou moins prisonniers des Viets. Au lever du jour, les 152 parachutistes sont accueillis par un feu nourri sur la zone de saut de Tan Nhom. Mais dès leur arrivée au sol, les Viets fuient, abandonnant leurs installations, aussitôt détruites, et des documents de toute nature. Le bouclage des troupes terrestres n'étant pas réalisé au sud, ils réussissent à passer entre les mailles du filet. Le lendemain, parachutistes et tirailleurs algériens les poursuivent. Ils détruisent un camp près de Phuoc An et rentrent le 16 juin sur Lai Thieu. Ce même jour, Bay Vien et 1 800 des siens se présentent au commandement français et se rallient. Ce nouveau coup porté au Vietminh va permettre, malgré de faibles effectifs, de l'attaquer plus avant au cœur de sa zone refuge de la plaine des Joncs.

Le 5ᵉ BCCP du commandant Grall, formé en Bretagne, débarque à Saïgon le 25 juin 1948. Le 5 juillet, le 1ᵉʳ bataillon embarque à bord du *Pasteur*.

Ainsi s'amorce la noria par laquelle la demi-brigade des paras coloniaux de Bretagne va alimenter, à raison d'un bataillon tous les six mois, sans compter les détachements de maintenance, la demi-brigade des paras coloniaux d'Indochine.

Rendues encore plus pénibles par la saison chaude, les opérations reprennent dans les marécages et la végétation inextricable de la plaine des Joncs. Le 7 juillet au matin, l'opération « Caibe » ouvre la série des actions contre la zone viet 8, qui jusque-là n'avait pas compté parmi nos objectifs. En deux vagues successives, les 284 paras des 2ᵉ et 5ᵉ BCCP sont parachutés à proximité du canal de Nhon Ninh. Mais l'absence de secret dans le montage de l'opération terrestre simultanée ne permet pas de surprendre les Viets. Ceux-ci ne laissent entre nos mains que 15 prisonniers, 25 tués et quelques installations. Dix jours plus tard, les parachutistes du commandant Chateau-Jobert interviennent. Il s'agit d'achever le ralliement des Binh Xuyen.

Sur un faux renseignement, le GC2 du 5ᵉ BCCP et 66 hommes du

2e BCCP sautent sur Xom Ba Bong, tandis que deux Commandos GVNS, mal largués, ne peuvent atteindre Phuoc An. Violente réaction des Viets sur les zones de saut. Le capitaine Heiblig est tué dès son arrivée au sol. Le camp de prisonniers Binh Xuyen reste introuvable et, le soir même, il faut rembarquer sur les LCM de la marine sans avoir pu remplir la mission. Du 5 au 12 août, le commandant Fournier et 140 hommes de l'état-major de la DBCCP et du GC1 du 2e BCCP sautent pour dégager Rach Gia. Une reconnaissance préalable à bord d'un Dakota, effectuée par le lieutenant Lebeurier, de la STUP, a conclu qu'un parachutage dans la rizière inondée était possible, « l'eau ne montant qu'aux jarrets des buffles ». Dans l'affaire de Rach Gia, les parachutistes vont ensuite chercher un canon de 105 à l'ouest de la localité, mais en vain.

Puis, les PC de Nguyen Binh et de la zone 8 ayant été signalés à Bu Thu, c'est vers les Giongs que, le 13 août, deux GC du 5e BCCP, répartis en trois détachements, sautent directement sur Ba Thu et Giong Dinh. L'opération « Dragon » vient de commencer. D'emblée, les objectifs centre et ouest sont coiffés, mais les Viets s'esquivent, poursuivis par la chasse, qui les harcèle. Pour les parachutistes comme pour les « crabes » de la Légion, le bilan est maigre : des documents saisis, quelques installations détruites. Le but n'a pas été atteint. Nguyen Binh reste introuvable. La chasse à l'homme continue.

Au Cambodge, une compagnie du 2e BCCP fait une escapade de quelques mois. Le 19 juin 1948, la 5e compagnie quitte la Cochinchine pour se lancer aux trousses du commando vietminh de Tay Ninh qui échappe à toutes les recherches. Puis, le 30 juillet, l'unité est lancée à la poursuite d'une bande de 150 Khmers Issaraks qui vient d'attaquer le convoi de Siem Réap. Le 24 août, c'est au tour du commando des Essarts de tomber dans une embuscade. Les rebelles sont mis en fuite ; ils laissent sur le terrain 8 hommes et un FM. Le 26, le convoi d'Hatien est totalement anéanti. Le 28, des chasseurs du bataillon cambodgien désertent avec quatre FM. Du 28 septembre au 13 octobre, la compagnie entreprend la fameuse marche des Pagodes. Nous sommes en pleine saison des pluies ; le moindre déplacement se fait avec de l'eau jusqu'à la ceinture et bien souvent jusqu'aux épaules. Le 6 octobre, le commando Corre accroche tout de même l'arrière-garde de la bande recherchée, qui décroche après un court engagement.

Le 16 décembre, la 5e compagnie participe à la marche d'approche vers le poste de Ba Chuc au profit duquel les GVNS viennent de sauter. Le 22 décembre, le *Trung Doan* 216 est signalé dans la région, au nord-ouest de « Triton » ; effectifs : 900 hommes ; armement : une mitrailleuse lourde, vingt FM, trente PM, quatre cents fusils, un mortier de 60 et un autre de 81. Les 66 parachutistes sont renforcés par une section de 20 hommes du 1er RTA et trois sections de partisans cambodgiens d'un poste de Vinh Trieng. Après une marche d'approche de nuit, la compagnie débouche au lever du jour sur une plantation située au pied du massif du Phnom Kio. Les guetteurs se replient dans la montagne. L'assaut est donné rapidement. Chose incroyable : malgré leur énorme supériorité, les rebelles se replient en laissant 10 tués, 15 blessés, 5 prisonniers, ainsi qu'une mitrailleuse lourde qui leur est littéralement arrachée des mains. De notre côté, aucune perte. Le 16 février 1949, la 5e compagnie rejoint le bataillon à Laithieu, où elle va devenir la GC nº 2.

Au cours de l'année 1948, en Annam, comme en Cochinchine et au Cambodge, les parachutistes sont de plus en plus employés par petits paquets, pour exploiter un renseignement ou intervenir au secours de nos troupes terrestres menacées.

Au Nord-Annam, la 1re compagnie du I/1er RCP est engagée le 7 janvier à Xom Bang, dans le secteur de Dong Hoi. Venant du Tonkin et stationnés depuis le 22 décembre à Tourane, les 80 chasseurs du lieutenant Faury attendent une éclaircie jusqu'à la matinée du 7. Dans le cadre de l'opération « Delta », il s'agit de nettoyer une vallée où s'est installé un centre d'Instruction viet et où séjourne un bataillon de Tu Vé encadré par des réguliers. Parachutés à 9 h à proximité de Xom Bang, les hommes de Faury jettent le désarroi chez l'adversaire. Refoulés vers les troupes de secteurs, les Viets abandonnent 70 tués et 20 prisonniers, tandis que les cantonnements, les dépôts et l'hôpital de campagne sont détruits ; en outre, l'habituelle moisson de documents tombe entre nos mains. Le 18 février, à Nam Yen, au cours de l'opération « Rigobert », l'intervention de la compagnie permet d'obtenir des résultats intéressants.

Le 7 mars, pendant l'opération « Camille », le lâcher sur Dat Do, à 13 h, des 100 parachutistes du lieutenant Faury permet de coiffer simultanément l'école des cadres dirigée par quatre cadres européens et deux camps d'instruction. Pour tromper les Viets sur le nombre des appareils engagés, les JU 52 font deux passages au lieu d'un. Dans la soirée, la jonction est effectuée avec la 13e DBLE. Le lendemain, de concert avec les légionnaires, les parachutistes poursuivent les Viets jusqu'à Dat Do, détruisant leurs camps camouflés dans les vallées de la cordillère annamitique et en tuant 110. Avec l'opération « Gérard » sur Bot Lot, qui se déroule quatre jours plus tard et marque la fin du séjour des éléments du 1er RCP en Annam, le commandement local est amené à la conclusion suivante : seule la participation d'unités aéroportées permet de remporter de véritables succès, au prix de pertes légères, alors que la progression de troupes terrestres apparaît dangereuse et trop lente à cause des contraintes du terrain. En conséquence, il s'emploie à obtenir du commandement en chef que des unités para soient affectées à son territoire. Il n'obtiendra satisfaction qu'après l'opération « Oscar » les 12 et 13 juillet.

Comme l'année précédente, les villages situés à l'ouest du cap Ron constituent une base refuge pour les Viets du secteur de Dong Hoi. Aucun coup ne leur a été porté dans cette région depuis plus d'un an et demi. Des éléments de l'état-major de la DBCCP et du 2e BCCP (deux sections du GC1 aux ordres du lieutenant Ziegler, et deux sections du GC3, avec le lieutenant Siche) sont parachutés simultanément à 8 h par six Dakota et cinq Junker sur deux zones de saut au nord de Phu Loc et de Huong Son. A cette heure-là, les troupes débarquées et la colonne blindée venant de Dong Hoi n'ont pu atteindre leurs positions de bouclage. Les Viets, qui sont au courant de l'opération depuis deux jours, peuvent sortir de la nasse en laissant derrière eux 31 Tu Vé chargés d'engager un combat retardateur qui leur permet d'évacuer l'essentiel de leur matériel. Au total, 51 rebelles sont tués, des installations sont détruites. Le 2e BCCP perd ce jour-là son médecin, le sous-lieutenant Rebuchon, victime d'une « torche ».

La dernière opération aéroportée de l'année en Annam a lieu du 31 juillct au 2 août. Elle a pour but de porter atteinte au prestige des Viets dans la région de Phu My (à 40 km au nord de Qui Nhon), qu'ils contrôlent entièrement. Parachutés à Phu My et Vinh Phuoc, les 167 hommes du lieutenant Chomette qu'accompagne le capitaine de Seguins-Pazzis, qui vient d'arriver à l'état-major de la demi-brigade et participe à l'opération à titre individuel, s'emparent rapidement de ces villages et de Vinh Truong. Il n'y a pas eu de réaction rebelle. Après une escarmouche dans l'après-midi, c'est le retour vers la côte et le rembarquement de tous les éléments vers Nha Trang sur les unités de la marine qui attendent à Dégi le retour des parachutistes. Le coup n'a rien de décisif ! Au cours des années suivantes, il sera nécessaire d'y revenir.

Le général commandant les forces de l'Annam obtient l'implantation du 5e BCCP à Tourane. Mais il ne dispose pas des avions nécessaires. C'est donc à pied que le bataillon va être engagé jusqu'au mois de mai 1949 dans de multiples opérations : à Cau Hai et dans le secteur de Quang Tri en septembre ; dans la plaine des Tombes royales, vers Hué, en octobre ; à Nam O et Bang Lang en novembre. Les opérations « Annick », « Marie-Madeleine », « Jacques I et II », « Geneviève I et II » et bien d'autres coûtent au bataillon 13 tués, dont le sous-lieutenant Blot, et une trentaine de blessés. Les parachutistes font la preuve de leur valeur en tant que fantassins d'élite. Mais ils ont l'impression, souvent justifiée, de ne pas être employés dans leur véritable spécialité : surprendre le Viet par voie des airs. C'est que, d'une façon générale, l'Annam est considéré comme un théâtre secondaire. Les avions qui pourraient transporter les parachutistes sont réservés à la Cochinchine et surtout au Tonkin.

* * *

Au cours de l'année 1949, les effectifs parachutistes augmentent : aux 2e et 5e BCCP, opérant sur les territoires dépendant de la

2e DBCCP, s'ajoutent les 3e et 6e BCCP, ainsi que le 2e BEP. Mais les avions de transport de l'armée de l'air ne sont guère plus nombreux. Comme l'année précédente, les années 1949 et 1950 vont être marquées par des opérations ponctuelles à effectifs restreints, dépassant rarement l'engagement de plus d'une compagnie. Leurs objectifs seront pratiquement semblables à ceux des années précédentes : coups de main, renforts de secteur, grandes opérations combinées de nettoyage.

Le 28 novembre 1949, dans le cadre de l'opération « Minute », deux sticks de l'état-major de la DBCCP et du BCCP sautent dans l'île de Nui Na, à proximité de Ben Dan et Ben Diep, pour vérifier un renseignement qui signale de nombreuses installations viets dans l'île. La surprise totale permet de faire 18 prisonniers et de récupérer ou de détruire des jonques, des cantonnements, des documents. Rapides et précis, en quelques heures, les parachutistes obtiennent un succès complet. Il n'en est pas de même avec « Paillasse », le 24 décembre. Malgré un scénario joué parfaitement par les éléments parachutés du 2e ou débarqués des 2e et 3e BCCP, l'opération tombe dans le vide et ne trouve sur place qu'une population aux intentions pacifiques.

Le 3e BCCP débarque le 9 novembre 1948 à Saigon. Dès le 12 décembre, le GC2 monte au Tonkin dans le cadre du groupement Amarante dont le commandant Romain-Desfossés prend la tête. Le 2 janvier 1949, c'est au tour du GC3 de partir en renfort pour le Cambodge. Le 31 mars, le bataillon est enfin regroupé au Tonkin.

Pour le 2e BEP, débarqué le 9 février 1949 à Saigon, l'histoire est analogue. Laissant une compagnie en alerte aéroportée à Saigon, il fait mouvement sur le Cambodge quatre jours plus tard et se trouve encore scindé en deux éléments : une compagnie à Phnom-Penh en intervention, l'état-major, la CCB et une compagnie dans les secteurs de Kampot et Kep. Ainsi, les parachutistes se retrouveront aussi bien sur les Hauts Plateaux qu'au Cambodge, en Annam, ou en Cochinchine, au gré des opérations de détail qui se montent ou se démontent selon les impératifs du moment.

Le 4 mars, en zone Ouest-Cochinchine, a lieu une attaque combinée des installations viets réimplantées à Hong Chong, au sud de Chau Doc, depuis la dissidence d'éléments Hoa Hao. Deux groupes de commandos du 2e BCCP sont parachutés à Nui Tran. Parallèlement, sont débarqués deux groupements amphibies constitués par les commandos marine, le reste du bataillon et des tirailleurs algériens. Le parachutage à partir de onze Dakota crée une surprise certaine mais le retard dans le débarquement des autres groupements à Ba Hon et Duong Hoa ne permet pas de boucler efficacement la zone. Les commandos se portent sur leur objectif, le Camp du Truong Doan 128, tandis que l'aviation bombarde et mitraille. Le camp est détruit, ainsi qu'une usine d'armement. Malgré quelques accrochages, l'opération se termine le 7 avec un bilan essentiellement matériel, sans influence durable sur la suite des opérations.

Le 25 avril, le lieutenant Barrière, du 2e BCCP, est largué à la suite de l'attaque du poste de Bu Dop la nuit précédente. Après le saut, les 65 hommes réoccupent le poste abandonné et incendié, et ils établissent la liaison avec le reste de la garnison qui a pu échapper aux Viets.

Le 13 mai, 160 hommes du 2e BCCP sautent, comme l'année précédente, sur la plantation de Binh Hoa pour détruire une usine de fabrication de mines. C'est l'opération « Tarle ». Mais le renseignement est erroné. Résultat totalement nul ! Les parachutistes commencent à se demander si on ne les emploie pas à tort et à travers. Quatre jours plus tard, « Quadrilatère » s'attaque une nouvelle fois aux bandes de la région de Thu Dau Mot – Bien Hoa : c'est « Paddy », dans la région de Ly Nhon. Comme en bien des occasions, ces deux opérations du 3e BCCP, techniquement réussies par les parachutistes, ne donnent en fin de compte que des résultats médiocres car l'étanchéité du bouclage n'est pas réalisée. Bien sûr, cela est dû en grande partie aux nombreuses difficultés du terrain qui gênent ou retardent la mise en place des éléments terrestres ou amphibies. Mais il faut comprendre la déception de l'exécutant qui, jour après jour, voit ses efforts tomber dans le vide et se renouveler en vain. Ainsi pour « Revanche », le 20 mai. Une fois de plus, une compagnie du 2e BCCP, deux groupements terrestres, deux escadrons de « crabes » et une « Dinassau », chargés d'attaquer un rassemblement viet à 10 km au nord de Cailay, ne récupèrent finalement que 5 prisonniers, un stock de mines et quelques documents.

En revanche, l'opération « Jonquille », qui se déroule en plaine des Joncs (canaux Lagrange et Commercial) du 2 au 8 juin, connaît un franc succès. Montée sous le commandement du lieutenant-colonel Daboval, qui a succédé au commandant Chateau-Jobert, dit Conan, à la tête de la demi-brigade, elle met en jeu la totalité du 2e BCCP du capitaine Trinquier, l'escadron de la GVNS, la 1re compagnie du 2e BEP du lieutenant Caillaud, ainsi que des sapeurs de la 2e DBCCP. Aux parachutistes, s'ajoutent deux groupements terrestres. Pour l'ensemble de ces troupes, il s'agit de détruire toutes les installations fixes de l'ennemi et de procéder à un ratissage général de la zone qui abriterait la valeur de trois régiments viets. A partir de 7 h, la première vague (PC et GC1 du 2e BCCP — génie — 1re compagnie du 2e BEP : soit 246 hommes) du groupement parachutiste, saute à l'extrémité ouest du canal Lagrange sur deux DZ. Malgré le terrain marécageux, les parachutistes s'emparent très vite de leurs objectifs que les Viets viennent d'abandonner au moment de l'arrivée des avions.

Cependant, le groupement ne constitue que l'élément le plus au nord du bouclage. Aussi, à 9 h 15, lorsque la deuxième vague (GC2 et

3 du 2e BCCP — escadron GVNS, soit 287 parachutistes) débouche sur Cay Vong, la surprise est encore plus grande pour les Viets qui tentent de s'enfuir vers le sud et l'est où ils viennent se heurter au 4e RTM et à la 13e DBLE. Le lendemain, l'antenne chirurgicale est larguée sur Ap My Qui où le 4e RTM a des blessés graves à opérer. Les 4 et 5 juin, tout le groupement continue le nettoyage de la région. Les parachutistes découvrent des dépôts et des installations qu'ils détruisent au passage. Les 6 et 7 juin, ils sont dans la région de Nhon Ninh et, le 8, rentrent en camion par la RC16. Le bilan est important. Les Viets ont perdu 41 tués et 15 prisonniers. Il y a bien longtemps que ce genre d'opérations n'avait pas récompensé les efforts de ceux qui, pendant sept jours, ont « crapahuté » dans des conditions pénibles.

Le 16, à nouveau, la 1re compagnie du 2e BEP, qui se trouve en alerte aéroportée, saute à proximité du village de Bao Cong. Tandis que les 136 hommes du lieutenant Caillaud assurent le bouclage au Nord et à l'Est, la 13e DBLE ratisse le terrain dans leur direction. Malheureusement, la nasse est vide car les deux « Dai Doï » qui occupaient le village l'ont quitté au cours de la nuit précédente.

C'est encore la 1re Cie du 2e BEP qui va clore les opérations parachutées, avant le début de la saison chaude, le 30 juin, dans l'opération « Alfa ». Les 171 parachutistes du BEP et de la 2e CIP ont pour mission de démanteler l'infrastructure des bataillons 301 et 309 dans la région de Ba Bong et Phuoc An, qui constitue un repaire viet important. L'action des parachutistes, complétée par celle du commando de My Tho, est d'autant plus remarquable que le saut a été exécuté malgré les bambous plantés en défense anti-parachutistes et les emplacements de la DCA. Les parachutistes ont quand même bénéficié de la surprise en écartant délibérément les deux zones de saut qui avaient servi lors des deux opérations précédentes. Si l'ennemi s'est enfui ou terré, l'importance des destructions infligées à ses installations justifie cette action, qui doit pourtant inciter à la prudence comme le démontre l'ampleur des positions de défense.

De juillet à septembre 1949, les bataillons opèrent à pied dans leur secteur. Le 9 septembre, la jeep du commandant Dupuis et du capitaine Poirier tombe dans une embuscade. Les deux officiers sont tués. Avec le retour de la saison sèche, les grandes opérations reprennent. « Quadrilatère II » est déclenchée le 26 septembre avec le 2e BCCP et une compagnie du 2e BEP. Contrairement aux autres opérations, les parachutistes ne doivent intervenir qu'une heure ou deux après le début de l'action, au cours de laquelle les sous-groupements terrestres (2e BEP et 2e BCCP) sont lancés vers Ap Binh Hoa pour obliger les Viets à fuir vers le nord. Ce plan du commandant Trinquier réussit parfaitement. La zone a été bien bouclée par le saut d'une compagnie du 2e BCCP vers Ap Nhut. Les Viets sont accrochés et laissent entre nos mains 20 cadavres dénombrés. Un camp a été détruit au passage par les éléments à pied.

En revanche, du 16 au 20 novembre, avec « Datura », on retrouve les erreurs d'antan : les renseignements sont éventés. D'importantes installations (cinq camps, trois PC, deux ateliers) sont détruites mais l'action du 2e BCCP et de la 3e Cie du 2e BEP ne sert pas à grand-chose. Les vagues d'avions, mal coordonnées, ont largué les parachutistes dans les plus mauvaises conditions. En pareil cas, la surprise ne joue plus...

L'année 1949 se termine avec le saut de la 1re compagnie du 2e BEP sur Hieu Tu. Cette opération est déterminante pour le secteur de Tra Vinh. Le 26 décembre, le commandant du secteur a lancé un SOS : Hieu Tu, village d'autodéfense, a été attaqué et enlevé par près de 1 500 rebelles qui s'y sont retranchés. La prise de Hieu Tu menace tout le système de sécurité patiemment établi sur les voies de communications, en l'occurrence l'axe Tieu Can – Tra Vinh. Cet appel, répercuté par le commandement, est transmis au commandant Decorse, commandant de l'état-major opérationnel Sud. L'alerte de la compagnie Caillaud est renforcée. Un avion d'observation survole la zone vers 16 h. En raison de cette heure tardive qui ne permet pas d'envisager une action tactique directe au profit du poste et compte tenu du vent violent qui souffle, la décision du largage est laissée au commandant Decorse. Le commandant s'envole vers 17 h 30 à bord du Dakota leader, avec le capitaine et l'élément de commandement de la compagnie. A une demi-heure, suivent cinq autres appareils emportant les légionnaires et quelques hommes de la BAPS.

Finalement, les 132 parachutistes sont largués à 18 h 30, dans des conditions aussi mauvaises que possible. La zone de saut est une rizière inondée. Gênés par le soleil couchant juste dans l'axe, les aviateurs larguent à l'imitation du leader. Les hommes sont éparpillés dans toutes les directions, le vent les traîne au sol. Quelques-uns, appartenant à la section de Stabenrath, tombent même au milieu des rebelles. Heureusement, la combativité des légionnaires, dont les armes sont pleines de boue et presque inutilisables, impressionne les Viets. Peu à peu, la compagnie se regroupe en carré autour de son chef, dans la nuit tombée. Vers 21 h, les rebelles décrochent et, dès le lendemain, avec les troupes de secteur, la compagnie part à leur poursuite. Cette affaire montre, s'il en était besoin, que les parachutistes, dans des circonstances délicates qu'ils connaîtront de plus en plus fréquemment par la suite, peuvent encore par leur ascendant en imposer aux Viets, malgré la disproportion des forces. C'est au moins vrai en Cochinchine. Ici, au prix de 3 tués et de 12 blessés, la compagnie a rétabli la situation.

Avec l'année 1950, les opérations aéroportées en Cochinchine vont encore se réduire, en nombre comme en importance. Le pourrissement du Tonkin et du pays Thai exige en effet la présence de la plupart des unités parachutistes. Le 2e BCCP de Dupuy et de Trinquier, après deux années de séjour, rentre en France. Il est relevé par le 1er BCCP du commandant Fourcade, qui débarque à Saigon le 6 décembre 1949 et qui, à son tour, est rapidement engagé dans les opérations de secteur. Une de ses compagnies saute à Dau Tieng le 26 janvier, en renforcement du secteur menacé. Ce sera aussi le cas à Tra Vinh, fin mars. Le 28, une opération de dégagement est entreprise avec la marine, un escadron de « crabes » et trois bataillons auxquels s'est jointe la 2e compagnie du 2e BEP. La nuit suivante, le poste de Tra Cu est attaqué. Le 29, 104 hommes de la GVNS et de la BAPS sont largués sur le poste pour le dégager. Le lendemain, après un violent accrochage à Son Anh, ils réussissent leur mission et récupèrent deux mitrailleuses. Mais, pour les troupes à terre, l'opération continue. C'est ainsi que, le 1er avril, va s'illustrer la compagnie Cabiro, du BEP.

A midi, les légionnaires sont prévenus par radio que l'un des bataillons de marche de la brigade d'Extrême-Orient est violemment pris à partie par une bande rebelle. Appuyés par les « crabes », ils partent à l'assaut du giong. Les Viets se dévoilent à bout portant. Malgré leurs pertes, les légionnaires parachutistes foncent et pénètrent dans le village après un combat acharné. Puis, toujours en combattant, ils font sauter les résistances une à une, et délogent les tireurs isolés. Finalement, ils relèvent sur le terrain 49 cadavres, ainsi qu'un FM, deux mortiers, une mitrailleuse et bon nombre d'armes individuelles. Le lendemain, de nombreuses tombes fraîches sont découvertes sur la ligne de repli des Viets. La compagnie gagne là une citation à l'ordre de l'Armée.

L'année 1950 connaîtra encore en Cochinchine une action aéroportée, le 27 octobre, avec l'opération « Bretagne » qui se déroule dans la région du Cu My. En une journée, une compagnie du 1er GCCP détruira les moyens de navigation des rebelles en liaison avec la marine. Mais la guerre continue également en Annam et au Cambodge, dans les mêmes conditions qu'en Cochinchine.

* * *

En Annam, cette période est marquée par l'implantation progressive du Vietminh, qui contrôle fermement certaines zones au nord et au sud. Là encore, malgré le désir du haut-commissaire, notre action ne peut se développer avec l'ampleur souhaitable. Ce sera même pire qu'en Cochinchine en raison du terrain défavorable à l'engagement de forces modernes liées généralement aux axes routiers, et surtout faute d'effectifs suffisants : six à huit bataillons au maximum. Si intense soit-elle, l'activité de ces troupes opérationnelles de secteur ne suffit pas. Il est impossible de démanteler une organisation militaire vietminh de plus en plus élaborée et solide et, en même temps, de pacifier une zone de près de 600 km de long prenant appui sur les refuges en grande partie inviolables de la cordillère annamitique toute proche.

Dans ces conditions, le commandement local court au plus pressé. On porte à l'ennemi les coups les plus durs possible, aux endroits et aux moments où son étreinte se fait sentir le plus fortement. Les bataillons parachutistes d'Annam, parfois épaulés par leurs camarades de Cochinchine, vont opérer dans ce sens. C'est à eux que, la plupart du temps, reviendra la mission de « donner de l'air » aux secteurs menacés d'étouffement.

Le 30 avril 1949, les 196 parachutistes du capitaine Emeyrat (PC et GC2 du 5e BCCP) sautent en trois vagues sur Ba Lang et Quang Xuyen, dans le cadre de l'opération « Bernard II ». Ils vont tenter de s'emparer des dirigeants viets de la région de Hué. Pendant deux jours, les parachutistes coloniaux, rejoints dans la soirée par deux groupements terrestres, fouillent la région. Rien : le renseignement, qui datait de trois jours, a été éventé. La déception est grande chez les hommes du 5e qui effectuaient là leur première opération aéroportée après huit mois de présence et de « grenouillage » en Annam.

A partir du 13 juin, le GC2 du 2e BCCP est placé en alerte aéroportée sur le terrain de Saigon, Tan Son Nhut. Le 29 juin, le groupe de commandos est mis à la disposition du secteur de Pleiku. Sautant de Dakota, il atterrit près de la ville. Le vent est très violent et ce sixième saut est un désastre pour le GC. On compte quatre fractures ; 19 parachutistes sont indisponibles. Lourdement chargés, les hommes ont été traînés au sol par les parachutes, qu'ils n'arrivaient pas à maîtriser. Le 7 juillet, le GC quitte les Hauts Plateaux et rejoint sa base par le convoi routier de Ban Me Thuot.

Le 10 juillet, c'est au tour du GC3 de tenter un nouveau coup de main aéroporté en liaison avec les éléments débarqués de la marine. Malgré leur allant, les 152 parachutistes se bornent à détruire les installations viets du secteur de Phan Thiet et Phan Ri, et à récupérer quelques documents. Les réguliers viets, qui ont refusé le combat, attendent paisiblement le rembarquement des troupes qui se fera trois jours plus tard à Bo Nhon, sur les LCT de la marine.

Le 13 octobre, le GC2 reçoit mission de renforcer le secteur de Dong Hoi pour une durée d'un mois. Un bataillon vietminh venu du Nord s'est installé à l'ouest et au sud de la ville. Depuis un mois, ce ne sont qu'attentats, embuscades, coupures de routes et poses de bombes : deux cents engins ont déjà causé des pertes sérieuses. Sept Dakota décollent de Tan Son Nhut au petit matin. Vers 11 h, après avoir survolé une partie de la chaîne annamitique, les 128 parachutistes sont largués par un temps épouvantable. La pluie fouette le métal des carlingues, la visibilité est médiocre. Aussitôt regroupés, les hommes sont répartis dans les différents postes avoisinants où ils sont reçus à bras ouverts. Après quelques nuits d'embuscades sans succès, le commando Corre accroche, les 22 et 23 octobre, la 88e compagnie vietminh. Le commandant de compagnie viet reste sur le terrain, ainsi que des documents précieux donnant l'implantation des forces régulières rebelles dans cette région. Les 11 et 12 novembre, en liaison avec des éléments du 6e BCCP et du 23e RIC, le GC, agissant sur renseignement, tue 12 hommes et fait 33 prisonniers. Les Viets, chassés dans les marais, au nord de Tru Li Phuoc, ont dû abandonner dans leur fuite le chef de secteur, leurs armes et leurs bagages. Après s'être regroupé à Tourane, le GC2 du 2e BCCP rejoint Saigon par avion à la fin du mois.

Le 6e BCCP se trouve en effet engagé en Annam depuis le 4 août 1949. Il a relevé le 5e BCCP parti pour le Tonkin. Dès leur débarquement, les hommes du chef de bataillon Vernières connaissent à leur tour le décor et l'ambiance de cette guerre : la brutalité des embuscades, l'attaque violente des postes dont ils assurent la défense, comme celui de Ly Hua par le GC3, la désespérance des interminables ratissages, souvent exténuants pour un maigre résultat. Pendant six mois, la vie du 6e BCCP est ainsi jalonnée par les combats de Pho Trach, Quang Tri, My Trung et An Dinh (opération « Suzanne »), de Méroui, de Yem Neu Nai, le 10 janvier 1950, au cours duquel le lieutenant Senée trouve la mort. Quelques documents saisis sur l'ennemi font état de l'excellence de ce bataillon et du talent de son chef.

Les 2 et 4 janvier 1950, le PC, les 2e et 3e compagnies du 2e BEP, atterrissent à Dong Hoï. Dès leur réunion, les bataillons Vernières et Solnon entreprennent, sous les ordres du commandant Sochel, le nettoyage du secteur de Dong Hoï et engagent une lutte acharnée contre le régiment VM95. Du 5 au 17 février, toute la région est ratissée. Les villages abandonnés par leurs habitants sont fouillés de fond en comble. Parfois, c'est l'accrochage, comme le 6, à Xuan Duc ; parfois, ce sont les mines qui creusent les rangs des compagnies, comme à Van Xuan.

Sans prendre de repos, les 2e et 4e compagnies, aux ordres du capitaine Dussert, font mouvement sur Thuong Trach pour préparer l'opération « Brigitte I » qui débute le 20 janvier. Deux groupements terrestres, composés à l'est par trois compagnies du BEP, fouillent le terrain. De son côté, le GC1 du 6e est parachuté en fond de tableau vers Binh An, pour couper la route aux rebelles qui tenteraient de s'enfuir par la côte. Mais les Viets se sont évanouis dans la nature. Les deux bataillons continuent malgré tout la fouille du terrain et, le 27, le groupement Balbin du 6e BCCP accroche violemment à proximité de Pho Trach. Les lieutenants Dion, Sinta et Bassi sont tués. Le GC2 du capitaine Gilles, encerclé un moment par les Viets, est dégagé par la compagnie Verguet, du BEP, qui perd dans ce combat 2 tués et 4 blessés.

Tout le mois de février, les opérations de détail continuent. Le

20, lorsque le 2e BEP rentre à Tan Son Nhut, il n'a pris que deux jours de repos, et c'est dans un état d'extrême fatigue que les légionnaires regagnent leurs cantonnements. Le 6e BCCP, resté seul sur le territoire, fait face à toutes les missions qui lui sont confiées. Le 9 mai, à Xom Bo, il dégage le 9e Spahis. Les 21 et 22 mai, le GC2, une ACP et la 2e compagnie du 2e BEP sautent sur le poste de My Trach pour le dégager. Le 20 juin, le GC3 saute sur Tuy Lien Ha, qui est encerclé, et il y opère encore du 13 au 19 juillet. Puis, après le mois d'août passé en opérations de détails, le 6e achève son séjour en Annam par l'opération « Maurice » au cours de laquelle il est parachuté sur Ba Lang le 25 septembre. Avant de partir, le 9 octobre, pour le Tonkin où sont acheminés tous les bataillons de réserve, le 6e BCCP reçoit sa première citation à l'ordre de l'Armée pour sa campagne d'Annam. Il a mis hors de combat 1 400 Viets au prix du sacrifice de 5 officiers, 37 sous-officiers et parachutistes.

1er RHP

V

GRANDES OPÉRATIONS AU TONKIN

janvier 1948-octobre 1949

Au Tonkin, véritable berceau de la rébellion vietminh, la situation en ce début d'année 1948 se ressent des progrès accomplis par les unités lors des opérations offensives ou de pacification. La campagne d'automne 1947, si elle n'a pu, faute d'effectifs et de moyens aériens, provoquer le démantèlement des forces régulières vietminh, n'en a pas moins détruit aux yeux des populations autochtones le mythe de l'invincibilité que Ho Chi Minh et Giap avaient forgé depuis 1945. Malheureusement, ce résultat n'est pas confirmé par une solution politique. Par ailleurs, la métropole qui a l'impression d'avoir fourni un effort considérable, insiste pour que les effectifs du corps expéditionnaire ne soient pas augmentés. En outre, la réoccupation de toute la zone frontière et du « doigt de gant » de Bac Kan fait peser une hypothèque de plus en plus lourde sur le potentiel opérationnel des troupes du Tonkin. Cet émiettement des unités entre la frontière de Chine et le pays Thaï ne peut finalement que faciliter la reconstitution de solides unités vietminh. A cela, il faut ajouter la menace, qui s'annonce déjà en mars 1948, de l'effondrement de la Chine nationaliste au profit de Mao Tsé Toung et le spectre de l'Armée rouge bordant la frontière tonkinoise. C'est ce qui pousse le général Blaizot à donner la priorité à ce territoire.

Aussitôt après la fin des opérations « Léa » et « Ceinture », le général Valluy avait estimé nécessaire de reporter l'essentiel de son action vers la Cochinchine et le Sud. Pour la demi-brigade de marche parachutiste, la période qui s'étend jusqu'à l'automne 1948 a donc été marquée uniquement par des opérations terrestres dans les secteurs du delta et sur la zone frontière, plusieurs de ses compagnies ou bataillons étant détachés sur un autre territoire à différentes reprises.

Au III/1er RCP revient, dès le début de janvier 1948, la tâche de nettoyer et de pacifier le secteur des Sept Pagodes – Luc Nam, et d'ouvrir ainsi la route directe de Haïphong à Lang Son. Les hommes du commandant Fossey-François prennent à cœur leur tâche de pacificateurs. Peu à peu, ils rejettent les forces viets vers les contreforts du Dong Trieu. Des milices d'autodéfense se constituent dans les villages. Des marchés et des écoles rouvrent. La vie reprend. Les parachutistes continuent leur œuvre. Le 30 mars 1948, lors d'un raid audacieux à travers la montagne de Luc Nam, ils désorganisent le 98e régiment vietminh dans le Huyen de Maï Ling. Puis les compagnies agissent séparément ; la 10e dans le secteur d'Hoa Binh, la 12e dans le sous-secteur de Haïdong.

Quant au bataillon de Choc, dès son retour au Tonkin en avril, il est engagé dans les habituelles opérations de nettoyage de secteur : la 1re compagnie à Gia Lam, les 2e et 3e compagnies dans l'opération « Saint-Georges ». Puis, du 4 au 11 mai, le Choc et le III/1er RCP participent ensemble à l'opération « Sontay ». En sept jours, au milieu des rizières inondées, ils parcourent 130 km, détruisant de nombreux stocks de vivres à Phuong Do, Sen Chien, Phu Nhi, Muong Phu et Ai Mo.

Le 25 mai 1948, commence la dernière opération de la DBMP en tant qu'unité constituée. C'est « Terminus ». Aux ordres du colonel Sauvagnac, trois sous-groupements — le 1er « Choc » et le III/1er RCP constituant l'ossature de deux d'entre eux — partent de Ke Sat, Hanoï et Nam Dinh. Ils convergent vers An Thi, dans le secteur de Hung Yen. Sous une pluie battante, au milieu des diguettes truffées de mines et des villages transformés en bastions, les hommes s'avancent, harcelés par les Viets qui profitent de chaque coupure pour engager le combat et disparaître dès que l'affaire tourne à leur désavantage. Pendant six jours, au prix de combats incessants qui nous coûtent 4 tués et 6 blessés brancardés dans des conditions incroyables, le 44e régiment viet est décimé. Alors qu'il répétait aux populations qu'il allait nous interdire l'accès de la région, il a perdu 128 hommes dénombrés sur le terrain, sans compter ceux qui ont subi les tirs de l'aviation ou de l'artillerie. A ce bilan, s'ajoutent 2 000 litres d'huile, 14 tonnes de sel, 85 mines, 5 000 cartouches, 500 kilos de cuivre et 4 voitures légères.

Avant de raconter les derniers jours de la demi-brigade de marche parachutiste, il faut revenir légèrement en arrière sur un autre secteur qui, pendant trois ans, sera le théâtre de très âpres combats et deviendra le lieu de l'ultime sacrifice ; c'est la frontière de Chine avec Cao Bang et la RC4, qui constitue son cordon ombilical. Le I/1er RCP du commandant de Vismes opère du 12 janvier au 15 juin 1948 dans le secteur de Cao Bang et participe au nettoyage de la vallée de Kim Ma, aux combats de Phu Tang, Na Giang Pho et Soc Giang. Il intervient également lors des embuscades sur les convois les 28 février, 7 et 16 avril. Le bataillon se dépense sans compter dans cette jungle inextricable aux reliefs chaotiques. Il rentre à Hanoï harassé mais fier de la tâche accomplie. La réorganisation des bataillons s'impose. Les plus anciens vont rentrer en France.

Dans le même esprit, et en prévision des départs qui s'annoncent, il est décidé que les régiments de Légion mettront sur pied une unité parachutiste par appel de volontaires. Ainsi, le 1er avril 1948, à Hanoï, au sein du 3e REI, prend naissance une compagnie parachutiste sous les ordres du lieutenant Morin. Dès le 17, elle comprend 83 brevetés. Engagée rapidement dans les opérations de secteur, elle acquiert une certaine cohésion. Le 16 mai, elle s'illustre pour la première fois à Gia Loc, où elle met une centaine de rebelles hors de combat. Le 9 juin, elle prend la relève du I/1er RCP à Cao Bang et reste en zone frontière jusqu'au 26 novembre. Elle participe le 10 juillet à l'opération « Michel » vers Phu Hoa et Ta Lung et, en septembre, aux activités du secteur de Ban Cao et Nganson. Enfin, début novembre 1948, elle saute dans la cuvette de Nuoc Haï et, le 15, aux environs de Loc Binh, avant de rejoindre Hanoï.

Le 23 juin 1948, le III/1er RCP quitte Hanoï pour s'embarquer à Haïphong sur le *Pasteur.* Le 1er « Choc » et le I/1er RCP font l'échange d'une centaine d'hommes entre les plus jeunes et les plus anciens pour maintenir au Tonkin la présence d'un bataillon parachutiste cohérent en attendant la relève qui doit intervenir à la fin de l'année. L'état-major de la DBMP, qui doit également être rapatrié dans le courant du mois d'août en même temps que le 1er Choc, est relevé par appel au volontariat de tous les cadres qui acceptent de prolonger leur séjour. Pour les deux bataillons, le rythme offensif reprend. L'opération « Les Sablons » les conduit jusqu'au 2 juillet dans la région d'Hoa Binh, sur la rive est de la rivière Noire. Ce sera ensuite le secteur de Hai Duong – Na Cham et la RC4 pour le 1er « Choc », qui embarque finalement le 6 septembre à Haïphong. La DBMP n'est plus. Elle laisse 208 des siens sur la terre indochinoise.

Au moment de la saison sèche, le commandement envisage de nouvelles opérations importantes. Il s'agit de démanteler le dispositif et le potentiel du Vietminh avant que, dans la zone frontière, la liaison entre les forces communistes chinoises et celles de Giap ne soit réalisée. Avec « Pingouin », le I/1er RCP, qui vient de se reformer sous le commandement du capitaine Bastouil, va avoir l'occasion de porter un premier coup important à l'adversaire. En effet, des renseignements sûrs font apparaître que des délégations vietminh de toute l'Indochine doivent se réunir pour des manifestations polico-militaires entre le 17 et le 23 septembre 1948. Le général Koch, commandant les TFIN, décide de monter une action combinée.

Le 20 septembre, la 1re compagnie et la CB1 sont parachutées à proximité de la pagode au sud du village de Hoang Xa. A 7 h 30, la première vague se présente par erreur dans l'ordre inverse. Malgré un largage trop long qui dissémine les hommes de part et d'autre du canal, les objectifs sont rapidement atteints. La fouille du village a commencé depuis une heure lorsque la 4e compagnie saute à son tour. Il est 8 h 45. Moins d'une heure après, Van Dinh est fouillée par la 4e, puis Ngo Xa. A 16 h, au moment de leur jonction avec la colonne

Communal, les 283 parachutistes ont récupéré un butin exceptionnel : un émetteur-radio, un groupe électrogène, deux dépôts d'habillement, 2000 litres de carburant, vingt sampans, une imprimerie complète et des documents. Mais, au cours de la nuit, la riposte viet survient. La 4e compagnie subit une attaque. Le lendemain, pendant le décrochage, les Viets réagissent par de nombreuses escarmouches. A Quang Nguyen, le sous-lieutenant Lauret est tué. La 1re compagnie doit s'emparer de vive force, avec l'appui de l'artillerie, de Xa Cau. Le bataillon se regroupe en fin de journée à Binh Da. On apprendra, quelques jours plus tard, par un bulletin de renseignements, que cette affaire à coûté aux Viets 400 tués et blessés.

A peine un mois plus tard, les Viets tentent de disloquer notre système de postes entre Hai Duong et Dinh Lap. Deux postes sont attaqués et perdus ; la nuit suivante, trois autres doivent être abandonnés sans que le commandant du secteur ait pu déterminer l'axe de repli des Viets. Dès le 14 octobre, la 4e compagnie du I/1er RCP est parachutée en renfort à An Chau, qui subit une forte pression. Heureusement, l'état-major d'Hanoï, bien renseigné, décide de ne pas émietter les parachutistes sur les postes. Dès le surlendemain, il riposte en engageant l'opération « Valentin ». Celle-ci a pour but de surprendre les Viets sur leurs bases de concentration et de regroupement à Mai Suu et Ho Seu. Utilisant une DZ principale et deux secondaires au contact direct des zones visées, le capitaine Bastouil, avec les compagnies François et Roger, s'empare de ses objectifs, malgré une résistance ennemie assez vive. Les sections Séraphin et Corentin assurent des bouchons au nord et au sud pour prévenir toute surprise.

A Ho Seu, la 8e compagnie du II/1er RCP qui a débarqué à Haïphong quinze jours plus tôt, s'empare elle aussi de ses objectifs. Tandis que la fouille se poursuit toute la journée, les sous-groupements partis au lever du jour de An Chau (4e compagnie du I/1er RCP), de Ben Tam (2e compagnie du II/1er RCP) et Cam Ly convergent vers Mai Suu et Ho Seu. Du 18 au 21 octobre, toutes forces réunies, les deux bataillons parachutistes rayonnent vers Dam Tri et Doi Son et parachèvent le résultat déjà fructueux du bilan initial : 1 canon de 37, 1 mortier de 50, 51 fusils, 14 pistolets et 4 tonnes de munitions, ainsi que 110 Viets tués dénombrés et 30 prisonniers.

Il faut également mentionner de petites opérations très particulières, quelquefois menées par les paras et qui, en tout cas, représentent les dettes d'honneur des parachutistes vis-à-vis de ceux qui les transportent et les appuient. Il s'agit des opérations « Air Rescue », montées pour secourir des aviateurs tombés en zone viet. Le 24 octobre, le lieutenant de Thézy, de l'escadron du II/1er RCP, saute à Dong Du à l'ouest des Sept Pagodes avec deux sticks pour essayer de secourir le pilote d'un Spitfire qui s'est écrasé dans la rizière, en pleine zone viet. Malheureusement, cette fois, les 30 hommes du lieutenant ne retrouveront que le cadavre du pilote qui a été poignardé. Ils ne peuvent qu'achever la destruction de l'avion et de son armement avant de rejoindre la colonne de secours dans l'après-midi. Les officiers et les sous-officiers du peloton seront reçus à la popote du groupe où les chasseurs leur témoigneront leur reconnaissance d'avoir ramené le corps de leur camarade de combat, en dépit des ordres qui prévoyaient que le pilote fût brûlé avec son appareil. Dans d'autres circonstances et en d'autres lieux, les parachutistes auront souvent la chance de sauver le pilote.

* * *

Au mois d'octobre de cette année 1948, les renforts arrivent : le groupement léger aéroporté du chef d'escadron du Breil de Pontbriand (chef d'état-major du GLAP : commandant Mollat) ; le II/1er RCP, qui débarque à Haïphong le 2 octobre 1948 ; les 1er BEP et 3e BCCP, qui sont attendus en novembre. Le commandant des TFIN peut envisager la réalisation d'opérations de plus grande envergure. Selon les directives du général Blaizot, le général Koch prépare une campagne en trois phases : d'abord, ouvrir les communications terrestres et fluviales entre le delta et le pays Thaï, afin d'aérer la capitale enserrée par les guérilleros viets ; ensuite, occuper la vallée du fleuve Rouge et nettoyer les abords du réduit de Tuyen Bac-Lang ; enfin, investir le réduit vietminh.

L'échelonnement sur plusieurs mois de l'arrivée des divers renforts et la nécessité de leur dispenser un complément d'instruction retarde le début de la campagne. Ce n'est qu'en novembre 1948 qu'est déclenchée l'opération « Ondine ». Comme lors de « Papillon » en 1947, il s'agit de rétablir la liaison permanente entre Hanoï et le secteur Nord-Ouest et, par voie de conséquence, de couper les lignes de communications viets à hauteur de Hoa Binh. L'opération doit également permettre l'occupation de la zone qui s'étend de Viet Tri, au confluent des trois rivières (fleuve Rouge, rivière Noire, rivière Claire) jusqu'à la RC6 reliant Hanoï à Hoa Binh par le sud. Le colonel Gonnet coiffe l'ensemble des quatre groupements qui vont opérer en étroite liaison, face aux quatre régiments réguliers et aux unités de guérilla constituées dans chaque village.

L'opération débute le 7 novembre 1948 avec le parachutage des trois sous-groupements du GLAP aux ordres du commandant de Pontbriand. A 7 h 30, le sous-groupement « Anjou » (état-major, section du génie, antenne chirurgicale du GLAP, deux compagnies du I/1er RCP renforcées d'armes lourdes) saute en bordure de Viet Tri. Les parachutistes s'emparent très rapidement de la localité : les Viets pensent plutôt à fuir qu'à faire face à cette attaque. Simultanément, le sous-groupement « Bretagne » composé d'une compagnie du

II/1er RCP est parachuté à proximité de Bo Sao sur la seule zone sèche de la région et s'empare, lui aussi, de son objectif sans grande réaction de l'ennemi. Deux heures plus tard, c'est au tour du sous-groupement « Corse », constitué d'une compagnie du II/1er RCP et de la section para Muong, de se faire larguer sur Chien Duong, où la surprise joue car la zone n'avait pas été comprise dans le plan d'évacuation préparé de longue date par les Viets.

Le groupement aérien tactique Nord a parfaitement couvert l'opération avec seize Spitfire, le 3e GAOA sur Morane 500, douze SBD et trois Catalina, ainsi que vingt JU 52 du « Béarn » et six Dakota de l' « Anjou ». Les Viets se replient, les villages sont déserts. Le contact entre les groupements est aisément assuré. Le I/1er RCP constitue un groupement de réserve qui ne sera finalement employé qu'à des tâches de protection.

Le groupement terrestre du colonel Communal et la « Dinassau » ayant fait leur jonction avec le groupement aéroporté, celui-ci peut entreprendre la deuxième partie de sa mission dans l'opération « Ondine ». Tandis que « Corse » rejoint le 10e Tabors à Trung Ha et nettoie la boucle de Chien Duong, « Bretagne » rejoint Viet Tri et « Anjou » occupe Minh Nong le 9 novembre, après un sérieux accrochage qui coûte à la 7e compagnie 1 tué et 4 blessés. Puis la 6e compagnie embarque sur les bâtiments de la marine pour en assurer la protection lors de la remontée sur Hoa Binh. Malheureusement, les ordres prescrivent aux parachutistes de rester en contact direct avec les marins et ils ne peuvent accrocher les Viets et les contraindre au combat. De ce fait, ils sont soumis à des harcèlements continuels et meurtriers.

Le 14 novembre, c'est le combat de Long Phu et Xom Dan ; le 18, Dong Long et, dans la nuit, La Phu ; le 20, l'attaque du cantonnement à Ap Da Chong. Le lendemain, c'est le retour vers Hanoï avec la « Dinassau » et la fin d'une opération qui a atteint ses buts tout en permettant l'implantation de postes sur l'ensemble de la zone. Elle a coûté aux éléments du GLAP 5 tués et 27 blessés, mais a permis la mise hors de combat de 383 Viets, la destruction de trois dépôts d'obus et d'explosifs, et la récupération d'une trentaine d'armes. Après avoir été engagés face à la brigade « Doc Lap », les 753 parachutistes peuvent être fiers : la première grande opération aéroportée du GLAP, avec des unités reconstituées ou nouvellement arrivées de France, est considérée comme un succès.

Pourtant, chez l'ennemi, elle n'est sûrement pas ressentie comme une défaite. On lâche sans trop de chagrin le terrain convoité par les Français. Mais on pense déjà aux futures embuscades et à l'écrasement des postes aventurés.

Pendant que se déroulait cette opération, le 12 novembre 1948, le 1er bataillon étranger de parachutistes a débarqué à Haïphong. Pendant six ans, sans interruption, il va s'illustrer au Tonkin. Jusqu'au mois de mars 1949, ses compagnies agissent séparément : la 1re compagnie dans le secteur de Hai Duong ; la 2e est détachée à Lang Son et relève les paras étrangers du lieutenant Morin ; la 3e compagnie et la compagnie de commandement se retrouvent à Xuan Maï au débouché de la RC6 sur le Delta, et c'est au cours d'un des premiers ratissages du bataillon que le sous-lieutenant Chabot trouve la mort à Yen Trinh.

Du fait de leur dispersion et de leurs missions territoriales, les compagnies du 1er BEP ne participeront pas à « Pégase », deuxième grande opération aéro-terrestre destinée à démanteler au maximum le potentiel militaire de l'adversaire : ateliers, fabriques, stocks et dépôts de toute nature que le Vietminh a constitués sur la face sud-ouest du delta, dans les calcaires du Day, où sont établis cinq régiments et un commando de 300 hommes.

Deux groupements vont agir. Le groupement Nord, aux ordres du commandant de Pontbriand, comprend le II/1er RCP prévu pour sauter à Duc Khé, le 3e BTA, une section d'artillerie de 3,7 pouces, une section du génie, une section muletière et une antenne chirurgicale. Le groupement Sud, aux ordres du capitaine de frégate Ponchardier, est composé du I/1er RCP et de la « Dinassau ». Le but est de détruire simultanément, avec le maximum de moyens, l'infrastructure rebelle en zone Nord (Duc Khé, Kha Phuong, Huong Tich) et en zone Sud (Tra Laî, Tra Chau). Puis, selon les circonstances, l'action se portera sur les zones de Chiné, Dam La, Decoc et Thuong Quat. La surprise initiale sera assurée par les éléments parachutistes répartis dans chaque groupement.

Le 7 décembre 1948, jour J, le temps est très mauvais. Cependant, à midi, une éclaircie permet de larguer en deux vagues au sud-est de Tra Chau, le I/1er RCP du capitaine Bastouil. La réaction des Viets est faible. En quatre heures, les parachutistes remplissent toutes leurs missions ; bilan : 3 fabriques détruites, 1 PC anéanti, 20 rebelles tués, 50 prisonniers. En revanche, c'est vainement que les avions qui emportent les 6e et 8e compagnies du II/1er RCP du commandant Mollat cherchent dans la crasse les deux zones de saut qui encadrent Duc Khé. Le 8, après une nouvelle et vaine tentative, le colonel Gonnet se décide à acheminer les parachutistes par voie terrestre. Les Viets vont largement profiter de ce répit malencontreux qui bouleverse les plans initiaux et supprime tout effet de surprise.

Le groupement Pontbriand rejoint Xuan Maï le 9 décembre dans l'après-midi, puis continue vers Vinh Loc et Doï Ha, non sans accrocher sérieusement par trois fois le 11 et de nouveau le 12. Le crachin empêche tout appui aérien. Les Viets, qui se sont repliés au début de l'engagement, se réorganisent, raidissent leur défense aux abords des grottes où sont stockés leurs approvisionnements. En deux jours, le groupement perd 6 tués et 9 blessés.

Le 13 décembre 1948, les parachutistes effectuent leur jonction avec le groupement terrestre ; de là, jusqu'au 14 janvier 1949, ils vont « grenouiller » à travers toute la zone. Parfois, ils tombent sur une résistance importante, comme les 26 et 28 décembre à Van Phuc et Van Thon-Tha Thon, le 1er janvier à Dam Do, le 5 devant Cho Ben et Yen Lit, et le 12, dans la nuit, lors du franchissement du Day.

Le groupement Ponchardier et le sous-groupement Bastouil, eux aussi, devront soutenir une série de combats plus ou moins meurtriers ; le 9 décembre devant Trung Khu (45 Viets tués), le 13 à Ké So. Le 15, la 1re compagnie est accueillie devant Quyen Son par un violent tir ; le 25, c'est un engagement à Trang Yen ; le 4 janvier, à Ba Cua Than, la 1re compagnie doit prendre le village d'assaut. Le 6, ce sera Yen Ve et le 11, Che Phong avec la 3e compagnie. Le 13, les parachutistes rentrent à Nam Dinh. Le bilan est lourd pour nous, avec 51 tués et 162 blessés, mais il l'est encore plus pour les Viets qui ont perdu 781 tués laissés sur le terrain, 135 prisonniers et un important matériel (5 mitrailleuses, 17 FM, 82 fusils, 32 bazookas, 44 lance-grenades, 83 mortiers, 1300 kg de pièces d'armement, 93 tonnes de munitions, 1400 tonnes de sel, 900 tonnes de paddy, 150 jonques et sampans).

Ce bilan aurait été plus favorable si le nombre des appareils de transport et les conditions météo avaient permis le largage simultané de l'ensemble des parachutistes. L'impossibilité de sauter en même temps sur Tra Chau et Duc Khé a limité l'effet de surprise. Une fois de plus, le succès attendu n'a pu être obtenu. Une fois de plus, le manque de moyens aériens a empêché le commandement d'atteindre les buts qu'il s'était fixés.

Cependant, le général Blaizot veut profiter du répit que lui laisse la présence, d'ailleurs de plus en plus vacillante, des nationalistes chinois sur la frontière. Conscient du poids que la victoire inéluctable de Mao Tsé Toung va faire peser sur notre dispositif du Nord, il veut remanier avant la fin de 1949, l'implantation de nos forces du Tonkin. Il s'agit essentiellement de les regrouper sur le delta et sur les points forts qui le bordent. Cela permettra l'aménagement de bases offensives, à Thaï Nguyen, Phu To et, plus tard, à Yen Bay, à partir desquelles des attaques pourraient être lancées contre le « réduit national ». En contrepartie, le commandant en chef prévoit l'évacuation de Bac Kan, puis de Cao Bang qui étirent dangereusement nos communications sans nous apporter d'avantages substantiels. Il faudrait également renforcer la liaison entre nos forces du Tonkin et du pays Thaï – Laos. Il serait alors possible d'isoler les unes des autres les zones occupées par l'ennemi et de les priver de leurs approvisionnements en vivres, armes et munitions.

Le 7 janvier 1949, la section parachutiste Muong est parachutée sur Hao Binh. Les 19 et 20, c'est le GC2 du 3e BCCP, sous le commandement du capitaine Bigeard, qui saute sur Yen Chau, dans le secteur de Son La. Il y restera jusqu'en juillet. Les 12 et 16 avril, un commando du 3e BCCP et la section Muong sont parachutés sur Lao Kay. Le 19, c'est au tour d'un détachement du GC3 et de la 3e CIP d'être largués sur Hoang Su Phi. En mai, une section du 1er BEP saute également sur Ngoi Gion, dans la région de Nghia Lo. Six jours plus tard, le 27, la section para Muong se retrouve à nouveau engagée à Vu Ban, dans la région d'Hoa Binh. Elle le sera encore le 12 juillet à Xom Gho Thi, et à Naha le 27.

La saison chaude n'amène guère de répit ; cette région connaîtra vers la fin de l'année l'intervention de plus en plus fréquente des parachutistes, avec des effectifs de plus en plus importants. Nous ne tenons pas véritablement la zone réoccupée en novembre 1948. Il faut sans cesse y intervenir pour maintenir la situation. C'est ainsi que les 26 et 27 novembre, deux compagnies du 1er BEP et la section para Muong sautent sur Hoa Binh. Le 16 décembre, Sam Neua est renforcée par la 1re compagnie parachutiste laotienne. Sept jours plus tard, le GC1 du 5e BCCP entame l'opération « Espoir » dans cette même région, qu'il parcourt sans répit jusqu'en mars. Sam Neua, Sop Hao, Muong Hat, Houel Hang, Houei Sat, Muong Van marquent ainsi quelques étapes de cette guerre de course dans une jungle souvent inextricable, qui verra la mort du lieutenant Alexandre, de l'adjudant Chaix et l'évacuation, après sa blessure, du capitaine Picherit.

Dans le delta, l'année 1949 commence avec l'opération « Parasols ». Elle a lieu le 30 janvier et permet à la 1re compagnie du II/1er RCP de donner de l'air au secteur de Bac Ninh. Le 15 février, c'est l'opération « Diane », lancée sur l'initiative du général Alessandri. Elle doit permettre une implantation définitive, dans la région située entre la rivière Noire et le fleuve Rouge. Malheureusement, le haut-commissaire Pignon intervient directement et limite l'ampleur de l'opération, aussi bien sur l'emploi des forces que sur les effectifs engagés. Le résultat, bien que positif, n'atteindra pas le but que le commandement s'était fixé.

Pour les parachutistes du II/1er RCP, diminué d'une compagnie placée en réserve aéroportée, l'opération commence bien. La première vague de 12 JU se présente, ce matin du 15 février, sur la cuvette de Thanh Son, le parachutage s'effectue normalement. Il n'y a pas de réaction viet, à part quelques tirs d'armes lourdes sur les avions des autres vagues. Le village de Hoang Trung est rapidement contrôlé. Le lendemain, le nettoyage de la région est entrepris. Hong Hoa, Lang Khoï, Ta Le, Vu Saï, La Pho, Tho Lu, Tuc Huyen sont fouillés par les parachutistes conjointement avec les troupes terrestres. Le 24, le bataillon rentre à Hanoï, où il se tient prêt à intervenir dans une deuxième phase.

Le 3 mars, le bataillon et la compagnie para du 3e REI, que commande le lieutenant Morin, n'ayant pu être parachutés en raison de la météo, parviennent en camion sur le terrain. Le soir même, un violent combat les oppose aux Viets, à Cha Nue. Bousculés par un assaut bien mené, les rebelles s'enfuient en laissant 30 tués. Pendant sept jours encore, les parachutistes vont nettoyer la région de Yen Tap, Duc My et Bong Lang avant de rejoindre Hanoï. Leur action n'a cependant pas permis de mener à bien l'implantation de tous les postes prévus.

Le 29 avril, une nouvelle action de démantèlement des dépôts et forces viets est entreprise dans la région de Phu Doan et Tuyen Quang. C'est l'opération « Pomone I » qui met en jeu trois groupements terrestres et un groupement parachutiste à deux compagnies du 1er BEP, plus une compagnie du II/1er RCP. Les groupements terrestres bouclent la zone comprise entre le fleuve Rouge, la rivière Claire et Phu Lo où 562 hommes sont parachutés en deux vagues. Dès leur arrivée au sol, devant l'absence de réaction ennemie, les légionnaires du capitaine Segrétain aménagent immédiatement un terrain de Morane qui permet d'évacuer les dix accidentés au saut. Puis, jusqu'au 2 mai, ils fouillent la région sans trouver trace des rebelles. Ceux-ci ont évacué la zone depuis deux jours et n'y ont laissé en souvenir que quelques mines meurtrières.

Du 7 au 31 mai, l'opération reprend dans une deuxième phase. Elle vise cette fois-ci plus spécialement Tuyen Quang. La mission du groupement parachutiste du commandant de Pontbriand consiste à organiser une base solide dans la cuvette de Phu Doan avant l'arrivée des groupements terrestres. Pour larguer les 618 hommes du GLAP, du 1er BEP et du II/1er RCP, il faut constituer deux rotations de deux vagues homogènes, une de Dakota et une de Junker. La mise à terre se déroule sans incident. Le soir même, la 1re compagnie et le PC du II/1er RCP occupent Phu Doan déserté, tandis que le PC du GLAP et le 1er BEP se regroupent à Ngoc Chuc. Le lendemain, jonction avec les colonnes terrestres. Un bond en avant dans la journée du 9 porte l'ensemble des forces à Lap Xuyen. Trois jours après, le BEP, marchant sur la trace des anciens, occupe Tuyen Quang. Jusqu'au 15, les parachutistes fouillent toute la région. Pendant leur retour sur Viet Tri, ils subissent une violente embuscade à Le My, le 25. Jusqu'au 28, en combattant pied à pied, ils forcent la résistance. Les pertes restent lourdes avec 19 tués et 100 blessés, malgré l'importance du butin récupéré et les pertes infligées aux Viets : 170 hommes hors de combat. Comme plusieurs autres opérations, « Pomone » préfigure déjà « Lorraine », qui sera montée en novembre 1952 sur le même objectif et avec la même embuscade sur le chemin du retour.

Toujours dans le cadre de l'amélioration de nos positions du delta, deux opérations, cette fois, sont montées dans le delta lui-même. La première, « Canigou », vise à occuper définitivement la région de Vinh Yen et de Puc-Phuc Yen. Le 18 août 1949, le 5e BCCP et le 1er BEP bousculent les forces viets implantées dans la région. Puis les parachutistes rentrent sur Hanoï, en laissant le soin aux colonnes terrestres d'achever une mission qui a beaucoup éprouvé les bataillons. Quant à la seconde, « Anthracite », elle marque un changement dans l'attitude des évêques catholiques du sud du delta. Longtemps attentistes dans leurs positions vis-à-vis du Vietminh, ils se tournent vers les Français. Il faut dire que dans le Buichu et le Phat Diem, les pouvoirs spirituels et temporels se confondent et les évêques, quoique nationalistes, voient d'un mauvais œil l'emprise des commissaires politiques d'Ho Chi Minh s'étendre sur leurs ouailles. Aussi, est-ce à leur appel discret que sont engagés les paras du groupement Mollat, la 3ᵉ CIP, des éléments de la 5ᵉ CIP et de la 8ᵉ compagnie du II/1ᵉʳ RCP, ainsi que la section Muong. Ils sautent le 16 octobre sur Phat Diem. Le capitaine Vy, commandant de la CIP, reçoit un accueil enthousiaste des milices catholiques. Le 19, le capitaine Broizat, à la tête des 331 hommes du II/1ᵉʳ RCP vient à son tour renforcer le dispositif à Nam Dinh. Finalement, jusqu'au 18 janvier 1950, leur action politico-militaire va permettre un ralliement complet des populations ainsi qu'une organisation plus rationnelle de la défense régionale.

Sur la zone frontière, les prévisions d'évacuation faites par le général Blaizot ne sont pas confirmées par son successeur, le général Carpentier. Ce dernier décide d'y surseoir, quelques jours après son arrivée en septembre 1949, malgré les opérations de plus en plus délicates qui nous sont imposées pour ravitailler certains postes de la RC4. Ainsi, lorsque le convoi du 15 octobre de Lang Son à Cao Bang est prévu, le commandement décide d'en assurer la protection éloignée dans la région de Lung Vat, à 35 km au nord-ouest de Lang Son, par la mise à terre du 1ᵉʳ BEP. Le 14, les avions de l'opération « Thérèse » emmènent les légionnaires parachutistes du commandant Segrétain vers leur objectif. Du 14 au 23 octobre, date de son retour à Lang Son, le 1ᵉʳ BEP va parcourir des paysages chaotiques, où une année plus tard, il essaiera de sauver les débris de la colonne Lepage et de permettre à la colonne Charton de percer vers That Khé. Aucun des trois n'échappera au naufrage.

Ainsi, en septembre 1949, nous dominons encore l'ennemi sur le terrain, mais nous n'avons déjà plus l'initiative. Partout, nous courons au feu avec un temps de retard. Un chef clairvoyant laisse la place à un successeur sans expérience d'une forme de guerre nouvelle. Chez l'ennemi, le même chef demeure, apprend à connaître son adversaire, à en deviner les faiblesses, à améliorer son outil. Il est patient, obstiné, il sait où il veut aller. Il est fatal qu'à la longue celui-ci l'emporte sur celui-là.

VI

LA BATAILLE DU PAYS THAÏ

décembre 1949 — juin 1950

Dans la nuit du 12 décembre 1949, trois bataillons réguliers vietminh, appuyés par les mortiers de 81 et de 120, lancent sans succès six assauts successifs contre le poste de Pho Lu, au cœur de ce pays Thaï que la stratégie viet vise depuis 1948. Après ce premier échec, le Vietminh renouvelle son attaque le 8 février 1950, cette fois avec cinq bataillons et trois canons de 75. C'est l'assaut classique, en rangs serrés, drapeaux en tête, précédé par un déluge d'obus. Les défenseurs tiennent. L'aviation les appuie et parachute des munitions. Le 11 février, le groupe de commandos n° 1 du 3ᵉ BCCP saute à Lang Yen, à 20 km au sud, pour essayer de dégager Pho Lu. Le 13, le poste tombe. Les parachutistes n'ont pu l'atteindre. Le capitaine Dubois, commandant le GC, a été tué. Les Toucan sont revenus criblés de balles, les Kingcobra du groupe « Vendée » ont été impuissants à juguler la DCA viet. Le GC1, dont le lieutenant Thalmann a pris le commandement, rejoint finalement Lao Kay le 16 après une marche épuisante de 32 kilomètres. Il y retrouve le PC, le GC3 et les armes lourdes du bataillon qui viennent d'y être aérotransportées.

Le 23 février, c'est au tour de Nghia Do d'être assailli. Nghia Do est un petit village situé à 80 km au sud-est de Lao Kay, sur le fleuve Rouge, dans un décor sauvage, fait d'épaisses forêts et de vallées profondes. Parfois, une clairière : c'est là que quelques centaines de Thaïs se sont fixés. Pour les protéger des attaques, l'état-major y a installé un poste. La garnison, aux ordres du lieutenant Velléat, est composée de 25 Européens, dont trois officiers encadrant une compagnie autochtone, la 5ᵉ compagnie du bataillon Thaï n° 2, et une cinquantaine de partisans. Jusqu'en 1949, le poste se trouvait relié à Lao Kay et couvert au sud, à l'est et à l'ouest par une série d'autres postes. Mais le Vietminh a resserré son emprise et se rapproche de Nghia Do. Le poste de Pho Lu, qui assurait la liaison avec Lao Kay, est tombé.

La garnison de Nghia Do sait que l'attaque viet est proche. Les patrouilles ne s'aventurent plus dans la forêt qui fourmille de petits hommes en noir creusant des tranchées et construisant des lignes téléphoniques. Les Viets se rapprochent tous les jours un peu plus. D'après les rapports, ils disposent là de quatre bataillons d'infanterie et d'un bataillon d'artillerie. Le 23 février, au matin, alors qu'ils ne sont plus qu'à 300 mètres du poste, ils déclenchent l'attaque. Immédiatement, Nghia Do est en difficulté. Le seul canon de 3,7 pouces dont dispose la garnison riposte ; mais trois obus de 75, qu'il reçoit de plein fouet, le réduisent à néant. Le poste, construit en bois, commence à brûler. Les pans du mur d'enceinte s'écroulent. La garnison se rend compte qu'elle ne tiendra pas longtemps dans ces conditions. Réfugiés dans les tranchées, sous les réseaux de barbelés, les hommes repoussent le premier assaut. Les Viets reculent, laissant leurs armes lourdes reprendre le tir. Leurs canons, deux de 75 mm et un de 65 mm, sont en batterie à environ 600 mètres du poste, sur les mamelons boisés au nord et à l'est. Au milieu de l'après-midi, un nouvel assaut est repoussé par la garnison. Mais les réguliers sont parvenus à prendre pied dans les abris que les villageois ont creusés près des barbelés. A la nuit, le poste tient toujours mais il continue à brûler. Dans les rizières, les Viets profitent de l'obscurité pour ramasser leurs morts.

Par radio, le lieutenant Velléat a demandé de l'aide à Lao Kay. Mais le poste est à quatre jours de marche dans la forêt, au milieu des Viets arrivés de Chine et du Tonkin. Seule une opération aéroportée peut sauver le poste ou ce qu'il en reste. Lorsque la journée du 24 février se lève sur Nghia Do, le spectacle est désolant. Le poste est entièrement détruit. Dans les tranchées, les hommes sont isolés depuis vingt-quatre heures. La radio ne fonctionne plus.

A Hanoï, l'état-major hésite sur la conduite à tenir. Un avion de reconnaissance est envoyé sur Nghia Do. Le plafond, trop bas, empêche le pilote de percer. Il retourne sur Lao Kay sans savoir si les assiégés tiennent encore. A 10 h, les Viets relancent l'action avec l'appui de leurs canons et repartent à l'assaut. De nouveau, ils sont repoussés à hauteur des barbelés. A la même heure, à Hanoï, le commandement se décide à mettre les parachutistes en alerte. Il y a pourtant plus de trois ans que le commandement manie les opérations aéroportées ; il semble n'avoir pas encore assimilé la technique de ce nouvel outil. On verra que, malheureusement, cette carence va se perpétuer par-delà tous les avatars.

Alors qu'une opération doit normalement se préparer en plusieurs heures, sinon plusieurs jours, l'état-major prévient le chef de bataillon Romain-Desfossés deux heures seulement avant le départ. Le commandant, en plus de son 5e BCCP, est renforcé à cette occasion par le GC2 du 3e BCCP. Il dispose d'une heure pour *briefer* ses hommes. Ceux-ci, rentrés d'opération cinq jours plus tôt, sont dispersés dans Hanoï et l'armement a été envoyé en réparation, ainsi que l'habillement. Peu à peu, les parachutistes sont rassemblés. Le commandant Romain-Desfossés sait qu'il doit dégager le poste de Nghia Do en difficulté mais le point où le bataillon doit sauter n'est pas déterminé. Un nouvel avion de reconnaissance est parti. Il revient bredouille, le plafond étant toujours aussi bas. A midi, l'opération est repoussée jusqu'à 14 heures. Pendant ce temps, le *briefing* se déroule « sous les ailes », au terrain d'embarquement de Bach Mai. A 14 h, aucune décision n'est encore prise. On attend le retour d'un nouvel avion de reconnaissance. Les parachutistes finissent par embarquer, les officiers étant toujours réunis pour décider des zones de saut.

Le commandant Romain-Desfossés connaît bien le poste de Nghia Do et sa région. Il estime qu'il y a deux solutions : ou bien le poste tient encore, et alors il faut sauter dans les rizières, à l'est et au sud du poste afin de prendre l'ennemi à revers ; ou bien le poste a été pris et, s'il y a des survivants ils se sont repliés sur Pa Kha, à 50 km au nord ; il faut alors sauter sur ce village pour les rejoindre. Enfin, à 14 h 30, la radio de l'avion de reconnaissance fait savoir que le plafond s'est un peu levé et que le poste a été aperçu. Il est entièrement détruit. On peut voir les panneaux « demandes de vivres et de munitions » mais il ne reste aucun signe de vie. Enfin, toutes les crêtes environnantes sont tenues par les Viets. Le commandant prend sa décision : le saut se fera sur le terrain de Morane de Nghia Do, c'est-à-dire pratiquement sur le poste même. Il embarque dans l'avion leader et demande quelques instants pour donner ses ordres aux chefs de stick. Les aviateurs refusent car le temps presse et il faut sauter avant la nuit. Romain-Desfossés aperçoit alors le capitaine Nguyen Van Vy, commandant de la 3e CIP du 3e BCCP, qui ne participe pas à l'action mais qui est venu le saluer avant son départ. Il le charge de donner ses ordres en courant d'avion en avion et en portant son message à chaque chef de stick : abandonner les parachutes dès l'arrivée au sol puis attaquer immédiatement les crêtes qui se trouvent sur le côté opposé de la rivière bordant le terrain de Morane. Le décollage peut enfin s'effectuer. Il se fera par trois avions, tous les quarts d'heure, avec un largage en deux passages dans l'ordre suivant : GC1, PC du bataillon, GC2, puis GC3 du 3e BCCP.

A 15 h, les trois premiers avions décollent. Le temps est toujours mauvais, les nuages sont abondants. Les pilotes ne peuvent se repérer que lors de rares éclaircies. Bientôt, les avions cessent de voler en formation. Plusieurs se perdent. Dans l'avion leader, retentit le signal d'accrocher. Les parachutistes se préparent à sauter. Soudain, Romain-Desfossés se rend compte que le JU52 se trouve au-dessus du poste de Pa Kha et non sur celui de Nghia Do. Il n'a que le temps de suspendre le saut du PC du bataillon et de prévenir le pilote. Finalement, les avions parviennent au-dessus de la DZ mais dans un ordre totalement différent de celui qui était prévu. Il est 16 h 10. Les assiégés du poste voient descendre les premiers parachutes. Le largage se poursuit pendant deux heures encore. Les pilotes lâchent les parachutistes comme ils peuvent, en profitant des trouées. Au début du parachutage, deux avions de chasse sont parvenus à percer les nuages et à mitrailler les Viets. Ceux-ci se reprennent et tirent sur les appareils et sur les parachutistes. Sept avions sont atteints. A 18 h, le parachutage est terminé. 38 hommes ont été largués hors de la DZ, dans des arbres ou dans la rivière proche.

Au sol, les parachutistes se rendent rapidement maîtres du terrain. Les Viets sont pris entre deux feux car la garnison est sortie pour contre-attaquer. Lorsque la nuit tombe, les Viets ont reculé mais n'ont pas décroché. Ils laissent près de 300 hommes sur le terrain. Dans le poste, le médecin-lieutenant Mirtin et l' « assistante sociale » Geneviève Grall donnent les premiers soins aux blessés. Il reste un tiers de survivants, complètement épuisés. Ils sont même incapables de répondre aux questions des parachutistes, ce qui empêchera la prise des canons ennemis. Les Viets auront le temps de retirer leurs pièces lourdes.

Le lendemain, les Viets attaquent de nouveau, cette fois-ci depuis l'autre côté de la rivière. Les groupes des lieutenants Leroy (GC2 du 3e BCCP) et Florentin (GC3 du 5e BCCP) la traversent sous le feu et parviennent à les repousser dans la forêt. Au fusil à lunette, à 150 m, le lieutenant Leroy abat les servants de deux mitrailleuses mais il ne peut pas atteindre les pièces que les Viets récupèrent. Entre-temps, la chasse est intervenue et, à 16 h, l'ennemi décroche. Tout le terrain est contrôlé par nos troupes. Il est même possible d'évacuer deux blessés par Morane : les pilotes de ces avions légers n'hésitent pas à prendre des risques considérables pour secourir les hommes ou rapatrier le matériel. Ainsi, dix jours plus tard, un pilote réussira à évacuer le canon de 105 du poste, endommagé par les Viets, alors que son poids excède largement la charge autorisée. Le poste étant dégagé, les parachutistes vont s'employer à nettoyer les environs. Dans le même temps, ils préparent l'évacuation définitive de Nghia Do. Le 10 mars, la colonne se met en route pour Pa Kha. Il lui faudra deux jours pour couvrir les 50 km.

Jusqu'au 4 mars, le 5e BCCP a « grenouillé » dans la région avant de rejoindre Hanoï. Quant au 3e BCCP, il est regroupé aux environs de Pa Kha à partir du 11. Le 27, il accroche violemment à Cocly, perdant 1 mort et 6 blessés contre 20 Vietminhs tués. Le bataillon demeure dans cette région jusqu'au 19 avril, puis il entame son mouvement à pied en direction de Lao Kay qu'il atteint le 24. Aérotransporté à partir du 24, il trouve à Hanoï un repos bien gagné.

Le 4 avril 1950, Geneviève Grall reçoit la médaille militaire. Le texte de sa citation illustre bien le travail remarquable accompli par les infirmières parachutistes tout au long de la guerre d'Indochine :

« Assistante sociale, infirmière d'un cran et d'un dynamisme hors pair. Parachutée le 27 janvier 1950 sur Muong Het (secteur de Sam Neua – Laos) avec un détachement du service de santé du GLAP, s'est dépensée sans compter auprès des blessés d'un groupe de commandos durement éprouvé quelques heures auparavant, leur apportant le réconfort de sa présence et remplaçant auprès du médecin un infirmier blessé.

« Parachutée à nouveau le 24 février 1950 avec un bataillon de marche de commandos coloniaux parachutistes sur les positions rebelles encerclant au plus près le poste de Nghia Do (secteur de Lao Kay-Tonkin), attaqué sans relâche depuis deux jours et aux trois quarts détruit, a fait l'admiration de tous par son sang-froid et son calme, en se portant au secours des blessés sur une DZ infestée de Vietminhs et balayée par les feux adverses.

« Au cours des jours suivants, a continué à donner les preuves de son courage et de son exemplaire abnégation. »

Le 27 juin, le 5e BCCP embarque à Haïphong en vue de son rapatriement sur la métropole. Le bataillon a largement contribué à arrêter l'offensive vietminh sur le pays Thaï. Tout au moins c'est ainsi qu'on feint de voir les choses. En fait, Pho Lu est resté aux mains de l'ennemi, Nghia Do également. Giap mettra encore deux ans pour nous chasser des pays Thaïs et obtenir ainsi la liberté de mouvement autour du delta pour ses divisions.

Car la création effective des grandes unités d'infanterie vietminh qui vont devenir les adversaires privilégiés des parachutistes de l'Union française commence dès la fin de 1949, autrement dit quand l'arrivée des troupes de Mao Tsé-toung à la frontière sino-vietnamienne garantit l'aide matérielle chinoise. Le plan initial prévoit l'équipement de six divisions, ou *Dai Doan*. Le gros du matériel commence à affluer dès le premier trimestre de 1950. Toutefois les six *Dai Doan* ne seront pas complètement équipées ou réarmées avant janvier 1952.

Jusqu'à août 1949, les unités régulières, dispersées dans tout le Tonkin, avaient une mission régionale. Elles étaient chargées de la protection des provinces où elles étaient implantées et qu'elles ne quittaient pratiquement pas. Chaque territoire était divisé en trois zones de guerre ayant tout pouvoir sur les unités régulières. Celles-ci, aux effectifs très variables, portaient le nom de *Trung Doan* (régiment) et étaient constituées théoriquement sur le type ternaire, à trois *Tieu Doan* (bataillons), de trois *Daï Doï* (compagnies). Bien souvent, il n'y avait qu'un ou deux bataillons.

En 1949, l'armée régulière vietminh comprend environ 75 000 hommes. Le régiment comporte un état-major, deux à trois bataillons de marche (*Chu Luc*) et cinq à six compagnies indépendantes de garde du territoire. L'armement est disparate : 5 à 10 mitrailleuses, 20 à 25 FM, 9 mortiers et 1 000 armes individuelles par régiment. Seuls, les bataillons *Chu Luc* ont un armement homogène. D'une façon générale, le problème des munitions est particulièrement ardu.

Une exception : la *Dai Doan* 308, créée dès le 6 juin 1948 avec trois régiments d'infanterie complets, un quatrième incomplet, un bataillon de transport et un de DCA. Soit au total 22 000 hommes placés en réserve générale, qui gravitent autour de la RC4 et de la frontière chinoise.

En 1950, le corps de bataille vietminh s'aligne sur le type des unités communistes chinoises. Le régiment comporte toujours trois bataillons, mais il a reçu un bataillon lourd avec mitrailleuses lourdes LRAC, mortiers de 120 et deux canons de 75. Le bataillon comprend trois compagnies de fusiliers voltigeurs à trois armes automatiques, six à 10 FM et un à deux mortiers de petit calibre. La division 304 est créée le 9 février 1950 ; la 312 suivra en octobre et la 320 en novembre.

C'est sur la RC4 que ce corps de bataille va faire ses véritables premières armes.

3e BCCP

VII

LE DÉSASTRE DE LA RC4

mai-octobre 1950

De Cao Bang à Moncay, la Route Coloniale n° 4 suit la frontière sino-vietnamienne sur plus de 300 km. Piste empierrée toute en virages, elle suit d'abord sur 90 km le littoral du golfe du Tonkin, de Moncay à Tien Yen. Le second tronçon va de Tien Yen à Langson. La route passe par des vallées profondes et des collines peu boisées, sauf vers Dinh Lap et le col des Bambous. Des postes importants jalonnent l'axe routier.

Au-delà de Langson commence la partie la plus difficile, celle où ont lieu la plupart des attaques. La piste court dans des massifs de grès et de calcaire de 800 mètres, surplombant des vallées très encaissées. Après s'être approchée à sept cents mètres de la frontière chinoise, elle rejoint par le col des Ananas la cuvette lacustre de That Khé (les Sept Rivières), entourée de collines boisées réputées impénétrables. Puis, c'est la seconde cuvette, celle de Dong Khé, encadrée par deux défilés étroits et boisés. Enfin, à 12 551 km de Paris, c'est Cao Bang : un peu le bout du monde. Sur toute la RC4, cinquante-deux postes ont été implantés, dont quarante-quatre entre le col des Bambous et Cao Bang[1].

Depuis l'arrivée des communistes chinois, les services de renseignements français ont quelque peine à suivre l'évolution des unités viets dans la région. En novembre 1949, les effectifs sont estimés à environ 10 000 hommes placés sous l'autorité de la 1re interzone de guerre, à cheval sur la frontière. La brigade 308, issue du régiment 28, serait sur la RC4, de Langson à That Ké.

Le ravitaillement de Cao Bang à partir de Langson absorbe à l'époque toute l'activité des garnisons françaises, composées de deux bataillons de tirailleurs algériens, de deux bataillons marocains et de deux bataillons du 21e RIC. Pour libérer les tabors, qui opèrent le long de l'axe routier, le ravitaillement par les airs de Cao Bang et de

1. Sur l'épopée de la RC4 et de la RC3 (Phu Tang Hoa) voir aussi *De Narvik à Kolwezi* du même auteur. Albin Michel édit.

Dong Khé est décidé. Dès lors, les postes de Cao Bang et Dong Khé n'ont plus aucune utilité. Sauf aux alentours immédiats des postes, nous n'avons aucun véritable contact avec la population, d'ailleurs toute acquise au Vietminh. Les postes eux-mêmes ne gênent qu'assez peu les mouvements des unités adverses. Le ravitaillement des postes implique donc des risques et des pertes pour un rendement nul. Le 10 novembre, une section de parachutage est créée à Langson pour remplacer les trois compagnies de transport routier opérant avec cent dix véhicules militaires et soixante-dix civils. Chaque mois, 300 tonnes sont ainsi acheminées vers le nord par parachutage. De plus, deux sections de parachutistes Thos, recrutées dans les tribus locales, sont installées près du terrain de Langson.

Le 25 mai 1950, le poste de Dong Khé est attaqué brutalement. Précédant la mousson, au moment où la météo se détériore et gêne les activités des aviations d'appui et de transport, quatre bataillons réguliers et régionaux vietminh se lancent à l'assaut de la garnison. Celle-ci est composée de deux compagnies du 8ᵉ RTM et d'une compagnie de supplétifs, appuyées par trois canons de 105 et deux de 57. L'assaillant dispose de canons et de mortiers.

Le plafond trop bas interdit tout appui aérien. Le 26, profitant d'une accalmie, les chasseurs Kingcobra survolent le poste. Ils sont accueillis par une DCA très dense. Neuf appareils touchés doivent se poser en catastrophe à Langson. A Hanoï, le 3ᵉ BCCP du chef d'escadrons Decorse, mis en alerte à midi, se tient prêt à sauter au secours de Dong Khé. A 18 h, l'alerte est levée : le mauvais temps ne permet aucun largage. Pendant la nuit du 26 au 27, submergé par l'assaut viet, le poste tombe.

A 5 h 30, le bataillon, regroupé pour la première fois depuis son arrivée en Extrême-Orient, est remis en alerte. Sa mission demeure : sauter sur le poste, le réoccuper et le tenir jusqu'à l'arrivée des renforts venus de That Khé par voie terrestre. D'après des renseignements antérieurs à la chute du poste, les parachutistes savent que l'ennemi possède au moins quatre canons ; deux ont été repérés au nord et au sud-ouest du poste. Ils n'ont aucune idée des effectifs rebelles, les évaluant à peu près à quatre *Tieu Doan* de 1 500 hommes. Au début de la matinée du 27, un pilote de chasse qui rentre de mission signale que le poste, détruit, est aux mains des Viets. Le temps est toujours douteux. L'alerte est levée à 8 h 30 puis rétablie une demi-heure plus tard. A 15 h, les hommes sont toujours près des avions à Bach Mai. Les officiers sont au *briefing*.

Le saut est prévu vers 17 h. Un premier détachement de deux groupes de commandos doit s'emparer de la citadelle et du piton qui la domine à 100 mètres au nord. Le second groupement, avec l'autre GC et la CIP, est chargé d'occuper les hauteurs qui commandent à l'ouest et au sud les accès de la cuvette où se trouve le poste. Le PC et les armes lourdes s'installeront dans celui-ci. Les avions doivent effectuer

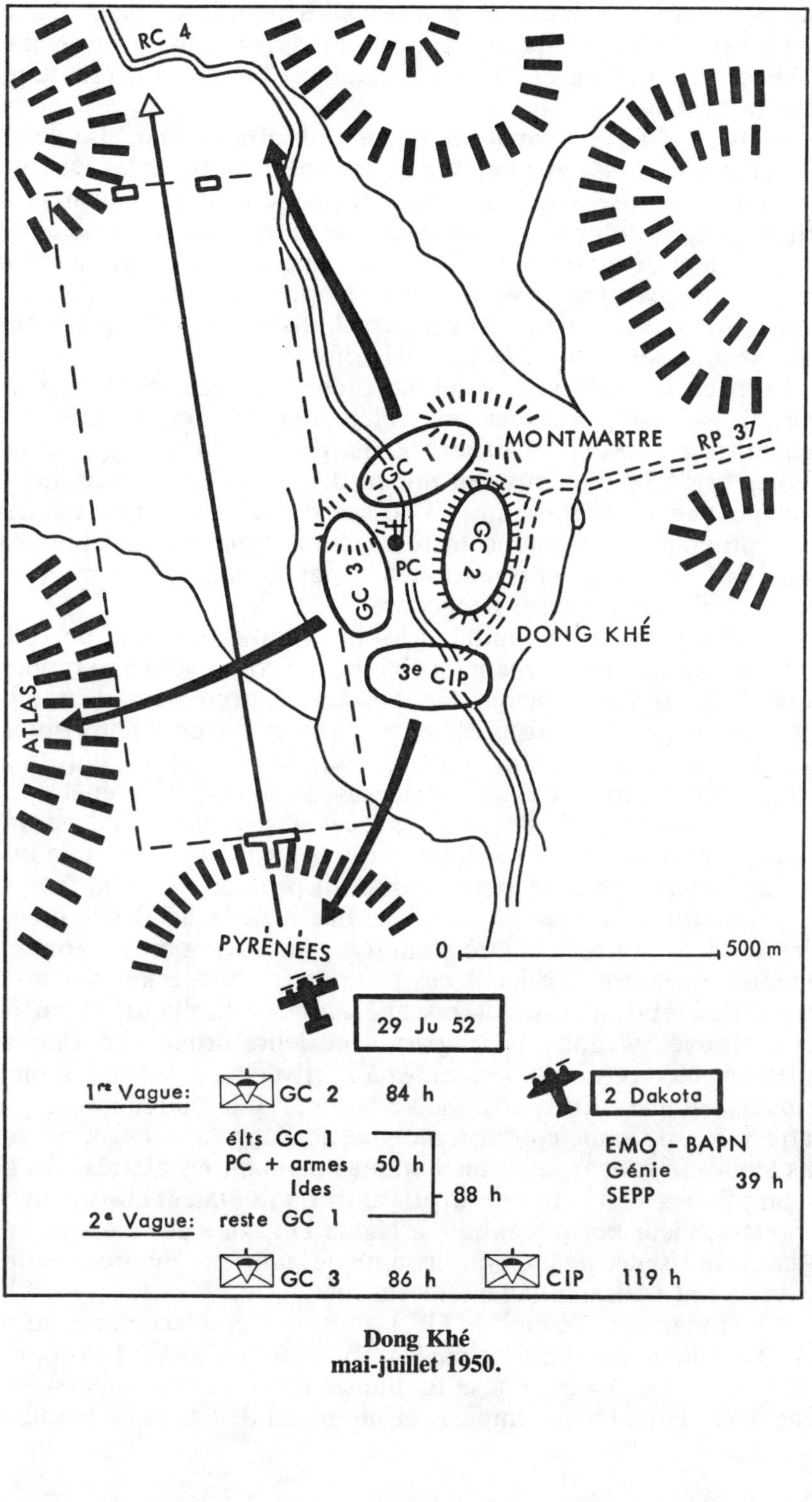

Dong Khé
mai-juillet 1950.

le largage successivement et à intervalles réguliers. Deux Dakota, transportant les éléments de l'état-major opérationnel fournis par le GLAP et aux ordres du chef de bataillon Grall, se présentent en queue du flot aérien.

A 16 h 30, la formation décolle de Bach Mai. Le largage commence à 17 h 45. Au lieu d'être groupés, les JU et les Dakota se présentent en trois vagues. La première bénéficie de la surprise. Les Viets ne réagissent pas. Les parachutistes se regroupent sur le poste et entreprennent de le nettoyer. Un véritable combat au corps à corps se déroule dans les ruines. Vingt minutes après le saut, la citadelle est reprise. Au même moment, les parachutistes du CG1 prennent le piton « Montmartre » après un bref combat.

Lorsque la deuxième vague se présente, décalée de cinq à dix minutes, elle est prise sous un violent feu anti-aérien. Les pilotes larguent trop à l'est entre 400 et 800 mètres, sur un terrain couvert de paillotes et de boqueteaux, au milieu des Viets en train de fuir. La troisième vague se présente au-dessus du poste un quart d'heure après, provoquant la même forte réaction ennemie. La moitié des avions de transport rentrent touchés par la DCA, malgré l'appui rapproché de vingt-quatre Kingcobra.

Le groupement du capitaine Mollo, tombé trop loin de la DZ, doit faire face immédiatement aux Viets, qui continuent à se replier en tiraillant. Mais les parachutistes perdent énormément de temps à récupérer les gaines éparpillées et ne peuvent occuper leurs objectifs avant la nuit. Seul, un élément de la 3e CIP du capitaine Nguyen Van Vy réussit à s'emparer d'un blockhaus du massif « Pyrénées ». Le GC3 est alors chargé de défendre la face ouest du poste et d'assurer la sûreté des ramasseurs de parachutes qui travaillent jusqu'à minuit. Le reste de la CIP s'installe pour la nuit en protection sur la face sud.

Au cours de la soirée, on fait le bilan. Dans les décombres, les cadavres viets ne peuvent être comptés. Mais un important armement individuel et surtout collectif est récupéré : dans le lot, il y a deux canons, trois mitrailleuses. 70 rescapés, gradés, tirailleurs et partisans sont retrouvés vivants, la plupart avec leurs armes. Le saut s'est finalement bien passé : 8 accidentés à l'arrivée au sol, 1 tué, 2 blessés par balles, et un seul disparu. Mais 5 hommes n'ont pu sauter. Il y a eu quatre refus de saut, ce qui témoigne de l'état de tension nerveuse dans lequel se sont trouvés les hommes pendant les alertes. Au bout du compte, les Viets ont été surpris alors qu'ils étaient encore en train de ramasser leur butin. Comme à Nghia Do, l'audace a été payante, malgré la puissance de feu grandissante des unités régulières vietminh. 300 Viets ont vraisemblablement été tués.

Le lendemain, 28 mai, le GC3 quitte ses emplacements au petit jour et occupe sans opposition les objectifs désignés. Les journées suivantes sont consacrées à la fouille du terrain et au ramassage des parachutes. Pendant ce temps, le groupement de tabors du lieutenant-colonel Lepage est retardé dans sa progression par les réguliers viets. Ce n'est que le 30 mai que la jonction est faite avec le 10e Tabors parti de That Khé.

Les deux tabors du groupement (8e et 10e), renforcés par le BCCP, nettoient la région apparemment devenue calme. Le dispositif est reconstitué et un convoi de ravitaillement, le premier depuis novembre 1949, est envoyé sur Cao Bang par la RC4 le 4 juin. Le même jour, l'état-major opérationnel quitte Dong Khé par Morane. Le 10, le bataillon au complet est regroupé à Langson.

Le 11 juin dans la matinée, le 3e BCCP reçoit l'ordre de se tenir prêt au déplacement sur Cao Bang, le personnel devant être parachuté, le matériel posé sur le terrain, dès la mise en place des avions de transport à Langson. Le 12, à 17 h, le bataillon est entièrement regroupé à Cao Bang. Il entre dans un groupement opérationnel aux ordres du commandant Grall. Ce groupement comprend le III/3e REI, la section parachutiste Tho, des éléments de la garnison de Cao Bang (8e RTM et partisans). Le GLAP fournit le PC, la section du génie et un détachement de la SEPP.

Le 18, le groupement effectue un raid à l'ouest de la ville, qui tombe dans le vide. Le 24, débute l'opération « Albatros » dont l'objectif est la destruction des installations vietminh à l'intérieur du massif calcaire de Ke Chang. La base de départ est atteinte après une marche de nuit très difficile. Le débouché du 3e est appuyé par neuf JU 52 et huit Kingcobra. Le GC2 en tête, renforcé par la section Tho et le génie, avance pour s'emparer du village qui verrouille la vallée de Ban Nua. Il est pris à partie par de nombreuses armes automatiques installées dans les calcaires. L'artillerie ne peut tirer dans les angles morts, la chasse n'est plus en l'air, les mortiers du bataillon sont inefficaces dans les rochers. Le GC2 reçoit l'ordre de se replier.

L'attaque est reprise le lendemain après une forte préparation de l'aviation, sans résultat. Le bataillon se casse les dents sur une position naturellement fortifiée. Les appuis, tirs directs et fortes concentrations d'artillerie, manquent, les voltigeurs manquent également. Le bataillon est à effectif réduit (les GC sortent à 70 hommes) mais il continue à emporter la totalité de son armement collectif, ses munitions, les matériels radio et d'infirmier correspondant au double de l'effectif réellement sur le terrain. Les 70 coolies emmenés ne suffisent pas à la tâche. Il en faudra 16 pour seulement brancarder un officier mort et un blessé. Les hommes encore valides sont lourdement chargés et se fatiguent rapidement. Les rations mal adaptées et la chaleur ajoutent à l'épuisement. Apparemment, l'intendance est en retard d'une guerre.

Les 1er et 2 juillet, le groupement effectue une nouvelle opération au nord-ouest de Cao Bang cette fois, en direction d'An Lai. Le bataillon couvre à l'est la progression de la Légion chargée de détruire les installations rebelles. La progression est très difficile. Le mauvais temps, le terrain calcaire et la crue des rivières facilitent la tâche de l'adversaire qui bloque parachutistes et légionnaires. Deux armes automatiques, bien installées, ne peuvent être neutralisées ni par l'aviation ni par l'artillerie. Dépité, le groupement rejoint Cao Bang le 3 juillet dans la nuit.

Les 5 et 6 juillet, le 3e BCCP est reconduit en avion sur sa base arrière d'Hanoï. Il ne semble pas que ces échecs aient soulevé beaucoup de commentaires. On ne retient que la magnifique reprise de Dong Khé. Pourtant on a eu là la préfiguration des échecs de l'artillerie d'Hoa Binh contre les canons viets enterrés, et celle des canons de Dien Bien Phu.

Sur le reste de l'Indochine la routine continue, tout aussi meurtrière. Les parachutistes sont engagés par compagnies, pour renforcer ou dégager une garnison encerclée, protéger une ACP ou des éléments de reconnaissance, récupérer un pilote ayant sauté en parachute, participer à un bouclage. Mais cette année-là, c'est sur la frontière de Chine que va se jouer la bataille décisive.

Le 1er septembre 1950, des concentrations d'unités d'élite armées en Chine indiquent que les forces du Vietminh s'apprêtent à attaquer les postes jalonnant la RC4 au nord de Langson. L'état-major français pense alors que les états-majors rebelles ne sont pas en mesure, par inexpérience tactique et logistique, de mener une telle opération sans l'assistance de conseillers chinois. Quel bel argument, vraiment ! Car qui ou quoi interdit aux VM d'utiliser des conseillers chinois ? Et pourquoi pas des unités chinoises, comme en Corée ? En tout cas, il juge improbable une offensive vietminh avant le 15 octobre. Le repli des garnisons isolées au-delà de Langson, qui n'avait pas encore été réalisé pour des raisons humanitaires et de prestige vis-à-vis des populations restées fidèles, est donc confirmé pour le début du mois d'octobre. Or le Vietminh se propose justement de conquérir ce que les Français ont décidé d'évacuer. Mais il ouvre la campagne dès la mi-septembre, sans attendre que la totalité de ses forces soit mise sur pied.

Le 16 septembre, six bataillons, dont un d'artillerie, des régiments indépendants 165 et 174 se lancent à l'assaut de Dong Khé. L'attaque est exécutée dans le cadre d'une action d'ensemble mettant en jeu quinze bataillons dont deux sont chargés de couvrir la RC4 au nord.

Après deux jours et deux nuits de combat, la citadelle de Dong Khé est prise, malgré la résistance désespérée des 300 légionnaires de la garnison. Le groupement mobile Lepage basé à Langson se regroupe à That Khé sans avoir rien pu faire pour aider le poste sacrifié. Les concentrations viets lui sont même passées inaperçues Sur une quarantaine de kilomètres, à l'est et au nord de Dong Khé, quatorze bataillons, dont trois d'artillerie, sont massés. Ils se tiennent prêts soit à poursuivre l'attaque du dispositif français, soit à réagir contre une réaction offensive de nos troupes.

Le 18 septembre, le général Carpentier, commandant en chef depuis septembre 1949, se rend à Langson pour décider des modalités d'évacuation de Cao Bang par That Khé, au lieu de Bac Kan et Thai Nguyen comme cela était précédemment envisagé. Dans les jours qui suivent, la garnison de Cao Bang est renforcée par le 3e Tabors. Du 16 au 18, le poste de That Khé est renforcé par les deux sections paras Tho et Nung, puis par la 1re compagnie du 1er BEP, enfin par le reste du bataillon.

Le 3e BCCP opère alors au Laos. Depuis le 4 août, le GC3 et un commando du 7e BCCP ont été parachutés sur Sam Teu pour aider à la construction d'un nouveau poste. Ils ont été suivis le 1er septembre, à Sam Neua, par le reste du bataillon Thaï no 3. Le 19 septembre, le 7e BCCP participe à l'opération « Grégoire » dans le Thai Binh avec l'EM du GLAP pour y faire ses premières armes. Quant au 10e BCCP, il vient à peine de s'installer à Hanoï.

Le 2e BEP est remonté sur le Tonkin, par fractions successives, en renforcement du GLAP dont le lieutenant-colonel de Rocquigny va prendre le commandement le jour de la Saint-Michel. Le 23, deux compagnies, aux ordres du capitaine Dussert, sont parachutées à 35 km au nord-ouest de Lao Kay afin de porter secours au III/4e RTM qui se replie de Pa Kha vers cette ville.

Ce jour-là, le 1er BEP effectue un raid sur Poma, à 10 km de Dong Khé. Il réussit à récupérer des renseignements importants sur les intentions du Vietminh et notamment à capturer des prisonniers. Au retour, les parachutistes échappent de peu à une embuscade. Ils sentent les Viets partout. Mais Langson ne tient aucun compte des informations recueillies qui révèlent notamment la présence de deux gros bataillons d'artillerie prenant position sur la RC4 même. Jupiter rend aveugles ceux qu'il veut perdre. Les renseignements recueillis grâce aux écoutes radio confirment que Giap met en place d'énormes effectifs. Ni Langson, ni Hanoï, ni Saigon n'y ajouteront foi.

A Cao Bang, le lieutenant-colonel Charton, qui commande la garnison, ne sait pas encore que l'évacuation a déjà été décidée. Il l'apprend le 24, de la bouche même du général Alessandri, commandant au Tonkin. Le déclenchement de l'opération est précédé par une offensive lancée dans le delta à partir du 29 septembre. Six bataillons participent à l'opération de diversion « Phoque », dont le 7e BCCP qui saute le 1er octobre à Thai Nguyen avec le PC du GLAP et la 3e CIP. L'occupation de la ville doit attirer les forces du Vietminh vers le sud et soulager le secteur de la frontière. Mais la diversion reste sans effet comme plus tard restera sans effet la diversion Atlante, au moment de Dien Bien Phu — à part le fait qu'Atlante constituera, objectivement, une défaite plus grave que Dien Bien Phu soi-même.

D'ailleurs, comment Vo Nguyen Giap se laisserait-il tromper, puisqu'il a en main le rapport Revers préconisant l'évacuation de Cao Bang et des postes de la RC4 jusqu'à Langson et que, d'autre part, il sait que Paris l'a adopté et ordonné son exécution ?

A Cao Bang, isolée de That Khé par 70 km de route difficile, le lieutenant-colonel Charton s'apprête à quitter la ville le 3 octobre, avec 2000 hommes du III/3e REI, du 3e Tabors et d'un gros bataillon de montagnards supplétifs. La colonne est alourdie par 500 civils et les véhicules que le lieutenant-colonel légionnaire compte utiliser sur une longueur maximum de 20 km, ce qui n'a rien d'exagéré.

A sa rencontre, doit venir le groupement « Bayard » rassemblé à That Khé et formé autour de trois bataillons marocains du groupe mobile Lepage, renforcés du 1er BEP aux ordres du chef de bataillon Segrétain, qui remplace le tabor aérotransporté à Cao Bang. Le 1er octobre, quand la colonne Lepage se met en route vers le nord, le commandement vietminh décide de jeter contre elle, pour défendre le passage de Dong Khé, les onze bataillons d'infanterie et les trois d'artillerie dont il dispose dans la région.

A That Khé, le chef de bataillon Segrétain et son adjoint, le capitaine Jeanpierre, ne sont informés de l'opération « Tiznit » que dans l'après-midi du 30 septembre. Le colonel Lepage les prévient lui-même de leur mission : conquérir Dong Khé le 2 au matin, assurer les communications entre That Khé et Dong Khé, et enfin exécuter une « opération non définie » vers le Nord. Les officiers du 1er BEP se rendent immédiatement compte du caractère déraisonnable de la mission. Ils savent par les renseignements recueillis que d'innombrables Viets se pressent tout le long de la RC4. Le colonel Lepage ne l'ignore pas mais il doit obéir. A cet instant, il n'en est encore qu'aux suppositions et il pense que le but final est de rejoindre la garnison de Cao Bang. En réalité, le commandement dont le plan d'évacuation semblait acceptable lorsque nous tenions Dong Khé, n'a rien changé à ses ordres lorsque Dong Khé est tombé. Il n'a rien changé quand il a appris la présence fourmillante des Viets le long de l'itinéraire. Il n'a tenu aucun compte de l'avis des exécutants.

A l'aube du 1er octobre, le 1er BEP quitte That Khé. Le lieutenant Faulques progresse en tête du BEP qui ferme la marche de la colonne Lepage. Jusqu'au poste de Na Pa, aucun incident n'est à signaler. Mais, un peu partout, on aperçoit des traces fraîches. Les Viets ne sont pas loin. La progression s'effectue avec mille précautions de part et d'autre de la route, un élément de recueil sur celle-ci. Le soir, la colonne arrive à 2 km de Dong Khé.

Faulques, d'accord avec Jeanpierre, tente avec sa section d'enlever le poste par surprise. Mais les Viets veillent. Le coup d'audace de Faulques échoue.

A la même heure, le colonel Charton reçoit l'ordre d'évacuer Cao Bang le lendemain, 2 octobre, à minuit. Il doit ensuite suivre la RC4, vers That Khé, à la rencontre de la colonne Lepage. Les détestables conditions atmosphériques vont empêcher toute aide de l'aviation et laisser la colonne, encombrée de civils, livrée à elle-même. Charton, furieux, commence à détruire le poste de Cao Bang et se prépare à prendre la route. Il ignore les difficultés que Lepage rencontre déjà.

Lorsque le soleil se lève, le 2 octobre, le 1er BEP se prépare à reconquérir Dong Khé. Mais le colonel Lepage hésite. Finalement, il croit préférable de contourner Dong Khé, à la fois par l'est et l'ouest. En fin de journée, deux canons sont largués sur la DZ de Na Pa. Les avions signalent la présence de colonnes viets qui progressent vers la RC4. Le colonel Lepage reçoit un message d'Hanoï qui lui apprend, enfin officiellement, que le but de l'opération « Tiznit » est d'effectuer la liaison avec la colonne Charton qui quitte Cao Bang le soir même. Pourquoi le lui avoir caché jusque-là ? On ne traite pas avec tant de désinvolture des chefs de ce grade.

Voilà vingt-quatre heures que le BEP se trouve près de Dong Khé. La colonne commence à piétiner. C'est le début d'une nuit de cauchemar. Une partie de la colonne Lepage, le 11e Tabors, bivouaque sur le Na Kéo, position élevée à 6 km au sud-est de Dong Khé, qui commande la RC4. Toute la nuit, les Viets tentent de l'enlever. Au matin, ils sont près de réussir. C'est alors que le colonel Lepage se décide à donner l'ordre au 1er BEP de contre-attaquer.

Le 1er BEP fait mouvement pour contourner Dong Khé par le plus mauvais côté, celui des calcaires. Le commandant Segrétain ordonne à la 2e compagnie du capitaine Bouyssou de faire demi-tour pour porter secours aux tabors. C'est le lieutenant Hochart et sa section qui foncent. Sous l'assaut des parachutistes, les Viets fuient en désordre, mais ceux qui occupent les calcaires interdisent de poursuivre le mouvement. De l'autre côté, sur la face nord de Na Kéo, un bataillon viet tente de couper le BEP en deux, en attaquant le peloton Faulques et une section de la 1re compagnie. Les légionnaires parachutistes résistent.

Devant la situation, le commandant de la colonne décide un regroupement du BEP sur le Na Kéo. De là, les parachutistes voient approcher les Viets. Ceux-ci mettent en place des mortiers et commencent à tirer sur les positions du BEP. Leur étreinte se resserre. A 17 h, le temps s'éclaircit. L'aviation en profite pour attaquer les positions viets. Un Junkers parvient à larguer quelques caisses de grenades et d'obus de mortier, qui ne serviront à rien : les bouchons allumeurs sont restés à Hanoï.

Dès la nuit tombée, les Viets se jettent à l'assaut du piton. Le commandant Segrétain demande l'autorisation de décrocher et reçoit un refus catégorique. Les Viets commencent à submerger le piton. Les parachutistes contre-attaquent, non sans mal, et les repoussent. Mais les pertes du BEP deviennent très sérieuses. Les munitions et les grenades doivent être récupérées sur les Viets tués devant la position. Enfin, le colonel Lepage donne l'ordre d'évacuer le piton. Les Viets sont très proches. Ils attaquent les deux derniers goums du 11e Tabors qui se replie sur la RC4. Le BEP tente alors de passer par une autre piste. La 2e compagnie est la dernière à quitter Dong Khé. Elle ne peut le faire qu'à l'aube du 4 octobre. Le bataillon ne compte plus que 400 hommes, épuisés, sans vivres et sans eau. Désormais, les Viets occupent sur la RC4 deux positions clés : Dong Khé et Na Kéo.

Au nord, le colonel Charton marche depuis plus de 24 h. En plus de la garnison de Cao Bang, il traîne toujours les civils de la ville, femmes, enfants, vieillards compris. Dans la journée du 4, il reçoit par Langson des nouvelles de la colonne Lepage. Il sait désormais que Dong Khé est toujours aux mains des Viets et que les Marocains et le 1er BEP ont été contraints de décrocher dans la jungle. Le colonel Charton doit donc éviter Dong Khé et passer par la piste de Quang Liet. Il faut faire vite. Les traînards seront abandonnés. Seuls les plus résistants auront une chance de s'en sortir.

C'est Hanoï qui a ordonné à Charton d'emprunter la piste de Quang Liet. Charton va perdre un temps précieux à la chercher. Même les partisans ignorent son existence. Les cartes d'Hanoï sont fausses — ou trop anciennes — les ordres d'Hanoï n'ont donc aucun sens.

Le 1er BEP essaie maintenant de rejoindre le groupement Bayard : la colonne Lepage s'est installée définitivement autour de Coc Xa, cuvette située à l'ouest de Dong Khé, sur le nouvel itinéraire emprunté par la colonne Charton. Dans la nuit du 4 au 5 octobre, Lepage et Charton entrent enfin en contact radio. Le groupement de Cao Bang devrait rejoindre à l'aube du 6 octobre. Cette même nuit, le BEP reçoit l'ordre de rallier immédiatement le gros de la colonne, dans la cuvette. Une dizaine de parachutistes se tuent en descendant des falaises. Le jour se lève lorsque le BEP retrouve enfin le colonel Lepage.

Depuis le 3 octobre, le Vietminh a réalisé l'ampleur de la manœuvre de dégagement de Cao Bang. Grâce à ses moyens radio importants, il déplace ses réserves en direction de la RC4. Le Régiment d'élite 175, au repos à Bac Kan, est rameuté sur Polien, à l'ouest de That Khé. Toutes les forces régionales de la province de Cao Bang sont lancées sur la colonne Charton afin de la retarder par des actions de harcèlement, en attendant l'arrivée du régiment 209 à cinq bataillons. Le 209 est chargé, le 5, d'intercepter la colonne et d'interdire toute jonction avec le groupement Bayard. Le lendemain, le régiment 88, en réserve à Polien, se dirige vers le nord, vers la cote 477, qui paraît être le point de jonction des deux colonnes. Contre nos 6000 hommes, le commandement vietminh engage des effectifs quatre fois supérieurs, correspondant à une trentaine de bataillons.

Toute la journée du 5 octobre, les hommes du groupement Bayard cherchent à situer l'ennemi. C'est impossible. Pourtant « il est là » : 20 à 30000 hommes sont en train d'enfermer le groupement dans la cuvette de Coc Xa. La colonne Charton n'est plus très loin, à quelque 5 km seulement. Elle a dû abandonner presque tous les civils et il lui reste 1 500 hommes : légionnaires, Marocains et partisans, ces derniers étonnamment efficaces. Le colonel Lepage entre de nouveau en contact avec elle dans l'après-midi du 6 octobre et prend la décision d'aller à sa rencontre. Il faut donc sortir de la cuvette. Le BEP est chargé de forcer le passage sur les flancs de la cote 477. L'ennemi est partout. C'est un tir ininterrompu de part et d'autre. Les Viets contre-attaquent sans cesse. Le BEP compte moins de 150 hommes valides, mais épuisés.

Le 7, au petit jour, les restes de la colonne Lepage décrochent vers l'ouest, alourdis par plus de 200 blessés. Les trois JU basés à Langson essaient de larguer à trois reprises du ravitaillement sur des éléments de la colonne. Le plafond trop bas et la DCA viet qui tire à bout portant les en empêchent. Les 130 survivants du BEP rejoignent enfin la colonne Charton. Le soir, le commandant Segrétain est blessé par une rafale d'arme automatique, le lieutenant-colonel Lepage est fait prisonnier. Charton essaie de mettre de l'ordre dans la cohue qui l'entoure. En vain. Alors, il part vers la RC4 et That Khé. Les partisans viennent de reconquérir une position essentielle. Mais Charton ne le sait pas. D'autres partisans, croyant atteindre un piton tenu par nos troupes, se font massacrer à bout portant. Des Marocains percent à travers les collines. Mais tous ces mouvements s'effectuent sans connaissance les uns des autres et ne peuvent donc se porter assistance. C'est une suite d'actes héroïques, une sanglante tragédie. Le commandant Segrétain, brancardé par les Viets, meurt à Dong Khé en murmurant : « Le BEP, le BEP... » Les régiments 36, 246, 209, 99 s'acharnent sur les survivants. Le capitaine Jeanpierre avec 2 officiers, 3 sous-officiers et 23 légionnaires réussit à rompre le cercle d'embuscade et atteint That Khé le 10 octobre, les armes à la main.

Devant l'évolution des combats, le général Alessandri fait à nouveau appel aux parachutistes pour tenter de sauver les restes des troupes encerclées. La moitié du 2ᵉ BEP qui est présente au Tonkin se trouve en cours d'aérotransport de Lao Kay vers Hanoï. Elle ne sera utilisable qu'à partir du 8 vers midi. Le 3ᵉ BCCP est rentré depuis trois jours du Laos. Rapatriable comme le 1ᵉʳ BEP, il est complètement épuisé par les récentes opérations autour de Sam Teu et Sam Neua. Compte tenu des malades et des inaptes opérationnels, ses effectifs sont réduits à deux petites compagnies commandées par le capitaine Cazaux. Le commandant du GLAP décide de mettre en alerte soit l'élément Cazaux, soit l'élément du 2ᵉ BEP. Dans les deux cas, une compagnie de Légion, constituée avec du personnel arrivé de Sidi-Bel-Abbès pour relever le personnel rapatriable du 1ᵉʳ BEP, doit compléter le bataillon.

Le 3ᵉ BCCP est mis en alerte dans la journée. Sa mission : tenir That Khé pendant que la garnison du poste partira à la rencontre des colonnes bloquées au nord. L'état-major alerte également la compagnie de marche du 1er BEP qui vient d'arriver d'Algérie et qui est commandée par le lieutenant Loth. Pour cette opération, le 3e BCCP sera commandé par le capitaine Cazaux qui dispose des unités suivantes : l'élément Loth ; le GC1 du capitaine de Braquilanges ; le GC3 du capitaine Mourier ; des éléments du GC2 détachés au GC1 avec les lieutenants Kermarrec et Rougier et au GC3 avec le lieutenant Chevret ; enfin, 21 hommes de la 3e CIP, le reste de la compagnie venant de participer à l'opération « Phoque » sur Thai Nguyen. En tout, 268 hommes dont la plupart ne reviendront pas.

Le 8 octobre, il fait mauvais. Les nuages accrochent les sommets. A 5 h du matin, les parachutistes perçoivent leurs parachutes. La plupart sont considérés comme réformés ; certaines voiles sont encore humides du dernier saut. Après un premier faux départ, le bataillon décide de fêter tout de même la Saint-Michel. Le lapin, les frites et le dessert sont « dégustés » sur le parking, dans les gamelles, en un effroyable mélange. En début d'après-midi, une éclaircie est annoncée qui devrait permettre aux avions de décoller. A 14 h 20, l'ordre de départ est donné. Les hommes ont du mal à s'équiper, le matériel est rouillé. Le plafond est bas.

La première vague est larguée sur That Khé à 16 h, la seconde suit à 18 h 30. Le saut cause 3 morts : une torche et deux ruptures de SOA qui ne pardonnent pas à aussi basse altitude. Sur place, les parachutistes trouvent une atmosphère fébrile. Hanoï et Langson communiquent un peu de leur désarroi à leurs subordonnés. Le PC du bataillon et ses deux petites compagnies occupent le piton « japonais » qui domine la RC4 au nord. La compagnie Loth est regroupée à That Khé même. Les hommes troquent vite le casque contre le chapeau de brousse moins lourd et moins encombrant.

A 19 h 30, le 3e reçoit l'ordre de se porter sur les hauteurs dominant le Pont Bascou, tenu par des éléments détachés de la garnison, et notamment les légionnaires qui ont tenté de tendre la main aux rescapés de la RC4. Le régiment vietminh 174 est alors en train d'accourir de Polien et occupe avec trois bataillons les hauteurs à l'ouest de la route. Son quatrième bataillon menace directement That Khé.

Le 9, vers 10 h, le bataillon entend des rafales, puis voit s'avancer une colonne amie d'environ 200 hommes. Mais les Viets bloquent sa progression. Le capitaine Cazaux décide alors d'envoyer le GC3 du capitaine Mourier lui prêter main-forte. La compagnie est prise à partie par les Viets et la chasse intervient. A 14 h, de nouveaux rescapés sont en vue. Le GC3 se déplace et reçoit le renfort d'une section du GC1. En début de soirée, le capitaine Mourier et ses hommes se replient sur le pont Bascou. Le 10 octobre, tout le bataillon décroche vers le sud, tandis qu'un pont aérien évacue les derniers rescapés des colonnes Charton et Lepage. Puis, dans la nuit du 10 au 11, le capitaine Cazaux reçoit l'ordre de partir le plus rapidement possible pour Na Cham. A minuit, l'arrière-garde de la garnison de That Khé quitte ses positions.

Les mouvements du 3e BCCP ont été retardés, d'une part par le manque d'ordres émanant du commandement de Langson qui s'obstine à diriger la manœuvre sur cartes, d'autre part par la lenteur des éléments ayant passé avant lui le pont Bascou.

Toute la journée du 11 octobre, le 3e BCCP est harcelé par l'ennemi. Le capitaine Cazaux demande par radio de l'aide et des munitions. Il n'obtient rien, sinon l'ordre d'abandonner les blessés et de marcher toujours plus vite sur Na Cham. Le bataillon se scinde en deux : le capitaine Cazaux et la compagnie Loth filent par l'est, tandis que les GC1 et 2 descendent par le sud-est. Les Viets continuent à attaquer. Des parachutistes tombent, de plus en plus nombreux. Le bataillon est alors averti que le commandement se propose de parachuter le 2e BEP aux abords de Déo Cat. Cette idée est abandonnée et le 3e reçoit l'ordre de revenir sur ses pas. Le 12, vers 21 h, sous une pluie battante, le capitaine Cazaux donne l'ordre de rejoindre la RC4 par le plus court chemin. Il pense être à deux heures de marche de Na Cham. Mais la progression devient encore plus difficile. Le 3e BCCP doit s'arrêter pour la nuit. Le lendemain, la marche reprend à 10 h. Peu après, un Morane parachute des cartes et un message annonçant que la garnison de Na Cham attend toujours les rescapés pour décrocher. Le poste est maintenant à 5 km. C'est alors que les Viets surgissent de nouveau et stoppent la progression.

Le capitaine Cazaux se rend parfaitement compte qu'il n'atteindra pas Na Cham avant son évacuation. Il donne ses ordres en conséquence : si le bataillon est tronçonné, il faudra détruire les armes lourdes et tenter d'atteindre Langson par la montagne, par groupes de 10 ou 12, en continuant la guérilla.

Vers 15 h, le GC1 du capitaine de Braquilanges est fortement attaqué et subit de nombreuses pertes. A 16 h, le bataillon est divisé en quatre éléments, chacun d'eux ayant regroupé des rescapés de la RC4 ou de la garnison de That Khé. Le détachement du capitaine de Braquilanges comprend le GC1 (moins le commando Rougier), le lieutenant Chevret et deux sticks du GC3. Le deuxième est celui du capitaine Mourier qui a sous ses ordres le 1er commando du GC3, 12 légionnaires du BEP, le lieutenant Planet et l'adjudant-chef Quéré du PC du bataillon. Le troisième est commandé par le capitaine Cazaux et comprend le PC du bataillon, le commando du lieutenant Rougier et le 2e commando du GC3. Enfin, il y a la compagnie Loth. A partir de 17 h, le 13 octobre, les quatre éléments sont complètement séparés.

Une demi-heure plus tard, Cazaux et ses hommes sont encerclés sur un piton. Ils réussissent à se dégager mais tombent de nouveau dans une embuscade sur une autre hauteur. Six hommes seulement parviendront à rejoindre des postes amis. Le capitaine Cazaux est fait prisonnier.

Le bataillon est définitivement anéanti. Avec d'autres officiers, Cazaux est emmené au camp de Quang Uyen près de Cao Bang. En décembre 1950, il s'évade en compagnie de quatre camarades. Le cinquième jour, dénoncé par des villageois, il est repris par les Viets. En juillet, il est épuisé par la dysenterie mais les Viets refusent de le soigner, sachant qu'il a incité les prisonniers à ne pas signer le manifeste du camp. Il continue à assurer les corvées, faisant jusqu'à 20 km par jour. En octobre 1951, après une année de calvaire moral et physique, le capitaine Cazaux succombe, préférant la mort au déshonneur.

Revenons au 13 octobre 1950 : le détachement de Braquilanges est également attaqué de toutes parts. Seuls le caporal-chef Briant (GC1), le caporal-chef Kergroach, les soldats Astruc et Forster (GC3) et le soldat Guenard (GC1) rejoindront Dong Dang le 17 à 22 h, une heure avant son évacuation.

Le sort du détachement du capitaine Mourier n'est pas plus enviable. Trois hommes, le capitaine Mourier, le lieutenant Bellamy et l'adjudant-chef Quéré, échapperont à la mort ou à la capture.

Sans vivres, sans munitions, exténués, les parachutistes coloniaux maintenus en arrière-garde disparaissent « dans une densité hallucinante de rebelles » qui tiennent chaque hauteur et chaque piste. Une quinzaine d'hommes seulement parviendront à rejoindre après avoir erré pendant quatre jours.

Deux bataillons ont sombré dans le naufrage de la RC4 où l'Armée française a perdu en trois semaines 8 bataillons (7 000 hommes), 13 canons, 450 véhicules, 120 mortiers, 3 pelotons blindés, 940 mitrailleuses, 1 200 fusils-mitrailleurs, 8 500 fusils ! De quoi armer une division vietminh de 15 000 hommes.

Le corps de bataille vietminh, galvanisé par sa victoire sur les meilleures troupes françaises, tabors, légionnaires, parachutistes, s'apprête à envahir le delta et à terminer la guerre du Tonkin. Pour ce qui est de la contre-offensive générale, Vo Nguyen Giap sait que son armée devra attendre dix mois au minimum, car certaines de ses divisions ne sont encore qu'embryonnaires.

1er BEP

VIII

LES TROIS VICTOIRES DU DELTA

décembre 1950-juillet 1951

Après le désastre de la RC4, un vent de panique souffle sur le Tonkin. Le colonel commandant la place de Langson, prenant prétexte de ce que, en haut lieu, on avait prévu l'éventualité de l'évacuation de cette ville et de la route jusqu'à Dinh Lap, et peut-être même jusqu'à la mer, ce colonel, sans avoir reçu d'ordre ferme à ce sujet et sans même que l'ennemi soit en vue, fait évacuer en catastrophe la ville et les positions militaires. On s'entasse dans des camions et, fouette cocher ! direction Tien Yen. Belle manœuvre, en vérité car, qui se trouve surpris, déjoué, frustré d'une victoire ? C'est Vo Nguyen Giap ! Il lui faut trois jours pour s'en remettre tellement il s'y attendait peu. Et quand il se décide à occuper la place, nouvelle surprise. Que découvre-t-il ? Des dizaines de tonnes d'armes intactes, de munitions, de matériel de toutes sortes, de vivres, ingrédients, pharmacie.

Le honteux affolement de Langson est dépassé par celui de Saïgon. Le haut-commissaire Pignon donne l'ordre de préparer le repli sur Haïphong, démontrant ainsi, outre son manque de sang-froid, sa totale incompréhension des objectifs et des méthodes de la guerre révolutionnaire. Un repli sur Haïphong, ce n'est pas Joffre retraitant jusqu'à la Marne, c'est l'abandon à l'ennemi d'un grenier, d'une population qu'il retournera en un tournemain, c'est la naissance d'une république populaire avec une capitale, des échanges faciles avec la Chine. Bref, c'est la perte *définitive* du Tonkin. Et à partir de là, la chute à plus ou moins longue échéance de l'Indochine entière.

En France, l'envergure de la défaite, le nombre des pertes en vies humaines, secouent le gouvernement et l'assemblée, réjouissent les partis d'extrême-gauche plus décidés que jamais à torpiller nos efforts. Pour calmer l'opinion publique, le ministre annonce qu'un bataillon de paras coloniaux est déjà en route et que d'autres renforts vont suivre dans les plus courts délais. Il oublie de préciser que le quart des hommes du bataillon n'ont pratiquement jamais encore tiré un coup de fusil (mais ils ont sauté en parachute, n'est-ce pas ? alors, tout va bien !) et que ledit bataillon (le 2e BCCP du commandant

Toce) embarque sur un cargo qui mettra un mois à parvenir en Indochine.

Le 6 décembre 1950, le gouvernement nomme le général de Lattre de Tassigny commandant civil et militaire en Indochine. Le 19, le nouveau commandant en chef débarque à Hanoï avec la promesse de renforts importants : sept bataillons, deux groupes d'artillerie, un groupement blindé et le personnel d'un groupe de bombardement.

Aux Etats-Unis, l'intervention massive des volontaires chinois en Corée a ouvert les yeux à bien des gens. Alors que depuis le début de la Seconde Guerre mondiale, le département d'Etat et les services spéciaux avaient essayé par tous les moyens de ruiner la présence française (et hollandaise) en Orient — mettant ainsi en œuvre les accords conclus avec Staline et Chang Kaï-Chek — il apparaît maintenant que les combats d'Indochine et de Corée sont une seule et même guerre.

Le 23 décembre, les Américains signent un accord d'aide militaire à la France et aux Etats associés. Quinze jours auparavant, l'empereur Bao Daï et le haut-commissaire ont fixé les responsabilités de la France en matière de défense et créé virtuellement l'armée vietnamienne, qui doit comprendre quatre divisions légères.

Pendant ce temps, le général Giap regroupe ses forces, tout en assenant une série de coups de boutoir vers le delta pour couvrir ses mises en place. Le 1er janvier 1951, il marque une pause afin d'achever la mise sur pied de son corps de bataille. Il dispose alors de 120 000 hommes. Au Tonkin, sont engagées les troupes régulières suivantes : cinq divisions d'infanterie. Au Centre-Vietnam, il n'existe alors qu'un régiment et six bataillons avec des éléments de transport ; et, au Sud, un bataillon régional et un bataillon de transport.

La division 308, formée à partir de la brigade qui vient de se couvrir de gloire sur la RC4, constitue la division d'élite. La 304, qui s'est substituée à la brigade mise sur pied dans le Than Hoa, n'est que partiellement organisée du fait de son éloignement des bases et des centres d'instruction du Yunnan. La 312 vient de faire en décembre ses premières armes en tant que grande unité, dans la région de Viet Tri. Les régiments 165 et 205 ont vu le jour au début de 1950, tandis que le 141 est de formation récente. La division pourra être considérée comme opérationnelle en mars 1951. La division 320, bien que mise sur pied le 20 décembre 1950, est encore à l'état embryonnaire, avec ses deux seuls régiments. Ses organes de commandement et des services n'existent pas encore, et le régiment 52 ne sera mis sur pied qu'à partir d'avril. Quant à la 316, elle ne sera réellement formée qu'en mars 1951. La division lourde, la 351, a commencé à se rassembler en 1949, et ne sera définitivement constituée qu'en juillet 1951 avec deux régiments d'artillerie, un du génie, un bataillon de DCA, soit 8 000 hommes, 45 canons de campagne (75 et 105 mm) et 50 armes automatiques.

D'une façon générale, les divisions du Vietminh sont légères et souples d'emploi. Les besoins logistiques sont assurés en cours de combat par des colonnes de coolies. Elles manœuvrent rapidement et sont peu vulnérables à l'aviation. Au Tonkin, elles représentent quatre-vingt-un bataillons, dont douze d'armes lourdes et huit d'artillerie ou de génie.

En face de ces divisions qui se préparent à donner l'assaut au delta, le général de Lattre a proclamé révolue « l'ère des flottements ». Il a communiqué sa foi, son énergie et sa confiance aux troupes qui se résignaient à embarquer. Une ligne d'ouvrages bétonnés est prévue pour entourer le delta et dégager les effectifs nécessaires à la constitution de groupements mobiles d'intervention composés de deux à trois bataillons d'infanterie, d'un groupe d'artillerie et d'éléments blindés et du génie. Avec l'arrivée de renforts de métropole ou rameutés du sud du pays, sept GM vont être mis sur pied. Enfin, les tâches de pacification sont progressivement prises en charge par l'armée vietnamienne naissante, à laquelle le général donne une vigoureuse impulsion.

Les forces aéroportées en Indochine prennent la dénomination de troupes aéroportées en Indochine, les TAPI. L'ensemble a un patron unique, c'est le colonel de Bollardière qui, à Saigon, s'assoit dans le fauteuil du colonel Chavatte. Dans le présent ouvrage, la place nous manque pour nous attarder à dresser le portrait des patrons les plus représentatifs des unités, demi-brigade, bataillons, compagnies. D'autres — et moi-même dans d'autres ouvrages — l'ont fait. Cependant, il ne semble pas que l'on ait assez souligné le mérite du colonel Chavatte. Personnage discret, silencieux, réfléchi, fuyant la publicité, doué d'un sens de l'humour soigneusement dissimulé, peu expansif, la manœuvre géniale et fulgurante sur le terrain n'était pas son affaire ; son affaire, c'était l'étude des cas concrets, la recherche de l'imprévoyance qui avait fait rater le coup, de la faute technique prévisible, du ravitaillement en retard, du *briefing* incomplet, du renseignement non communiqué. On a souri de ce qu'il avait appelé le « courant intellectuel » ; il était pourtant essentiel que les aéroportés aient des idées communes sur bien des sujets car, pour convaincre le commandement d'utiliser les parachutistes d'une façon rationnelle et rentable, il était indispensable que les paras eux-mêmes sachent exposer à leurs utilisateurs les services qu'ils pourraient leur rendre. Pendant deux ans, Chavatte harcela les commandants des divers territoires de notes, de guides, concernant la doctrine qu'il avait mise sur pied. Il demanda que chacun d'eux eût auprès de lui une section opérationnelle para, c'est-à-dire une petite équipe ayant connaissance des objectifs visés, orientant la recherche du renseignement dans une optique para, réunissant les cartes, préparant les dossiers d'objectifs, travaillant en liaison avec les groupes de transport aérien. Bref, le colonel Chavatte avait compris, imaginé, et entamé la mise sur pied de l'outil qui prendra tout son sens et montrera toute son efficacité lorsque le général Gilles sera, à son tour, investi du commandement des TAP en Indochine, en Egypte et en Algérie.

Donc, quand le colonel de Bollardière succède au colonel Chavatte, les TAPI Nord (Hanoï) sont aux ordres du colonel de Rocquigny, les TAPI Sud (Saïgon) aux ordres du colonel Chateau-Jobert. L'ensemble représente en théorie huit bataillons. En pratique, le 3e BCCP et le 1er REP manquent à l'appel. Mais le 2e BCCP arrive et le jaunissement va multiplier les effectifs.

Le 13 janvier 1951, le général Giap lance l'attaque qui doit provoquer la chute de Hanoï. Une quarantaine de bataillons réguliers sont rassemblés dans la zone du Tam Dao. Le 14, seize bataillons, appartenant à la division 312, au groupement opérationnel qui deviendra la division 316 et à la division 398, chargée de l'effort principal, dévalent les pentes du Tam Dao et viennent se jeter sur nos positions. Le Vietminh a inondé la région de tracts annonçant son entrée à Hanoï pour le nouvel An vietnamien, la fête du Têt, vers la mi-février. Les services de renseignements français savent que Giap va lancer dans la bataille l'ensemble de son corps régulier, estimé à quatre-vingt-un bataillons d'infanterie, douze groupes d'artillerie et huit bataillons du génie. Ils savent également que l'objectif est Vinh Yen, poste qui commande l'accès à la capitale du Nord. Pour la première fois, les forces viets et les Français vont s'affronter ouvertement.

Le poste de Bao Chuc, tenu par quelques tirailleurs sénégalais, est balayé par huit bataillons de la division 308. Le GM du colonel Vanuxem, improvisé depuis quelques jours à peine, vient à la rescousse, tombe dans une embuscade et perd un bataillon sénégalais et la majeure partie du 8e Spahis algériens. Il n'arrive à se dégager qu'avec l'appui de l'artillerie et des chasseurs-bombardiers. Le général de Lattre prend alors la direction des opérations. Il constate que les Français sont acculés à une zone marécageuse formée par un bras mort du fleuve Rouge. D'autre part, à l'est de Vinh Yen, s'est formée une brèche d'environ 5 km. Rentré à Hanoï, le commandant en chef organise un gigantesque pont aérien entre Saïgon et le Nord afin de disposer sur place de troupes fraîches. Des avions civils sont réquisitionnés pour acheminer cinq bataillons de légionnaires, tirailleurs et parachutistes. Le groupement mobile nord-africain du colonel Edon est jeté dans la bataille au secours du GM3. Les premiers bombardements au napalm sont effectués et l'artillerie soutient massivement la contre-offensive.

Le 10e BPCP aux ordres du chef de bataillon Michel est engagé avec le GMNA. Débarqué au début de septembre à Haïphong, le bataillon s'est renforcé avec un appoint de volontaires muongs, thaïs et nungs. Il a opéré en novembre vers Phat Diem. Le 15 janvier, il rejoint le GM 1 à Phuc Yen. Le 16, il reprend la cote 210 et conserve cette hauteur essentielle pendant la nuit suivante, malgré des assauts furieux. Il y gagne une citation à l'ordre de l'Armée.

Le 1er BPC, commandé par le chef de bataillon Fourcade, arrivé par avion le 10, est également engagé à Vinh Yen, ainsi que le 7e GCCP qui opère avec le GM4, à partir du 16, vers Phuc Yen. Les TAPN disposent alors de six bataillons et d'une compagnie de marche, le 2e GCCP ayant été remonté de Saïgon le 16 pour opérer dans le secteur de Son Tay [1]. Les Viets viennent d'y détruire toutes les tours de garde. Avec le bataillon sénégalais du capitaine Tousset, le bataillon Toce rétablit les liaisons avec les deux postes isolés et rejette au-delà du fleuve Rouge les unités viets qui pensaient prendre Son Tay.

Le 17 janvier, vers midi, les troupes de la 308 et de la 312 commencent à refluer vers le massif du Tam Dao. Les Français restent maîtres du champ de bataille. Le Vietminh laisse sur le terrain 6000 morts et 500 prisonniers. La bataille nous a coûté près d'un millier d'hommes. Mais c'est tout de même un succès défensif, qui vient effacer le revers de Cao Bang et réconforter les Américains qui accélèrent leurs livraisons de matériel. La bataille de Vinh Yen aurait pu se solder par une victoire écrasante si le groupe mobile du colonel de Castries avait pu, comme Blücher, déboucher à temps sur le champ de bataille. Mais la jeep du colonel sauta sur une mine, la piste fut obstruée et son GM arriva trop tard.

Le général Giap n'a pu obtenir la décision en s'attaquant de front aux défenses du delta. Il va chercher à l'atteindre indirectement en organisant une immense embuscade, loin du delta, en zone montagneuse et sur un itinéraire obligé. Le terrain choisi est le massif du Dong Trieu. Il y achemine trois divisions, éparpillées sur une trentaine de kilomètres et soutenues par 20000 coolies. En même temps, il lance une opération de diversion dans le sud du delta, conduite par les divisions 304 et 320 plus spécialement adaptées à l'infiltration dans cette région.

Dans la nuit du 23 au 24 mars, Giap commence les opérations de diversion. Il amorce le piège en lançant 3 à 4000 hommes à l'assaut de la série des petits postes qui jalonnent la route provinciale nº 18. Mais le piège ne joue pas. Le commandement français résiste à la tentation de voler au secours des postes qui se défendent désespérément. Au contraire, il prend la décision de replier purement et simplement son dispositif au sud du Song Da Bach. Pendant six jours et six nuits, 30000 réguliers du Vietminh attendent l'arme au pied que les Français s'engagent sur une nouvelle RC4. Dépité, pour sauver son prestige, Giap rameute ses troupes et, le 30 mars, les lance sur le poste de Mao Khé.

1. BPC : bataillon de paras coloniaux. — GCCP : groupe de commandos coloniaux paras. — BCCP : bataillon de commandos coloniaux paras. Finalement, ces trois appellations désignent une seule et même unité.

Depuis le 14, le colonel de Bollardière a pris le commandement du groupement aéroporté de réserve générale, composé du 6e BPC, du 10e BPCP, du 2e BEP et du 1er BEP qui reçoit d'Afrique du Nord un renfort important de 13 officiers, 32 sous-officiers et 441 légionnaires. Le 6e est engagé le 30 sur Mao Khé. Enlevé en camion à Hanoï, le bataillon aux ordres du capitaine Balbin, harcelé par les armes automatiques viets, fonce sur la route. Il attaque dans la foulée et dégage les défenseurs du poste de Mao Khé Mines. Installé en point d'appui dans Mao Khé Village, il est assailli sans interruption de 2 h du matin au lever du jour. Les vagues se succèdent, précédées par des tirs d'artillerie puissants. Des brèches sont ouvertes à l'explosif dans les réseaux de barbelés. Dans les maisons où les réguliers viets se sont infiltrés, les combats sont confus et acharnés. Après cinq jours de combat, le bataillon conserve la maîtrise du terrain, grâce à l'appui constant de l'artillerie et des automitrailleuses du RICM. Dans ce combat hallucinant, le 6e BPC a perdu 44 tués et 145 blessés, 400 morts viets jonchent le sol. Le 3 avril, le général de Lattre épingle à Dong Trieu la croix de guerre avec palme sur le fanion du bataillon.

La bataille d'encerclement et d'action de force engagée sur tout le pourtour du delta par l'ensemble du corps de bataille vietminh a fait faillite. L'emploi en masse de l'artillerie et les interventions meurtrières des bombardiers B-26 ont été les facteurs déterminants de l'échec du général Giap. Les opérations de diversion menées dans le Sud avec deux divisions et deux régiments indépendants ont tout de même partiellement atteint leur but. Le GARG doit être engagé dans l'opération « Méduse », le 29 avril, avec le 10e BPCP, le 1er BEP et le 1er BPC, puis dans l'opération « Reptile » pour nettoyer le Vinh Bao dans lequel s'est infiltré le régiment 42. En tout cas, cette action a montré au Vietminh que l'infiltration était possible par le sud du delta.

C'est alors que se joue le troisième acte : la bataille du Day, que l'on pourrait aussi appeler la bataille du riz. Car si le général Giap dispose maintenant d'une imposante armée régulière, encore doit-il la nourrir. Il faut reconstituer les stocks de riz, et la saison de la récolte approche dans le delta. Les régiments, épaulés par les forces régionales (30 à 35 000 hommes) se mettent en place secrètement, selon un calendrier de mouvements bien menés et tenant compte des nuits sans lune. La 304 arrive ; la 320 est déjà sur place ; la 308, signalée sans aucun doute vers Phang Tho, va couvrir 300 km en moins de huit nuits. Or le général de Lattre pense que si la 308 n'est pas là, c'est que les Viets n'attaqueront pas. Mais la 308 parcourt 45 km la dernière nuit et attaque dans la foulée.

La ville de Ninh Binh subit le choc de la division. Malgré la surprise, la réaction est immédiate. Il faut vingt-quatre heures pour rameuter les GM par la route et les « Dinassau » par les rivières. Le 30 mai, le colonel de Bollardière saute à Ninh Binh avec un PC, fourni par les TAPN, et le 7e BPC du chef de bataillon Moulié. Ramené en catastrophe de Phu Lang Thuong, le bataillon pousse sur Yen Phuc. La 7e CIP, qui débarque sur la rive est du Day, est attaquée par 1 500 Viets. De son côté, le 2e BPC du commandant Toce est parachuté plus à l'est à Thai Binh. Le 1er BEP, parti le 29 sur Nam Dinh, est rejoint le lendemain par le 2e BEP. Ils gagnent Phat Diem par la RC1. Dans la nuit du 6 au 7 juin, la 13e compagnie du 7e BPC reçoit l'assaut du régiment 36 en entier et du bataillon 18 du régiment 102, à Yen Cu Ha. 99 cadavres jonchent le terrain, un armement important (un canon de 57 SR, 3 FM, 18 PM, 19 fusils) est récupéré. Mais la compagnie a perdu son chef, le lieutenant Laperoussaz, 7 tués et 38 blessés. Au 2e BEP, on déplore la perte du capitaine Bertolaud et la blessure du commandant Raffalli.

Le 14 juillet, à la suite de ces trois victoires capitales de Vinh Yen, du Dong Trieu et du Day, se déroule sur les rives du « petit lac » de Hanoï une prise d'armes mémorable, en présence de l'empereur Bao Daï et du général de Lattre. Au côté du drapeau de la demi-brigade coloniale, se tient le drapeau des chasseurs venu spécialement de France pour défiler à la tête du 10e BPCP. Pendant cette prise d'armes, le 1er BEP et le 6e BPC reçoivent la fourragère des TOE. Le 7e BPC et la CIP du 1er BPC reçoivent une palme.

La bataille du Day s'est terminée à notre avantage. Mais le Vietminh a tout de même gagné la bataille du riz. Pendant qu'il était stoppé dans sa manœuvre brutale de rupture, la division fantôme 320 a glissé deux de ses régiments et leur a fait rejoindre le « triangle rouge » au cœur du delta. S'il a subi des pertes dix fois supérieures aux nôtres, le Vietminh a réussi sa mission secondaire en faisant acheminer de nuit le riz jusqu'aux calcaires du Day et, de là, vers la zone qu'il contrôle. Enfin, deux régiments indépendants se sont implantés dans le delta et vont entreprendre de parfaire son pourrissement.

Le général Giap a tiré une leçon de ces batailles. Il n'est plus question de se risquer en rase campagne contre le corps de bataille français ni de se heurter à cet ensemble : groupes mobiles-concentrations d'artillerie-bombardements aériens. C'est ailleurs qu'il faut attirer l'ennemi, loin de ses bases aériennes et de son artillerie, dans la montagne. Là où les parachutistes reprennent toute leur valeur et aussi toutes leurs faiblesses.

En attendant, les nettoyages continuent dans le delta. C'est l'opération « Cho Chay », le 18 juin, avec le 6e BPC, puis avec le 8e BPC du capitaine Gautier dont la 15e compagnie accroche violemment le 19 sur le Day. Le 15 juillet, le 2e BPC fait mouvement sur Haïphong en vue de son transport vers Tourane, où il sera mis à la disposition du commandant des forces terrestres du Centre-Vietnam. Le 2 août, le 6e BPC est salué à son départ par le général de Linarès. Décollant de Hanoï, le 2e BEP saute à Kontum, sur les hauts plateaux moïs, à l'ouest de l'Annam. Le 6 août, le capitaine Falck se tue au cours d'un saut d'entraînement. Le 18 août, le 2e BPC fait mouvement sur le Laos et le Cambodge en deux détachements. Puis il est regroupé le 29 au Cambodge, à Krakor. De là, après un mois d'agréable séjour, il gagnera, par voie fluviale, la ville de Sadek, encore toute émue du drame qui vient de s'y jouer. En voyage d'inspection, le général Chanson vient d'y être assassiné par un rebelle qui, portant sur lui une grenade qu'il venait de dégoupiller, a surgi de la foule et étreignant le général, a été déchiqueté avec sa victime. Chanson avait réussi, avec des moyens réduits, à pacifier la Cochinchine. Il fut, sans discussion possible, l'un des chefs — sinon le chef — les plus habiles de toute la guerre d'Indochine. Le 8 septembre, le 2e BEP rejoint Saïgon pour être aérotransporté sur Hué.

Dans le delta, depuis le 4 août, le groupement Fourcade avec le 1er BPC, le 10e BPCP et la compagnie Lemaire du 2e BEP réussit un beau coup à Nhu Tinh. Puis, du 24 septembre au 13 octobre, le groupement parachutiste Sud aux ordres du colonel de Rocquigny, comprenant les 1er, 5e et 8e BPC, participe aux opérations « Citron », « Mandarine » et « Amande ». Le 7e BPC et le 1er BEP sont engagés à leur tour. Les pertes sont sensibles. Le 7e BPC perd le capitaine Guillot, commandant la CIP, tué le 15 septembre lors de l'attaque de Van Cau. Lors de « Mandarine », le 4 octobre, le bataillon perd 18 tués dont le capitaine Sausse, commandant la 13e compagnie, et le lieutenant Serbousse, commandant la 14e. Ce même 4 octobre, à Hoanh My, le 7e a 14 tués et 40 blessés, tandis que 100 cadavres viets sont dénombrés.

Mais le drame principal se joue ailleurs. Depuis deux jours, les parachutistes sont engagés en pays Thaï contre la division 312.

10e BPCP

IX

L'OFFENSIVE VIET EN PAYS THAÏ

septembre-octobre 1951

C'est en pays Thaï que va se dérouler le quatrième acte de la bataille du Tonkin. L'offensive conduite en avril et mai 1951 par le régiment 148 dans la Haute Région avait déjà prouvé l'intérêt que le commandement vietminh portait à la route de Lao Kay, par où devait transiter une partie des ravitaillements en provenance de Chine. Les contre-attaques menées à partir de Son La par des bataillons thaïs tandis que des unités de tirailleurs nord-africains renforçaient Laï Chau avaient contraint les Viets à abandonner le terrain conquis. La compagnie Rioual, du 8e BPC, avait d'ailleurs été aérotransportée dans la ZANO pour opérer contre des irréguliers chinois alliés du Vietminh.

Dès l'automne, l'ennemi se propose de reprendre son offensive sur de nouvelles bases et avec des moyens plus importants. Le 22 septembre, il oriente le régiment 148 et la division 312. La division se met en place, suivie par 10 à 15000 coolies. Le mouvement en tenailles se dessine, avec des branches appliquées sur Laï Chau et sur Nghia Lo. Les trois régiments de la 312 progressent, à la manière d'un gigantesque râteau, à partir de Yen Bay. Une fois de plus, comme l'année précédente sur la RC4, le Vietminh s'engage avant le début de la saison sèche, pour garder l'initiative des opérations malgré la boue qui gêne ses déplacements. Nghia Lo est le poste-clé du système français dans cette région, puisqu'il commande l'ouverture sur tout le pays Thaï, sur le Laos et sur les contrées bordant le Mékong. C'est là que va se jouer le sort de la bataille en Haute Région. Et c'est la troisième fois que l'ennemi fait effort sur cet axe.

Entre le fleuve Rouge et la rivière Noire, Nghia Lo, située dans une cuvette de 4 km sur 10 km à environ 250 m d'altitude, est une bourgade entourée de hautes montagnes atteignant souvent 1500 m. Le paysage présente des massifs granitiques, coupés d'étroites vallées profondes, et une végétation extrêmement dense d'épaisses forêts. Les voies de communication sont par conséquent limitées. Nghia Lo est traversée par la route fédérale no 13 qui vient de Yen Bay et se dirige vers Tu Le. Il existe aussi des pistes de montagne qui ne sont praticables qu'à pied. La bourgade se trouve donc isolée, mais un terrain d'aviation a été aménagé pour permettre un ravitaillement plus aisé. La population de la vallée se compose essentiellement de Thaïs et de quelques groupements muongs et annamites. Les montagnes sont en majorité peuplées de Mans et de Méos.

Depuis l'automne 1947, le sous-secteur de Nghia Lo est tenu par le 1er bataillon thaï, sous les ordres du commandant Girardin. Il s'agit d'un bataillon d'infanterie coloniale à quatre compagnies de fusiliers voltigeurs, renforcé par quatre compagnies légères de supplétifs et doté d'un canon de 75 de montagne. En tout, à peu près un millier d'hommes, dont 150 Français, encadrés par 18 officiers alors qu'il en faudrait théoriquement 27.

Le dispositif défensif très étalé permet de contrôler tous les accès au fleuve Rouge. Le PC du bataillon, la CCB, la 4e compagnie et une compagnie de supplétifs stationnent près du terrain d'aviation. La garnison est répartie en trois postes : poste haut, poste bas près du village et poste de Ban Tu, au nord de la cuvette. Ce dernier poste a été créé en septembre 1951 pour faire face à la menace de plus en plus probable des Viets. Les autres compagnies sont implantées sur toute la surface du sous-secteur, soit six compagnies pour dix postes : trois au nord dans le quartier de Gia Hoi, trois au centre dans le quartier de Son Buc, quatre au sud-est dans le quartier de Khe Dia. Tous ces postes apparaissent comme de petits châteaux féodaux, entourés par les habitations indigènes.

Le 20 septembre, à la suite de rapports faisant état d'une recrudescence de l'activité vietminh, le général Salan rend compte au général de Lattre, alors en mission aux Etats-Unis, qu'il est décidé à défendre la cuvette de Nghia Lo. Le dispositif de défense est renforcé. Des tranchées ont été creusées, des blockhaus construits. Le général se rend presque tous les jours sur place pour surveiller l'évolution des travaux. Les moyens aériens sont mis en alerte.

Le 25 septembre, 2000 hommes sont signalés à 20 km au nord-est de Gia Hoi. Il semble que le général Giap compte engager sa division 312, soit environ 12000 réguliers. Le 28, un violent accrochage se produit près de Khau Vac, au nord-est de Nghia Lo. Le 30, le poste de Sai Luong se replie. Le 1er octobre, Ca Vinh est assailli par le régiment 165. L'étau viet se resserre. Salan laisse faire. Pour riposter, il compte sur l'aviation et sur les parachutistes qu'il va lâcher derrière les lignes ennemies. Le plan comporte trois opérations : « Rémy » (8e BPC), « Thérèse » (2e BEP) et « Bruno » (10e BPCP).

Le 1er octobre, le 8e BPC est retiré de l'opération « Mandarine » à laquelle il participait dans le delta. Le 2e BEP et le 10e BPCP sont ramenés sur Hanoï. Le 2 octobre, le 8e BPC est largué en deux vagues sur Gia Hoi (opération « Rémy »). Il a pour mission d'intervenir sur les arrières de l'ennemi qui menace le nord de Nghia Lo. Il dispose de

573 hommes, dont 20 officiers, largués par neuf Dakota et seize Junkers. La mise à terre du 8e BPC se passe sans incident. Au sol, le capitaine Gautier, commandant le bataillon, apprend du chef de poste qu'une section de partisans thaïs en reconnaissance sur la piste menant à Nghia Lo, n'a pas trouvé le contact avec l'ennemi. D'autre part, des passages viets sont signalés sur la piste Khau Vac — Nam Muoi. Le capitaine Gautier envoie la 16e compagnie, aux ordres du lieutenant Gueguen, vers le col sud. Elle doit y rester jusqu'à ce que la 15e compagnie du lieutenant Dumil de Benazé vienne la relever. Ensuite, elle se portera vers la section thaï.

Le 3 octobre, à 8 h 20, la 16e compagnie rejoint la section de partisans. Une demi-heure plus tard, la section de tête de la compagnie accroche violemment des Viets du régiment 209 se déplaçant vers le nord. L'ennemi, supérieur en nombre, oblige parachutistes et partisans à se replier, non sans mal. En début d'après-midi, le calme revient, les parachutistes rentrent à Gia Hoi. Ils ont perdu 34 des leurs et ramènent 16 blessés. Les pertes viets sont estimées à 250 tués.

Pendant la journée du 4 octobre, la bataille de Nghia Lo marque un temps d'arrêt. Seule, l'aviation intervient en mitraillant les positions viets et en parachutant ravitaillement et munitions aux assiégés. Un Criquet d'observation est maintenu dans la cuvette pour pouvoir décoller à l'aube et fournir les renseignements météo qui conditionnent l'intervention des B-26.

Dans l'après-midi du 4, le général Salan déclenche l'opération « Thérèse ». Le 2e BEP du commandant Raffalli saute sur Gia Hoi. Un groupement aéroporté est formé aux ordres du lieutenant-colonel de Rocquigny. Il comprend le 8e BPC, le 2e BEP, l'antenne chirurgicale n° 1 du médecin-lieutenant Fourès et un PC opérationnel. La mission du GAP est de tenir Gia Hoi puis de dégager Nghia Lo si les conditions le permettent. Mais l'action des parachutistes de la 16e compagnie a inquiété le Vietminh. Lorsque se déclenche l'opération « Thérèse », le colonel Tan, qui commande la division 312, craint que la campagne s'éternise. Ses soutiens logistiques risquent de lui faire défaut : aussi décide-t-il d'en finir avec Nghia Lo. Dans la nuit du 4 au 5, le régiment 141 repart à l'assaut du poste bas. Il est repoussé.

Le groupement aéroporté passe la journée du 5 à se mettre en place. Le colonel de Rocquigny envoie le 2e BEP à Bac Co, à 6 km de Gia Hoi. Il faut au bataillon neuf heures d'une marche épuisante pour couvrir la distance. Le 6, le 8e BPC et le 2e BEP sont engagés sur la piste de Khau Vac, axe de ravitaillement du Vietminh. Seules deux compagnies, une pour chaque bataillon, restent en protection de la cuvette de Gia Hoi. Le même jour, la météo s'améliore. Conséquence d'un réchauffement local, alors que les sommets environnants sont couverts de nuages, la cuvette se dégage comme par une gigantesque cheminée. Le général Salan renforce la garnison de Nghia Lo en y faisant parachuter le 10e BPCP (opération « Bruno »). Désormais, le Vietminh ne peut plus prendre le poste et doit défendre ses lignes de communications contre les parachutistes.

A 16 h, le 6 octobre, le 8e BPC atteint son objectif, un col situé entre la cote 869 et Tan Kouen. Pendant ce temps, le 2e BEP accroche au sud de Bo Sieng. Victorieux, il s'installe sur les pitons dominant le village et la piste de Khau Vac. Les Viets laissent sur le terrain 35 tués, trois FM et vingt-cinq fusils. Mais les Viets fourmillent dans la jungle et la montagne. Le 2e BEP ne sait quelle piste prendre. Les vivres et la boisson manquent. En apprenant les difficultés du 2e BEP, le colonel de Rocquigny ordonne au 8e BPC de se porter à son secours. 4 km de jungle séparent les deux bataillons, soit plus d'une journée de marche en temps normal. Néanmoins, vers 17 h, la 16e compagnie du 8e BPC décide de tenter la liaison avec le 2e BEP.

La 16e compagnie s'engage sur la piste de Nam Muoi, celle où elle a déjà été attaquée le 3 octobre. Vers 18 h, alors qu'elle parvient à Tan Kouen, elle est prise à partie par un feu violent. Immédiatement, les Viets donnent l'assaut. Le capitaine Gautier est grièvement blessé. L'élément de tête de la compagnie, avec le lieutenant Truchot, se trouve isolé. L'arrière-garde parvient à contenir les Viets un moment, ce qui permet l'évacuation des blessés. Bientôt, c'est la ruée des Viets sur la piste. La 16e compagnie est encerclée, mais le lieutenant Gueguen entraîne ses hommes dans le ravin qui se trouve derrière eux. Les parachutistes se laissent glisser le long de la paroi, en s'aggrippant aux branches et aux lianes jusqu'à Nam Minh. Puis, pendant la nuit, ils remontent le lit de la rivière jusqu'à Ban Van. Restés seuls, le lieutenant Truchot et ses 42 parachutistes de l'élément de tête se défendent avec acharnement. Submergés par le nombre, ils finissent par se rendre. Tous sont blessés ; aucun ne reviendra vivant de la captivité.

A Gia Hoi, le PC du colonel de Rocquigny demeure dans l'inquiétude toute la nuit du 6 au 7 octobre. La liaison radio avec le 2e BEP est rompue. Depuis la fin de l'après-midi du 6, le BEP s'était installé en point d'appui près de Bo Sieng, en attendant l'attaque. A minuit, l'ennemi donne l'assaut. Quatre fois de suite, les légionnaires repoussent les Viets. Mais à 3 h 30, la 4e compagnie est obligée d'abandonner un piton qui, de jour, commande toute la position. Le 2e BEP compte 26 tués ou disparus et 25 blessés. Le commandant Raffalli décide de décrocher vers la crête de Tan Kouen. Lorsque le jour se lève, le bataillon a disparu dans la jungle. Il mettra deux jours à rejoindre Gia Hoi.

Si la situation paraît grave chez les parachutistes, on se prépare déjà à la retraite du côté viet. Le 7 au soir, le colonel Tan rend compte de la situation au général Giap : Nghia Lo n'est pas prise, le moral est au plus bas, vivres et munitions commencent à manquer. En effet, la division 312 se trouve à bout de force ; les cadavres du régiment 141 jalonnent les champs de mines ou s'accrochent aux barbelés. Le pourtour de la cuvette est un charnier puant.

Le 10 octobre, harcelée par l'aviation, la division 312 commence à se replier sur Yen Bay. Jusqu'à la fin du mois, les parachutistes procéderont à la réoccupation des postes du sous-secteur de Nghia Lo. Le 3 novembre, le 8e BPC fait mouvement par avion sur Hanoï. Il est suivi le 15 novembre par le 10e BPCP. Le 21, le 2e BEP est aérotransporté en Cochinchine et basé à Ba Keo.

Malgré la disproportion des forces, les Français ont eu l'avantage de posséder une ligne de communication plus courte, Hanoï se trouvant à une heure d'avion. L'intervention des parachutistes a été décisive. Deux bataillons ont détourné de Nghia Lo une partie des onze bataillons de la division 312 qui manqueront lors de l'assaut sur le poste. Le troisième bataillon, le 10e BPCP, en venant renforcer le poste, a réduit à néant tous les efforts viets. La bataille de Nghia Lo est gagnée... provisoirement.

Dans le reste de l'Indochine, c'est l'habituelle routine des opérations d'attaques et dégagements de postes, de coups de main que nous lançons la plupart du temps dans le vide, soit que nos renseignements soient périmés, soit que le secret de nos intentions soit mal gardé.

En Cochinchine, l'année 1951 est toutefois marquée par le succès de l'opération aéroportée « Mars ». Le lieutenant-colonel Chateau-Jobert s'acharne à rechercher les occasions d'engager ses paras dans des coups payants. Chaque fois il prépare des dossiers extrêmement complets, dont il va plaider la cause auprès du commandement. La plupart du temps, il se heurte à l'incompréhension, à moins que ce ne soit le manque de moyens. Plus tard, il réunira dans une sorte de brochure les analyses des coups manqués. Le dernier chapitre traitera de la toute dernière opération, en préparation au moment où la brochure en question est à la frappe. Les derniers mots posent la question : « Et celle-ci, va-t-on aussi en laisser passer l'occasion ? » L'exemplaire que j'ai eu entre les mains portait cette mention manuscrite et une date postérieure à celle du tirage à la ronéo : « Oui, on l'a aussi manquée ! » Mais en mars 1951, l'opération « Mars » a bien eu lieu. Dans la région de Bin Tri, à 55 km au nord-ouest de Rach Gia, on a détecté l'existence d'une très importante usine d'armement rebelle. Tous les renseignements concordent à situer l'usine à l'intérieur d'un cratère à bords francs creusé au sommet d'un piton calcaire, couvert de végétation et dominant la mer à 3 km. Le terrain alentour est parsemé de marécages. On dirait un décor pour roman de flibustiers.

L'EMO de Cochinchine se met à l'ouvrage tandis qu'une mission photo aérienne confirme les renseignements communiqués par un jeune rallié. Une DZ est choisie à proximité de l'usine, dans les marécages. Le terrain est représenté sur une maquette de terre glaise. Chaque chef de demi-stick reçoit un dossier d'objectifs complet.

Le 8 mars, à 7 h 10, les B-26 s'acharnent sur l'usine tandis que les Hellcats straffent les alentours. A 7 h 15, le Dakota leader commence le largage des 198 parachutistes du 1er BCCP et de la BAPS. Une demi-heure plus tard, alors que les premiers sticks forcent l'entrée du cratère, les commandos débarquent sur la côte, appuyés par les bâtiments de la marine. La surprise est totale. Le premier objectif, l'usine proprement dite, est occupé avant que les Viets aient eu le temps de réagir.

Le commando lourd appuie de ses feux la progression des fusiliers marins qui nettoient une seconde usine. Des parachutistes, embarqués dans les bateaux en contreplaqué M2, reconnaissent les rachs navigables de la plaine. La jonction entre les forces débarquées et parachutées est effectuée à 12 h 45.

Durant deux jours, les galeries sont minées à l'explosif, les machines sabotées. Un centre de radiodiffusion est détruit au sud. La flotte lève l'ancre tandis que les explosions secouent toute la contrée. Le potentiel rebelle est amputé de 69 armes neuves, 71 en cours de montage, plusieurs milliers de mines, de grenades et d'obus de mortiers, 8 forges et fonderies, 34 jonques de mer et 70 sampans, 8 tonnes de riz. Aucune perte sérieuse n'est à déplorer du côté français malgré un saut acrobatique.

En Annam, l'opération combinée « Pirate », exécutée le 30 août par des éléments du GCMA et de la BAPS, permet d'occuper définitivement l'île du Cu Lao Ré. On y installe le centre de formation des commandos du GCMA.

Au Laos, la 1re compagnie de commandos parachutistes laotiens effectue en février toute une série de parachutages à Pha Lay et Muong Nat pour nettoyer la région des éléments rebelles infiltrés. En avril, cette compagnie saute sur Sam Neua en renforcement de secteur, en août sur Houei Sai et en novembre sur Na Pheng. Le 29 avril, ses effectifs sont portés de trois à six commandos.

A l' « arrière », la BAPS assure une moyenne mensuelle de vingt missions de ravitaillement par air. Au Nord, cette moyenne dépasse les 500 missions avec 1 200 tonnes de matériel largué ou droppé au profit des opérations et des postes. Ces chiffres illustrent la disproportion de l'activité du Tonkin comparée à celle des autres régions.

8e BPC

X

LA BATAILLE DE LA RIVIERE NOIRE

novembre 1951-janvier 1952

Le Delta est maintenant, sauf au sud, ceinturé par une ligne de solides fortifications. Dans les intervalles, les commandos interdisent les infiltrations importantes. La région a été, pour un certain temps, nettoyée par une série d'opérations de ratissage : « Méduse », « Reptile », « Citron », « Mandarine », « Amande »... Les forces implantées en pays Thaï sont alors renforcées par le 5e BPC, aérotransporté sur Laïchau à la disposition du commandant de la zone autonome du Nord-Ouest. Ces précautions prises, le général de Lattre décide de passer à l'offensive et d'attaquer le Vietminh dans ses repaires et ses lignes de communication à l'ouest du delta tonkinois.

La première opération, dont le nom de code est « Tulipe », vise à s'emparer de la trouée de Cho Ben et à reporter la ligne de nos postes au-delà de la route des Concessions (RP 21). Il s'agit en fait d'une opération préliminaire à une offensive de grande envergure sur la région d'Hoa Binh[1]. Le démarrage en est fixé au 10 novembre 1951. La manœuvre comprend deux actions combinées. La première, nord-sud, a pour but de s'assurer la possession du couloir de Choben sur la RP21. La seconde, est-ouest, doit partir de la région de Na Duong, sur le Day, et sera combinée avec une opération aéroportée visant également à s'emparer de Choben. Le général de Linarès articule ses forces en quatre groupements : Nord (action terrestre nord-sud sur Choben), Centre (action est-ouest sur Choben, menée par le 1er BPC), Sud (couverture sur la rivière Tranh Ha) et Est (nettoyage entre les Calcaires et le Day). D'après les renseignements recueillis, il semble que le Vietminh dispose, dans la zone « Tulipe », des éléments de deux bataillons du régiment 64. Leur mission consiste à protéger Cho Ben. Il y a également le bataillon régional 164 à trois compagnies et

1. S'il ne s'agissait pas de guerre, où l'on tue, où l'on meurt, le retour périodique d'Hoa Binh sur le devant de la scène apparaîtrait presque comme le refrain d'une opérette. A chaque lever de rideau, les soldats partent conquérir Hoa Binh, sans que le spectateur ait su, entre-temps, qu'on l'avait perdu.

enfin trois autres compagnies régionales. Des travaux de campagne entourent la trouée de Cho Ben en bordure du Calcaire nord, sur la ligne des villages qui ferme la trouée, sur les monticules dans la rizière et sur les Calcaires au sud. La RP 21 est coupée en de nombreux endroits. Une ligne téléphonique relie Cho Ben au central de Chi Ne. La route, entre la cote 98 et Cho Ben, n'est qu'une piste. De Cho Ben à Chi Ne, elle est véhiculable. La rizière semble partout guéable. En conclusion, l'objectif peut être rapidement enlevé car ni les défenseurs ni le terrain ne semblent devoir offrir de grandes difficultés.

La mission du 1er BEP comporte trois phases : effectuer la liaison avec le groupement Centre ; s'emparer de Cho Ben et de ses environs immédiats, le village de Ba Lam et le pont de Lang Duong ; enfin, pousser des reconnaissances vers Coi Coai, Couen Ti, Tay Ho, Vean, Thung Quay. Dans le même temps, le groupement Centre se portera sur Cho Ben afin de soutenir l'action du 1er BEP. Le but final est d'effectuer la liaison avec le groupement Nord sur la ligne Quen Thua — Tai Giap. La DZ choisie est une rizière en forme de cuvette, située à 300 mètres de Cho Ben et dominée par de petites collines. Au-delà, des massifs calcaires limitent le terrain et permettent aux Viets de s'embusquer.

Au matin du 9 novembre, le capitaine Darmuzai reçoit l'ordre d'opération et met ses quatre compagnies en alerte, soit 582 officiers, sous-officiers et hommes de troupe. Les moyens de transport, dix C-47 et vingt-trois Toucan, sont répartis entre les terrains de Bach Mai et de Gia Lam. Le 10 novembre à 9 h 10, le largage s'effectue dans de bonnes conditions. A 10 h 30, le 1er BEP s'empare de Cho Ben où s'installe une compagnie et où s'effectue la liaison avec les premiers éléments du groupement Centre. L'aviation appuie au plus près le bataillon. Les autres éléments du BEP progressent vers le sud en direction de Quang Mang et Lang Beo. De son côté, le 1er BPC, engagé dans cette opération en tant que force terrestre, a quitté Phu Lien pour Cho Ben vers 11 h, et, avec lui, le groupement Centre atteint son objectif final à 2 km au nord de Cho Ben. A 14 h 30, le 1er BEP tient les villages de Lang Sao et Lang Gao, à 4 km au sud de Cho Ben, et assure la couverture sud du groupement Centre. Le lendemain, le BEP regagne Hanoï.

La réaction ennemie s'est montrée assez faible. C'est devenu une règle ; les Vietminh ne se ruent pas comme un taureau sur le premier chiffon rouge agité devant lui. Il attend que son adversaire dévoile ses intentions et étale son jeu, c'est-à-dire l'étendue de ses forces.

Le général de Lattre donne alors le feu vert à la poursuite de son offensive au-delà de la ligne fortifiée. L'opération « Lotus » a pour « but primordial d'interdire la voie principale de communication entre le Viet Bac et le Nord-Annam, avec pour objectif l'occupation de la cuvette de Hoa Binh et l'établissement d'une ligne d'avant-postes fortifiés le long de la rive droite de la rivière Noire, de Trung Ha à

Hoa Binh, puis le long de la RC6 jusqu'au point fort de Xuan Mai ». Le commandement est confié au général Salan, adjoint militaire du général de Lattre. L'intention de Salan consiste à occuper Hoa Binh par surprise grâce à une action aéroportée et, dans la même journée, réaliser la liaison des éléments parachutés avec les deux groupements progressant est-ouest par la RC6 et nord-sud par la rivière Noire. Les trois groupements comportent les unités suivantes : Nord : six bataillons d'infanterie, trois groupes d'artillerie, un escadron blindé, un bataillon du génie ; Sud, aux ordres du colonel de Bollardière, avec comme chef d'état-major le lieutenant-colonel Ducournau : sept bataillons d'infanterie, dont trois de parachutistes, trois groupes d'artillerie, un groupe blindé, deux bataillons du génie, dont une section parachutiste ; liaison : deux bataillons d'infanterie, un groupe d'artillerie ; aéroporté : trois bataillons.

Dans la nuit du 13 au 14 novembre, le groupement Nord atteint Dan The et le carrefour d'Ap Da Chong. Le groupement de liaison, qui marche vers Mai Thon, est retardé par la végétation extrêmement dense. Quant au groupement Sud, il atteint le col de Kem avec son sous-groupement terrestre dans la matinée du 14.

Le groupement aéroporté, aux ordres du colonel de Rocquigny, commandant les TAPN, comprend les 1er et 7e BPC, une section d'artillerie de 75 sans recul, une section de 75 de montagne, une section du Génie et le 2e BPC rentré de Cochinchine par avion les 8 et 9 novembre. La brume retarde le saut sur Hoa Binh. Enfin, à 12 h 30, le 2e BPC est largué à l'est de l'emplacement de la ville d'Hoa Binh. Celle-ci a été rasée par les Viets, comme avaient été rasées Bac Ninh et Phu Lang Thuong. Le 2e est suivi à 14 h 10 et 17 h 30 par les deux autres bataillons. Quatre hommes ont été blessés par mines, un autre a disparu. Il n'y a pas eu de combat. Il n'y a pas d'habitants.

Lorsque la nuit tombe, une parcelle du pays Muong a changé de mains. Le Génie s'efforce d'ouvrir la RC6 avec ses bulldozers et de réparer les destructions opérées par les Viets. Le lendemain, sept bataillons d'infanterie pourront utiliser cette voie pour arriver à destination. La double attaque de Cho Ben et d'Hoa Binh a coûté 608 morts au Vietminh (les autres groupements ont en effet rencontré des résistances) ; les Français ont seulement perdu 8 morts et 9 blessés.

Le 19 novembre, lors d'une prise d'armes à Hoa Binh, le général de Lattre remet la Légion d'honneur au capitaine de Puybusque et au lieutenant Ziegler. Le surlendemain, le 1er BPC quitte Hoa Binh par LCM, débarque à Ap Da Chong et s'y installe. Le 22, l'opération est démontée et les éléments parachutistes rentrent sur Hanoï.

Pendant ce temps, en pays Thaï, le 5e BPC a été accroché par deux compagnies du régiment 148 qui lui ont fait 10 tués et 10 blessés. Le 10e BPCP est rentré par avion de Nghia Lo, le 15. Le 1er BPVN, arrivé de Cochinchine le 18, est engagé dans le secteur des Sept Pagodes dès le 27.

* * *

Du 26 novembre au 3 décembre 1951, le 7e BPC, sous les ordres du chef de bataillon Moulié, est engagé en pays Thaï pour dégager le bataillon thaï nº 3 qui, bloqué par les Viets sur un piton, ne peut revenir au poste de Ban Mo sans aide extérieure. D'après les renseignements, il semble que l'attaque ait été menée par des éléments réguliers venus de Phu To et se déplaçant vers le Sud. La région des combats, montagneuse et très boisée, interdit toute marche de nuit.

Au matin du 26 novembre, les parachutistes du 7e BPC sont regroupés sur les terrains de Bach Mai et de Gia Lam. Ils ont à leur disposition quatorze JU-52 et cinq Dakota pour l'opération baptisée « Delphine ». Le commandant Moulié cherche une DZ proche du piton. Le terrain étant trop mouvementé, il décide de faire sauter ses hommes dans la cuvette de Van Mo. Le parachutage s'effectue en deux vagues, à 12 h 30 et 15 h, sans problèmes. Au sol, Moulié réquisitionne 85 coolies pour transporter le matériel lourd et les blessés.

Dès 16 h, la 7e CIP, puis la 13e compagnie sont poussées sur le col et le village de Lang Chiet, avec mission de prendre les pitons commandant la vallée. La nuit retarde la 13e compagnie qui bivouaque au col. Le lendemain, le reste du bataillon quitte Ban Mo et rejoint les éléments de tête dans la vallée de Lang Chiet. Des rescapés et des blessés du BT3 sont recueillis et confiés à l'antenne chirurgicale. A 14 h, le commandant Moulié demande à Hanoï un largage de vivres. Craignant un long délai, il décide de partir sans plus attendre. La 7e CIP et la 13e compagnie empruntent la vallée de Ban Dung. La 14e Cie (Lieut. Mesmin) et la CCB (cap. Jestin) accompagnées de l'antenne chirurgicale, doivent tenir la vallée de Lang Chiet, en élément de recueil. Cependant, la météo défavorable empêche le ravitaillement.

Le 28 novembre, le premier détachement, avec à sa tête le commandant Moulié, reprend sa marche pour rejoindre le col de Nuoc Haong, dans l'espoir d'y rencontrer les survivants du bataillon thaï. Ces derniers rendent compte par radio qu'ils ne peuvent venir à sa rencontre. Le détachement arrière reçoit alors l'ordre de pousser jusqu'à Xom Bang. Seule une section demeure à Lang Chiet pour assurer la sécurité. Elle est aidée par les rescapés du BT3 recueillis le 27 novembre. Le temps, exécrable, empêche de nouveau le largage des vivres.

La nuit se passe sans incident notable et, au matin du 29, le détachement Moulié tente de rejoindre le bataillon thaï sur le piton encerclé tandis que le second détachement reçoit l'ordre de se porter en protection sur un col. Par radio, le commandant Moulié convient avec le commandant du BT3 de ne tenter l'approche du piton que le lendemain. En effet, sans ravitaillement depuis deux jours, les parachutistes sont épuisés. Une pause est nécessaire.

Le 30 novembre, vers 9 h, la liaison s'effectue avec le bataillon thaï. Ce dernier compte 48 blessés qui vont être évacués vers Lang Chiet. L'amélioration de la météo permet enfin le largage de vivres dans la cuvette de Lang Mang où le détachement arrière organise la récupération. En début d'après-midi, le retour commence, la 7e compagnie en tête, suivie du bataillon thaï et du reste du 7e BPC. Lorsque la nuit tombe, la 7e CIP et le BT3 se trouvent à proximité du col gardé par le détachement arrière. Le reste du 7e bivouaque à la lisière ouest de la cuvette de Lang Mang. Le 1er décembre, la marche vers l'ouest reprend, ralentie par le brancardage des blessés. Au soir, les premiers contreforts de Xom Bang sont atteints. Le lendemain, à 11 h, la 7e CIP du lieutenant Breem arrive à Lang Chiet et poursuit sa marche vers Ban Mo où elle parvient vers 14 h. A Lang Chiet, où le BT3 est parvenu, un hélicoptère parvient à se poser. Les 48 blessés commencent à être évacués, protégés par la 14e compagnie. La 13e compagnie et la CCB n'ont pas attendu l'évacuation et ont continué vers Ban Mo qu'elles rejoignent en fin d'après-midi. Mais le mauvais temps revient. L'hélicoptère doit renoncer à se poser. La 14e compagnie repart le 3 décembre pour Ban Mo, qu'elle atteint en fin de soirée en compagnie des derniers blessés. Enfin, entre le 4 et le 8 décembre, le bataillon est aérotransporté sur Hanoï.

Finalement, cette mission n'a pas donné lieu à de farouches combats. Mais nous avons tenu à en rendre compte sinon dans le détail du moins de façon assez complète car, de l'aveu même de plusieurs de ses acteurs, comme le commandant Moulié — athlète complet — et le lieutenant Breem — râblé et résistant — interrogés par l'auteur, jamais ils n'avaient supporté une pareille douleur physique, vaincu un tel épuisement. La faim torturante incitait aux pires tentations : se coucher, fermer les yeux, dormir, mourir en dormant peut-être, mais ne plus marcher, surtout ne plus marcher, ne plus sentir les bretelles du sac et de l'arme, boire et dormir. Et pourtant, se relever, repartir, penser, donner des ordres, encourager les autres... Qui ne l'a pas fait ne peut comprendre.

* * *

A la suite de l'opération « Lotus », la région ouest se trouve organisée en trois secteurs : le secteur de la RC6, de Xuan Mai à Xom Phéo ; le secteur d'Hoa Binh, confié au GM3 ; le secteur de la rivière Noire tenu par le GM7. Les hommes s'enterrent, déroulent des réseaux de fils de fer barbelés et mettent en place des champs de mines. Les points d'appui de compagnies doivent être transformés en ensembles fortifiés, comme dans le Delta. L'artillerie et les mortiers règlent leurs tirs. On sent que les Viets vont passer à l'attaque.

Le Vietminh est en effet en train de rameuter ses troupes du Nord-Annam et de la moyenne région du Tonkin. Progressivement, les divisions 304 et 308 viennent rejoindre la 312 dans leurs zones d'attente. Les divisions 316 et 320, installées au nord de Luc Nam et à l'ouest de Ninh Binh, se préparent à infiltrer leurs régiments à l'intérieur du Delta, vers Nam Dinh et Kesat. Fin novembre, les commandos autonomes, ou détachés des bataillons qui grenouillent dans la nature durant la nuit, signalent la présence de nombreuses unités ennemies de part et d'autre de la RC6. On accueille ces mises en garde avec scepticisme. Le 2/12, un convoi venant d'Ao Trach et se dirigeant vers Xom Pheo, tombe dans une embuscade. Sur l'ensemble du Tonkin, le commandement vietminh déclenche une série d'attaques et d'embuscades. Le 10e BPCP saute le 18 à Phat Diem qui vient d'être attaqué.

L'attaque vietminh va d'abord se porter sur le secteur de la rivière Noire qui est organisé en un système de points d'appui étalés sur une vingtaine de kilomètres. Deux rôles principaux englobent chacun une tête de pont sur la rive gauche : Rocher Notre-Dame — Tu Vu, au sud ; Dan The — La Phu, au nord. Les points d'appui sont tenus par quatre bataillons. Les très larges intervalles entre eux sont parcourus par des éléments mobiles. Le 1er BPC rapatriable a dû percevoir à nouveau les armes qu'il avait déposées au magasin pour révision. On l'a placé en réserve.

Entre le 4 décembre 1951 et le 8 janvier 1952, le Vietminh lance ses deux meilleures divisions à l'assaut du pivot sud dont il va chercher à s'emparer afin de couper Ap Da Chong de Hoa Binh. Puis il s'attaquera aux axes de communication des points d'appui afin de les isoler. Au début de décembre, les patrouilles de reconnaissance du sous-secteur Sud ont capturé plusieurs officiers viets. Les indices d'une attaque contre Tu Vu se confirment, de même que la présence d'importants rassemblements ennemis (deux régiments de la 312) à l'est du rocher Notre-Dame.

Le 1er BPC, stationné au carrefour d'Ap Da Chong, est alors dirigé sur Thu Phap. D'autre part, le commandant en chef décide de monter une opération de nettoyage dans le but de prendre à revers les concentrations ennemies du rocher Notre-Dame, dont les éléments se sont infiltrés par la région de Thuy Co. Le 9 décembre 1952, l'état-major déclenche donc l'opération « Jasmin » avec le GM4, le 7e BPC plus des moyens de secteur, les éléments de la RC6, dont le 8e BPC appuyé par une batterie d'artillerie. Le nettoyage des pentes sud du Ba Vi qu'effectuera le GM4 et celui de l'axe Chai Koai — Thuy Co seront couverts au nord et au sud.

Dès le début de l'opération, le GM4 prend du retard du fait des difficultés du terrain. C'est la couverture Nord qui assure finalement l'action principale. Le 10 décembre, le 1er BPC accroche les éléments de quatre ou cinq bataillons viets à Xom Sui. Les combats sont d'une violence extrême. Les hommes se battent au corps à corps. La compagnie du capitaine Carrié se trouve séparée du bataillon et encerclée. Elle se bat au corps à corps jusqu'à anéantissement — les gens du BEP qui, deux jours plus tard, repasseront sur les lieux des combats remarqueront que les cadavres viets sont beaucoup plus nombreux que ceux des paras coloniaux. Le bataillon perd au total 15 parachutistes tués, 87 portés disparus et, parmi eux, le capitaine Carrié. Le soir, la chasse intervient et permet au reste du bataillon de se dégager. Les Viets se replient. Cette magnifique réaction du 1er BPC oblige le commandement ennemi à renoncer à son action à revers prévue pour le soir même contre le rocher Notre-Dame. De son côté, le 7e BPC a accroché dans la cuvette de Yenle. Le lieutenant Breem a été tué alors qu'en tête de sa compagnie, il montait vers le sommet d'un piton qu'on lui avait assuré libre de tout ennemi. Les VM montaient de l'autre côté... Son corps, enterré sur place, y est encore selon toutes probabilités.

Les 11 et 12 décembre, l'opération se poursuit vers le rocher Notre-Dame et la cote 312, à 2 km au nord-est de Giap Thung. Dans la nuit du 10 au 11 décembre, les Viets déclenchent une attaque contre Tu Vu en se lançant toute la nuit à l'assaut du poste. A 3 h 40, ils parviennent à pénétrer à l'intérieur. Au matin, ils se retirent en emmenant une partie de leurs tués. Les jours suivants, nos patrouilles de reconnaissance dénombreront pourtant plus de 400 cadavres. Cette même nuit du 10 décembre, le Vietminh s'est également attaqué à la batterie du village de X.Bu, sans succès.

Le 11 décembre, le commandement viet change d'objectif et relance son action contre nos lignes de communications. La division 312 s'infiltre dans le Ba Trai et au nord du Bavi. Les éléments d'ouverture français se heurtent à une série de destructions sur la route Yen Cu — Ap Da Chong. Un groupement est pris à partie par les Viets à moins de 11 km du PC. La chasse intervient, ainsi que le 5e BPC et un escadron de chars Sherman du RBCEO. Mais la route demeure coupée et nos éléments sont obligés de se replier à la nuit. Ce repli s'effectue avec difficulté. Les pertes sont élevées. En particulier, la 9e compagnie du 5e BPC tombe dans une embuscade. Elle perd 34 tués, dont les lieutenants des Essarts, Sudrot et Laval, ainsi que 66 blessés.

Les 13 et 14 décembre, les Viets relâchent leur pression. Le GM4 peut quitter le rocher Notre-Dame et, par le littoral, se diriger vers la région de Trung Ha — Yen Khoi. Les GM1 et GM4, le S/GB1, le 1er BEP et la totalité du 1/RBCEO sont alors mis à la disposition du commandant de secteur de la rivière Noire, en vue de constituer une réserve pour une opération d'envergure. Le lieutenant-colonel

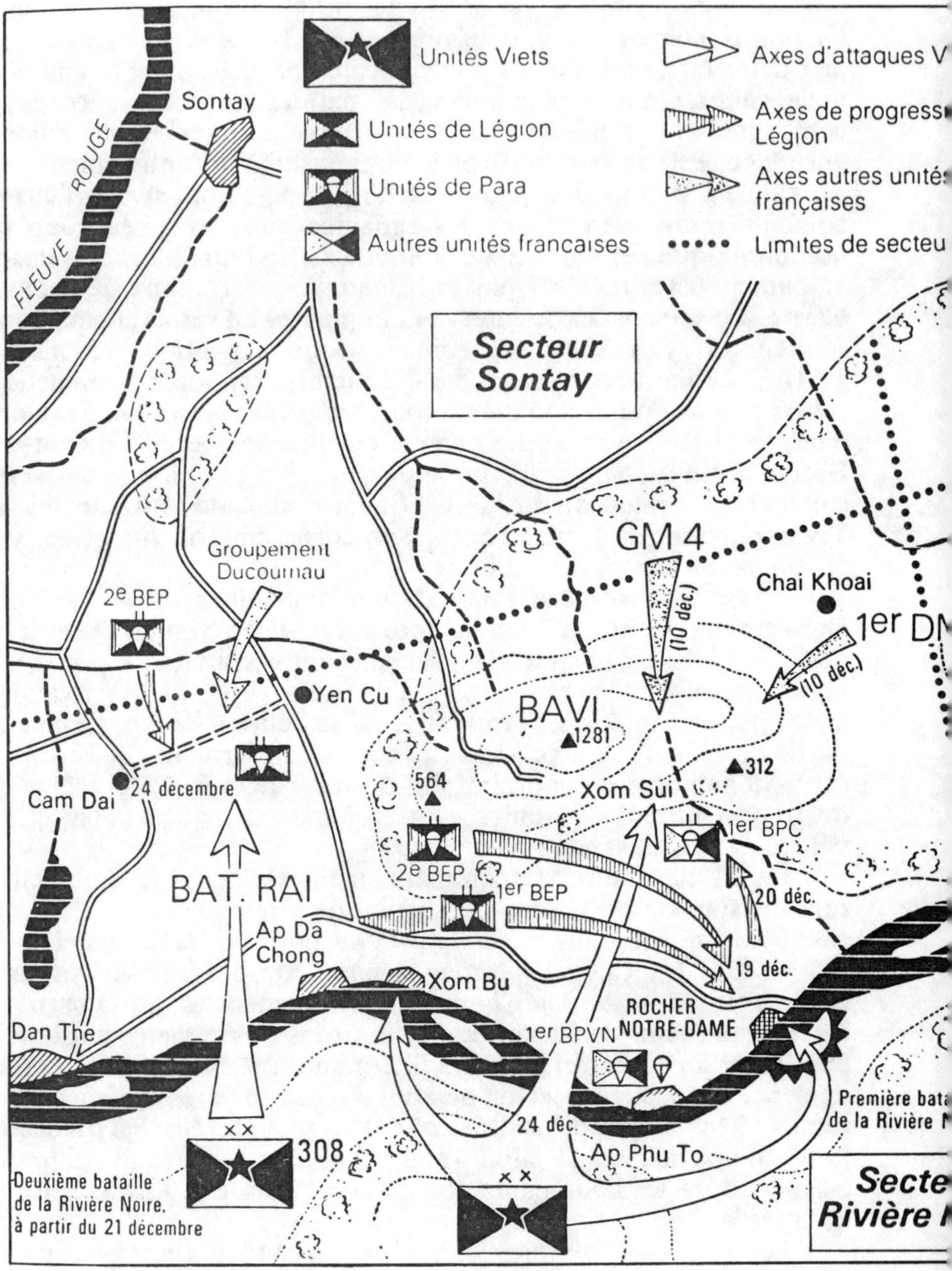

14 novembre 1951 à février 1952.

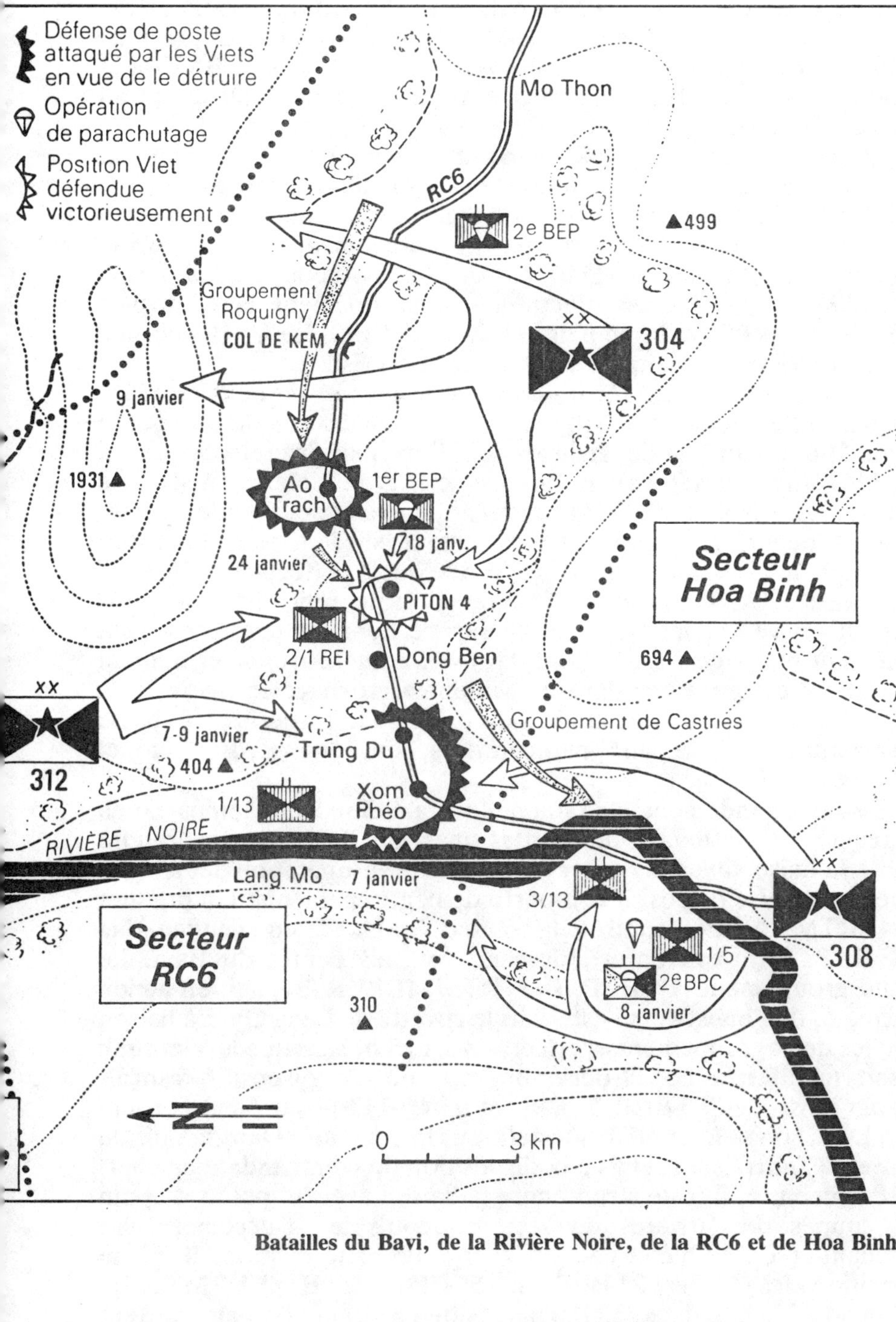

Batailles du Bavi, de la Rivière Noire, de la RC6 et de Hoa Binh.

Ducournau, adjoint des TAPN depuis le 1er décembre, installe un PC léger à Yen Cu, le 14. Le commandement va en effet s'efforcer de rétablir notre système de communications en nettoyant le Ba Trai et les pentes ouest du Bavi. Cette opération va se dérouler du 15 au 20 décembre 1951.

Dans un premier temps, le commandement met sur pied un dispositif visant au nettoyage du Ba Trai. Il s'agit d'atteindre la rocade nord Ap Da Chong – Dan The et de contrôler la route Yen Cu – Ap Da Chong. Le S/GB1, renforcé par un bataillon du GM4 assure le bouclage nord, entre Cam Dai et Dan The. Le bouclage sud, sur la route d'Ap Da Chong, est effectué par le groupement parachutiste : 1er BEP et 5e BPC, avec un peloton du 1/RBCEO. Le GM1 s'occupe du nettoyage proprement dit sur la route de l'Est.

Dans la journée du 15, les deux bouclages se mettent en place sans difficulté. Seul, le GM1 est accroché, à 500 m du village de X.Doi. Il parvient à se débarrasser des Viets, mais les retrouve sur la cote 116, à un kilomètre au nord-ouest de X.Doi. Malgré la résistance acharnée des réguliers, le GM1 réussit à s'emparer de la hauteur avant le soir. Au cours de la nuit, des mouvements sur la rivière Noire font penser que les Viets se replient sur la rive ouest. Effectivement, le 15 décembre, le GM1 reprend sa progression sans rencontrer de résistance. Il arrive sur les bords de la rivière dont les pentes est sont totalement nettoyées. La route d'Ap Da Chong se trouve également sous contrôle français malgré un violent accrochage le matin, à la cote 81, entre Viets et légionnaires du 1er BEP. L'artillerie et la chasse sont venues en aide aux parachutistes, qui ont perdu 1 tué et 26 blessés.

Le commandement s'attaque alors au deuxième temps de sa manœuvre : le nettoyage des pentes ouest du Bavi, pour reprendre ensuite la liaison avec le rocher Notre-Dame. L'opération démarre le 17 décembre. Le dispositif comporte deux groupements. Un premier (III/4e RTM, 5e BPC) contrôle la route d'Ap Da Chong, pendant que le 2e BEP, venu en renfort, descend vers les pentes du Bavi. Le second groupement (1er BEP, II/6e RTM, II/1er RTA) agit en action principale, de l'ouest vers l'est, dans la cuvette de Lang Gy. La liaison entre les deux groupements s'effectue vers 15 h, sans que le Vietminh se soit manifesté. Le 17 décembre au soir, le dispositif français s'établit ainsi : les 1er BEP, 5e BPC et III/4e RTM contrôlent la route d'Ap Da Chong ; le 2e BEP s'installe sur la cote 564. Dans la nuit, le GM1 et le S/GB1 sont remis à la disposition du commandant en chef. Le 18 décembre, il reste à reprendre la liaison avec les points d'appui sud, coupés des arrières du secteur depuis le 11 décembre. Le lieutenant-colonel Ducournau est chargé de cette mission. Il a à sa disposition les 1er et 2e BEP, le 5e BPC, le III/4e RTM et le commando 35. Les deux BEP, chargés de l'action principale, partent du carrefour d'Ap Da Chong (1er BEP) et de la cote 564 (2e BEP), et avancent vers le sud jusqu'aux abords du rocher Notre-Dame. La liaison se fait sans difficulté. Le lendemain, 20 décembre, les deux BEP effectuent des reconnaissances dans la cuvette de X.Sui. Les morts du 5e BPC y sont recueillis. La deuxième phase de la bataille de la rivière Noire est terminée. Le III/4e RTM, l'état-major du groupement para, ensuite le 2e BEP et le 1er BPC sont remis à la disposition du commandant en chef.

A partir du 21 décembre 1951, la division 308 apparaît dans le secteur. Le Vietminh peut reprendre son action contre nos lignes de communications. Ce jour-là, vers 11 h, le commando 35 trouve par hasard un bivouac viet, au sud de la route Yen Cu – Ap Da Chong. Une heure plus tard, une patrouille du 5e BPC est accrochée sur la cote 82 par une compagnie viet disposant d'armes lourdes. Les parachutistes parviennent à se dégager mais sont de nouveau pris à partie vers 17 h. La chasse intervient et leur permet de décrocher.

Le lendemain, 22 décembre, le commando 35 est attaqué sur la cote 504 et le 5e BPC à l'est de la cote 82. Le commandement se rend compte que les Viets tiennent à nouveau les abords de la pénétrante. Le 1er BEP, qui est installé sur le rocher Notre-Dame, reçoit l'ordre de se porter sur Ap Da Chong. Seule, une compagnie atteint le village au soir du 22 décembre. Le reste du bataillon s'est porté en cours de route au secours d'un convoi de la marine tombé dans une embuscade, au nord d'Hoa Binh.

Le 23 décembre, l'ennemi étend son action à la rocade du littoral. Une patrouille de reconnaissance, attaquée à l'est de Luong Phu et à Tach Xa, se dégage avec beaucoup de difficultés. Dans le même temps, le 1er BEP tombe dans une embuscade à 3 km au sud de X.Bu. Il s'en dégage avec l'aide de deux pelotons de chars légers M5 et de la chasse.

Devant ces nouvelles actions ennemies, le commandement remet à la disposition du secteur de la rivière Noire l'état-major du groupement parachutiste, le 2e BEP, le GM1, le 1er BPVN et deux batteries d'artillerie supplémentaires. Le 23 décembre, une compagnie du 1er BPVN est parachutée sur le rocher Notre-Dame. Le 24, le reste du bataillon du commandant Le Quang Trieu est largué sur Ap Phu Tho. Le même jour, le groupement parachutiste, que commande le colonel Ducournau et qui comprend les 1er et 5e BPC, le 2e BEP, deux pelotons de Sherman et un bataillon du GM1, reçoit l'ordre de reprendre le contrôle de la pénétrante. L'opération s'effectuera par un mouvement en tenaille des deux BEP sur la cote 82, tandis que le 5e BPC assurera la couverture avec le sud-est.

La progression vers l'est du 1er BEP se déroule sans difficulté mais le 2e BEP accroche sur les croupes de la cote 61, puis à proximité de la cote 57. Les légionnaires parachutistes doivent se replier vers l'est, alors que le II/1er RTA, engagé en renforcement, est lui-même menacé sur son flanc. Les Viets s'infiltrent jusqu'à la route Yen Cu –

Cam Dai. L'intervention de la chasse permet le regroupement du 2e BEP sur la cote 61 et du II/1er RTA vers Yen Cu. Les pertes des deux bataillons sont sévères. Le 2e BEP compte 12 tués et 31 blessés, tandis que les Viets laissent plus de 300 cadavres sur le terrain.

Le commandement prend conscience que seule une opération d'envergure peut déloger les forces viets de la route. Avant de l'entreprendre, les points d'appui étant solidement tenus, une série de petites opérations seront lancées dans le but d'obtenir des renseignements. Entre le 25 décembre 1951 et le 3 janvier 1952, des patrouilles quotidiennes tentent de glaner des indications permettant de dénombrer les forces du Vietminh dans la région.

Il apparaît que les Viets ont infiltré dans le Ba Trai un régiment de la division 308. Durant les combats des 23 et 24 décembre, nos services ont également identifié le régiment 102 et le régiment 36. D'autre part, des éléments viets sont signalés à Yen Tinh, Trai Khoai, X.Trai et Doi Dang. Seule la partie est du Ba Trai paraît dégarnie.

Durant ces dix jours, la chasse et l'artillerie sont intervenues afin de desserrer l'étreinte viet. L'opération de dégagement des lignes de communication peut commencer. Mais le commandement décide de monter au préalable l'opération « Nénuphar » dont le but est le nettoyage du Ba Trai. Il s'agit, par une diversion venue de l'ouest, d'aspirer le Vietminh autour de Tach Xa. L'opération se déroule les 4 et 5 janvier, avec le groupement parachutiste qui cloisonne la route Yen Cu – Ap Da Chong, le GM4 attaquant vers le sud à partir de Ngoc Nhi et le GM1 faisant diversion sur Tach Xa. Le 5 janvier au soir, le Ba Trai est considéré comme nettoyé et la pénétrante solidement tenue. Le 6 janvier, une opération d'intoxication est déclenchée. Un faux GM9 (éléments du 1er BPC et PC du colonel de Rocquigny) se déplace vers Viet Tri pour inciter le Vietminh à engager ses réserves sur Phu Lu.

Le commandement décide de compléter la reprise en main du secteur de la rivière Noire par le nettoyage des pentes ouest du Bavi. C'est le but de l'opération « Violette » les 7, 8 et 9 janvier 1952. Après quoi, le dispositif défensif sur la rivière Noire sera remanié et inclus dans le secteur du Son Tayn et s'appuiera sur le môle Dan The – La Phu. Le remaniement implique le retrait des garnisons du rocher Notre-Dame, de la cote 30, de Xom Bu et d'Ap Da Chong. L'opération « Violette », montée pour couvrir ces mouvements, consiste à tenir l'ensemble Bavi, route Yen Cu – Ap Da Chong, tout en protégeant le mouvement de repli et en nettoyant les pentes du Bavi. Le dispositif comprend un groupement de sûreté qui contrôle la route (1er et 2e BEP, 5e BPC, IV/7e RTA) et un groupement chargé du nettoyage du Bavi (II/6e RTM, II/1er RTA, II/1er RTM, 1er BPVN).

Le repli des garnisons s'effectue normalement. Le 7 janvier, les garnisons du rocher Notre-Dame et de la cote 30 sont regroupées à Yen Cu. Elles sont rejointes le lendemain par les garnisons de Xom

Bu et d'Ap Da Chong. Le 9 janvier, les éléments de protection et de couverture se replient à leur tour. Au soir, le nouveau dispositif est en place. Le groupement parachutiste, aux ordres du colonel de Rocquigny depuis le 10 janvier, est remis à la disposition du commandant en chef.

Dans la plupart des affrontements, nous avons eu le dessus. Les pertes ennemies sont bien supérieures aux nôtres. « A la fin, me déclarait le lieutenant-colonel Ducournau, nous étions les patrons ». Bien sûr, mais, à la fin nous avons bien dû renoncer à naviguer sur la rivière Noire et évacuer les postes qui protégeaient cet itinéraire fluvial. Giap ne demandait pas autre chose. Le vainqueur, c'était lui.

1er BEP

XI

L'ÉVACUATION DE HOA BINH

décembre 1951-février 1952

Pendant toute la période qui vient de s'écouler, les secteurs de Hoa Binh et de la RC6 n'ont fait l'objet d'aucune action d'envergure de la part du Vietminh. Seules quelques attaques de postes et des embuscades contre les convois ont eu lieu. Mais, à partir de janvier 1952, la route coloniale n° 6 redevient le théâtre d'âpres combats. « Hoa Binh tombera avant la fête du Têt », proclame la radio du Vietminh.

Comment se présente le terrain ? A partir de Xuan Mai, la RC6 traverse un plateau couvert d'herbe dense, où les cours d'eau creusent des fossés plus ou moins profonds. A l'ouest de Mo Thon, elle s'engage dans un massif montagneux calcaire présentant des vallonnements irréguliers et des hauteurs abruptes. Là, se situent le col de Kem, la cuvette d'Ao Trach, le défilé de Dong Giang et les pitons 4 et 6. A partir de Dong Ben, la route s'enfonce entre des pitons assez élevés. La végétation, extrêmement dense, est constituée d'herbe à éléphants, de bambous et d'arbustes touffus. Toute cette partie montagneuse de la RC6 est propice aux embuscades. Au bout de la route, la tête de pont de Hoa Binh apparaît comme une cuvette semi-circulaire, limitée à l'est et au sud par une boucle de la rivière Noire. Au nord, la rive gauche du fleuve rejoint des contreforts montagneux couverts de jungle. A l'ouest, la montagne est de plus en plus élevée et abrupte à mesure qu'on progresse vers le sud. En avant de la montagne et surplombant le terrain que nous occupons, on trouve, toujours du nord au sud : des collines herbeuses, un marécage, le petit piton calcaire et le grand piton. C'est derrière ce dernier que les Viets ont installé leur DCA. Une portion de route longe la rivière Noire entre Xom Pheo et Ben Ngoc, lieu de franchissement par bac vers Hoa Binh.

Depuis le 5 décembre 1951, la région est divisée en deux secteurs : RC6 et Hoa Binh. Le secteur de la RC6, qui englobe la route Mo Thon-Xom Pheo, a son PC installé à Ao Trach et dispose de quatre bataillons d'infanterie, d'un sous-groupement blindé, de deux pelotons d'AM, de deux batteries de 105 HM2 et d'une section du

Génie. Le système de défense comporte une série de points d'appui destinés à protéger la route et couverts par des postes mobiles placés sur les crêtes. La défense de la route est assurée à l'est, de Mo Thon à Ao Trach, par le III/1er RTM ; à l'ouest, de Ao Trach à Xom Pheo, par le I/13e DBLE. Le 1er Tabors est chargé de la sûreté rapprochée ; le 8e BPC, qui se trouve à Ao Trach depuis le 3 décembre, assurant avec le commando 19 la couverture éloignée. La réserve mobile est constituée par un escadron du 1er RCC, par le 8e RSA et par un peloton d'automitrailleuses du RICM.

Le secteur d'Hoa Binh est chargé « de créer de part et d'autre de la rivière Noire, un centre de résistance fortifié et d'assurer une protection éloignée de la cuvette ». Les moyens sont les suivants : cinq bataillons d'infanterie, un peloton d'AM, un peloton de chars légers Chaffee, deux batteries de 105 HM2, une batterie de 105 L36 et une compagnie du Génie. Le centre de résistance est occupé au nord par le III/13e DBLE et au sud par le I/5e REI. Le 2e BPC est en réserve, prêt à intervenir. Le dispositif de protection éloignée est assuré par des éléments du bataillon de réserve et par le GM3 (1er et 2e Muong, un peloton d'AM).

Pendant tout le mois de décembre, les patrouilles pénètrent profondément dans le pays Muong. Les Viets, occupés dans le secteur de la rivière Noire, ne réagissent que sporadiquement. Ils veulent seulement manifester leur présence afin de maintenir dans la région des troupes qui ne se porteront pas en renfort sur la rivière Noire. Durant ce mois de décembre, les patrouilles subissent cinq fois des embuscades. Le 2, un convoi de camions est attaqué près de Dong Ben ; les Viets sont repoussés. Le 7, une compagnie tombe dans une embuscade à Lang Mo ; 20 Viets sont abattus. Le 13, au même endroit, le 2e BPC qui progressait vers le nord le long de la rive gauche (ouest à cet endroit) pour assurer la protection d'un convoi fluvial, est durement stoppé par les Viets dissimulés dans la jungle et qui cherchent visiblement à l'attirer dans les collines et la végétation inextricable de l'ouest. Le commandant Toce ne tombe pas dans le piège. La compagnie Ziegler, qui marchait en tête reste isolée pendant deux heures. Le lieutenant Paoli est tué ainsi que 7 autres parachutistes. Il y a 19 blessés et 2 disparus. Le convoi fluvial passe.

A l'ouest d'Ao Trach, le 15 décembre, ce sont des véhicules qui subissent les tirs viets ; ils sont dégagés rapidement. Le 22, c'est au tour d'un convoi fluvial d'être accroché, à hauteur de Lac Song. La marine perd un LCM blindé et trois vedettes.

A la fin de décembre, nos services de renseignement ont la certitude que les Viets se préparent à l'action. Le régiment 66 se rapproche au nord de la RC6 et le régiment 9 est signalé près de la route. Puis, différentes unités des divisions 308 et 312 sont repérées aux abords de l'axe routier. Il devient évident que l'ennemi reporte son effort vers le sud. A la bataille de la rivière Noire va succéder celle de la RC6. Le 25 décembre, le 2e RPC est aérotransporté sur Hanoï.

Entre le 31 décembre et le 11 janvier, le Vietminh se lance à l'assaut des points d'appui de façon à affaiblir nos forces et à gêner les communications avec Hoa Binh. Dans la nuit du 30 au 31 décembre, le point d'appui de Trung Du est attaqué vers minuit. C'est un échec pour les Viets qui laissent 160 morts sur le terrain, pour 4 tués et 31 blessés du côté français.

Dans la nuit du 7 au 8 janvier, plusieurs autres points d'appui sont attaqués. Vers 1 h, Xom Pheo subit l'assaut de quatre bataillons de la division 308. Les vagues se succèdent durant toute la nuit, sans succès. Au matin, on dénombre 800 cadavres viets. Des attaques de diversion sont menées dans le même temps à Trung Du, Dong Ben et An Lap.

A Hoa Binh même, les Viets s'infiltrent à l'intérieur du camp retranché, détruisent deux obusiers de 105 HM2 et enlèvent le capitaine. C'est un exploit ébouriffant. En réalité, ce raid visait à faire cesser l'appui que cette batterie apportait aux défenses de Xom Pheo. C'était également l'objectif de l'attaque contre Dong Ben.

Dans l'après-midi du 8 janvier, le 2e BPC, qui se trouvait au repos à Hanoï, est largué sur Hoa Binh. Toute la nuit, les paras, parqués au milieu des points d'appui, se plaquent au sol pour échapper au tir désordonné des amis complètement affolés. Les cuisiniers, plantons, et gaziers de toutes sortes montant la garde autour du PC du colonel Cl. (homme d'esprit fort agréable par ailleurs), commandant la position, se montrent particulièrement redoutables.

Une balise radio-électrique est mise en place dans le camp retranché pour assurer par tous temps le largage à travers les nuages. La chasse accompagne maintenant les avions de transport afin de prendre à partie toute pièce de DCA qui se dévoilerait. Des parachutages de matériel sont également effectués au-dessus de Xom Pheo. Toute la journée, la DCA ennemie harcèle les forces aériennes. Huit avions sont touchés, quatre sont abattus.

La nuit suivante, Xom Pheo subit des tirs de mortiers. Dong Ben est attaqué à son tour. Le 9 janvier, les Viets parviennent à s'installer sur les hauteurs qui dominent le col de Kem et les débouchés d'Ao Trach. Dans la nuit, c'est un nouveau harcèlement sur les points d'appui. Finalement, le Vietminh renonce aux attaques de postes. Il préfère entamer le siège de la tête de pont d'Hoa Binh qui, désormais, est encerclée.

Entre le 11 janvier et le 22 février, le commandement français va s'employer à dégager la RC6, coupée en plusieurs endroits par les douze bataillons réguliers de la 304, du régiment 88 et de la 308. Les relations par voie terrestre sont rompues. Un gros effort est demandé à l'aviation et aux éléments de ravitaillement par air. (Le tonnage largué par la CRA de la BAPN passera de 1 240 tonnes en novembre 1951, à 2290 en décembre, 2650 en janvier 1952 pour retomber à 1500 en mars.)

La première phase qui débute le 10 janvier, vise à rétablir la circulation sur la RC6 entre Xuan Mai et Ao Trach. Les abords de la route seront tenus de façon à garantir la sécurité des convois de ravitaillement. Pour mener à bien sa mission, le colonel Gilles, adjoint depuis novembre 1951 du général de Linarès, chargé de mener à bien l'opération « Speculum », dispose d'un groupement temporaire aux ordres du colonel de Rocquigny, qui a pris le commandement du GAP en remplacement du lieutenant-colonel Ducournau envoyé à Hoa Binh. Le groupement Rocquigny est composé des 1er et 2e BEP et du II/1er RTM. L'ensemble est regroupé à Xuan Mai.

Côté ennemi, le commandement français pense trouver des éléments des régiments 9 et 57, à l'ouest et à l'est du col de Kem. De plus, il existe un risque d'intervention des divisions 304 et 308 qui stationnent à quelques heures de marche.

Le 11 janvier, après l'ouverture de la RC6 jusqu'à Mo Thon par les éléments du secteur de Chuc Son, le groupement Rocquigny entame son mouvement. Le débordement de la RC6 à partir de Mo Thon doit pousser le 1er BEP dans la région de Suc Sich et le 2e BEP vers la cote 202. Pendant ce temps, le II/1er RTM progressera par la RC6. Mais la végétation est drue et le 2e BEP, retardé, ne peut accomplir sa mission. Seul le débordement par le nord est effectué. De son côté, le II/1er RTM parvient sur la cote 54 vers 17 h 30 sans avoir rencontré de résistance.

Le commandant du S/GB2 à Ao Trach a envoyé deux compagnies du 8e BPC et une compagnie du III/1er RTM à la rencontre du groupement Rocquigny. Cet élément franchit le col de Kem puis continue vers l'est. C'est alors qu'il se heurte à des résistances ennemies. Obligé de se replier sur Ao Trach, il perd 25 tués et autant de blessés. Devant cette situation, le colonel Gilles obtient l'envoi sur Xuan Mai du 7e BPC et de la 3e batterie du 64e RA. En fin de journée du 11, le 1er BEP s'installe sur la hauteur de Mo So nord, le II/1er RTM à Suc Sich, tandis que le 2e BEP tient Mo Thon et le Piton 125.

Le 12 janvier, le groupement Rocquigny (1er BEP, II/1er RTM, 7e BPC et 19e Compagnie du génie) reçoit pour mission de nettoyer les abords de la route à partir de Bai Lang et de maintenir la sécurité de la portion de route entre la cote 54 et Ao Trach. Un groupement B (III/1er RTM, 2e BEP, commandos 5 et 7) doit s'occuper de la sécurité de la RC6 entre Mo Thon et la cote 54.

A 10 h 30, le 7e BPC entame sa progression. Accroché par les Viets à la cote 202, il s'y installe pour la nuit non sans subir des pertes. Le 1er BEP et le II/1er RTM tiennent Suc Sich. Quelques véhicules poussent jusqu'à Ao Trach. Au cours de la nuit, l'ennemi attaque les positions ouest et sud du 7e BPC. C'est un combat au corps à corps.

Les Viets se replient en laissant sur le terrain 119 morts et un armement important. Le bataillon a perdu 2 tués, dont le lieutenant Gondal, et 11 blessés.

Le 13, la route est entièrement ouverte de Xuan Mai à Ao Trach. Le 2e BEP prend position sur la cote 202, le 7e BPC étant maintenu sur ses positions. Le 1er BEP est mis à la disposition du S/GB2.

La deuxième phase de l'opération, la percée sur Dong Ben et Xom Phéo comporte plusieurs temps. Du 14 au 17 janvier, le commandement met en place un système de défense plus économique afin de libérer au maximum les moyens mobiles. Le sous-secteur de la RC6, qui dispose provisoirement du 1er BEP, assure la sécurité entre Ao Trach et le col de Kem ; le groupement Rocquigny, entre le col de Kem et Bai Lang ; le GM1, entre Bai Lang et Xuan Mai.

Le 18 janvier, une première tentative pour reprendre aux Viets le piton 4 échoue. Le groupement, composé du 1er BEP, du 8e BPC, du II/1er RTM, d'un goum du 1er Tabors et de la 19e compagnie du génie, se heurte à toutes sortes de difficultés. Dès le début, le 1er BEP contre-attaqué sur l'aile droite, perd 15 tués, 2 disparus et 48 blessés. L'aide du 60e goum ne suffit pas à rétablir la situation. Le 8e BPC, sur l'aile gauche, est également pris à partie, à hauteur de Dong Giang. Le colonel Gilles rappelle les différents éléments sur Ao Trach. L'action est reprise le 20 janvier par le groupement Rocquigny, renforcé du 7e BPC. Cette fois, l'objectif est occupé à 13 h 40 par le 7e BPC.

Du 21 au 29 janvier, une série de combats se déroulent pour la conquête du piton appelé la « Carrière », qui commande la plaine de Dong Ben. Ces actions visent également à user les forces ennemies. Le 21, un solide dispositif est installé entre Ao Trach et le Piton 4. Le 22, le 8e BPC, renforcé d'un peloton de chars Chaffee, s'engage en direction du point d'appui de Dong Ben. Vers 14 h, la réaction ennemie, espérée, se produit à l'est de la Carrière. L'action conjuguée de l'infanterie, des chars, de l'artillerie et de l'aviation s'abat sur les Vietminhs. L'ennemi se replie après avoir subi des pertes importantes. Le 8e BPC revient sur Ao Trach.

Le 23 janvier, le colonel de Rocquigny remanie son dispositif, pour reconstituer ses unités mobiles. Le II/1er RTM relève les bataillons parachutistes. On implante un poste dans la région de la Carrière. Au matin du 24, les 7e et 8e BPC progressent de chaque côté de la route par bonds successifs. Le 1er BEP, au centre, fait de même. A 14 h, au pont 15, les Viets surgissent soudain. C'est aussitôt le combat au corps à corps. Notre artillerie prend à partie les bases de feu ennemies et les renforts qui déboulent du nord et du sud-ouest. Les Viets reculent. Mais ils tiennent encore solidement la Carrière. On ne pourra s'en emparer avant la nuit. Le colonel de Rocquigny ordonne le repli. Nous avons perdu 5 tués et 33 blessés. Le Vietminh reconnaîtra avoir perdu un bataillon. Pour pouvoir renouveler l'attaque avec des éléments frais, le GM1 et le II/1er REI sont mis à la disposition du colonel Gilles. Les parachutistes sont placés en réserve.

L'opération, baptisée « Mélinite », se déroule les 28 et 29 janvier. Elle permet de s'emparer enfin du piton de la Carrière, dont la possession rend possible la liaison avec le point d'appui ouest. Jusqu'au 13 février 1952, le commandement va s'employer à rétablir la liaison avec Hoa Binh. Un courant régulier de circulation s'établit sur la RC6 tandis que le terrain est systématiquement déboisé de chaque côté de la route.

La nuit du 30 au 31 janvier, deux bataillons vietminh attaquent la position de Suc Sich, tenue par la 16e compagnie du 8e BPC. Le lieutenant Gueguen repousse les Viets avec sa compagnie et leur inflige de lourdes pertes : 101 tués, 14 blessés prisonniers, 40 armes récupérées. Le 8e perd 4 tués et 17 blessés. Le lendemain, le 1er BEP est relevé par le 5e BPC. Le 2e BEP est harcelé au mortier dans la nuit. Deux officiers sont blessés, les lieutenants Belgodère et Delearde, qui mourra à l'hôpital Lanessan des suites de ses blessures.

Cependant, le général Salan pense que les positions de la rivière Noire et de la RC6 sont intenables à long terme. Aussi accepte-t-il, au début de février, le principe de l'opération « Arc-en-Ciel » : l'évacuation de la cuvette d'Hoa Binh.

* * *

Du 14 au 22 février, se déroule la phase préliminaire, baptisée opération « Amarante », qui permet d'occuper différents points importants de la rivière Noire sur la rive est, au sud-est de Xom Phéo. Durant ces quelques jours, le commandant de l'opération va faire dégager largement la RC6 entre la Carrière et Ben Ngoc. L'opération « Arc-en-Ciel » est tenue secrète. Seuls sont au courant le colonel Gilles et le lieutenant-colonel Ducournau, commandant du secteur d'Hoa Binh.

Depuis la mi-janvier 1952, le général Salan sait que Giap regroupe les divisions 304, 308 et 312 pour l'assaut définitif. Il est évident que nos groupes ne pourraient contenir longtemps les forces ennemies. D'autre part, la défense d'Hoa Binh et de la RC6 immobilise des effectifs qui seraient plus utiles ailleurs. Le général Salan a donc décidé d'évacuer Hoa Binh. Techniquement l'opération « Arc-en-Ciel » sera une réussite. En trois jours, du 22 au 25 février 1952, 20 000 hommes et un matériel considérable seront ramenés derrière la ligne de Lattre, sans pertes importantes. Il n'y aura pas de désastre de la RC4.

Le secteur de la RC6 a été divisé en cinq compartiments. « Arc-en-Ciel » sera donc rythmée en phases correspondant aux évacuations successives des cinq divisions du secteur.

Le 22 février 1952, la situation des troupes françaises est la

1. L'heure de gloire : le 11 novembre 1944, les parachutistes SAS du 2e RCP descendent les Champs-Élysées, équipés et armés à l'anglaise. A leur tête, le commandant Bourgoin, le célèbre manchot.
2. Le champ d'honneur : le 10 avril 1945, le para Fernand Bègue, tué à Gaselté (Hollande), est inhumé en forêt dans son parachute par ses camarades des SAS Bollardière et Puech-Samson.

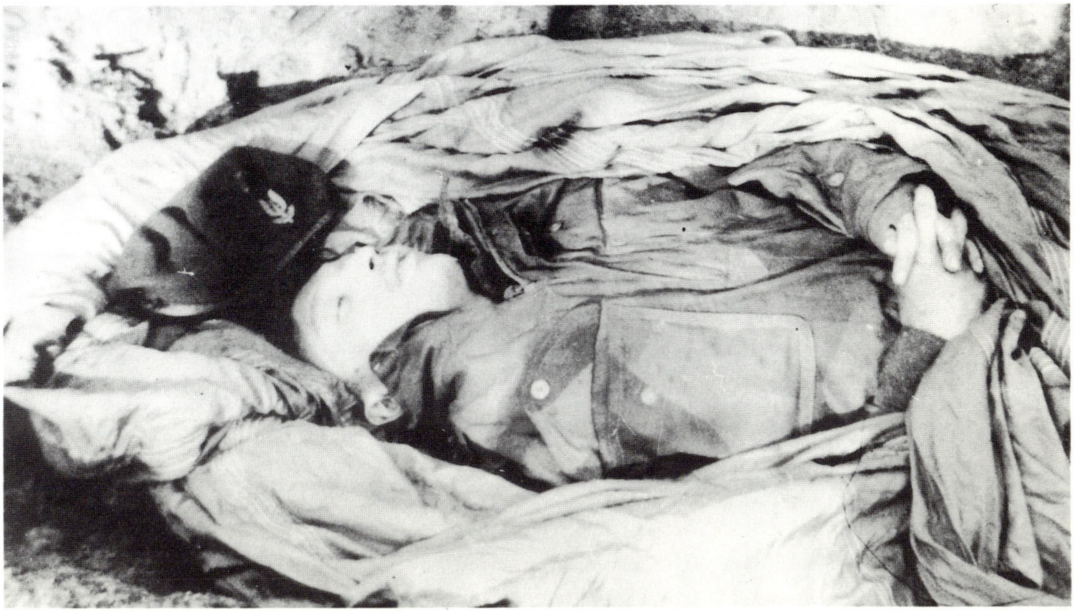

5

3. La jeep de la guerre du désert, aménagée par le créateur des SAS, David Stirling. Sous ses ordres, les SAS français s'illustreront en Libye.

4. Les Commandos d'Afrique (Bouvet, Ducournau) se rendent maîtres du Fort du Coudon, le 20 août 1944, pendant la bataille de Toulon.

5. Les parachutistes SAS du 2e RCP s'entraînent. Ils doivent bloquer en Bretagne 10 000 soldats allemands. — **6.** Le 5 juin 1944 à 23 heures, le lieutenant Marienne saute l'un des premiers. Il sera fusillé. Le RCP perdra 23 officiers sur 45. — **7.** La libération de Lyon (1er RCP) sera plus paisible.

6

7

8

8. Le 1er RCP, avec la 2e DB, participe à la bataille d'Alsace en décembre 44, perdant plus de 200 hommes en trois jours. En janvier 45, avec la 5e DB, ce sera la victoire, chèrement payée, de Jebsheim (300 parachutistes hors de combat).

9

9. Fin 1944, les paras de la Demi-Brigade de Choc du lieutenant-colonel Gambiez se battent en Alsace. Ils libéreront Belfort avec les Commandos de France. A Masevaux, le 29 novembre, au cours d'un seul engagement, les Chocs perdent cinq officiers et quatre sous-officiers.

10

11

Le conflit change. C'est l'Indochine, où les parachutistes du CLI assurent la protection de Saigon dès septembre 1945. La Demi-Brigade SAS suivra en février 1946. Les pagodes et la jungle seront désormais le décor de la guerre parachutiste. — ***10.*** Nettoyage des environs de Hanoï (nov. 46). — ***11.*** Parachutage des hommes de Bollardière à Siem Réap et Angkor (10-11 août 46). — ***12.*** Opération « Mouette » (fin octobre 1953) à Nin Binh avec le 11/1er RCP (Bréchignac). — ***13.*** Blessés évacués par hélicoptère.

12

13

Décor de pagodes en pleine jungle, décor de ruines... — ***14.*** Torse nu, un para du 8ᵉ Bataillon de parachutistes coloniaux (capitaine Tourret) pendant la reprise du poste de Yen Vi au Tonkin, le 16 mai 1953. Bilan : 63 Viets tués. Parmi les 150 opérations aéroportées de la guerre, la plupart visaient à dégager des postes pris ou assiégés par le Vietminh.

La pagode meurtrière. — ***15.*** Le 31 mars 1952, le 3ᵉ BPC (capitaine Bonnigal) accroche les Viets à Phuong Trach, région de Thaï Binh, lors de l'opération « Mercure ». Bilan : 15 Viets et 8 paras tués. La Division viet 320 et les régiments indépendants du delta tonkinois sont durement éprouvés par ces opérations de nettoyage.

16

Décor indochinois : jungle et rizière. — ***16.*** Le 15 novembre 1951, saut dans les rizières d'Hoa Binh des 1er et 7e BPC pour couper les communications viets. — ***17.*** Jungle. Au nord de Dien Bien Phu, le 11 février 1954, le 1er BEP reconnaît la piste de Ban Mong. — ***18.*** Septembre 1950 en Annam. Opération « Rouleau » dirigée par Chateau-Jobert (au centre) avec le 2e BEP.

17

18

19

20

21

19. Un des moments les plus spectaculaires de la bataille de la Rivière Noire, secteur d'Hoa Binh, au début de 1952. Embuscade sur la RC 6, à Ap Da Chong, où le 5e BPC et le 1er BEP rejoignent les garnisons du Rocher Notre-Dame. — ***20.*** Le viet découvert dans son trou (Annam 1950). — ***21.*** Les parachutistes du II/1er RCP (chef de bataillon Bréchignac) dans les rizières du Bui Chu, dans le delta du Tonkin, en octobre 1953 (65 viets tués). L'opération, dirigée par le général para Gilles, vise à anéantir la Division viet 320 au sud du Day.

22

23

La guerre cruelle. A Na San, organisé en camp retranché contre l'offensive de Giap en pays thaï, la bataille fait rage du 22 novembre au 5 décembre 1952. — ***22.*** Un P.A. reconquis par le 3e BPC. — ***23.*** Le médecin-lieutenant Patrice de Carfort pendant l'opération « Brochet » : 23 morts et 73 blessés au 1er BEP (oct. 53). Les Viets sont des combattants fanatisés, ici — ***24.*** lors de « Citron », en sept. 51, toujours dans le delta, avec le 8e BPC.

24

La guerre épuisante. — ***25.*** Découverte d'une usine d'armement viet au sud-est d'Hatien, en Cochinchine (8 mars 1951). Après un accrochage, les paras arrivent en vue du cratère aménagé en alvéoles à l'abri des bombardements. — ***26.*** L'odyssée du 6ᵉ BPC du commandant Bigeard à Tu Lé en octobre 1952. Après l'attaque viet (au premier plan, le caporal Yvon Dubrovic; derrière, les hommes du Bataillon thaï) et le parachutage, le 6ᵉ BPC va faire une course de 70 km à travers la montagne infestée de viets et perdra 91 hommes. — ***27.*** Fin de la bataille du Day, au sud du delta, gagnée par les 1ᵉʳ et 2ᵉ BEP, les 2ᵉ et 7ᵉ BPC. Les paras sont épuisés mais ils ont vaincu la Division viet 320.

25

26

27

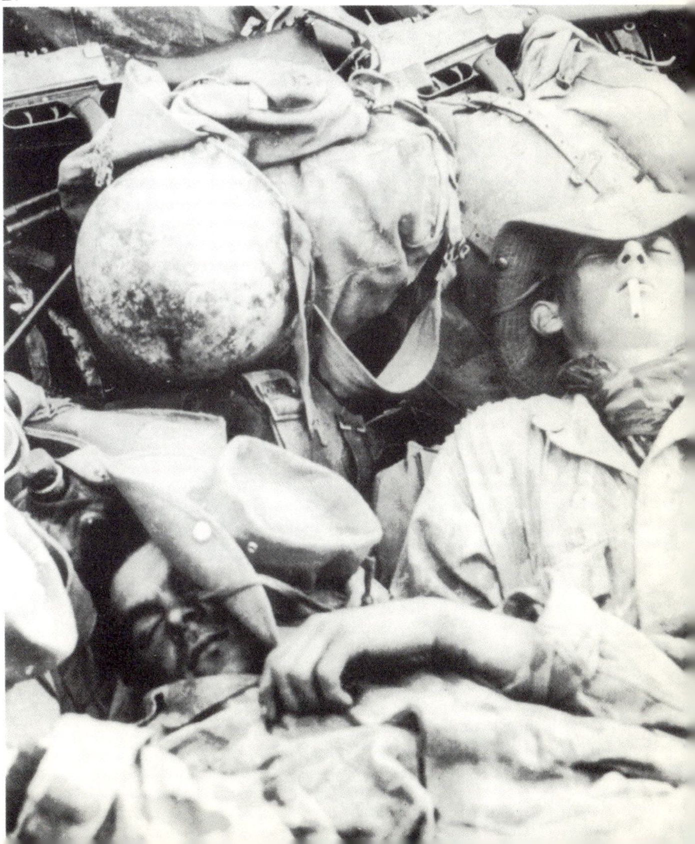

28 Et c'est Dien Bien Phu. La bataille commence avec l'opération « Castor » d'occupation de la cuvette où sera installé le camp retranché qui doit barrer la route aux divisions viets. Les 20 et 21 novembre 1953, six bataillons parachutistes, aux ordres de Gilles, sont largués : 6ᵉ BPC de Bigeard, 11/1ᵉʳ RCP de Bréchignac, 1ᵉʳ BPC de Souquet, 8ᵉ BPC de Tourret, 1ᵉʳ BEP de Guiraud, 5ᵉ BPVN de Bouvery, puis Botella. Les parachutages continueront jusqu'à la fin. Entre le 13 mars 1954, début de la bataille proprement dite, et le 5 mai, 4 236 parachutistes seront largués. — ***28.*** 3 000 sauteront de nuit. — ***29.*** Le para bondit de son abri pour rejoindre la position de combat.

29

30

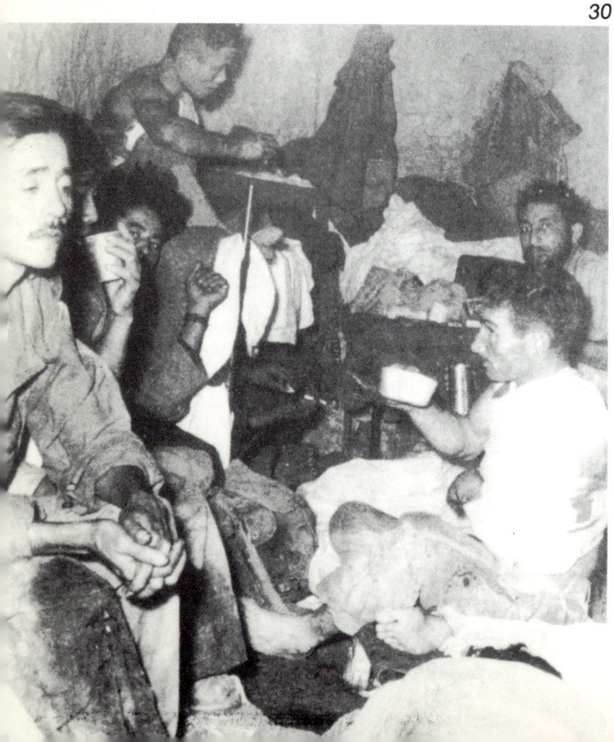

30. L'infirmerie de fortune. Du 17 au 18 mars, 213 blessés seront évacués de nuit par les Dakota qui se posent tous feux éteints, les hélices en drapeau, sur la piste balisée par des lampes de poche. Après, les évacuations ne seront plus possibles.

La bataille de Dien Bien Phu aura connu des opérations préliminaires de dégagement de la cuvette, qui dureront 112 jours. La plus dramatique aura lieu le 13 décembre. — ***31.*** Le 1er BEP et le 5e BPVN sont accrochés sur la cote 1145. Les paras vietnamiens sont encerclés par les Viets et par les flammes. Onze hommes périssent carbonisés. Les légionnaires paras ont 28 morts et 24 blessés. Deux mois plus tard, la pression viet est si forte que les reconnaissances deviennent impossibles. Le calvaire de Dien Bien Phu durera alors 56 jours, du 13 mars au 7 mai 1954. Les survivants seront faits prisonniers. — ***32.*** Les colonels paras au moment de leur retour des camps viets : Bigeard (à gauche) et Langlais (à droite); au centre : le P. Chevallier.

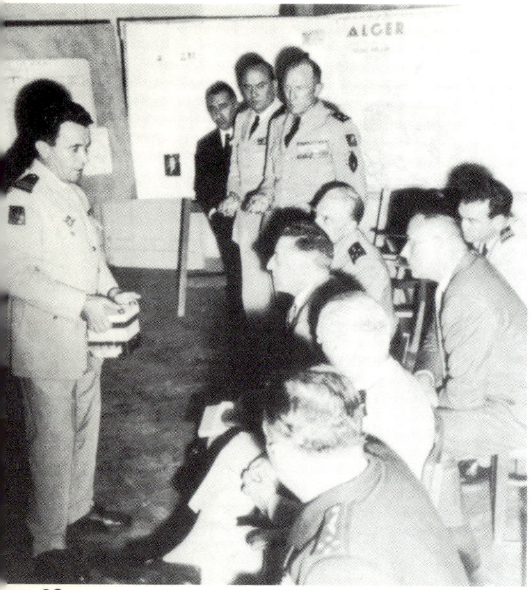

33

Bataille d'Alger, bataille des frontières, bataille du pétrole : trois images de la guerre d'Algérie. — ***33.*** La bataille d'Alger sera gagnée, au premier trimestre 1957, contre les terroristes des réseaux bombes par les paras de la 10ᵉ DP de Massu et de son adjoint, le colonel Godard, qui assure tous les pouvoirs de police. On le voit ici présenter au ministre de la Défense, André Morice, un modèle de bombe trouvée dans la Casbah. — ***34.*** La bataille du barrage électrifié, construit entre l'Algérie et la Tunisie, aura lieu en 1958 et 1959. Il s'agit d'intercepter les rebelles à leur passage et de les pourchasser avec les troupes mobiles d'intervention, essentiellement parachutistes. C'est ainsi qu'au nord du barrage, dans les salines de Bône, en juin 1959, le 2ᵉ REP et le 14ᵉ RCP, opérant dans ce

34

35

36

terrain marécageux, anéantissent une bande. — ***35.*** Héliportage du 1er RCP (colonel Broizat) en Kabylie. — ***36.*** Rebelles arrêtés au sud du barrage, dans la région de Djeurf, au début d'avril 1958, sur le djebel Rifouf, par les 3e et 8e RPC (90 HLL tués et 38 prisonniers). — ***37.*** Toujours au sud du barrage, dans la région de Tébessa, le 3 janvier 1958, les « bananes » du GH2 héliportent les parachutistes du colonel Fourcade qui abattront 34 HLL. Huit jours plus tard, au djebel Tarf, le 8e RPC mettra 117 rebelles hors de combat. — ***38.*** Bataille du pétrole. En novembre et décembre 1957, au cœur du Sahara, à Timimoun, Bigeard et le 3e RPC parachutés vont mener victorieusement une opération contre l'unité FLN qui menaçait les premières installations pétrolières françaises (148 rebelles tués). La photo montre la mort du sergent-chef Sentenac, le héros de « Aucune bête au monde... ».

39

40

41

Avec toute l'Armée d'Algérie, les parachutistes participeront à la grande œuvre de pacification du bled (scolarité, assistance médicale gratuite etc.). — ***39.*** Infirmier du 13e Dragons parachutistes soignant les enfants dans le quartier d'Azazga, en Kabylie (1960). Les grandes opérations du plan Challe assainiront progressivement l'Algérie et les parachutistes seront le fer de lance de l'intervention, le « rouleau compresseur ». — ***40.*** Massu (à g.), commandant le Corps d'Armée d'Alger, et Gracieux, commandant la 10e DP, au P.C. opérationnel de « Jumelles » en Kabylie,

42

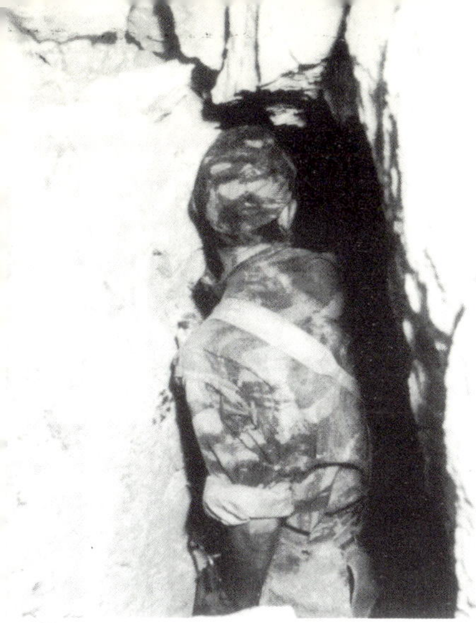

43

44

45 La guerre d'Algérie est aussi une guerre de trous et de grottes. — **43.** Para en Kabylie pendant « Jumelles ». — **44.** Para alpiniste dans les monts du Hodna, lors de l'opération « Étincelles » (juillet 1959). Après, au moment des barricades (janvier 60), puis du putsch des généraux (avril 61), l'ambiance change. Les paras retrouvent la ville et vont s'y perdre. — **45.** Les putschistes du 1er REP pendant le discours des généraux au forum d'Alger. — **46.** Puis la prison. La cellule d'un des officiers du 1er REP au Fort de l'Est...

46

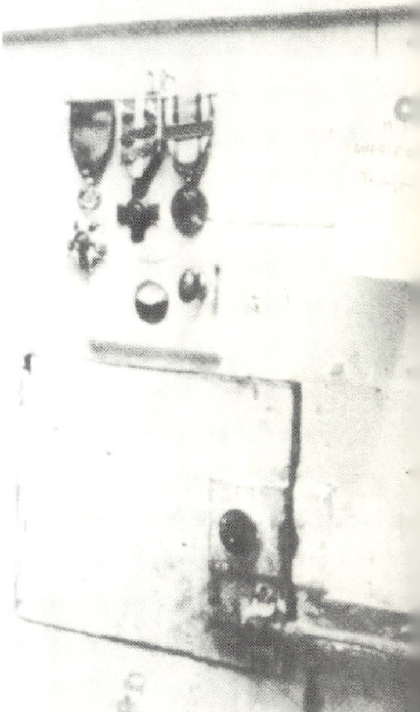

le jour de la visite sur le terrain du chef de gouvernement Michel Debré. « Jumelles » durera de juillet 1959 à mars 1960. En octobre 1959, les résultats les plus importants auront été atteints avec un bilan de 2 245 HLL tués, 149 ralliés, 1 073 prisonniers. Dans toute la guerre d'Algérie, pour 25 000 tués des forces de l'ordre, il y a eu, du côté du FLN, 141 000 tués, sans compter 12 000 victimes des purges internes, 50 000 civils exécutés par les rebelles et 150 000 musulmans abattus après le cessez-le-feu pour avoir servi la France. — **41.** Para des commandos Air transportant un enfant blessé lors d'un accrochage de mars 1959 au sud de Ténès. — **42.** Rebelles abattus en février 1959 dans le Bou Hanera, région de Mascara, par le 3e RPC. Au premier plan, Mustapha, lieutenant de l'ALN.

La bataille de Suez est une spectaculaire parenthèse dans la guerre d'Algérie. L'expédition franco-britannique d'Égypte, lancée pour contrer Nasser qui apporte son soutien à la rébellion et qui a nationalisé le canal de Suez, aura lieu en novembre 1956. — ***47.*** Le 5, le 2e RPC de Chateau-Jobert est largué sur Port-Fouad et conquerra les objectifs dans la foulée. — ***48.*** Le 6, le 1er REP du colonel Jeanpierre (au centre) débarque par mer. — ***49.*** Les Égyptiens se rendent en masse. Mais, quelques heures plus tard, c'est le cessez-le-feu, obtenu par suite de la pression internationale.

suivante. La tête de pont d'Hoa Binh est tenue par quatre bataillons (I/5e REI, III/13e DBLE, 1er Muong, 2e BPC), une batterie d'artillerie, des éléments du Génie et des Transmissions. Le secteur de la RC6 comporte trois groupements : Q, de Ben Ngoc à Trung Du, à quatre bataillons plus un peloton de chars, un peloton AM, deux batteries ; L, de Xom Nut à Ao Trach, à trois bataillons (II/1er RTA, II/1er RTM, 5e BPC) plus deux pelotons et cinq batteries ; R, de Ao Trach à Mo Thon, à quatre bataillons (III/1er RMA, 28e BMTS, 2e BEP et 3e BPC plus un peloton de chars, un peloton AM et une batterie). A Ao Trach, stationne le 7e BPC, en réserve.

D'après nos renseignements, le Vietminh est en train de masser entre Hoa Binh et Ke Son quinze bataillons, douze pièces d'artillerie de 75, vingt pièces de DCA et un bataillon du génie. A 19 h, le 22 février, la phase blanche de l'opération « Arc-en-Ciel » est déclenchée. Le bataillon de marche (3e et 4e compagnies du 2e BPC, 7e compagnie du 2e Muong) se porte sans incident dans la région La Fourche — boqueteau nord de Xom Moi — RC6 jusqu'à la rivière Noire. Sa mission est de barrer face au nord-ouest les directions menant aux embarcadères. A partir de 21 h, matériel, approvisionnement et civils sont transbordés sur des LCVP qui les déchargent sur la rive nord de la rivière Noire. Toute la nuit la noria se poursuit.

A l'aube du 23 février 1952, les Viets ne se sont toujours pas manifestés. Leurs unités marquaient Hoa Binh d'assez loin. En supposant qu'ils aient remarqué l'activité nocturne de la tête de pont, il leur a fallu toute la nuit pour se porter à distance de combat. A 6 h 30, l'artillerie commence son repli vers le nord et l'embarcadère — symbolique — de Ben Ngoc.

Toute la nuit, l'élément Bley (capitaine-adjoint du 2e BPC, commandant le petit bataillon de marche posté sur les collines face à la jungle et aux montagnes qui dominent la cuvette au nord-ouest) et l'élément Gilles-Nave (lieutenant commandant la compagnie de Légion postée au pied du petit calcaire) veillent et couvrent la cuvette face à l'ouest.

A 7 h 15, l'artillerie d'Hoa Binh et le personnel commencent à débarquer à Ben Ngoc. A 8 h 30, la réaction ennemie débute par un harcèlement au canon de 75 et au mortier. Le dispositif des groupements Q-L se trouve en place, notamment sur la RC6 et sur les lieux de débarquement à Ben Ngoc. A 9 h, le groupement L rend compte qu'une compagnie du II/1er RTA, qui devait s'emparer des deux petits calcaires de Dong Ben, tient celui de l'est mais n'a pu déloger les Viets de celui de l'ouest. Dans l'après-midi, nouvelle tentative, nouvel échec. Les Viets sont abrités dans des grottes. Entre 9 h 15 et 9 h 30, la circulation entre Ben Ngoc et Xom Pheo est interrompue par le tir d'un canon de 75. La chasse le réduit au silence. Le repli de la garnison d'Hoa Binh peut reprendre. A 10 h, la batterie d'artillerie d'Hoa Binh est à Xom Pheo.

Le I/5ᵉ REI (Cap. Masselot) et la CIP du 2ᵉ BPC font mouvement par la RC6. Un détachement du génie achève de détruire les dépôts d'essence et de munitions qui n'ont pu être transbordés. Puis il passe et fait sauter le pont Eiffel. A 8 h, l'artillerie, les mortiers et les compagnies du 1ᵉʳ bataillon muong franchissent la rivière.

C'est à ce moment que l'ennemi ouvre le feu sur la position.

Les Viets, d'abord empêtrés dans les barbelés de la position principale abandonnée au petit jour, se précipitent vers le nord, ainsi que ceux qui ont contourné les collines nord-ouest. L'aviation les surprend en flagrant délit de déplacement en rase campagne et les traite au napalm. Un canon de 75 se met à tirer sur les plages d'embarquement. Cependant une section de Légion ne peut décrocher du petit calcaire et disparaît.

Malgré tout la population du village de Thinh Lang se soucie peu de passer sous le joug des Viets. Elle demande à se replier et, abandonnant le bétail, leur seul bien, elle profite des créneaux entre les unités militaires et, empruntant les mêmes bateaux — il y a aussi bien des sampans que des radeaux du génie, sans oublier le LCVP — franchit peu à peu la Rivière et s'engage vers Xom Phéo.

A 9 heures, la 10ᵉ et la 12ᵉ compagnie du III/13ᵉ DBLE parviennent à Xom Noi. Durant toute cette phase, le Bataillon de Marche, qui comprend les 3ᵉ et 4ᵉ compagnies du 2ᵉ BPC, subit le feu des Viets. L'artillerie de Xom Phéo permet un décrochage sans trop de pertes et, à 10 heures, le Bataillon de Marche se dirige à son tour vers la tête de pont. Lorsqu'il y parvient, le dispositif de défense de la tête de pont est resserré grâce à la 4ᵉ compagnie du 2ᵉ BPC qui s'installe sur la face ouest entre la CIP et une compagnie du I/5ᵉ REI. La 3ᵉ compagnie parachutiste est gardée en réserve à proximité des embarcadères. A 10 h 45, les unités d'arrière-garde du camp retranché ayant rempli leur mission de couverture commencent leur repli.

L'ennemi tente à nouveau de déborder nos troupes, mais l'artillerie et l'aviation les tient à distance. Le rythme d'évacuation fixé par le lieutenant-colonel Ducournau (qui, pour la circonstance, a pris le commandant Toce pour adjoint) est respecté. Toutes les unités passent malgré les obus qui sporadiquement tombent sur les plages d'embarquement et de débarquement, ainsi que dans l'eau du fleuve. Le périmètre défensif se rétrécit progressivement. Le capitaine Masselot se charge de la manœuvre. Bientôt il ne reste plus sur la rive ouest que la CIP du 2ᵉ BPC et une compagnie de Légion. La CIP passe, puis la Légion. Masselot embarque dans le dernier bateau. Le LCVP, sabordé, s'enfonce. La phase Blanche est terminée. En moins de 24 heures, 3 800 soldats, 700 PIM, un millier de civils ont franchi la rivière Noire. 150 véhicules et 70 tonnes de matériel ont été transbordés.

Dans le même temps que les Viets tirent au mortier et au canon de 75 sur le débarcadère de Ben Ngoc, ils s'attaquent à la RC6, près de Xom Phéo. Bien que notre artillerie ne parvienne pas à faire taire ces damnés 75 dissimulés dans les pentes qui font face à Xom Phéo, la circulation n'est pas interrompue. A 12 h, le 1er bataillon muong et le 2e BPC ont dépassé Xom Pheo ; le I/5e REI y parvient. L'aviation intervient sporadiquement et tente de déloger les Viets de leurs positions. A 13 h 45, le groupement rend compte que les derniers éléments d'Hoa Binh sont à Ben Ngoc et que l'ordre de destruction des moyens de franchissement a été donné. Dix minutes plus tard, la phase Rouge est déclenchée.

A 14 h, le détachement d'arrière-garde est violemment pris à partie par les mortiers et les canons de 75 viets et perd un tué et onze blessés. A 18 h, la compagnie du IV/7e RTA, qui se trouvait au point d'appui des Bambous et qui a décroché en dernier, passe à son tour à Xom Pheo. Moins d'une heure après, le repli des éléments de Xom Pheo est terminé.

Le Vietminh serre l'arrière-garde de très près. Depuis déjà cinq minutes, l'aviation straffe les points d'appui ouest de Xom Phéo, afin de faciliter le décrochage des points d'appui est, mais elle ne peut attaquer le point d'appui nord, ni appuyer directement le détachement d'arrière-garde. Les Viets sont trop rapprochés. Au-dessus de Xom Phéo, la DCA viet parvient à toucher un Bearcat, qui s'écrase en flammes. Le pilote réussit à sauter en parachute à l'ouest de la carrière de Dong Ben.

A 19 h 10, le peloton de chars du détachement d'arrière-garde effectue la liaison avec le peloton de chars de Trung Du. A 20 h 40, le point d'appui de Dong Ben est évacué, suivi, une heure plus tard, par l'évacuation du piton 6. A 22 h, la compagnie du II/1er RTA qui tenait depuis le matin le Calcaire près de Dong Ben se replie à son tour. Le 5e BPC, qui a décroché de Dong Ben, reçoit l'ordre de l'attendre entre le piton 4 et le « Losange ». La jonction s'effectue peu après minuit, le 24 février. La compagnie du II/1er RTA rejoint son bataillon au point d'appui de Dong Giang, tandis que le 5e BPC se dirige sur Ao Trach. Après un temps d'arrêt à hauteur du point d'appui de Dong Giang, pour permettre aux groupements Q et L de s'écouler en ordre vers l'est, le mouvement de repli reprend à 8 h du matin avec l'appui des quatre batteries d'Ao Trach. A 13 h, tout l'ensemble Q-L est replié à l'est d'Ao Trach. La phase Bleue est terminée.

La pré-phase Jaune a débuté avec l'arrivée des premiers éléments de la phase Bleue à Ao Trach, dans la nuit du 23 au 24 février. Le groupement parachutiste en assure la coordination. Il comprend les sous-groupements A (III/1er RTM et III/13e DBLE), B (2e BPC avec 3e CIP et I/5e REI), C (3e BPC et deux compagnies du 28e BMTS) et D (28e BMTS et une compagnie du 3e BPC). Le premier bataillon qui parvient à Ao Trach est le I/5e REI. Il s'installe en couverture de la route entre Kem et Ao Trach, sur les crêtes sud. Le III/13e DBLE arrive derrière. Il est dirigé sur la pointe du V où il passe aux ordres du commandant du sous-groupement B (2e BEP), qui, devant son état d'épuisement, lui adjoint deux sections du 2e BEP sur la cote 54. Le colonel de Rocquigny, soucieux d'assurer la protection de la position de batterie de Rong Tam, obtient de prélever au passage une compagnie du 2e BEP quand il se repliera. Le II/13e DBLE, arrivé à Rong Tam extrêmement fatigué, est placé en protection des cinq batteries d'artillerie et permet de libérer la compagnie du BEP. A 3 h du matin, les Viets accrochent violemment la compagnie Guilleminot du 3e BPC, qui est arrivé au début du mois à Hanoï, venant de métropole, et qui a été engagé le 15 sur la RC6. Le peloton du RICM arrive à la rescousse. Le Vietminh décroche.

A 6 h, le colonel renvoie la compagnie Ziegler du 2e BPC qui, arrivée la veille, à 16 h, complètement épuisée par le repli effectué à pied depuis Hoa Binh, a passé la nuit à Rong Tam. Vers 10 h, le 5e BPC passe à Rong Tam. Il est mis à la disposition du sous-groupement et doit tenir la cote 329. Le 7e BPC passe vers 16 h et se trouvera placé vers la cote 125, face au sud. L'ordre d'entamer le repli des unités comprises entre le col de Kem et Mo Thon a été donné. A 13 h 12, le PC du III/1er RTM est au col de Kem. Les Viets apparaissent dans la cuvette d'Ao Trach. Ils sont accueillis par de nombreux tirs qui les obligent à se replier. Un peu plus tard, tous les éléments d'Ao Trach atteignent le col de Kem, tenu par les Sherman du RBCEO. Le décrochage du col de Kem se fait très lentement et méticuleusement. Le Vietminh attaque au canon de 75 le poste de Mo Thon. Les chars du poste et une patrouille de chasse attaquant au napalm le font taire.

Sur la route de Mo Thon se trouvent une compagnie du III/13e DBLE, une compagnie du 2e BEP, deux pelotons de chars et la section de protection. Les Viets serrent les unités au plus près. Un bataillon, commandé semble-t-il par un Européen, attaque. Le 2e BEP perd 3 tués, 19 blessés, 11 disparus, après un violent corps à corps.

Entre 17 h et 18 h, la situation est très embrouillée. Un Morane survole le poste de Rong Tam afin de se renseigner sur la position exacte des Viets. Le mouvement continue. A 19 h, les éléments du 2e BEP et la section de protection de chars sont pris en camion à Rong Tam et conduits vers l'arrière. Une heure plus tard, le colonel ordonne le repli des éléments du 5e BPC stationnés à la cote 329. A 20 h 30, les chars se replient sur Auan Mai, à l'exception du peloton de Mo Thon qui reste en protection de poste. Les éléments de 125 et du Calcaire décrochent et se replient sur Dong Vai. Le 3e BPC prend position au pied du Mo Thon et forme bouchon avec le II/1er RTM. A 22 h 30, le PC du colonel fait mouvement sur Dong Vai. La phase Verte peut commencer.

Le GM3 doit remplir les missions suivantes : couvrir le repli des éléments de la phase Jaune ; assurer le regroupement des unités à l'abri de la ligne fortifiée ; s'opposer à toute action offensive de l'adversaire entre le point d'appui de Dong Suoi et le point d'appui de la cote 98. Il dispose des 1er et 2e bataillons muongs, du II/6e RTM, du II/1er RTA, du 2e BPC, des éléments du sous-secteur de Chuc Son (I/6e RIC), de deux pelotons de chars Sherman du RBCEO, de l'appui direct des I et IV/RACM, ainsi que de l'appui de l'artillerie d'ensemble. Le commandant du GM3 pense constituer au fur et à mesure des arrivées des unités un front défensif solide comprenant le point d'appui de Dong Goi, la cote 256, le poste de Mo Thon et les hauteurs de Dong Bung.

A l'issue de la phase Jaune, le commandant du GM3 fait verrouiller la RC6 et effectuer les travaux de défense des points d'appui. Dans la journée du 25 février, les Viets tirent au mortier sur les points d'appui de Mo Thon-RC6. L'artillerie riposte, tandis que le 3e BPC vient relever le II/1er RTA au point d'appui de Mo Thon.

Le PC du colonel de Rocquigny rejoint Hanoï avec le 2e BEP et le 7e BPC. Le 24, le 1er BPVN s'est embarqué à Haïphong pour la Cochinchine. L'opération « Arc-en-Ciel » est terminée.

Le 11 janvier 1952, le général de Lattre de Tassigny, qui vient de céder le commandement en chef en Indochine au général Salan, s'éteint. Le corps expéditionnaire ressent cruellement cette disparition et perçoit que quelque chose vient de basculer, que la dernière chance de gagner militairement la guerre s'évanouit. La disparition du général de Lattre, breveté parachutiste 1re classe d'honneur du bataillon de Choc, touche encore plus les parachutistes. Pendant ce temps, le corps de bataille vietminh termine sa mise sur pied et se prépare à reprendre l'offensive. Au Tonkin, le nombre des bataillons parachutistes ira croissant. Il s'agit d'intervenir au profit des groupements mobiles dans le delta et de participer aux combats décisifs en direction du pays Thaï et du Laos.

L'ère de la guérilla et des opérations téméraires est terminée. La bataille d'Hoa Binh a montré la capacité de résistance et de manœuvres des forces régulières vietminh. Elle a aussi prouvé l'aptitude du commandement adverse à conduire des actions d'envergure. Bientôt, ce sera Na San, la Plaine des Jarres, Dien Bien Phu... L'heure du dernier affrontement est vraiment venue.

Malheureusement, la maîtrise avec laquelle le général de Linarès et le colonel Gilles ont conduit la retraite d'Hoa Binh, l'excellence des chefs de corps, le courage et l'abnégation de la troupe, les pertes importantes infligées à l'ennemi, font considérer cette opération comme une victoire. Nous avons gagné la dernière bataille, mais nous avons perdu la campagne d'hiver. Les communications terrestres avec les pays Thaï n'ont pas été rétablies. La tentative du général de Lattre pour prendre l'initiative a échoué.

XII

BATAILLE DANS LES RIZIÈRES ET LES DUNES

février-août 1952

Le maréchal de Lattre de Tassigny meurt à Paris. Il n'est pas sacrilège d'affirmer que sa dernière pensée a été pour son fils Bernard, donc, pour l'Indochine.

Le 6 janvier 1952, le général Salan est nommé commandant en chef en Indochine par intérim. Il sera confirmé dans ses fonctions le 1er avril, tandis que M. Letourneau, ministre des Etats associés, exerce les pouvoirs de Haut-Commissaire.

En ce qui concerne les troupes aéroportées, le commandant en chef dispose en avril 1952, de 10 114 parachutistes français, légionnaires et autochtones. Avec les hommes du groupement mixte de commandos aéroportés et le personnel détaché à l'encadrement des formations aéroportées des armées des Etats associés ou des commandos des forces terrestres du Nord-Vietnam, le total s'élève à 10 837 parachutistes.

Au Tonkin, les forces récupérées après l'opération « Arc-en-Ciel » permettent au général de Linarès d'entreprendre l'assainissement du delta. Depuis décembre 1951, en effet, la division 320, initialement stationnée autour de Phu Nho Quan, s'infiltre vers l'est. Au début de 1952, la quasi-totalité de la division a franchi le Day. Dans le courant de janvier, les infiltrations se poursuivent par Nam Dinh en direction du Thai Binh. Les attaques de postes se multiplient. Le GM4 est engagé sans grand résultat contre un ennemi dispersé qui se dérobe. Dès le 5 janvier, le 10e BPCP opère dans la région au nord de Nam Dinh.

Du 16 au 27 février, le général de Berchoux, commandant la 2e division de marche du Tonkin, lance l'opération « Crachin ». Elle est suivie de l'opération « Ouragan », déclenchée le 1er mars, qui vise à détruire le groupement nord de la division 320 installé entre le Song Tra Ly et le canal des Bambous. Le 1er BEP perd 5 tués et 14 blessés près de Gioi Phuc. Puis, le 10 mars, c'est l'opération « Amphibie » au sud de Hung Yen, qui vise à anéantir le régiment 64 réfugié dans l'île de Ly Nhan. Quinze bataillons sont engagés. Le 1er BEP accroche à Noi Thon des éléments des bataillons 706 et 738 et capture une mitrailleuse de 30 et trois FM Skoda. Mais, grâce à la couverture des troupes régionales, une grande partie des unités de la division 320 a réussi à s'échapper.

Quatre opérations aéroportées seront successivement préparées et annulées alors que la troupe aura déjà embarqué dans les avions, soit en raison de l'évolution de la situation au sol, soit à cause des mauvaises conditions météorologiques. Le 31 mars, le 3e BPC accroche l'ennemi à Phuong Trach. La Division viet 320 et les régiments indépendants du delta sont durement éprouvés et perdent une quantité importante de matériel. Les prisonniers confirment la désorganisation des unités après les combats d'Hoa Binh. Le 12 avril, les bataillons parachutistes rejoignent leurs bases arrière.

Tandis que la division 320 s'infiltrait dans le delta par le Day, la division 316 commence à « pourrir » la zone comprise entre la RC 5 et la ligne de béton. La totalité du régiment 98 se trouve au sud du canal des Rapides et deux bataillons du 174 sont implantés au nord. Le général de Linarès décide de reporter en zone nord du delta quinze bataillons libérés à l'issue de l'opération dans le sud. Du 14 au 27 avril, les opérations « Porto », « Polo » et « Turco » se succèdent afin de nettoyer la région nord-ouest de Hai Duong.

Le 18, le 2e BEP est mis à la disposition du GM2. Le 10e BPCP rejoint la zone d'opérations et accroche dans le secteur de Bac Ninh des éléments du Régiment 98. Il capture 80 prisonniers dont 1 chef de bataillon, 1 commandant de compagnie et 2 chefs de section et prend trois FM. Le lendemain, 22 avril, le 2e BEP est transporté à Luc Dien au sud de Ban Yen Nhan pour participer à une opération contre le TD 42. Le 10e BPCP capture 43 réguliers. Le 5e BPC débarque de LCT au nord-ouest de Hung Yen le 25 et forme groupement avec le 2e BEP. Le 27 avril, l'opération est démontée. La division 316 a regagné la zone vietminh et les bases rebelles sont détruites. Les unités régionales reprennent à leur compte les actions sporadiques de guérilla.

Pendant ce temps, le groupement du lieutenant-colonel Ducournau (7e et 8e BPC) a participé au nettoyage du Phuc Yen. Puis il a été aéroporté en catastrophe le 20 mars sur Hué. Envoyés pour dégager le convoi du Laos attaqué par le régiment 95 sur la RC 9, des éléments locaux sont tombés dans une très forte embuscade qui leur a coûté 40 tués, autant de disparus et une cinquantaine de blessés. A partir du 21 mars, le 8e BPC participe au dégagement du poste de Nam Dong.

Le 25 mars, les 13e et 14e compagnies du 7e BPC, aux ordres du capitaine Hitter, sautent au sud-ouest de Lai Ha après avoir été aérotransportées de Hué-Phu Bai à Tourane. Les 289 hommes de l'opération « Mimosa », transportés par treize Dakota, tournent pendant une heure au-dessus de la DZ en attendant que l'épaisse couche de nuages se dissipe. Finalement, les deux compagnies sont éparpillées sur plus de 2 km. De violents combats se déroulent à l'arrivée au sol contre des éléments du PC du régiment 101 et une compagnie installée dans la zone de mise à terre. Les éléments débarqués sur la côte parviennent à dégager les parachutistes qui décrochent avec l'ensemble des forces terrestres.

Le 10 avril, le 7e BPC débarque dans l'île de Phu Loc à l'est de Hué et la nettoie avec le soutien du 8e BPC qui capture 25 réguliers. Le 9 mai, le 7e rejoint Tourane sur le LST « Rance » ; le 8e suit le 24. Les deux bataillons, après leur escapade annamite, rejoignent le Tonkin et prennent quelques jours de repos à Do Son.

Le 28 mai, le colonel Ducournau prend le commandement du groupement aéroporté agissant dans le cadre de l'opération « Kangourou ». Quatre bataillons quittent Hanoï et s'installent autour de Phu Ly : le 2e BEP, puis les 2e BPC, 7e BPC et 10e BPCP. Les accrochages sont violents. Le 2e BEP, qui est rattaché au GM3, prend d'assaut le village de Ngai Ke dans le Cho Chay. Le 2e BPC (où le capitaine Lenoir a succédé au commandant Toce), accroche à Dao Xa des éléments VM retranchés. Le Vietminh perd 34 tués, 11 prisonniers, 2 FM ; nous perdons 5 tués et 28 blessés. A droite du bataillon, le 7e BPC nettoie le village de Vien Dinh et se heurte à une très forte résistance. Les Viets ont aménagé le village, qui est entouré d'une haie de bambous inextricables et de mares profondes. Les quelques maisons en dur sont transformées en blockhaus. La chasse intervient au napalm. Appelés à la rescousse, les chars moyens se montrent peu efficaces. Les unités VM décrochent à la faveur de la nuit, non sans laisser sur le terrain 64 tués, 8 prisonniers et de l'armement. Dans cette affaire, le 7e BPC a perdu 6 tués et 8 blessés.

A Hanoï, le 14 juillet, les fanions des 1er et 2e BEP et du 8e BPC sont décorés de la Croix de Guerre des TOE par M. Letourneau. Quatre jours plus tard, au sud-ouest de Dong Can, le 1er BEP tombe dans une embuscade sur la route de Cho Noi. Les Vietminh se lancent à l'assaut à travers les rizières inondées et parviennent à 20 m de la route avant d'être arrêtés par le feu des armes automatiques. La CIPLE contre-attaque aussitôt, appuyée par les armes lourdes du bataillon et les canons de 75 sans recul de la BAPN. Les Vietminh se replient en désordre en abandonnant sur le terrain 49 tués, 11 blessés, 3 prisonniers, une mitrailleuse de 30 et un mortier de 60. Le BEP n'a perdu que 2 tués et 5 blessés. L'embuscade était montée par un bataillon de la division 320 assisté de trois compagnies régionales.

* * *

Le 16 août, lors d'une prise d'armes au stade Mangin, le colonel de Rocquigny passe le commandement des TAP Nord au lieutenant-colonel Ducournau. Y participent le drapeau de la demi-brigade de parachutistes coloniaux, les fanions de tous les bataillons, le 3e BPC, le 8e BPC, le 10e BPCP, le 2e BEP, une compagnie de la BAPN, une du CITAPI, une section de trente plieuses de parachutes.

Trois jours plus tard, le 3e BPC est aérotransporté sur Tourane. Le commandement rassemble des moyens importants en vue d'entreprendre des opérations combinées d'envergure au nord de Hué. L'ennemi est le régiment 101, unité d'intervention, aguerrie par six ans de combats dans une région qu'elle connaît maintenant à fond. Autour du régiment 101 gravitent des unités régionales bien armées et bien encadrées qui couvrent son action.

En mars, lors de l'opération « Mimosa », le 101 a réussi à s'échapper et à gagner la prémontagne. En juin, il descend au sud-est de Hué. Un bataillon s'installe à la périphérie de la ville, harcèle les postes et s'attaque au train *La Rafale.* Le général commandant les forces du Centre Vietnam profite de l'isolement du régiment 101 (le régiment le plus proche se trouve à quatre jours de marche) pour essayer de reprendre l'initiative avant la saison des pluies.

Au 3e BPC, vient se joindre le 1er BPVN du capitaine Vervelle basé à Saigon. Le bataillon renforcé d'une compagnie de la BAPS avait sauté au nord-est de Tay Ninh le 25 avril dans le cadre de l'opération combinée « Chaumière ». Le secret avait été si mal conservé que le commandant du 1er BPVN apprit par un civil la date du Jour J, et l'opération tomba dans le vide ; dès le 20 avril, le Vietminh avait dispersé ses forces et camouflé tout son matériel. Le 14 mai, le 1er BPVN avait sauté à nouveau vers Xuyen Moc lors de l'opération « Eole ».

En mai, il passe en Centre-Annam et participe à l'opération « Cabestan » dans la région d'An Tan. En liaison avec les commandos de la marine et des forces amphibies, le bataillon saute le 15 mai avec deux compagnies. La baie de An Hoa, important centre de trafic maritime et fluvial par lequel s'effectue le transit du matériel arrivant de Hat Nan, est nettoyée et les dépôts sont détruits. En retournant au Centre-Annam, le bataillon Vervelle retrouve donc un terrain connu.

L'opération « Sauterelles » débute le 25 août. Le 3e BPC agit dans le cadre du groupement A, constitué avec des bataillons de renfort venus du Tonkin. Débarqué des LST, il conquiert son premier objectif, une crête au nord de Vunh Xuong. Une contre-attaque l'en rejette. L'aviation doit intervenir, puis l'artillerie. Le Régiment 101, surpris par l'ampleur des moyens rassemblés contre lui, lutte avec acharnement — ce qui permet à la compagnie Guilleminot de faire étalage de toute sa valeur — mais ne peut empêcher les Français d'encercler deux bataillons. Le 26, le 1er BPVN du groupement C traverse le canal au nord de Lai Ha sur des bateaux M-2 et vient renforcer le bouclage. La fouille se poursuit jusqu'au 30 août et se révèle extrêmement fructueuse. Le TD 101 a perdu 107 tués et 418 prisonniers, dont le chef du bataillon de commandement.

Il était prévu de s'attaquer ensuite au régiment 95 dont l'intervention au profit du 101 était escomptée. Celle-ci n'a pas eu lieu. Le régiment, dont le chef est absent, demeure au sud de Dong Hai, puis dans la nuit du 28 au 29 août, se dirige à marche forcée vers le sud à travers la prémontagne où il est impossible de l'atteindre. Le commandement décide alors de détruire les éléments du régiment 101 qui ont échappé à l'encerclement de « Sauterelles » et se sont imprudemment regroupés dans les villages côtiers au nord de la zone de l'opération. Les rebelles n'imaginent pas qu'on vienne les attaquer à nouveau, à peu près au même endroit. Ils ont vu les chalands de débarquement s'éloigner. Leurs renseignements leur confirment que nos troupes regagnent qui le Tonkin, qui la Cochinchine. Et le 1er septembre, l'opération « Caïman » est préparée. On prévoit le parachutage d'un bataillon, tandis que les autres éléments seront amenés à pied d'œuvre par les LST de la marine. En face, se trouvent seulement deux bataillons du TD 101.

Dix bataillons vont à nouveau s'engager dans la fameuse « Rue sans Joie », série de villages jointifs larges de 300 à 800 mètres et constitués de paillotes assez espacées, avec, çà et là, quelques maisons en dur et quelques églises. Entre eux et la côte, une ligne de dunes large de près de 4 km s'élève parfois jusqu'à 30 mètres. Les plages sont d'un blanc éblouissant.

Le 1er BPVN débarque avec le groupement B le 4 septembre, vers 4 h 50. L'ennemi ne manifeste aucune opposition. A 11 h, le 3e BPC, qui était placé en réserve et disposait d'un préavis de deux heures pour sauter sur l'une des quatre DZ reconnues dans la zone d'opération de « Caïman », reçoit l'ordre de sauter sur la DZ « Corinne ». Peu après, le groupement A est violemment pris à partie par les Vietminh. De violents combats au corps à corps se déroulent. Un des bataillons, à court de munitions, doit céder du terrain. Les pertes s'élèvent à 25 tués et 53 blessés.

Les chasseurs-bombardiers et l'artillerie interviennent et, alors que le 3e BPC est en train de voler en direction de « Corinne », il reçoit l'ordre de sauter sur la DZ « Edith » afin de renforcer le groupement A en mauvaise posture. Le bataillon est largué à 13 h 15 par 26 Dakota et 7 Ju 52 sur la zone de saut, protégé par les Crabes de la Légion. Le PC de l'OAP est fourni par les TAPS, tandis qu'Hanoï a prêté les parachutes et la compagnie de protection.

Un Siebel balise la DZ sur laquelle souffle un très fort vent. Le regroupement dure une heure quarante-cinq minutes. Des éléments vietminh cherchent à atteindre les parachutistes en cours de réarticulation, mais ils sont stoppés par l'artillerie et l'intervention des B-26. La liaison avec le III/5e REI est effectuée au sud-est vers 15 h. Les blessés du saut (28 dont 3 graves) sont évacués sur le « Savorgnan-de-Brazza » qui croise en face de la DZ.

Dans la nuit, les Vietminh, qui ont perdu 379 tués et un

armement important, essaient de rompre l'encerclement vers le nord-ouest. Grâce au clair de lune, le 1er BPVN les intercepte. Le 6 septembre, après une fouille méthodique du terrain, l'opération est démontée. Le Régiment 101, déjà fortement éprouvé par « Sauterelle », est mis hors de combat. Il a perdu 1 400 hommes, soit près de la moitié de son effectif, ainsi que la moitié de son armement lourd et le tiers des armes légères.

Le 14 septembre, le 3e BPC, qui a rejoint le Tonkin, est mis au repos à Do Son.

6e BCCP

XIII

LES COMBATS POUR NA SAN

septembre 1952-juin 1953

Dès la fin du mois d'août 1952, une recrudescence d'activité se manifeste en zone autonome du Nord-Ouest. Dans la région de Laï Chau, des suspects sont arrêtés qui s'avèrent être des agents de renseignement du Vietminh. De nombreux accrochages de patrouilles ont lieu vers Nghia Lo. Aux premiers jours d'octobre, les indices d'une offensive importante contre la ZANO se multiplient. Une compagnie du bataillon 426 chargé du renseignement à l'échelon du général Giap est identifiée.

« Le bataillon de renseignement 426 est une création s'inspirant des exemples soviétiques et chinois... Ses cellules reconnaissent le terrain, les itinéraires, s'inquiètent des ressources vivrières locales, nouent des complicités, lèvent les plans des postes français... Repérer le 426, c'est à coup sûr découvrir le point d'application principal de la campagne envisagée par le Commandement adverse[1]. » Dans la sacoche d'un officier du 426 tué dans la région de Sonla, on découvre l'ampleur des intentions de Giap : exploitation vers Luang-Prabang par Dien Bien Phu et la vallée de la Nam Hou, exploitation vers le plateau de Tran Ninh par Moc Chau et Sam Neua. A Saïgon, on est sceptique : « Giap se prend pour Napoléon ! » Mais les généraux Salan et Linarès prennent la chose très au sérieux. Un rassemblement de 20 000 coolies est repéré à hauteur du fleuve Rouge. La ZANO est mise en alerte. Le poste de Nghia Lo tenu par le bataillon Thaï n° 1 est renforcé.

Le 1er octobre, le corps de bataille vietminh est en place pour une offensive de grande envergure. Le dispositif défensif est couvert par le maintien en réserve aux environs de Yen Bay d'un régiment, le TD 176, et par les inondations naturelles qui isolent la « Mésopotamie » de Phu To. Le flanc de la manœuvre est protégé par une action secondaire conduite en pays thaï blanc. Les Divisions 398 et 312 ont suivi au cours du mois d'août une instruction poussée sur l'attaque des

1. Jacquin, *Guerre secrète en Indochine,* Olivier Orban, 1979.

ouvrages fortifiés avec appui de l'artillerie. Renforcées par des éléments de la division lourde 351, elles s'installent de part et d'autre du Phu Doan. La 316 atteint Yen Bay et le régiment 148. Le régiment de Laï Chau progresse déjà en direction de Cha Pa.

Le 5 octobre, les premiers accrochages violents se produisent avec les goumiers du 17e Tabors. Le 14, le poste de Ca Vinh, situé sur la route de Yen Bay, a été fortement attaqué par le Vietminh qui s'en est emparé. Le 15, les garnisons des postes de Lang Bieu et Dong Bo se replient sur Ba Khe. Le même jour, Lang Chiet est attaqué à son tour. Le général de Linarès décide de « renforcer le point d'appui de Tu Le en vue de le tenir, puis de s'éclairer vers l'est, d'agir contre les éléments viets venant de l'est et, enfin, de prendre à revers les éléments menaçant Gia Hoi ». Le 6e bataillon de parachutistes coloniaux du commandant Bigeard, qui est arrivé en Extrême-Orient à la fin du mois de juillet, est placé en alerte.

Le 16, à 5 h 30, 667 officiers, sous-officiers et hommes de troupe qui n'ont pas dormi de la nuit s'apprêtent sur les terrains de Bach Mai et de Gia Lam. Ils ont à leur disposition vingt-sept Dakota et six Junkers, et seront appuyés par une patrouille de chasse. La DZ est la piste d'atterrissage du poste de Tu Le, à 30 km au nord-ouest de Nghia Lo. Tu Le est un petit poste dominant une cuvette de 2 km de long traversée par un torrent, qui contrôle le carrefour des pistes rejoignant Nghia Lo, Son La, Than Uyen et Ta Bu. Entre le fleuve Rouge et la rivière Noire se dressent des massifs granitiques culminant à 3000 m, découpés par des vallées étroites et profondes où coulent des torrents sinueux, infranchissables en périodes de crue. Les rares pistes longent les vallées et s'aventurent parfois sur les versants montagneux au milieu d'une végétation souvent impénétrable. Le poste est tenu par une section du 1er bataillon thaï, soit 70 hommes, sous les ordres du lieutenant Lavrat. Cependant, le général Salan voudrait attendre que les Viets précisent leurs intentions. Attaque principale ? Attaque de dissuasion pour frapper ailleurs ? Retenu à Saïgon pour accueillir le « secrétaire d'Etat à la guerre », il charge le colonel Boussarie d'un message pour le général de Linarès lui prescrivant de surseoir à l'envoi de parachutistes sur Tu Le puisque ce poste se trouve de toute façon coupé de Tu Le. Mais le message arrive trop tard. Le 6e BPC vient de sauter sur Tu Le.

Le largage s'est effectué en deux vagues le 16 octobre, à 12 h 30 et 16 h 40. Le PC et la CCB s'installent dans le poste même, la 26e CIP se place à proximité immédiate, la 12e compagnie tient le piton de la cote 876, la 11e compagnie le piton nord-ouest. Enfin la 6e CIP occupe les pentes sud de la cuvette. La couverture éloignée est assurée par des partisans de Ban Lan Lang et de Khao Pha, et des postes de Ping Ho et Ping Gai. Le lendemain, la couverture éloignée est renforcée par les effectifs autochtones du poste. Le contact radio est pris avec Nghia

Lo et Gia Hoi, où une compagnie de supplétifs est envoyée en liaison. Le lieutenant Leroy pousse sa 11ᵉ compagnie à l'est de la Nam Pang.

En fin d'après-midi, le régiment 209 attaque Nghia Lo après une préparation au mortier et au canon dont on entend les explosions à Tu Le. Toute la nuit, Nghia Lo résiste, aidé par l'aviation qui largue des bombes éclairantes. Mais, au petit matin, le temps se gâte. Les aviateurs rebroussent chemin. Les Viets déferlent sur le poste et anéantissent la garnison. Le commandant du 6ᵉ BPC n'est pas officiellement au courant mais le contact radio rompu, les bruits d'artillerie, puis finalement le silence lui laissent penser que Nghia Lo est tombé.

Au matin du 18 octobre, la 11ᵉ compagnie effectue une reconnaissance en direction de Ban Lan Lang. A 17 h 30, Gia Hoi signale la présence de rebelles au sud et à l'est du poste. Une demi-heure plus tard, le quartier de Gia Hoi passe sous les ordres de Bigeard. A 21 h, le général Salan ordonne l'évacuation de Gia Hoi, puis celle de Tu Le. Mais le commandant du 6ᵉ BPC estime qu'une évacuation de nuit présente de grandes difficultés. Il désire en outre recueillir les éléments qui se replient de Gia Hoi et de Lang Chang. A 22 h, les éléments de Ping Gai reviennent sur Tu Le. Les premiers éléments de Gia Hoi arrivent vers 23 h. Bigeard réunit alors ses officiers et prend la décision de demeurer à Tu Le tant que les hommes des différents postes repliés ne seront pas là. Ensuite, seulement, le 6ᵉ BPC songera à se retirer.

Certains censeurs ont critiqué l'attitude de Bigeard en cette occurrence : « On lui ordonne de partir, il reste ; on lui dit de rester, il part. » Quand on se souvient du désastre de la RC4 où Lepage et Charton n'ont eu que le tort d'obéir trop strictement aux ordres de Langson et d'Hanoï, on ne peut que louer Bigeard, qui était au contact, qui sentait la situation, de sa liberté d'interprétation des ordres reçus.

A l'aube du 19 octobre, le dispositif du 6ᵉ BPC est remanié. La 6ᵉ compagnie est envoyée en direction de Gia Hoi pour recueillir les éléments du poste. Un commando du lieutenant de Wilde (26ᵉ CIP) va occuper le col de Kao Pha, sur la piste qui mène à la rivière Noire. En fin de matinée, le lieutenant Magnillat, sur un col de la piste de Gia Hoi, à environ 6 km à l'est de Tu Le, aperçoit des hommes qui se déplacent dans la plaine. Incapable de les identifier d'aussi loin, il ordonne à ses hommes de se dissimuler dans les hautes herbes. Vers 15 h, il n'y a plus de doute, il s'agit de Viets et leur nombre semble augmenter sans fin. Le lieutenant Magnillat décide d'agir sans en référer au commandant. Il sait que les contacts radio sont interceptés par le Vietminh et il veut bénéficier de la surprise. L'ennemi atteint le pied du col vers 16 h 30. Dès qu'il a franchi les premiers lacets, la 6ᵉ CIP ouvre le feu. Dans les rangs viets, c'est la panique. Tous reculent en désordre, en laissant de nombreux morts sur le terrain.

Les parachutistes se replient aussitôt et, une heure après, ils sont de retour à Tu Le.

La garnison a entendu le bruit du combat. Avant le retour de la compagnie, Bigeard sait que les Viets sont à proximité. Après le rapport du lieutenant Magnillat, le commandant Bigeard s'attend à une attaque viet dès la nuit tombée. A 21 h, l'ordre de départ immédiat parvient d'Hanoï. Bigeard répond que le mouvement est impossible avant le lever du jour. La garnison de Gia Hoi n'est toujours pas là. La 6e CIP s'installe sur le col au sortir de la cuvette. A 23 h, des lueurs apparaissent au nord-est du poste. Ce sont les hommes de Gia Hoi qui approchent. Les Viets sont dissimulés dans la végétation et les regardent passer. La colonne parvient au pied du poste.

A 2 h du matin, un guetteur de la 12e compagnie, placé sur le piton de la cote 876, tire sur une silhouette. Immédiatement après, les parachutistes du lieutenant Trapp subissent l'assaut. Les éléments du régiment 165 sont repoussés. Le poste de Tu Le est attaqué à son tour. Trois fois, les Viets donnent l'assaut, trois fois ils sont repoussés. Au petit matin, ils se retirent vers l'est, en laissant sur le terrain 96 morts, 2 FM, 12 PM et 27 fusils. Les parachutistes ont deux tués et dix blessés. Les rebelles continuent de se replier sous un feu intense. 500 hommes sont comptés au moment où ils s'engagent sur le col.

Le commandant Bigeard décide que c'est le moment d'évacuer les blessés par avion, avant de commencer le repli. Mais le temps est bouché et les Morane ne peuvent percer la couche de nuages. Le commandant se rend parfaitement compte que, désormais, chaque minute qui passe réduit les chances du 6e BPC. Le Vietminh va resserrer son étau. Vers 9 h, un B-26 survole le poste en vue de rendre compte de la situation au général Salan, à Hanoï.

Vers 11 h, la 6e CIP aperçoit des silhouettes d'hommes s'infiltrant près de la piste que le bataillon doit emprunter pour effectuer son décrochage. A midi, deux nouveaux B-26 surgissent. Bigeard leur fait immédiatement bombarder les alentours de la cuvette. La situation devient intenable. Il faut décrocher. A 13 h, le chef de bataillon donne l'ordre de repli. Il y a dix blessés, qu'il va falloir brancarder. Le 6e bataillon de parachutistes coloniaux commence la longue course de 70 km à travers la montagne qui va le rendre célèbre.

Les parachutistes se mettent en route vers Muong Chen. Jusqu'à 17 h, ils sont couverts par deux B-26. Ensuite, la météo interdit le survol de la région et les hommes sont livrés à eux-mêmes. L'ordre de marche de la colonne comprend d'abord les garnisons de Gia Hoi, Lang Chang et Tu Le, puis le reste de la 26e CIP (dont un commando sous les ordres du lieutenant Laizé occupe le col de Kao Pha depuis l'avant-veille), la CCB, la 11e compagnie et, fermant la marche, la 12e compagnie. La 6e compagnie indochinoise de parachutistes se trouve en arrière-garde sur le col de sortie qu'elle tient depuis la veille au soir. Les Viets suivent de très près et le lieutenant Magnillat ordonne à ses hommes de décrocher au plus vite afin de rejoindre le gros du bataillon. Les derniers ouvrent le feu sur les rebelles qui se trouvent à moins de 100 m. La riposte est immédiate. La 6e CIP se replie à toute allure.

Les Viets ont débordé les dernières positions françaises et tirent sur les 11e et 12e compagnies qui forment toujours l'arrière-garde du bataillon. Les hommes de Magnillat se trouvent coupés du reste du bataillon. Le lieutenant ordonne alors de se frayer un passage vers l'ouest, en marchant par petits groupes de six ou sept hommes. Ils sont sans cesse harcelés par les armes automatiques mais ils parviennent à forcer le passage pour rejoindre le gros du bataillon. Les pertes deviennent importantes. La majorité des blessés est laissée sur place, à la garde de l'aumônier du bataillon, le Père Jeandel, qui demande à rester avec eux et sera fait prisonnier. Enfin, après une course harassante, la 6e CIP rejoint le lieutenant Leroy et ses parachutistes, qui les attendaient. Les hommes valides portent les blessés qu'ils ne veulent pas laisser aux mains de l'ennemi.

Les parachutistes repartent vers le col de Khao Pha et les rebelles perdent le contact. A minuit, l'ensemble du bataillon se regroupe au sommet du col. Il manque 11 hommes de la 26e CIP, 7 de la CCB, 9 de la 12e compagnie, 34 de la 11e compagnie et 22 de la 6e CIP. Parmi ces disparus, il y aura une vingtaine de prisonniers, dont deux parviendront à s'évader dans les semaines qui suivront.

A 3 h du matin, la progression reprend vers Muong Chen. Les parachutistes n'ont plus qu'un quart de leurs munitions et ils doivent éviter les accrochages prolongés. Bigeard a modifié l'ordre de la colonne. Les blessés légers se trouvent en tête, avec les partisans thaïs, suivis par les 6e CIP et 11e compagnie, enfin le reste du bataillon avec le commandant. La fin de la nuit se passe sans incident. A 8 h du matin, l'arrière-garde est de nouveau accrochée par les Viets. Le temps, toujours bouché, interdit l'intervention de l'aviation. Bigeard fait volte-face avec sa compagnie de queue, tient tête, puis décroche et rejoint les autres compagnies qui décrochent à leur tour, en perroquet, l'une protégeant l'autre, toutes étant talonnées par les Viets.

Bigeard et son adjoint, le capitaine Tourret, organisent tour à tour chaque échelon de repli et d'arrière-garde et à chaque coup les Viets se font cueillir à bout portant par ces sortes d'embuscades successives. A 13 h 45, Muong Chen est atteint sous la couverture de la garnison du poste qui s'est portée sur le col d'accès de la cuvette. A 14 h, le ciel se dégage et l'aviation intervient. Elle signale les Viets sur la piste de Tu Le et sur les pitons nord et nord-ouest de Muong Chen. De Hanoï, le général Salan ordonne au commandant Bigeard de s'installer sur place, dans l'attente de renforts qui vont lui être envoyés. Mais le commandant du 6e BPC juge la cuvette indéfendable et il décide de reprendre la progression.

A 19 h, le bataillon repart. Le chef de poste, l'adjudant Peyrol, doit rester à Muong Chen avec sa section jusqu'à 10 h le lendemain. En cas d'attaque, il a ordre de gagner la brousse. Bigeard et ses hommes ont pour nouvel objectif le poste de Ban I Tong, à 25 km au sud-ouest. A la nuit tombée, l'adjudant Peyrol déclenche un feu nourri sur les positions des Viets. Ces derniers tombent dans le piège. Croyant le bataillon replié dans le poste même, ils donnent l'assaut, passant devant les parachutistes du 6e BPC, qui sont tapis dans l'herbe et attendent que la voie soit dégagée pour décrocher. La fusillade se généralise autour du poste. A 3 h du matin, Peyrol et ses Thaïs parviennent à se glisser à travers les lignes viets et à gagner la brousse. Quelques jours plus tard, ils rejoindront la rivière Noire. Ce n'est pas le plus mince exploit de cette odyssée. Toute la nuit, Bigeard et ses hommes progressent dans une végétation hostile. Ils sont épuisés mais tiennent bon. A 8 h, le 22 octobre, la colonne fait halte. Un détachement du poste de Ban I Tong se porte à sa rencontre. La liaison s'effectue aux cols placés à la ligne de partage des eaux entre le bassin du fleuve Rouge et le bassin de la rivière Noire. Le temps permet de nouveau l'intervention de l'aviation qui attaque les rebelles sur la piste. La marche reprend vers Ban I Tong qui est atteint à 14 h. Entre-temps, le 56e bataillon vietnamien s'est porté en recueil sur la piste, suivi par les Français.

A son arrivée au poste, le commandant Bigeard reçoit l'ordre d'Hanoï d'organiser le passage de la rivière Noire à Ban Ta Bu et d'assurer vers l'est la couverture de ce passage en renforçant le détachement déjà en place au confluent Nam Pia – rivière Noire. Tout l'après-midi, les hommes récupèrent. A 19 h 30, le 56e BVN est attaqué par les Viets et doit se disperser dans la brousse. L'adversaire – tout le régiment 165 et un bataillon de 209 – est proche. Il faut évacuer le poste. A 21 h, l'évacuation commence, 6e BPC en tête, puis 56e BVN et enfin les garnisons de Gia Hoi, Lang Chang et Tu Le. La garnison de Ban I Tong reçoit l'ordre de retarder les Viets jusqu'à 2 h du matin, puis de tenter de rejoindre le gros de la colonne.

Le 23 octobre, à 2 h du matin, les premiers éléments franchissent la rivière Noire à Ban Ta Bu ; puis, au lever du jour, un affluent de cette même rivière, à Muong Bu. Ils sont aidés par des piroguiers thaïs. La garnison de Gia Hoi repasse aux ordres du commandant du 1er bataillon thaï. A 9 h, le 6e BPC est enlevé par des camions vers Son La, qu'il atteint à minuit. L'odyssée du 6e BPC est terminée. Les parachutistes ont perdu 91 des leurs, morts ou disparus. Mais l'opération a permis de sauver la garnison de Tu Le, les garnisons des postes de Gia Hoi à Khe Mang, les supplétifs et partisans de Tu Le – Gia Hoi et de couvrir le mouvement de la garnison de Than Uyen.

Regroupé à Na San, le 6e BPC est ramené à Hanoï par avion. Quelques jours plus tard, au stade Mangin, M. de Chevigné remet la cravate de la Légion d'honneur au commandant Bigeard. Le bataillon est cité à l'ordre de l'armée. Sont décernées ce jour-là, sept Légions d'honneur, dix Médailles militaires, quatre cents Croix de Guerre. Parmi les récipiendaires, le sergent Corcuff, reporter photographe, qui a participé de bout en bout à l'épopée du bataillon. Pendant ce temps, dans le camp n° 1, le père Jeandel fait l'apprentissage de la captivité à la mode vietminh.

Le 19 octobre au soir, l'ensemble des unités au nord de la rivière Noire commence à se replier en direction du cours d'eau. Il n'y a plus de doute possible sur la volonté du commandement vietminh de mener en pays Thaï noir une campagne de grande envergure. Le 20, le général de Linarès, commandant les forces terrestres du Nord-Vietnam, constitue un groupement opérationnel de la moyenne rivière Noire placé directement sous son autorité et qu'il confie au colonel Gilles. La mission du GOMRN est « d'organiser la défense de la vallée de la rivière Noire et de la RP41, en la centrant sur Na San ». Tous les postes commencent à se replier sur le terrain d'aviation autour duquel les travaux de défense et de protection sont activement poussés. Parallèlement, les postes menacés du pays Thaï blanc se regroupent sur Laï Chau. Le Vietminh marque un temps d'arrêt pour réorganiser ses unités et compléter les informations dont il dispose sur les défenses de Na San. Le général Salan, lui aussi, doit gagner le temps nécessaire à la consolidation de l'ensemble du dispositif en cours de mise en place dans le pays Thaï. Pour ce faire, il lance une opération de diversion sur les arrières du corps de bataille vietminh. Il espère obliger l'adversaire à relâcher sa pression.

* * *

La reprise de l'offensive dépend en grande partie des ravitaillements acheminés de la région de Tuyen Quang par Yen Bay. L'opération « Lorraine » doit prendre la forme d'un raid d'envergure lancé dans la zone de Phu To – Phu Doan, vitale par ses communications et ses dépôts, combiné à une action aéroportée exercée de part et d'autre du Song Chay. Des moyens importants — quatre GM, deux sous-groupements blindés, une « Dinassau » — sont engagés. La rivière Noire est franchie le 31 octobre, Phu To est atteint. Le groupement parachutiste à trois bataillons, aux ordres du lieutenant-colonel Ducournau, commandant les TAPN, doit s'emparer du passage de la RC2 sur le Song Chay à Phu Doan. C'est l'opération « Marion », phase aéroportée de « Lorraine ». Les unités sont mises en alerte le 8 novembre à midi. A 23 h, les commandants des bataillons, leurs adjoints et les officiers de transmissions assistent au *briefing*. Le groupement doit être mis à terre en trois vagues de cinquante-trois Dakota chacune. Le terrain est étudié à l'aide de photos aériennes et sur des caisses à sable. L'armée de l'air participe à l'élaboration des ordres de détail pour déterminer les appuis à donner

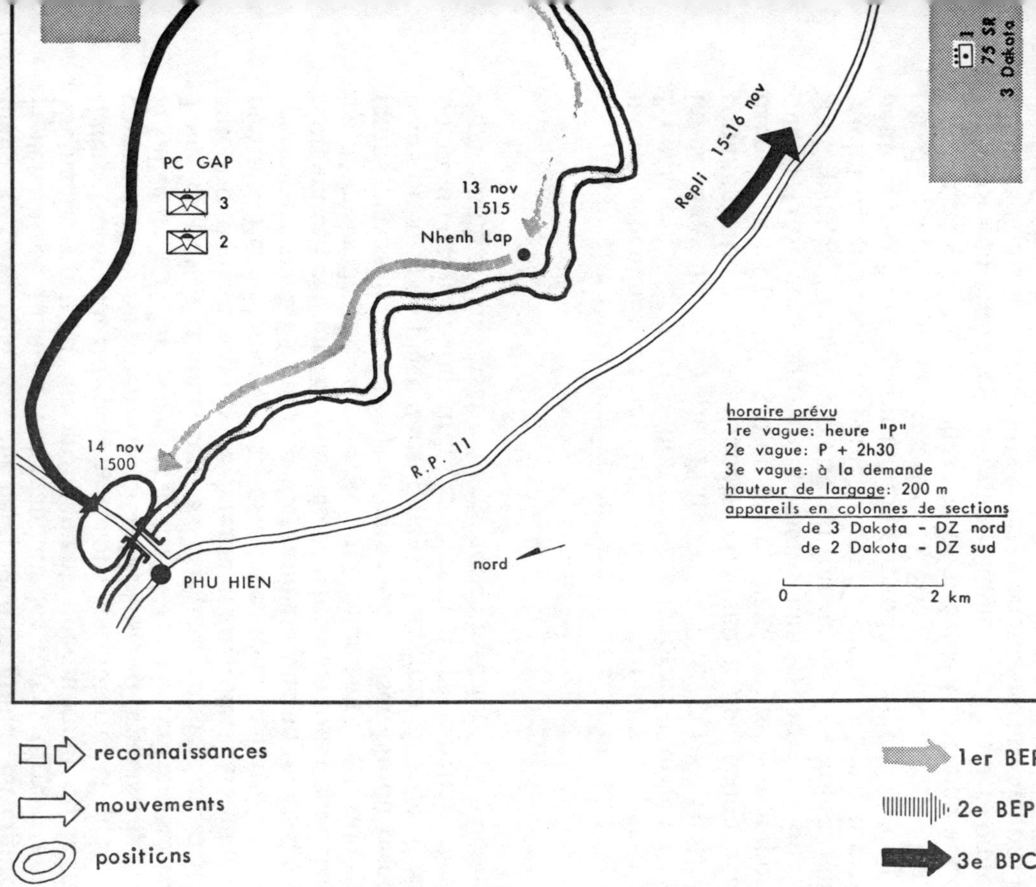

L'opération « MARION », raid sur Phu Doan 9-16 novembre 1952.

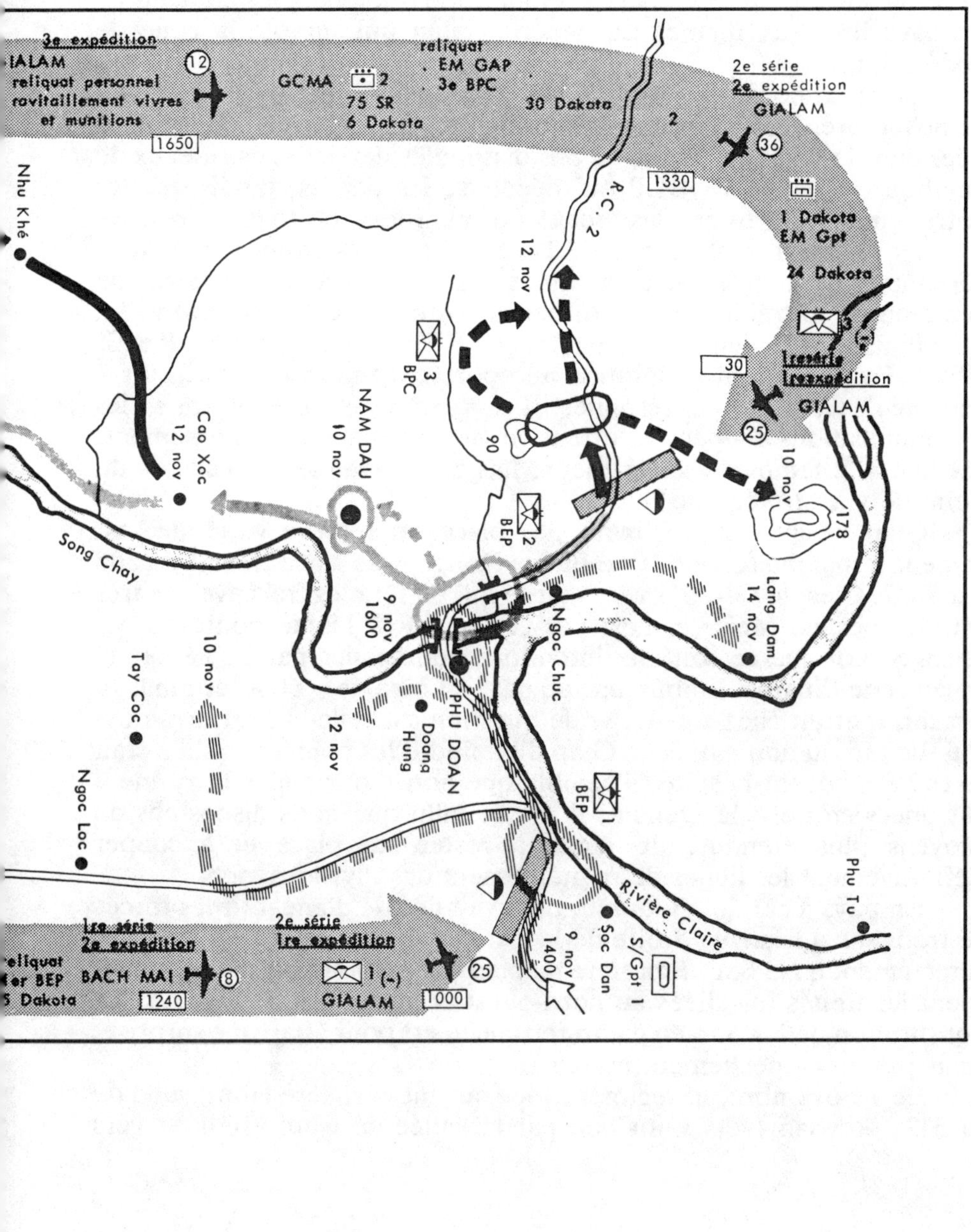
3e expédition
GIALAM
reliquat personnel
ravitaillement vivres
et munitions
12
1650
GCMA
2
75 SR
6 Dakota
reliquat
. EM GAP
. 3e BPC
30 Dakota
2
2e série
2e expédition
GIALAM
36
1330
1 Dakota
EM Gpt
24 Dakota
3 (-)
30
1re série
1re expédition
GIALAM
25
R.C. 2
12 nov
3
BPC
NAM DAU
10 nov
90
Nhu Khé
Cao Xoc
12 nov
Song Chay
2
BEP
10 nov
178
Lang Dam
14 nov
9 nov
1600
Ngoc Chuc
PHU DOAN
Doana
Hung
Tay Coc
10 nov
12 nov
1
BEP
Ngoc Loc
Phu Tu
Rivière Claire
1re série
2e expédition
reliquat
1er BEP
5 Dakota
BACH MAI
8
1240
2e série
1re expédition
1 (-)
GIALAM
25
1000
9 nov
1400
Şoc Dan
S/Gpt 1

et les conditions précises du largage. Jamais opération d'une telle envergure n'a été préparée avec autant de soin.

Le 3e BPC, aux ordres du capitaine Bonnigal, commence à sauter à 9 h 30, suivi, une demi-heure plus tard, du 1er BEP du commandant Brothier. Le commandant Bloch et le 2e BEP sont largués à 13 h 30 avec les équipes de destruction du GCMA. Les unités de garde des bases arrière des divisions 308 et 312 refusent le combat. Tous les objectifs sont rapidement atteints. Il n'y a eu qu'un tué et 16 blessés (dont 5 fractures) au cours du saut pour 2354 hommes largués. A 17 h, le 9 novembre, les chars et l'infanterie rejoignent les parachutistes sous les yeux mêmes du général Salan qui survole la zone de l'opération.

La rive nord du Song Chay est ensuite nettoyée jusqu'au 12 novembre. Des quantités extraordinaires de matériels sont camouflées dans la forêt percée de layons dissimulés derrière des rideaux de bambous. C'est le 1er BEP qui découvre les dépôts, tandis que les autres unités détruisent les stocks de munitions de tous ordres, les ateliers, les vivres et le paddy. Le bilan total est impressionnant : 250 tonnes de munitions, 1500 armes dont 57 mortiers, des SKZ, une centaine de mitrailleuses, 4 camions Molotova. Le 14 novembre, les bataillons sont ramenés sur Viet Tri (1er BEP) et Hanoï (2e BEP et 3e BPC). La plus grande opération aéroportée d'Indochine, « Castor » exceptée, vient de se terminer. Les dépôts ont été détruits, les communications coupées. L'offensive viet marque un ralentissement. Na San a le temps de se fortifier. Mais est-ce vraiment un succès du point de vue stratégique ?

Giap réagit. Le régiment 36, placé en réserve générale, est ramené à marche forcée sur le fleuve Rouge et se place en embuscade sur RC2. C'est le GM d'arrière-garde qui en fera les frais avec de très lourdes pertes. Mais ce n'est pas ce combat à l'issue douteuse qui change quoi que ce soit aux intentions poursuivies par les généraux Salan et de Linarès. Embuscade ou pas, « Lorraine » était terminée et chacun rentrait chez soi. La vraie question est celle-ci : « Lorraine » a-t-elle oui ou non empêché Giap d'atteindre les objectifs qu'il s'était fixés ? En voyant la suite, il semble que non. Pour que « Lorraine » fût une victoire à la Denain, il aurait fallu que nous disposions de moyens plus étendus, de façon à rester sur place et à couper définitivement les lignes de ravitaillement des divisions viets.

En pays Thaï, le Vietminh, qui avait décidé d'anéantir les forces se trouvant sur la rive droite de la rivière Noire, craint de s'attaquer directement à Na San. Il préfère manœuvrer en bousculant simultanément les unités installées au nord-ouest et au sud-est de Son La. La constitution de Na San en camp retranché est pour Giap une surprise, mais pas un empêchement majeur.

Le 7 novembre, le régiment 148 franchit la rivière Noire suivi de la 312, poussant vers Laï Chau par la vallée de Nam Meuk et vers

Dien Bien Phu. Le 9 novembre, le 2e BPC du capitaine Lenoir est transporté par avion sur Laï Chau, pour être mis à la disposition de la zone opérationnelle du pays Thaï blanc. Sa mission est d'assurer la couverture, essentiellement par le renseignement, de Laï Chau en direction du sud, entre la RP41 et la vallée de la rivière Noire. Parti le 10 au matin, le bataillon arrive le 13 à Ba Nam Nen et passe aux ordres du GMVN, ancien GM2 qui est venu renforcer le groupement Gilles. Le 2e BPC continue le long de la Nam Meuk afin de réaliser la jonction avec le 56e BVN parti de Son La dans sa direction. Celui-ci est sérieusement accroché à 6 km au nord de Tuan Giao. Le 15, c'est au tour du 2e BPC d'être non moins sérieusement accroché, à 5 km au sud-est du pont de la Nam Meuk. Non seulement, on ne peut tendre la main au 56e pourtant tout proche mais le bataillon est débordé ; la position, intenable, doit être abandonnée sous le feu. Après avoir reçu un ravitaillement par air dans l'après-midi, le 2e BPC revient à Luan Chau. Le bataillon vietminh du régiment 148 a eu de fortes pertes mais le 2e a perdu 5 tués dont le capitaine Golfier, commandant la 22e CIP, 9 blessés et 71 disparus, en quasi-totalité de la compagnie indochinoise.

Le 16, le 56e BVN est attaqué à partir de 7 h 30. A 9 h, le 2e BPC reçoit l'ordre de se porter à son secours. Il commence à accrocher à 14 h. La 4e compagnie est clouée au sol par un feu violent. Vers 16 h, une contre-attaque vietminh est stoppée par l'intervention des B-26 guidés par le Morane d'observation. A 17 h 30, la 4e compagnie et le BVN, qui marchaient à la rencontre l'un de l'autre en combattant, effectuent leur jonction. Les Vietnamiens sont aussitôt ravitaillés par air.

La pression vietminh est trop forte et les deux bataillons, se couvrant mutuellement, décrochent en direction de Luan Chau, le 17, vers 14 h. Un adjudant et 16 hommes de la 22e CIP, disparus le 15, sont alors en train de guider quatre Dakota larguant des vivres et des munitions sur le village. La majeure partie du 56e BVN est encerclée. Les mortiers de 81 tirent jusqu'à épuisement des munitions. Le repli reprend. Les parachutistes sont talonnés par les Viets qui cherchent à déborder les compagnies en utilisant les fourrés et les hautes herbes. A minuit, le 2e BPC arrive à Ba Nam Nen.

Le 18, à 5 h, les tirailleurs sénégalais défendant le pont sur la Nam Meuk sont bousculés. Il faut repartir. Comme la veille, des bouchons judicieusement placés freinent les Viets qui subissent des pertes sévères et abandonnent la poursuite à 5 km au nord de Ba Nam Nen. Après avoir fait évacuer les blessés à Pa Ham, les restes des deux bataillons s'installent en défensive au col Claveau.

Le 17, au moment de l'évacuation de Luan Chau, la 3e compagnie du Lt Ziegler et une section de la 22e CIP se trouvent séparées du reste du bataillon. Pour éviter de tomber sur les Viets qui grouillent sur la RP41, la compagnie s'enfonce dans la montagne. Les 130 hommes disposent d'une ration de secours par personne et d'une demi-unité de feu seulement. Heureusement, les trois postes SCR300 fonctionnent bien. Les radios ennemies tentent de localiser la compagnie en se faisant passer pour les radios du PC du 2e BPC. Mais la feinte ne prend pas.

Le lieutenant Ziegler décide d'atteindre un piton culminant à 1592 mètres afin d'assurer la liaison radio. Le 18, après un contact avec des B-26, un croquis d'itinéraire est largué au détachement qui a atteint les hautes chaumes du Stung Tianh. Les hommes, épuisés, marchent sans nourriture et doivent se frayer au coupe-coupe un chemin dans la jungle. Le 20, un largage de vivres est effectué en *free drop* pour ne pas éveiller l'attention des Viets. Mais après trois heures de recherches, seuls cinq saucissons, deux pains de beurre et trois plaques de chocolat sont récupérés. Le contact est cependant maintenu. Un Morane vient régulièrement larguer des piles pour les 300 et des indications topographiques sur la position de la compagnie.

Le 22 novembre, la Nam Meuk, qui sera franchie à quatorze reprises, est atteinte. Le paysage est grandiose... et impossible : les gorges du Verdon avec la végétation de l'Amazone. Des vivres peuvent être maintenant parachutés. Ponctuellement, un Dakota dans lequel a pris place le commandant de la base aérienne du 2e BPC et le lieutenant Marsaudon, ancien du 2e, et actuellement 4e Bureau des TAPN, vient survoler la colonne pour la guider et la ravitailler. Le 26, le lieutenant Ziegler reçoit l'ordre de se diriger vers Dien Bien Phu contrôlé par le 4e BCL. Après avoir marché toute la nuit, la compagnie rejoint les chasseurs laotiens. La colonne est au complet, il ne manque que les casques lourds jetés aux orties dès le premier accrochage et une mitrailleuse hors d'usage qui a été enterrée. Le Dakota se pose à Dien Bien Phu, le colonel de Bollardière à bord, et emmène blessés et malades. Cinq autres Dakota, ayant transporté des vivres à Na San ramènent la compagnie à Hanoï. Le reste du bataillon qui a rejoint Laï Chau le 23, rentre par voie aérienne les 26 et 27 sur Hanoï. Quelques jours après, les Viets enlèvent Dien Bien Phu. C'était tangent !

* * *

Pendant ce temps, Na San est devenu une forteresse. Les pitons touffus ont été dégagés, les herbes brûlées, le terrain égalisé. Vers 7 h, le jour se lève et les Morane décollent les premiers pour reconnaître les alentours, déceler les traces de l'avance vietminh, récupérer les garnisons des postes évacués qui refluent vers la sécurité de la cuvette et de son terrain d'aviation. Le premier Dakota est annoncé. Les rotations se succèdent à raison d'un appareil toutes les dix minutes, venant d'Hanoï, distant de 200 kilomètres. Le rythme passe bientôt à une rotation toutes les cinq minutes de l'aube au coucher du soleil. La garnison du camp retranché se monte finalement à 12000 hommes, bien armés et bien équipés; 1100 tonnes de barbelés et 3500 mines ont été posées.

Le 3e BPC du commandant Bonnigal arrive à Na San le 18 novembre et occupe six points d'appui du périmètre défensif le 20. Il est suivi, le 19, par le 2e BEP qui se pose dans l'après-midi et qui est poussé sur Chieng Dong. Le commandant Bloch a succédé au commandant Raffali, mortellement blessé le 1er septembre, dernier jour de la passation des consignes entre les deux officiers. Le 20, le PC du groupement parachutiste du colonel Ducournau et le 1er BEP, qui viennent d'arriver, sont dirigés sur Co Noi. Mais devant la pression ennemie et les menaces sérieuses de débordement, le repli général sur Na San est décidé en fin de soirée du 21. Le lendemain, à 7 h, le 1er BEP quitte le dernier poste de Co Noi qu'il a complètement détruit. Le camp retranché, qui dispose maintenant de trois bataillons parachutistes, deux bataillons de Légion, deux de tirailleurs et deux BVN, appuyés par trois batteries de 105 HM2, et de la CMLE à six mortiers de 120 et six de 81, est prêt à recevoir le choc.

Le 23 novembre, vers 20 h, le PA8 du centre de résistance est attaqué par un bataillon du régiment 88 qui s'infiltre par la coulée dite du « lézard ». La compagnie Guilleminot, du 3e BPC qui, comme l'ensemble du groupement parachutiste, est placée en réserve d'intervention depuis le matin, contre-attaque au coude à coude avec les légionnaires du III/5e REI.

Le point d'appui est réoccupé vers 23 h, à la lueur des lucioles qui éclairent le camp comme en plein jour. Le bataillon 322 laisse dans les barbelés 64 morts et 4 FM.

Après cet échec, le Vietminh regroupe ses forces. Le régiment 174 progresse vers Na San, tandis que le 98 répare la RP41 afin de la rendre utilisable par les véhicules. Le 25, à Ban Lot, le plan d'attaque est mis au point au PC de la division 308. Il est simple : occuper les observatoires pour pouvoir régler les tirs de mortiers, s'emparer du PA26 à l'est du centre de résistance afin de permettre à la DCA d'interdire tout atterrissage, barrer la coulée de Maïson, qui est le seul chemin de repli vers le Laos. Un élément est conservé en réserve pour exploiter le succès qui paraît inéluctable. Le service de renseignements vietminh, toujours parfaitement bien informé, a annoncé l'évacuation du camp.

Dans la nuit du 30 novembre au 1er décembre, par pleine lune, la division 308 déclenche son attaque sur les PA22 bis et 24. A l'ouest, les légionnaires du 1er BEP, qui se sont installés en défensive autour du PA8 jugé trop menacé, observent les arrivées des coups d'artillerie et de mortiers qui ne cessent de pleuvoir sur les Viets jusqu'au lever du jour. A 7 h 30, une compagnie du 2e BEP réoccupe le PA évacué par le bataillon vietminh 115, qui a renoncé à s'y maintenir sous la violence des tirs. La compagnie de mortiers de la

L'attaque du camp retranché de Na San 23 novembre-2 décembre 1952.

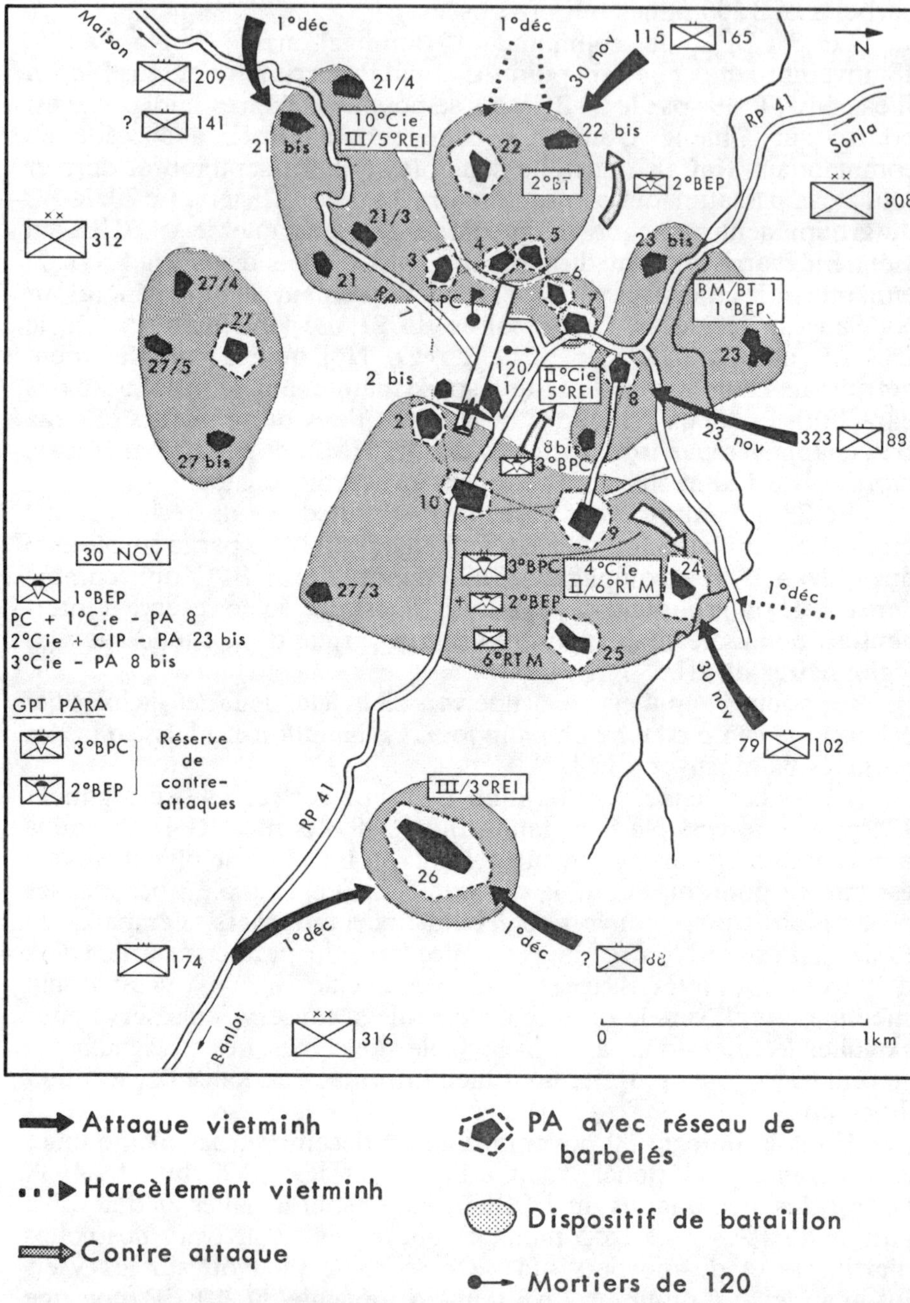

Légion a pris sa part dans ce beau succès. De son côté, le PA24 se tait vers 2 h 30. A l'aube, le 3e BPC, renforcé par deux compagnies du 2e BEP et une du 6e RTM, contre-attaque avec l'appui massif de l'artillerie et de l'aviation. Les Viets du régiment 102 ont creusé pendant la nuit des trous sur la contre-pente. Il faut réduire les emplacements un à un. Le temps presse, car les mortiers lourds vietminh commencent à pilonner la piste. Vers midi, les parachutistes du 3e aperçoivent les barbelés du PA où les Viets ont accroché les Marocains faits prisonniers pendant la nuit. A 17 h, après dix heures de combat, le piton est nettoyé.

L'assaut se renouvelle la nuit suivante mais il est partout repoussé. Le commandant Jacquin, chef du 2e Bureau d'Hanoï, s'était posé à Na San, porteur du plan d'attaque viet. Sur le PA21 bis, le régiment 209 laisse 300 cadavres. Quant au PA26, il subit quatre violents assauts. Dès le lever du jour, les B-26 et les chasseurs-bombardiers interviennent. Couverts par leur DCA qui se déchaîne, les régiments vietminh desserrent leur étreinte et se regroupent à Co Noi et à San La, tandis que le régiment 102 masque le camp retranché. Le général Giap a momentanément renoncé à attaquer Na San qui lui a coûté 1544 tués et 1932 blessés (d'après les messages viets interceptés et décodés par nos spécialistes).

* * *

Après l'échec de l'offensive sur Na San, le commandement vietminh décide de remettre de l'ordre dans son dispositif et de donner du repos à ses troupes. Les régiments 88 et 102 décrochent de Na San le 15 décembre. Le régiment 174 s'installe autour de Co Noi où il est rejoint par deux bataillons du 176, vers le 25 décembre. Trois régiments, implantés au sud-est et au nord-ouest du camp retranché, doivent s'opposer à toute sortie en force. Deux compagnies du bataillon de renseignement 426 s'accrochent au centre de résistance afin d'établir un plan détaillé des points d'appui, de faire le point sur les troupes stationnées dans le camp et de suivre l'activité aérienne afin de déceler les intentions du commandement français. Deux régiments, les 98 et 141, doivent tenter un coup de main sur Sam Neua.

De son côté, le commandement français a aéré le centre de résistance par des reconnaissances à l'échelon bataillon. Au cours de ces actions, les unités vietminh, qui maintenaient la pression sur le camp retranché, ont été localisées puis neutralisées par des tirs massifs d'artillerie et d'aviation. Il s'agit maintenant de reprendre progressivement le contrôle du pays Thaï et d'assurer la couverture face au nord du Laos. Le général commandant les FTVN doit s'emparer des carrefours de la région Co Noi – Chieng Dong. Ainsi, les communications vietminh en direction de Ta Khoa et Muong Het seront perturbées et les unités régulières seront obligées d'engager le combat. L'opération sur Co Noi doit être précédée par une action d'intoxication sur Son La.

Le groupement parachutiste du lieutenant-colonel Ducournau, comprenant le 2e BEP, les 3e et 5e BPC, la batterie de 75 sans recul parachutiste, une batterie de 105HM2 du 5e GAVN, reçoit pour mission d'exécuter un raid de va-et-vient sur l'axe Na San – Son La, à partir de la nuit du 19 au 20 décembre. Progressant de nuit, le GAP atteint les abords de Son La le 20 au matin puis se replie sous la protection des tirs d'artillerie. Un retour aussi rapide n'a pu, en aucun cas, intoxiquer bien sérieusement le commandement viet.

L'action sur Co Noi démarre le 25 dans la matinée. Le groupement parachutiste progresse sans contact le long de la RP41 sur Ban Lot et la cote 585. Le 26, alors que la 5e BPC reste sur place, les 2e BEP et 3e BPC se portent sur Co Noi et atteignent Ban Na Ka dans la soirée. Le lendemain, les deux bataillons occupent Ban San après un léger contact. Le 6e BPC et le 1er BP VN, largués dans l'après-midi, s'emparent d'un important dépôt d'armes. Le 28, le col de Co Noi est atteint et la liaison est assurée avec le 5e BPC sur la RP41. Le 29, le GP s'installe autour de Co Noi et pousse des reconnaissances en direction du sud. Le 2e BEP est violemment accroché vers Ban Nat le 29, puis vers Ban Heo le 30. Le 1er janvier, le 5e BPC, qui effectue des travaux de débroussaillage de la RP41, est violemment pris à partie par de forts éléments vietminhs retranchés dans les calcaires au sud et au nord de la route. Le bataillon se trouve tronçonné et la défense manque de coordination. Le commandant du bataillon reprend l'affaire en main à son retour de liaison au PC du groupement. L'intervention de l'aviation et l'engagement du 2e BEP et du 3e BPC permettent de dégager le 5e BPC. Mais il a perdu 8 tués, 2 disparus et 37 blessés.

En janvier 1953, le nettoyage se poursuit méthodiquement. Solidement implanté autour de Co Noi et sur la RP41, le groupement parachutiste poursuit son avance vers le nord et le sud-est. Des points d'appui sont installés à Ban Chi, puis Chieng Dong. Le 26 janvier, au cours d'une reconnaissance sur Ban Ngua, la 9e compagnie du 5e BPC est fortement prise à partie de nuit par un tir de mortier et d'armes automatiques qui lui coûte 8 tués, dont le lieutenant Joyeux, et 16 blessés. Le 31, Yen Chau est atteint par un raid du bataillon. En février, le GP franchit la rivière Noire au nord de Ta Khoa afin d'intercepter deux bataillons vietminh descendant la rivière par la piste nord. Le 27 février, le 6e BPC effectue un raid sur Son La désert. Puis, le 3 mars, la compagnie Trapp tombe dans une embuscade dont elle se dégage après avoir infligé aux assaillants 13 tués et récupéré toutes leurs armes.

Le 27 avril, un EM de PC léger de groupement parachutiste aux ordres du commandant Fourcade est mis en place à Na San. Installé au PA n° 1, il coiffe le 6e BPC (PA1bis et 1ter), le II/1er RPC (PA-PC) avec une compagnie à Ban Lot soutenant le commando n° 15. Du 30 avril au 1er mai, les éléments sont aérotransportés sur d'autres centres de résistance, le 5e BPC vient relever le 6e BPC qui rejoint Luang Prabang. Le 15 mai, le groupement parachutiste n° 2 regagne Hanoï pour y être dissous.

Pendant ce temps, l'action des régiments 98 et 141 sur le Laos a nécessité l'intervention du 1er bataillon de parachutistes laotiens qui a été largué par avion isolé sur le terrain de football de Sam Neua du 15 au 17 décembre. Renforcé d'une section du génie aéroportée, le BPL vient avec 576 hommes soutenir la garnison menacée.

A la fin de février, le régiment 98 rejoint Dien Bien Phu. Les divisions 308 et 312 ont mis ce répit à profit pour se reconstituer, tandis que la division 316 opérait en zone du Nord-Ouest. L'instruction a été dispensée en vue de l'offensive future. Sur le plan politique, l'accent a été mis sur la conduite à tenir vis-à-vis des populations montagnarde et laotienne. Sur le plan militaire, l'attaque des positions fortifiées de nuit avec important appui de feux, ainsi que la guerre de mouvement et en montagne ont été particulièrement étudiées. Les grandes unités ont été renforcées en matériel, notamment anti-aérien : chaque bataillon de DCA dispose maintenant de dix-huit mitrailleuses de 12,7 mm. (Déjà, lors des premiers combats de Na San, les équipages des appareils de transport devaient porter le gilet pare-balles et les avions avaient été équipés de blindages anti-flak.) Afin d'accroître la mobilité tactique des divisions, les effectifs divisionnaires vietminh sont ramenés de 13 000 à 9 500. Les coolies, qui ne suffisent plus à assurer le soutien des unités modernes du corps de bataille, sont aidés par un parc automobile passé de deux cents à quatre cent cinquante véhicules fournis par l'aide chinoise. Le système de communications est complété par le rétablissement de la RC1 et de l'axe Yen Bay – Lao Kay par transformation de l'ancienne voie ferrée en voie routière.

Dans le delta, les deux régiments vietminh qui y sont implantés ont été toutefois fortement secoués par les différentes opérations conduites par les groupements mobiles et les sous-groupements amphibies.

Le général Giap attaque là où l'on ne l'attendait pas. Dans la nuit du 13 au 14 janvier, il engage six bataillons réguliers sur les plateaux moïs afin de donner le change sur ses véritables intentions. Les postes de Thu Tuy et Cuu An, qui couvrent la position d'An Khé, sont enlevés. Un régiment, venu à la rescousse sur la RC19, est disloqué. Le 21, le poste de Déo Mang doit décrocher après avoir détruit ses armes lourdes. Deux bataillons parachutistes sont dirigés en toute hâte sur Pleiku et Kontum. Le 3e BPC saute à Pleiku le 18 janvier et entame aussitôt une course folle en direction d'An Khé afin de récupérer les débris des 4e et 8e bataillons montagnards bousculés par les réguliers vietminh. La liaison est opérée avec les éléments du 1er BPVN et, à partir du 24, des pointes offensives sont lancées de part et d'autre de la route. Le bataillon rentre à Hanoï le 22 février et participe à l'opération « Corse », le raid blindé sur Hoa Binh, le 17 mars. Le 26 février, le 1er BEP est aérotransporté sur Kontum et relève le 1er BPVN à la M.I.C. Du 16 au 29 février, il construit un PA à l'est d'An Khé. Giap a-t-il vraiment voulu donner le change? Ne s'agirait-il pas plutôt d'une répétition générale?

* * *

Le 29 mars 1953, l'opération « Gustave » est lancée par le groupement parachutiste pendant le passage des divisions vietminh entre Yen Bay et la RP41. Le GP est composé du 6e BPC et du II/1er RCP aux ordres respectifs des chefs de bataillon Bigeard et Bréchignac, renforcé par le II/1er RTA, un commando thaï et une batterie d'artillerie. Il part de Chieng Dong et atteint sans contact la région de Ban Na Nga, à l'est de Yen Chau. Son but est de détruire les éléments du régiment 174. Mais si Giap ne s'est pas opposé aux raids dans le delta, il n'en est pas de même en pays Thaï.

Le 1er avril 1953, le II/1er RCP, couvert au nord par le 6e BPC, se porte en direction de Song Con. Les deux bataillons se heurtent à des forces très importantes. Le II/1er doit livrer des combats au corps à corps d'une rare violence. L'artillerie puis l'aviation, six B-26 et 25 chasseurs, interviennent, guidés par les Morane d'observation. Le bataillon Bréchignac est dégagé mais il a perdu 5 tués, 11 disparus et 67 blessés. Les Viets ont vraisemblablement perdu plus de 300 tués. Les unités sont ramenées de nuit à Yen Chau et Co Noi le 3 avril afin de participer à une action prévue le 4 sur Muong Het.

Cependant, des indices sérieux laissent à penser que les forces importantes, situées dans la région nord de Van Yen et de Ta Khoa attendent l'extension du dispositif de Na San pour essayer de le tronçonner et le détruire. Le général de Linarès décide de replier à partir du 5 à midi toutes les unités du groupement opérationnel dans la moyenne rivière Noire sur Na San. L'opération de décrochage se déroule dans un ordre parfait. Le 8, toutes les unités ont repris leur place dans les PA de Na San, de Maïson et de Ban Lot. Les réguliers vietminh restent sur la défensive et montrent peu d'agressivité.

Le corps de bataille vietminh est alors en place. La division 304 tient la route de la reine Astrid à proximité de Nong Het; un groupement de quinze bataillons des 308, 312 et 316 se trouve face à Sam Neua et le dispositif s'étend jusqu'à Song Ma; les régiments 148 et 136 occupent l'axe de la Nam Ou, tandis que quatre régiments fixent et surveillent le centre de résistance de Na San et la RP41.

Le commandement français estime que les forces laotiennes ne sont pas en mesure de résister aux troupes particulièrement bien entraînées et aguerries du corps de bataille vietminh. Sam Neua ne dispose pas d'artillerie et se trouve trop éloigné des bases d'où l'aviation pourrait efficacement intervenir. Le 12 avril, l'ordre de repli des troupes de Sam Neua sur la plaine des Jarres est donné.

Le 14, la colonne de Sam Neua, rattrapée par des éléments du régiment 98, parvient à se dégager. De nouveaux accrochages ont lieu le 16. Le 1er BPL, qui n'a cessé tout au long des derniers mois d'éclairer et de couvrir la garnison disparaît dans la tourmente. Le capitaine Lucas, commandant le bataillon, et le lieutenant Silvani (3e Cie) sont faits prisonniers, le lieutenant Quirouard (1re Cie) est tué. Les cadres français ne parviennent pas à endiguer le flot des réguliers VM. Le capitaine Astorg, qui a remplacé le lieutenant Philippon à la tête de la 2e Cie, marche en arrière-garde. Il réussit à parcourir 200 km en six jours dans la brousse et à passer au travers des compagnies VM qui vont à marche forcée vers la plaine des Jarres. Lorsque la colonne découvre que le recueil a disparu de Ban San, la décision est prise de rejoindre les maquisards méos. La 2e compagnie, réduite à une soixantaine d'hommes survivra quarante jours grâce aux parachutages effectués à partir des centres de résistance du Sud.

Le 3e BPC, qui a été aérotransporté d'Hanoï à Xieng Kouang les 5 et 6 avril, envoie une de ses compagnies au secours de la colonne. Le 16, la 5e compagnie est larguée à Tam La et se replie par la Nam Kha. Le 20, les 300 hommes de l'avant-garde de la garnison atteignent enfin la plaine des Jarres transformée en camp retranché. Depuis le 25 avril, des unités entières sont en effet acheminées par voie aérienne à partir de Na San sur la plaine des Jarres ou sur Luang Prabang, également menacé. Avec le GM1 sont également arrivés les II/1er RPC, le 3e BPVN et le 6e BPC.

Le 23 avril, un commandement franco-laotien, la zone opérationnelle du Tranninh, est créé dans le cadre des FTNV. Le 16 mai, la ZOT dispose de neuf bataillons qui ont reçu pour mission de nettoyer le secteur entre la RC7 et la RP4. Les divisions 308 et 304 semblent en effet marquer le pas, en se contentant de tenir les principaux points stratégiques. La division 325 qui avait quitté Vinh, en Nord-Annam, et progressait en direction, semble-t-il, de Xieng Kouang par la RC 7, route de la reine Astrid, ne s'est toujours pas manifestée. La menace contre Luang Prabang transformé en base aéroterrestre paraît écartée.

Le 4 mai, les six Fairchild C-119 promis par le général Clark et l'amiral Radford au général Salan arrivent. Le 6, les maquis méos qui opèrent sur les arrières vietminh annoncent que les régiments réguliers commencent à faire demi-tour.

Le 9 mai, une reconnaissance est lancée dans la zone des Calcaires. Les troupes engagées subissent de fortes pertes.

Le 16 mai, un EM de groupement parachutiste aux ordres du commandant Mayer est mis sur pied à Hanoï et aérotransporté sur la plaine des Jarres. Le 18, il fait mouvement sur Xieng Kouang et prend en charge le centre de résistance. Il dispose du II/1er RCP, du 3e BPC et du 3e BPVN du capitaine Mollo, ainsi que d'une batterie de 105 HM2, d'une section de mortiers de 120. Le 25, une opération baptisée « Myosotis » est lancée en direction de Ban Lan par cinq commandos du II/1er et du 3e para colo. Le 28, l'opération proprement dite est entreprise sur Xieng Kouang en suivant l'axe de la RP4 avec le 3e BPC, et le II/1er RPC couverts par le 5e laotien. Xieng Kouang abandonnée est dépassée. Les Viets sont pris de vitesse et bousculés et, le 31 mai, la liaison est finalement assurée à Muong Ngam avec le 6e BIL.

Sur la RC7, le 2e BEP, accompagné d'unités de Légion et de commandos méos, rejette le 28 mai le régiment 9 qui barrait la route de Ban Lan tandis que des éléments du 3e BPC s'infiltrent sur les arrières viets et s'emparent de la localité. Des rescapés de la colonne de Sam Neua avec le capitaine Astorg du 1er BPL sortent de la brousse et viennent au-devant des parachutistes ébahis de découvrir ces revenants. La division 304 est alors en pleine déroute. Harcelée par les partisans méos, elle est soumise aux violents bombardements de l'aviation et de l'aéronavale. Une reconnaissance lancée par le 3e BPC et le 2e BEP à l'ouest, en direction de Muong Mat, tombe dans le vide.

Le 9 juin, le 3e BPC rejoint la plaine des Jarres, puis c'est le tour du PC et du II/1er RCP. Le 12, le groupement parachutiste no 1 est dissous et regagne Hanoï. L'offensive de printemps du corps de bataille vietminh est terminée.

En juin 1953, les divisions 304, 308 et 312 sont revenues au repos dans la région de Phu To. Depuis le 8 mai, le général Navarre est commandant en chef en Indochine. Le 28, le général Salan et le général de Linarès, remplacé par le général Cogny au Tonkin, quittent l'Indochine.

Les Français ont indéniablement remporté un succès défensif. Ce succès repose sur plusieurs atouts : excellence des informations recueillies par les maquisards et les agents du GCMA ; rapidité d'intervention des unités légères parmi lesquelles les unités parachutistes figurent en tête ; appui de l'aviation qui, malgré les faibles moyens, ne s'est jamais ralenti.

Trois bases aéroterrestres ont en effet été mises en œuvre à Na San, à Luang Prabang et dans la plaine des Jarres.

Le bilan des heures de vol effectuées mensuellement par les trois groupes de transports est éloquent : avant Na San 2 400 ; depuis Na San (à 0 h 45 de vol de Hanoï) de 3 600 à 4 000 pour se maintenir au-dessus de 4 000 en 1953. En mars, 981 rotations sont effectuées sur Na San, 24 sur Laï Chau et 337 sur Xieng Kouang (à 1 h 40 des bases du delta). En avril, les 75 Dakota transportent 23 325 passagers et 2 700 tonnes de fret en près de 4 500 heures de vol. En mai, arrivent les 6 C-119 qui permettent de larguer 6 tonnes de matériel à chaque rotation.

Mais ils détériorent la piste de Gia Lam qui devient inutilisable. Bach Mai est alors saturé et Gia Lam utilisé dans des conditions « acrobatiques ».

Face à cette puissante machine, le commandement vietminh n'a pas osé se lancer à l'assaut des camps retranchés de la plaine des Jarres ou de Luang Prabang. La leçon de Na San a été comprise. La saison des pluies arrivant, il n'était pas question de s'engager avec des lignes de ravitaillement ténues et soumises aux intempéries.

Mais la victoire de Na San et le recul vietminh devant les môles défensifs du Laos vont avoir de grandes conséquences. Le procédé du camp retranché va apparaître comme la meilleure riposte aux offensives du Vietminh en Haute-Région. Il offre, en effet, la possibilité au commandement français de manœuvrer en s'appuyant sur un réseau de places et en s'affranchissant des lignes de communication grâce à l'utilisation de puissants ponts aériens. Le but final est « d'imposer à l'ennemi la bataille sur un terrain favorable à la combinaison des armes et desservi par un terrain d'aviation permettant le ravitaillement régulier des unités combattantes ».

Cet optimisme n'est pas général. Certains déplorent la rigidité de la « manœuvre sur réseau de places » et l'insuffisance des moyens aériens, essentiellement des hélicoptères (il y en a huit en Indochine, réservés aux évacuations sanitaires). Dès cette époque, selon les spécialistes, les cent Dakota pouvant transporter trois bataillons de parachutistes ne valent pas l'hélicoptère, capable par exemple d'évacuer en vingt-quatre heures la garnison de Sam Neua vers la plaine des Jarres et de la redéposer une semaine plus tard, là ou ailleurs, afin de mener un combat retardateur analogue à celui mené par le poste de Muong Khoua qui tiendra quarante jours. L'achat des hélicoptères nécessaires eût représenté le millième des dépenses annuelles de l'Indochine. Les apôtres de l'hélicoptère ne recontrent malheureusement pas toujours une adhésion chaleureuse de leurs chefs. Leurs arguments ne sont donc répercutés vers les plus hauts échelons du commandement qu'à titre informatif, à toutes fins utiles. Il est intéressant de noter que, le jour de la chute de Sam Neua, le général Maxwell D. Taylor, ancien commandant de la 82e DAP américaine, assiste en Corée à un exercice au cours duquel une compagnie d'infanterie et onze tonnes de vivres et de munitions sont héliportés par des Sikorsky S-55.

XIV

DE LANG SON A DIEN BIEN PHU

juin 1953-janvier 1954

Dans le courant du mois de juin 1953, le général Navarre succède au général Salan. Persuadé de la nécessité de rompre avec le passé, de reprendre une stratégie souple et dynamique fondée sur le mouvement, il a décidé de battre le Vietminh sur son propre terrain ainsi que le fit quelques années plus tôt le général de Lattre, à Hoa Binh. Il s'agit avant tout de reprendre l'initiative à l'ennemi et de retarder le plus longtemps possible l'offensive générale que l'on sait se préparer dans le camp adverse.

Le plan Navarre consiste d'abord à adopter au nord une attitude défensive, afin de pouvoir anéantir les forces vietminh relativement faibles qui menacent le sud du Laos et le Cambodge. L'offensive décisive dans le Nord doit ensuite être déclenchée dès que le permettront les moyens récupérés dans le Sud et la mise sur pied de l'armée vietnamienne. Cette offensive doit intervenir en 1954-1955 et infliger à l'adversaire des pertes et des revers tels qu'ils amèneront le gouvernement vietminh à négocier.

Pour mener à bien la première partie de son plan, le général Navarre dispose alors, selon ses propres estimations, de 175 000 hommes, auxquels il faut ajouter 55 000 supplétifs. Les armées des Etats associés représentent 225 000 hommes, pour la plus grande part vietnamiens (150 000 réguliers et 50 000 supplétifs). Mais les troupes réellement mobiles ne représentent qu'un dixième de ces effectifs.

Les forces vietminh sont évaluées par le 2e Bureau à 125 000 réguliers, 75 000 régionaux et 150 000 guérilleros. Le corps de bataille est constitué par neuf divisions aptes à combattre n'importe où. Navarre ne peut y opposer que la valeur de trois divisions : les sept groupes mobiles et les huit bataillons parachutistes.

Au début de juin 1953, le service de renseignements du Tonkin présente au général Cogny, le nouveau commandant des FTNV, une série de rapports mettant en évidence l'accroissement des dépôts de Lang Son et précisant notamment l'emplacement de certains au nord du Song Ky Cung. Lang Son constitue en effet à l'époque le plus important centre de ravitaillement vietminh par où transitent le matériel, les vivres, les munitions arrivant de Chine et destinés aux divisions du corps de bataille dont les besoins logistiques vont sans cesse croissant.

Dans les premiers jours de juillet, le général Cogny expose au général Gilles, commandant des TAP en Indochine, les grandes lignes de l'opération envisagée. La mission du groupement aéroporté sera la suivante : « Détruire les dépôts de Lang Son et se replier par la RC4 sur Tien Yen, de manière à être à J2 au soir dans la région de Loc Binh ou, au plus tard, dans la nuit de J2 à J3 dans la région de Dinh Lap. Le repli de l'ensemble des troupes se poursuivra ensuite sans désemparer de façon qu'aucun élément ne soit en dehors du système défensif de Tien Yen à J5 au soir. »

L'opération, baptisée du nom de code « Hirondelle », prend donc la forme d'un raid aéroporté dont le succès sera conditionné par la rapidité d'exécution des destructions et du repli des troupes engagées. Au jour J, il s'agit de parachuter sur Lang Son deux bataillons tandis que le groupement terrestre, constitué autour du GM5, sera poussé en avant. Un troisième bataillon doit sauter à Loc Binh, ou à Lang Son, en cas d'accrochages sérieux. La liaison entre le groupement aéroporté et le GM doit s'effectuer dans la région de Ba Chung à J + 1 au soir, ou au plus tard dans la nuit de J + 1 à J + 2 dans la région de Dinh Lap. L'ensemble des troupes se repliera ensuite par échelons jusqu'à J + 4.

Le 17, vers 4 h du matin, les éléments du GM5 commencent à débarquer près de Pointe Pagode. Une heure plus tard, le groupement parachutiste est rassemblé sur les deux terrains d'embarquement : Bach Mai et Gia Lam. A 5 h 50, l'avion météo transmet : « MTO excellente. » Les hommes embarquent dans les 58 Dakota. A Cat Bi, les 20 hommes de l'équipe du GCMA qui doivent prendre place dans un C-119 assistent au décollage des chasseurs et des bombardiers. 56 Bearcat et 10 B-26 ainsi que la totalité des hélicoptères du GATAC Nord doivent appuyer l'opération.

Les « Dak » décollent à leur tour, un par un, toutes les quinze secondes, puis se forment en pelotons de trois sections de trois appareils, les pelotons à une minute, les sections à dix secondes. Les avions tournent en rond pour former le courant de transport. Un appareil s'écrase en bout de piste. Dans l'avion PC, le général Gilles donne l'ordre de mettre cap à l'est. Un avion fait demi-tour pour ennui mécanique. Les parachutistes des deux appareils manquants sont aussitôt embarqués dans les Dakota en *spare*. A 7 h 50, le ballet des chasseurs commence sur Lang Son. Ils s'attaquent à la bombe de 500 livres à la grotte de Cha Tien et au fortin de Ky Lua, et mitraillent les hommes qui courent sur les DZ.

Les Dakota se présentent à l'heure, en bon ordre, escortés par les chasseurs Bearcat. Le 6e BPC saute à 200 mètres d'altitude par sticks

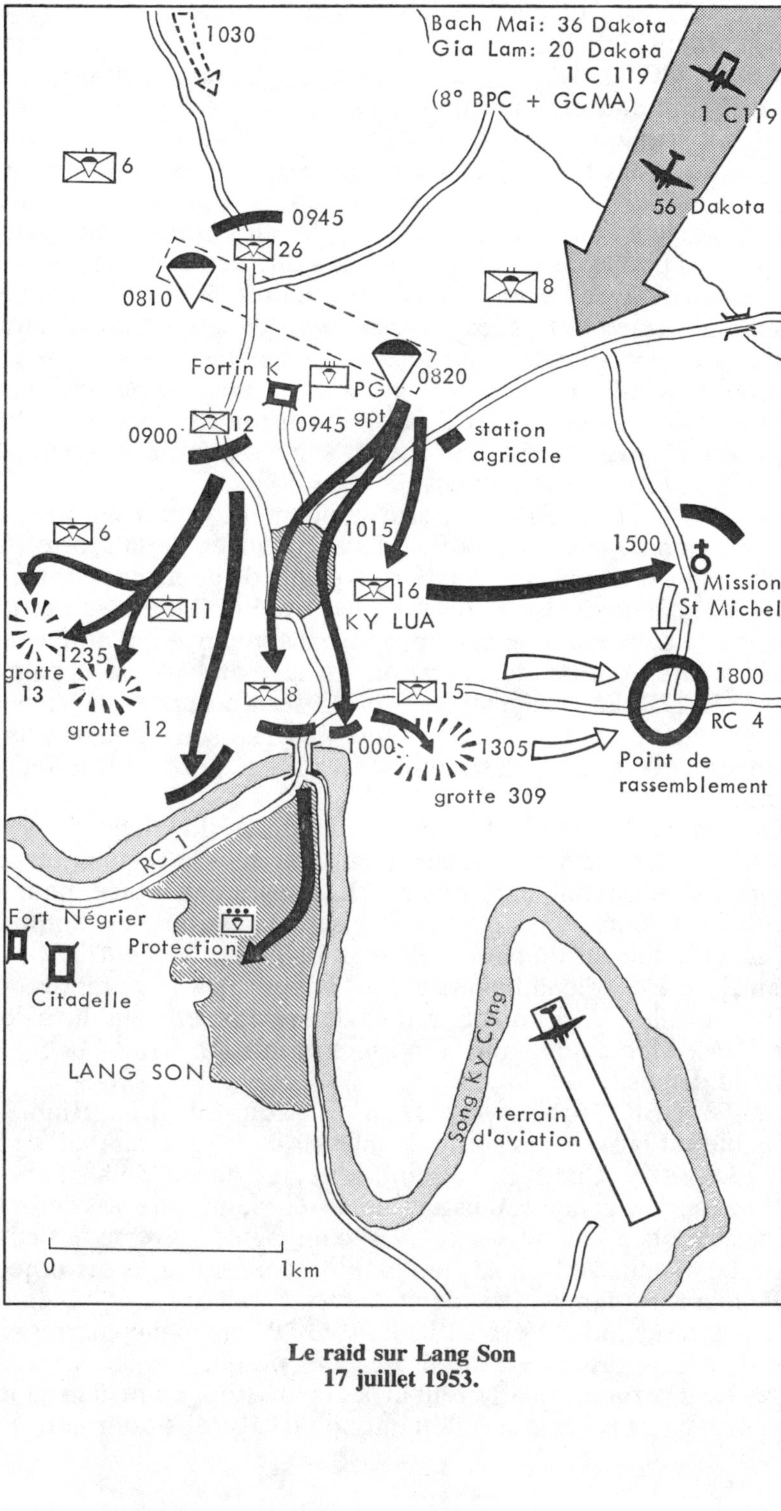

Le raid sur Lang Son
17 juillet 1953.

entiers. La DZ est située à 2 km au nord de Lang Son, dans les rizières, de part et d'autre de l'ancienne voie ferrée du Yunnan. Le largage du PC et du 8e GCP n'est pas aussi précis. Les Dakota, qui larguent en colonne à l'imitation, ont tendance à infléchir leur route vers la gauche. Le 8e GCP a d'autant plus de mal à se regrouper que les rizières sont inondées et ne facilitent pas la marche. La 26e CIP, à cheval sur la RC4, couvre la mise à terre face à la Chine.

Le largage a lieu entre 8 h 10 et 8 h 25. Des fumigènes de couleur marquent les points de regroupement des différentes unités. A 9 h, la liaison est prise avec l'avion PC. Quinze minutes plus tard, les liaisons sont établies entre toutes les unités et le regroupement est terminé. Les chasseurs continuent à tourner au-dessus de la zone, prenant à partie les objectifs qui se dévoilent. Le colonel Ducournau, voyant que l'opération se déroule de façon satisfaisante, estime inutile le largage du 2e BEP, prévu sur Lang Son en cas de « pépin ». Le II/1er RCP est maintenu en alerte à Bach Mai.

Dès 9 h 15, le 6e BPC se porte rapidement vers les grottes 12 et 13. La 11e compagnie est bloquée devant l'entrée de la grotte 13 par une arme automatique. La 6e CIP, qui essaie de déborder par le nord-ouest, est également clouée au sol avec 1 tué et 2 blessés. Le tir des canons de 57 sans recul de la compagnie d'appui n'ayant donné aucun résultat, l'intervention de l'aviation est demandée. Le napalm est efficace. A 12 h 25, les grottes 12 et 13 sont occupées, 6 Viets sont tués, un FM capturé. D'importants dépôts sont découverts. Ils contiennent des armes, des munitions, de l'essence, des moteurs et des pneus.

De son côté, le 8e GCP a terminé la fouille du village de Ky Lua vers 10 h 15. Un léger accrochage a eu lieu, mais la population reçoit les parachutistes chaleureusement. Elle est rassemblée pour être interrogée et fournir des guides. Sur ses indications, un bombardement est effectué sur un rassemblement de forces VM entre Ma Lang et Man Day. La 15e compagnie atteint le pont A à 10 h, tandis que la 8e CIP s'installe face à Lang Son près de la passerelle établie à l'ouest par les VM. Une compagnie se porte à la mission Saint-Michel pour couvrir le dispositif du bataillon.

Le 2e BEP décolle vers 11 h et saute sur Loc Binh. Une compagnie est laissée à la garde des blessés et des parachutes. Le pont sur le Song Ky Cung est atteint sans résistance vers 15 h. Les parachutistes du génie établissent un va-et-vient entre les deux rives avec des canots pneumatiques. La 4e compagnie traverse le fleuve et occupe Loc Binh. A 16 h 45, le bataillon a atteint tous ses objectifs.

Pendant ce temps, les deux autres bataillons ont obtenu des résultats intéressants. Vers 13 h, le 8e GCP tombe sur un important dépôt dans la grotte 309 : des armes, des munitions, des vivres. Les équipes de destruction s'affairent et se répartissent en neuf groupes de 5 hommes, chacun disposant d'une tonne d'explosifs pour faire sauter son dépôt. Quelques Viets font une apparition au nord de Ky Lua mais ils sont chassés par l'aviation.

A 15 h 45, le dépôt de la grotte 309 saute. Puis c'est le tour des grottes 12 et 13. L'ordre de repli est donné. Un hélicoptère évacue les blessés. A 16 h 45, les parachutes qui ne peuvent être évacués sont tous détruits. La chasse continue à tourner au-dessus de Lang Son.

Le plus dur reste à faire : 80 km à pied, au long desquels les réguliers viets ne vont pas manquer de tendre des embuscades. Le 6ᵉ BPC ouvre la marche, suivi à une demi-heure par le PC et les équipes du GCMA. Le 8ᵉ GCP emmène avec lui près de 300 civils, pour la plupart des familles de partisans qui demandent à suivre les Français. A 19 h 45, la dernière compagnie du 8ᵉ sort de la cuvette de Lang Son. Les ponts sont détruits, la route truffée de mines. Les hommes sont épuisés de fatigue. La chaleur est accablante. Un parachutiste autochtone meurt d'un coup de chaleur. Le colonel Ducournau demande qu'aucune luciole ne soit larguée sur la route afin de ne pas dévoiler la progression du groupement.

La jonction est faite avec le 2ᵉ BEP le 18 juillet, à 1 h 30. Une heure plus tard, les parachutistes commencent à franchir le Song Ky Cung près du pont détruit de Po Loï. A 8 h, les deux bataillons de Lang Son installent leur bivouac sur les crêtes calcaires au sud de la rivière, tandis que le 2ᵉ BEP couvre l'ensemble du dispositif. Le groupement est ravitaillé par air et les blessés du BEP sont évacués par hélicoptère.

Le GM5 pendant ce temps a progressé le long de l'axe routier. A 16 h, les légionnaires du II/5ᵉ REI, qui ont dépassé Dinh Lap, s'installent pour la nuit. Malgré les efforts du Génie, la route n'a pu être remise en état. Il n'est pas possible de récupérer les parachutes du 2ᵉ BEP et les bateaux du Génie parachutiste. Une fois ce matériel détruit, la colonne reprend sa marche, le 8ᵉ GCP passant en tête et le 2ᵉ BEP fermant la marche. Il reste encore 30 km avant d'atteindre Dinh Lap.

Des messages lestés sont largués à la colonne afin de lui donner les positions successives des éléments du GM5 et les signaux de reconnaissance. Un avion luciole doit rester en permanence au-dessus du groupement. Une compagnie parachutiste est prête à être larguée sur les arrières, entre Loc Binh et Dinh Lap, dans l'éventualité où le repli du groupement devrait être couvert et des traînards récupérés. A son tour, un parachutiste européen succombe à un coup de chaleur.

Peu avant minuit, la 8ᵉ CIP prend contact à Na Pa avec des éléments du bataillon de marche indochinois. Le 19 juillet, à 5 h, la totalité du groupement aéroporté est regroupée à Dinh Lap. Tous les véhicules disponibles sont mis à la disposition des parachutistes qui peuvent ainsi rejoindre Tien Yen. Le lendemain, 20 juillet, les trois bataillons sont ramenés par bateau à Haïphong.

Dans son ordre du jour, le général Cogny exalte le courage des hommes des deux groupements, insiste sur les résultats obtenus pratiquement sans pertes. « Jamais un coup de cette force et de ce style n'avait été porté à l'ennemi. Ceux d'entre vous qui en étaient peuvent être fiers ». Le général Navarre exulte. Sa guerre de course commence bien. Le bilan officiel est impressionnant : mille FM, cinquante mortiers, six camions... D'après les informations fournies ultérieurement par des officiers, il y avait encore dans les environs immédiats de Lang Son deux fois plus de matériel.

Le général Navarre profite de l'accalmie pour évacuer la garnison du camp retranché de Na San et récupérer les bataillons opérationnels qui la composent. A partir du 7 août, soixante-quinze rotations d'avions sont effectuées quotidiennement. Le 10, les avions civils sont retirés du pont aérien et les trois groupes de Dakota assurent seuls les missions aériennes. En trois jours l'aviation militaire évacue 4750 « passagers » et 125 tonnes de fret en quatre cent vingt-trois heures de vol. Les unités quittent le camp dans l'ordre inverse de leur adaptation au terrain. Le bataillon thaï n° 3 part le dernier avec une compagnie du 3e BPC. Par une ironie du sort, la compagnie qui participe à l'évacuation est celle qui a contre-attaqué le 1er décembre de l'année précédente pour reprendre aux Vietminh le PA24 capturé dans la nuit.

La 6e compagnie du 3e BPC a été mise en alerte immédiate le 8 août, à 8 h. Les rumeurs les plus fantaisistes circulent à la base arrière d'Hanoï. Les ordres de détail arrivent : tenue de sortie dans les sacs d'allégement, destination prévue : Saigon... Deux heures plus tard, cinq Dakota décollent de Gia Lam. Dans les avions, aucun parachute. Il s'agit donc bien d'un aérotransport. Aussitôt après le décollage, les largueurs divulguent la véritable raison du mouvement. L'évacuation de Na San a commencé depuis hier. La compagnie se rend à Na San où elle recevra des ordres. Les sacs d'allégement seront laissés dans les avions pour être récupérés au retour d'Hanoï.

Les hommes accueillent cette nouvelle avec stupéfaction et dépit. Na San représente pour eux plus qu'un point sur la carte. C'est l'endroit où ils ont pu se mesurer aux Viets, les mettre en échec, les battre sur leur propre terrain. Lorsque les avions survolent la cuvette, tous les visages sont collés aux hublots ; les gorges sont serrées d'émotion. A l'atterrissage, ils retrouvent la bonne poussière rougeâtre qui les enveloppe dans les tourbillons brassés par les hélices.

Les ordres sont donnés, l'évacuation est décidée. Il faut tromper les VM qui observent le camp retranché et leur faire croire que la garnison se renforce en vue d'opérations futures. Les avions arrivant d'Hanoï se posent vides et repartent chargés d'hommes et de matériel. De faux messages radio sont envoyés. Toutes les unités retirées de Na San sont maintenues au secret sur les terrains d'arrivée du Delta.

La compagnie a reçu l'ordre de « grenouiller » autour de la cuvette et de faire du volume afin de tromper les guetteurs viets sur l'importance des unités parachutistes implantées à Na San. Les sorties commencent le lendemain, 9 août, en direction de Son La, Ban Lot et Maïson. Les parachutistes montrent ostensiblement leurs tenues camouflées. Les opérateurs radio s'en donnent à cœur joie, les indicatifs de compagnies et de bataillons traversent les ondes à destination des écoutes vietminh.

Le camp se vide peu à peu. Le 10 au soir, il ne reste plus que 250 civils et 2300 militaires, PIM compris. L'artillerie a été évacuée dans la journée. Heureusement, les B-26 continuent à protéger la cuvette. Le général Cogny se pose le 11 au matin et parle longuement avec le lieutenant Bellamy. Une infirmière de l'air, qui repart avec le général, offre à la compagnie toutes les bouteilles de bière qui restent dans son abri. Dans le courant de l'après-midi, la pluie fait son apparition, le plafond s'abaisse et les transporteurs risquent de ne pouvoir se poser.

Cependant, la noria continue. A 16 h, deux sections reçoivent l'ordre de rembarquer pour Hanoï. Il ne doit rester le dernier jour que la section de commandement et une section uniquement composée, gradés mis à part, de Vietnamiens. Un Bristol, en panne depuis quarante-huit heures, réussit péniblement à décoller vers 17 h. Un Dakota se présente, manque la piste et, par miracle, parvient à remettre les gaz après avoir failli percuter le PA5 noyé dans la « bouillasse » en bout de piste.

La destruction des véhicules commence, les moteurs étant brisés à coup de masse. Les dispositifs de mise à feu à retardement sont placés dans les différents dépôts de munitions. Une compagnie du bataillon thaï quitte le camp retranché à pied pour s'évanouir dans la nature et rejoindre les maquis du GCMA qui veillent autour du camp. Pour parer à toute éventualité, le lieutenant Bellamy se fait apporter toutes les cartes du pays Thaï qui restent au PC. Le dernier Dakota décolle. La nuit tombe. Un silence inhabituel enveloppe la cuvette...

Par groupes de 5 à 6 hommes, les 40 parachutistes se répartissent dans les PA proches de la piste, précédemment occupés par une compagnie. Chacun pense à l'attaque viet, à la nécessité de rejoindre les « lignes » françaises après s'être glissé hors de ce guêpier, au mois de marche épuisant qui les attend peut-être. La nuit paraît interminable.

Au jour, un Morane apparaît, bat des ailes et glisse vers Ban Lot. Il signale peu après des VM courant sur les pistes de brousse en direction de Na San. Les hommes commencent à évacuer les PA après avoir fait sauter les charges plates qui les entourent. Les 900 hommes qui restent attendent impatiemment l'arrivée des premiers Dakota. Les avions se présentent et stoppent en bout de piste sans couper les moteurs. L'embarquement est exécuté en un temps record.

A 8 h 10 exactement, les parachutistes du 3e BPC évacuent les PA6 bis, 4 bis et 22 bis à l'ouest de la piste. Les sonnettes du BT3 décrochent à 11 h 25, tandis que les trente-sept rotations de Dakota se poursuivent. A midi, tout est fini. La totalité de la garnison a été évacuée grâce au soleil qui a refait son apparition. Le Bataillon VM428, qui a été prévenu à Son La la veille, n'a pas eu le temps d'intervenir. Le commandement vietminh, peut-être trompé par les manœuvres de diversion, n'a pas réagi.

Après l'évacuation de Na San, le commandant en chef poursuit sa stratégie offensive. Le 28 juillet, il déclenche une opération de nettoyage de grande envergure au nord de Hué. L'opération « Camargue » met en œuvre quatre groupements totalisant 10 bataillons, 2 groupes d'artillerie, 3 escadrons amphibies, des moyens importants de la marine. Il s'agit de nettoyer la fameuse Rue sans Joie et de détruire une fois pour toutes le régiment 95 qui s'y est implanté en remplacement du 101. Les moyens engagés sont disproportionnés. Treize bataillons s'attaquent à un régiment affaibli, mais celui-ci bénéficie des difficultés du terrain : marais, dunes de sable, villages fortifiés reliés par une série de tranchées camouflées et de dépôts. Les unités ont reçu l'ordre d'adopter une attitude humaine et de prendre grand soin des populations civiles.

Le 28 juillet à l'aube, les « crabes » et les « alligators » de la Légion commencent à sortir des LST. La zone est rapidement bouclée malgré les difficultés éprouvées par les chars à se déplacer dans les terrains marécageux. Les Marocains sont accrochés par des éléments du bataillon 310 qui couvre le repli du régiment vers le sud, vers l'abri du canal de Van Trinh. Deux heures ont été perdues et le commandement français réalise que les unités VM vont réussir à franchir la RC1 et se réfugier dans les montagnes, à l'ouest. Le général Leblanc demande l'engagement des bataillons parachutistes conservés en réserve au sein du groupement A. A 10 h 45, le II/1er RCP, qui s'est envolé d'Hanoï, est largué directement près du village de Daï Loc, à la limite de la ligne des dunes. Dès le regroupement effectué, il se porte rapidement en direction de l'embouchure du canal.

Vers 11 h, les tirailleurs marocains sont attaqués par le bataillon 227 appuyé par un violent tir de mortiers. Le 3e BPVN, toujours en réserve à Tourane, est alerté à 11 h 45, le saut étant prévu vers 14 h. Pour des raisons obscures, le décollage est retardé jusqu'à 15 h. Lorsque les Dakota du groupe « Franche-Comté » se présentent sur la DZ, le vent souffle à plus de 14 m/s. Les fumigènes du marquage courent au ras du sol, ne laissant aucun doute aux largueurs sur la force du vent. Le premier stick vietnamien saute à 16 h 50. Il est grand temps. La situation au sol paraît confuse et l'intervention d'un bataillon frais est vraiment nécessaire. Les premiers mètres de la descente sous voile se passent bien. Mais, à 50 mètres du sol, les parachutes, pris dans un tourbillon, sont emportés à l'horizontale vers les marais et traînés au sol. Plus légères, les gaines flottent dans les airs avant d'aller tomber dans la mer ou au milieu des lignes viets.

Certains parachutistes sont emportés sur près de 2 km avant de pouvoir se dégager de leur équipement et de leur parachute. Lorsque le bataillon se regroupe vers 17 h, il a perdu dix pour cent de ses effectifs au saut ; les armes lourdes — mortiers, mitrailleuses, canons sans recul — et les munitions ont été perdues également. Il s'installe néanmoins sur la ligne de bouclage à droite du II/1er RCP. Lorsque la nuit tombe, le régiment 95 est apparemment encerclé.

Le lendemain, quand les bataillons commencent leur ratissage, la poche est vide. Le régiment 95 s'est volatilisé. Des avions d'observation signalent des mouvements vers les collines du nord. Le 4 août, l'opération « Camargue » est démontée.

Dans le delta, les opérations de nettoyage se poursuivent. En septembre, la série « Brochet I, II et III » se déroule de part et d'autre du canal des Bambous contre l'insaisissable régiment 42. Les 1er BPC, 1er BEP et 5e BPVN participent aux opérations de fouille tandis que le 2e BEP se distingue particulièrement. Puis, en octobre, c'est « Mouette », dirigée par le général Gilles, au sud du Day.

* * *

Pendant l'été 1953, le corps de bataille VM se prépare en vue de l'offensive générale. Les divisions sont recomplétées en hommes et en matériel. Instruction sur le combat en terrain plat, attaque des positions fortifiées, progression dans les agglomérations, tout cela est activement poussé. Les compagnies de renseignement de chaque division préparent l'engagement de leur grande unité. Giap reprend et amplifie son plan napoléonien qui laissait sceptiques tant de spécialistes mais inquiétait Salan et Linarès.

Chacune des compagnies SR est suivie avec attention par le 2e Bureau français qui peut ainsi prévoir et appréhender les intentions de son adversaire. Ainsi, dans la deuxième quinzaine de septembre, les réguliers VM se regroupent en bordure du delta tonkinois. Le groupement sud (304e et 320e divisions) a vraisemblablement pour mission de s'infiltrer au travers de la ligne de Lattre pour donner la main aux régiments indépendants 42, 46 et 50 qui stationnent en permanence dans le delta. Le pourrissement accompli, le groupement nord (308e, 312e et 315e divisions) pourra donner l'assaut à Hanoï. La division 316, renforcée du régiment 148, doit s'emparer du Laos tandis que la division 325 débouchera à travers la cordillère annamitique en direction du Méiong, afin de donner la main aux quatre régiments du Sud Annam et de pousser sur le Cambodge et la Cochinchine.

L'opération « Mouette » se déclenche alors que les divisions 320 et 304 sont prêtes à lancer leur offensive du sud vers le nord. La 304 se tient prudemment en bordure de mer et, craignant une feinte, n'intervient pas. La 320 laisse venir, préparant son embuscade. Mais Gilles n'est pas homme à se laisser surprendre. Les durs affrontements tournent à son avantage. Le 5 novembre, la 320 a déjà perdu 4000 tués, blessés ou disparus et la plupart de ses dépôts ont été détruits. De ce fait, l'offensive principale sur le delta vient de subir un retard de six mois. Le 8e BPC et le II/1er RCP ont largement participé à ce succès.

Pendant ce temps, la division 316 a amorcé son mouvement en direction de la Haute-Région. Le régiment 148 commence à masquer le camp retranché de Laï Chau. L'ensemble du pays Thaï et du Laos est menacé. Pour défendre le Laos, le général Navarre décide, après bien des hésitations, de barrer la route de Luang Prabang en s'emparant de la cuvette de Dien Bien Phu. Le 2 novembre, le commandement de l'opération est confié au commandant des FTNV. Le général Cogny dispose de six bataillons pour l'exécuter entre le 15 et le 20 novembre.

Les 11 et 12 novembre, les chefs de l'armée de l'air et des parachutistes sont informés des grandes lignes du projet. Le général Cogny insiste auprès du général Gilles sur le fait que Dien Bien Phu doit être considéré comme un « point d'amarrage des opérations de maquis ». Dans son instruction personnelle et secrète du 14 novembre, le général Navarre prévoit l'aménagement d'une base aéroterrestre afin d'établir une liaison terrestre avec les forces françaises du Nord-Laos et d'appuyer l'évacuation déjà décidée du camp retranché de Laï Chau. La date de l'opération aéroportée est fixée au 20 novembre avec possibilité de report jusqu'au 24 au plus tard.

Le général Gilles s'enferme dans une villa isolée avec le lieutenant-colonel Ducournau et les officiers aviateurs et parachutistes de l'état-major combiné. Celui-ci dispose de moins de quarante-huit heures pour rédiger l'ordre d'opération. Heureusement que les dossiers complets de DZ ont été établis à l'avance !

Malheureusement, il y a de fortes chances (ou malchances) que toutes les précautions prises à cet échelon soient inutiles. Vo Nguyen Giap est au courant de nos intentions. D'abord, par les fuites parisiennes ; le gouvernement tolère l'existence dans la capitale d'une mission de liaison du Vietminh, dont le patron est un certain Nguyen Van Chi que fréquentent des personnalités de l'opposition et des fonctionnaires comme M. Labrusse, collaborateur de M. Mons, secrétaire général de la Défense nationale. Par cette filière, le plan Navarre devient un secret de polichinelle. On sait que le procès relatif à l'affaire des fuites se terminera en eau de boudin ; pourtant, Labrusse écopera de six ans de prison, ce qui prouve bien qu'il n'était pas « blanc ».

Autres sources de fuites : les observateurs américains admis auprès de l'EM de Saigon, parmi lesquels le colonel Landsdale que le général de Lattre avait expulsé d'Indochine trois ans auparavant. Moins naïf et plus antifrançais que l' « Américain bien tranquille » décrit par Graham Greene dans son roman.

Début 1953, le commandant Jacquin, chef du 2e Bureau de Hanoï, s'était aperçu que les Viets avaient connaissance, mot pour mot, de ses bulletins de renseignement hebdomadaires. Une rapide enquête et une petite astuce lui avaient révélé que la fuite prenait son origine dans l'entourage du général Cogny. En effet, celui-ci reconnut que son conseiller politique, M. Rinner, avait connu Giap sur les bancs de l'école. Ça ne prouve rien. En outre, il utilise un interprète qui n'a fait l'objet d'aucune enquête de sécurité bien qu'ayant milité au parti communiste. Rinner l'autorise à prendre des contacts avec l'entourage de Giap. Or, en juin 1953, lorsque Cogny remplace le général de Linarès au commandement des forces Terrestres du Nord Vietnam (FTNV), Rinner et son agent double sévissent toujours au cabinet de Cogny.

La surprise ne jouera donc pas. Nous ne prétendons pas que le régiment 148 et le bataillon 910, qui stationnent à Dien Bien Phu, soient dans le secret. Mais Giap a eu un mois pour réfléchir à ce qu'il ferait en cas de réoccupation de Dien Bien Phu par nos soins. Comme toujours, il n'y aura pas de réaction instantanée, mais les ordres préliminaires ont déjà été diffusés par le patron de l'armée viet à toutes ses divisions. Très vraisemblablement, Giap connaît également nos intentions concernant une opération « Atlante » que le général Navarre déclenchera dans le centre de l'Indochine, soit à titre de diversion — pour attirer loin de Dien Bien Phu une partie du corps de bataille ennemi — soit à titre de première étape du plan de nettoyage du Sud et du Centre (nettoyage qui devrait permettre de reporter ensuite au Nord la totalité de nos forces, l'armée vietnamienne assurant le maintien de l'ordre dans les régions récemment assainies).

Ainsi, les deux adversaires connaissent leurs intentions réciproques. Mais connaissent-ils exactement l'ampleur des moyens dont ils vont disposer, et la valeur de ces moyens ?

* * *

Le nombre limité d'avions (soixante-dix Dakota et dix C-119) ne permet de larguer que deux bataillons en première vague alors qu'en raison de la résistance prévue des éléments du régiment 148, il aurait fallu disposer instantanément de quatre bataillons. La mise à terre se fera donc en deux temps : après avoir largué la première vague, le groupement de transport reviendra à Hanoï pour embarquer les troupes et le matériel de la seconde vague. Dien Bien Phu, qui se trouve à 300 km des bases aériennes du delta, ne peut être atteint efficacement que par les B-26, les Privateer de la marine et les chasseurs bombardiers Hellcat du porte-avions *Arromanches.*

La cuvette, traversée par la Nam Youn qui se jette dans la Nam Noua pour rejoindre la Nam Hou et le Mékong, s'étend sur 17 km de long et 5 km de large. Elle est couverte de taillis et d'arbres. Des montagnes entourent la vallée qui reçoit moitié plus d'eau que les autres vallées du nord de l'Indochine. Les rizières du fond de la cuvette sont surplombées, de 700 mètres environ, par des lignes de crêtes qui descendent en gradins irréguliers. La forêt couvre ces hauteurs ainsi que les mamelons du nord-est. L'aérodrome est une simple piste de terre battue. Dans la vallée, vivent 15 000 Thaïs cultivant le riz et traitant l'opium qui rapporte annuellement 500 millions de francs au Vietminh.

Le 20, à 4 h, les bataillons parachutistes de la première vague quittent leurs cantonnements pour les terrains de départ de Bach Mai et Gia Lam. A 6 h, les cadres reçoivent les derniers ordres. Une demi-heure plus tard, les troupes embarquent dans les avions qui décollent à 7 h 45. Les derniers lambeaux de brouillard s'effilochent au-dessus de la cuvette, tandis que l'avion PC dans lequel ont pris place les généraux Bodet, adjoint du général Navarre, Deschaux et Gilles, décrit des cercles paresseux à haute altitude. Il est 10 h 30, le signal vert apparaît. La plus grande opération aéroportée de la guerre d'Indochine vient de commencer.

Le 6e BPC doit couvrir la cuvette, face au nord, tandis que le II/1e RCP la bouclera au sud, tout en protégeant le PC du GAP. Le bataillon Bigeard se pose en plein milieu des réguliers VM en train de conduire l'instruction du tir à la mitrailleuse et au mortier. Le médecin du bataillon, le capitaine Raymond, est tué alors qu'il se balance encore au bout de son parachute. Larguée trop au nord, la 4e compagnie a du mal à se regrouper. La 2e n'a que la moitié de son personnel sous la main. Avec les sapeurs de la 7e compagnie et les artilleurs du groupe de marche du 35e RALP, aux ordres du chef d'escadron Millot (l'équipe de liaison, les officiers de reconnaissance de batteries et l'orienteur), le reste du bataillon, arrivé à peu près sur la DZ, se trouve sous le feu d'armes légères et des mortiers. La section de mortiers est bien là, mais sans ses munitions, éparpillées sur la DZ.

A 12 h 15, un Morane 500 fait son apparition et permet de déclencher l'action des B-26 qui se sont jusqu'ici prudemment abstenus d'intervenir, tant la situation au sol paraît confuse. Le village de Dien Bien Phu est bombardé. Mais, à 15 h 30, la 1re compagnie qui essaie de le déborder par le nord est clouée au sol. Les B-26 doivent à nouveau intervenir. Les 3e et 1re compagnies disputent maison par maison le terrain à la compagnie de commandement du bataillon vietminh 910 tandis que le PC du régiment 148 décroche vers le sud-ouest.

Ces éléments n'ont pu être interceptés par le II/1er RCP de Bréchignac largué 2 km trop au sud. Les liaisons radio sont très médiocres. L'épaisse brousse qui borde la Nam Youn au sud du village n'a pu être bouclée.

Le troisième bataillon arrive sur « Natacha » dans l'après-midi. Avec lui, est mis à terre le PC du GM35, les deux batteries de 75 sans recul et leurs munitions. Le capitaine Lorillon installe son équipe de liaison air auprès du PC. A 16 h, deux hélicoptères H-19 amènent de Laï Chau trois postes à haute fréquence qui vont permettre aux contrôleurs aériens avancés de guider la chasse et les B-26 du groupe « Tunisie ».

A la tombée de la nuit, le II/1er RCP fait sa jonction au sud-est du village. Le commandant Fourcade, qui commande le GAP, a joué les voltigeurs de pointe et a déjà rejoint Bigeard. L'ensemble du GAP1 est mis à terre. Le contrôle de la cuvette a été acquis après six heures de combat contre sept compagnies adverses disposant de mortiers et de canons sans recul. 90 tués restent sur le terrain alors que les parachutistes n'ont récupéré que dix PM et un seul FM. Nous déplorons la mort de 11 parachutistes. L'ACP no 1 s'occupe déjà des 52 blessés que le père Chevalier réconforte près de « Natacha ».

Le 21, l'état-major du général Gilles est parachuté dans la vallée. Le général remet son œil de verre soigneusement rangé dans sa tenue. Au passage, il serre la main des photographes Camus et Lebon qui ont sauté la veille avec le 1er RCP. A 8 h, arrivent le 1er BEP, des éléments du génie et le PC du GAP2 du lieutenant-colonel Langlais, qui se casse la cheville et sera évacué le lendemain. Vers 13 h, c'est au tour du 8e BPC de descendre du ciel.

Les avions civils réquisitionnés peuvent maintenant commencer les rotations sur Dien Bien Phu. Dans la journée, sont amenés 190 tonnes de fret. Deux bulldozers de 7 tonnes sont largués par les C-119 sur « Octavie », mais un seul arrive intact à bon port. La piste, sabotée par les Viets, va pouvoir être remise en état. Le commandant Millot du 35e prend le commandement de l'artillerie avec ses deux batteries de 75 et les six mortiers de 120 de la 1re CEPML qui a sauté la veille.

Le dimanche 22 novembre, dans la matinée, arrive le dernier bataillon, le 5e BPVN du capitaine Botella, avec le colonel Bastiani qui vient remplacer le général Gilles et la journaliste Brigitte Friang. Le général Cogny se pose dans l'après-midi, tandis que les six Morane du 21e GAOA inaugurent la piste remise en état avec des plaques PSP.

L'aviation de transport, (quatre groupes de Dakota et d'une douzaine de C-119) se prépare à évacuer une partie de la garnison de Laï Chau, — opération baptisée « Pollux ». Une partie des partisans thaïs a déjà pris le chemin de Dien Bien Phu en passant par la brousse. Mais les 700 hommes de la colonne sont rattrapés après deux jours de marche par les unités mobiles du régiment 148 qui les harcèlent. Le 23 novembre, vers 6 h 30, le bataillon Bréchignac est envoyé à leur rencontre et les rejoint à 6 km au nord de Dien Bien Phu.

L'opération « Castor » est un succès. Mais il a manqué trente avions pour pouvoir larguer le troisième bataillon qui aurait permis de détruire les éléments de commandement du régiment 148. Cela aurait décapité le régiment pour quelques jours tout au plus, et l'aurait peut-être empêché de harceler les partisans de Laï Chau. Mais cela n'aurait influé en rien sur l'efficacité de son action ultérieure.

Reste à savoir ce que l'on va faire maintenant de Dien Bien Phu. Après le colonel Ducournau, le général Gilles va s'en aller. Les médecins ont exigé son retour en métropole. Il laisse à son successeur six bataillons parachutistes, ceux de « Castor », quatre bataillons d'infanterie et cinq batteries de 105 ramenés du Laos au Sud-Vietnam.

Base aéroterrestre ou base guérilla, la controverse n'est pas encore tranchée. On a sans doute oublié la leçon donnée par Wingate en Birmanie sur la nécessité absolue de l'aéromobilité des bases en zone ennemie.

L'opération « Castor » ne surprend pas vraiment le commandement VM qui accélère le mouvement des unités préparées à la guerre en Haute-Région. La division 316 se regroupe autour de Dien Bien Phu dans la première décade de décembre et investit lentement la cuvette. Dans la journée du 24 novembre, le général Giap met en mouvement les divisions longuement préparées pour les combats dans le delta. Parfaitement instruites et équipées, elles sont rassemblées entre Phu To et Thaï Nguyen. Le soir même, la 308 entame à travers les montagnes du pays Thaï la marche de 600 km qui va durer trente nuits. Derrière, suivent les régiments d'artillerie de la 351, les obusiers de 105 américains tractés par les camions Molotova soviétiques. Relevée par deux régiments de la 304 ramenés du Thanh Hoa, la 312 quitte le delta la dernière.

Le commandement français est parfaitement renseigné sur ces mouvements et suit jour après jour le cheminement du corps de bataille VM vers la Haute Région. Le 28 novembre, le 2e Bureau d'Hanoï est en mesure de présenter un tableau complet de la situation ennemie. D'après ses prévisions, la division 316 atteindra Dien Bien Phu vers le 6 décembre, la 308 vers le 24, la 351 vers le 26 et la 312, finalement, autour du 28. Aux environs du 15 janvier, le commandement VM sera en mesure de déployer dans la zone d'intérêt du centre de résistance la valeur de trente bataillons réguliers, vingt-quatre obusiers de 105, vingt-quatre tubes de 75 de montagne, des mortiers lourds, une défense antiaérienne importante et des unités de sapeurs.

A Hanoï, c'est le soulagement. Le delta ne sera pas attaqué. La bataille est évitée là où le Vietminh semblait l'avoir décidée. Il est encore possible d'évacuer la cuvette, mais le faire, c'est ouvrir à l'ennemi la porte du Laos, et reporter l'échéance de l'affrontement décisif. Au moment où le Vietminh engage la majorité de son corps de bataille loin de ses bases de ravitaillement reliées à la Haute-Région par un système de communications fragile et sensible aux attaques de l'aviation. Le 3 décembre, le général Navarre signe l'instruction fatidique : « J'ai décidé d'accepter la bataille du Nord-Ouest. »

Pourquoi ? Au moment où l'on s'oriente vers des négociations, ce n'est pas le moment de tout risquer sur un coup. Hoa Binh et Na San avaient été des succès tactiques parce qu'on avait réussi à les évacuer au moment voulu. A Na San aussi, on avait accepté la bataille, mais la décision d'attaquer avait été du ressort exclusif de Giap. Dans un premier temps, ce n'est pas Navarre qui décide, c'est son adversaire.

Pendant ce temps, les bataillons parachutistes de Dien Bien Phu ont entrepris les sorties autour de la cuvette prescrites par le général Cogny lors de sa visite du 29 novembre. Le 8e BPC du capitaine Tourret renforcé de la 12e compagnie du 3e bataillon thaï reçoit pour mission de s'engager dans la jungle au nord de Dien Bien Phu et de prendre contact avec les partisans du GM1. Le but lointain est le carrefour routier du Tuan Giao, à 80 km au nord-est, qui constitue le terminus de l'axe de ravitaillement vietminh, de la Chine vers le futur champ de bataille. La compagnie thaï du capitaine Guilleminot [1] est répartie par section dans chaque unité parachutiste. Après deux jours de marches épuisantes, les parachutistes rejoignent les partisans à 30 km de là. Aucun contact n'a été pris avec les forces vietminh. Le détachement atteint Ban Phatong et Poucha. A l'issue de dix journées de raid profond, le bataillon rejoint Dien Bien Phu le 13 décembre.

Le 4 décembre, le 1er BPC du commandant Souquet avec des éléments du II/1er RCP s'engage sur la RP41 au nord-est. A 9 h 45, à hauteur du Ban Him Lam, la 1re compagnie du 1er BPC, qui progresse en tête, signale des traces suspectes. Puis, l'embuscade se dévoile. Un violent tir de mortiers et de lance-grenades s'abat sur l'avant-garde. La compagnie se met en boule et subit l'assaut vietminh au corps à corps. L'intervention de l'artillerie permet de la dégager et de la sauver. Elle a perdu 14 tués et 26 blessés. Les cadavres laissés sur le terrain ne laissent aucun doute. L'embuscade a été montée par le bataillon 888 du régiment 176. La division 316 vient de faire son apparition, au jour exact prévu par le 2e Bureau de Hanoï.

Le 7 décembre, tout le GAP1 du colonel Fourcade est lancé sur la RP41. Le 1er BEP, ainsi que les 6e et 8e BPC poussent jusqu'à Ban Loï. Le 9, les éléments du régiment 176 essaient de surprendre la colonne. Avec l'aide de l'aviation, les parachutistes maintiennent les réguliers VM hors de portée de la cote 506 sur laquelle commence à s'ériger le point d'appui qui sera baptisé « Gabrielle » le 10 décembre.

Le colonel de Castries a pris depuis trois jours le commandement du groupe opérationnel du nord-ouest. Le GAP1 commence à quitter le camp retranché par avion le 11. Il reste le GAP2 à la tête duquel le

1. Frère du capitaine qui s'était illustré à Na San.

lieutenant-colonel Langlais, un pied dans le plâtre, remplace le commandant Leclerc.

Le 7 également, le général Cogny décide de déclencher l'évacuation de Laï Chau. L'évacuation par air — l'opération « Léda » — se déroule parfaitement. En cent quatre-vingt-trois rotations, les éléments de la garnison et les civils sont évacués sur Dien Bien Phu. Le régiment 174 entre dans Laï Chau le 14. L'opération « Pollux » officiellement terminée, il ne reste plus aux partisans thaïs qu'à rejoindre le Laos ou la cuvette. Le cauchemar commence pour les compagnies légères qui essaient de s'infiltrer au travers des colonnes VM. Le GAP2 a quitté Dien Bien Phu le 11, à 7 h du matin, pour venir à leur rencontre.

Des éléments du 8e BPC « grenouillent » déjà dans les villages méos, sur les crêtes. Le reste du bataillon part en avant-garde du 1er BEP et du 5e BPVN sur la piste Pavie. Au nord de Ban Tau, les éléments de tête sont accrochés et, en un instant, perdent onze blessés. La progression ralentit. Les parachutistes suivent les lignes de crête. Le 13, le 5e BPVN du commandant Leclerc passe en tête. A 14 h, les parachutistes entrent dans Muong Pon. En même temps pénètrent dans le village les quatre groupes de commandos du 8e BPC qui, envoyés sur Tuan Giao, ont tenté de se frayer un chemin pour venir au secours des partisans thaïs. Muong Pon est désert. La garnison vient de succomber. L'évacuation de Laï Chau est un cuisant échec. Pourquoi avoir tant tardé ? S'est-on cru si fort dans l'euphorie de la « victoire » de l'opération « Castor » ? Et ce n'est pas fini. Il y a les séquelles de « Castor ».

Au moment où l'avant-garde du GAP2 commence à quitter Muong Pon, la colonne est prise sous un feu violent. Les VM ont réussi à se mettre en place à 500 mètres du bivouac sans se faire repérer. Deux B-26 interviennent. Mais le 5e BPVN a perdu 3 tués, 22 blessés et 13 disparus. Le 14 à midi, c'est au tour du 1er BEP, en arrière-garde, d'être accroché. Le capitaine Guiraud demande l'appui de l'aviation pour se dégager. A 15 h, le Morane d'observation est touché par la DCA. Une heure plus tard, le Morane de relève est également touché. A 18 h 30, les réguliers VM rompent le contact. Le BEP est regroupé au col de Pyong Hiang. Il a perdu 28 morts et disparus, 24 blessés, une mitrailleuse, 4 FM, 12 PM et 3 postes de radio. Le 15 décembre, les derniers éléments du GAP2 réintègrent la cuvette. La reconnaissance en profondeur s'est soldée par un échec. La preuve est faite qu'il n'est pas possible de maintenir des troupes régulières au sein du dispositif vietminh. La quasi-totalité de la force « Pollux », soit plus de 2000 hommes, a disparu sous le flot VM. L'ennemi a récupéré assez d'armes pour équiper un régiment.

Le 21, le GAP2 débouche de la cuvette pour se porter sur Sop Nao à la rencontre des forces du Laos. Le 23 à midi, le lieutenant-colonel Langlais serre devant les journalistes la main du colonel

Vaudrey parti de Muong Khoua. Le retour s'effectue sous la pluie dans des conditions très difficiles. Le 26 décembre, le 8e BPC et le 1er BEP rejoignent Dien Bien Phu avec soulagement.

Le 6 janvier 1954, le 8e BPC, guidé par des paysans, s'enfonce hors des chemins pour tâter le dispositif VM au nord-est. La colonne s'égare et tombe sur la RP41 où elle est accrochée. Le capitaine Tourret, jugeant que son action est dévoilée, décide de se replier sur Ban Na Loi. Ce village, tenu par les VM, doit être anéanti par les chasseurs-bombardiers. Le 8 janvier, le bataillon a rejoint le centre de résistance.

En conclusion, tous les raids, reconnaissances et évacuations que nos troupes ont menés à bien ne l'ont été que pour autant que les Viets nous l'ont permis. Fin décembre 1953, nous n'avions plus aucune liberté d'action autour de Dien Bien Phu. Si d'aventure Giap voulait nous ignorer et foncer sur le Laos, il le pourrait. Dès lors, à quoi sert l'immobilisation de nos meilleures troupes ? A rien qu'à prendre des coups sans pouvoir les rendre. Conclusion : il faudrait évacuer. On avait reporté l'offensive générale viet de six mois, c'était un succès non négligeable.

* * *

Un nouveau coup de main est lancé le 12 par tout le GAP2 sans résultat. Le 31, le GAP renforcé du III/13e DBLE s'attaque à une position à deux kilomètres seulement du PA « Gabrielle ». Le BT2 du commandant Chenel, engagé en renfort, risque d'être anéanti. Ce jour-là, la position retentit des premiers coups de 75 et de 105 adverses. La DCA fait son apparition. Le régiment d'artillerie 45 et le régiment d'artillerie anti-aérienne 367 de la division 351 viennent de se mettre en batterie autour de la cuvette. Le commandant Jacquin avait prévu l'arrivée de la 351 le 26 décembre. Le temps de s'installer, de préparer les positions de batterie... Les prévisions du B2 d'Hanoï continuent à se révéler exactes.

C'est alors que commencent les premières opérations de destruction des positions d'artillerie VM que les bombardements de l'aviation ou les tirs de contre-batterie n'arrivent pas à neutraliser. Le 6 février, le GAP2 renforcé est lancé à l'est sur la cote 781, sans trouver les canons VM. Le GAP y retourne le 2, puis le 12, avec l'appui des chars légers « Chaffee » amenés par avion en pièces détachées et remontées sur place. Les pertes sont lourdes, mais les casemates et les blockhaus ont pu être détruits au lance-flammes et à l'explosif. Les 15 et 16 février, le 1er BEP et le 8e BPC renforcés par la Légion s'emparent des observatoires des cotes 674 et 561. Depuis « Castor », les forces du camp retranché ont perdu l'équivalent d'un bataillon et les cadres de deux bataillons. Le général Cogny, pour limiter les pertes, décide de réduire les activités extérieures au centre de résistance.

Le 11 mars, le GAP2 tente une dernière reconnaissance en force sur la cote 555, à 3 km seulement du camp retranché. Le groupement n'arrive même pas à atteindre la principale position de résistance VM. Il doit se replier vers 17 h en emmenant ses morts et ses blessés. Un canon de 75 en position sur la cote 781 harcèle pendant quarante minutes le terrain d'aviation et détruit un C-119. De la falaise de la cote 781, « pendue sur la cuvette comme un balcon », les réguliers de la division 308, après une escapade de quelques jours sur Luang Prabang, observent le centre de résistance maintenant à portée de mortiers.

* * *

Car sur les autres fronts, le commandement vietminh n'est pas resté inactif. Le 21 décembre, le régiment 101 de la division 325, nouvellement créé, franchit la chaîne annamitique aux environs de Ban Beuc, atteint la RC12 par la trouée de Nommarath, tandis que le régiment 66 de la division 304, également venu du Vietnam, se porte sur Na Phao et Tchépone qu'il atteint le 28. Les bataillons légers vietnamiens ne possèdent ni la souplesse ni l'armement des deux régiments viets, aidés par les 30000 combattants locaux du Lien Khu V (zone libérée n° 5). Les Vietminh sont dotés de canons de 75 sans recul et de mortiers lourds. La RC9, qui relie le Moyen-Laos au Centre-Annam, va être occupée. La panique règne à Seno, Thakkek est abandonnée sans combat. Dès le 24, le général Navarre constitue le groupement opérationnel du Moyen-Laos et fait affluer par les airs les renforts vers la base de Seno transformée en camp retranché. Parmi ceux-ci arrivent le II/1er RCP, le 28 décembre, puis le 6e BPC, le 30. Les deux bataillons sont placés sous les ordres du chef de bataillon Bigeard pour constituer le GAP4. Sa mission est de lancer une reconnaissance au nord-est du CR afin de déterminer les intentions des forces vietminh venues du Vietnam. Le II/1er RCP, après avoir emprunté en camion la RC13, « grenouille » sur la rive droite de la Seno. Le 6e BPC, parti du sud, travaille au nord de la RC9.

Le 5 janvier 1954, le 6e BPC accroche les éléments du régiment 66. La compagnie Le Boudec perd 5 tués. Trois heures plus tard, vers 10 h, c'est au tour du bataillon Bréchignac. Les combats sont violents et l'aviation doit intervenir. Le 1er RCP perd 20 hommes. Il reçoit l'ordre de décrocher sur Seno et repasse sous le commandement direct du centre de résistance. Les VM donnent l'assaut au village de Ban Som Hong le 6, à 16 h, au moment où les derniers hommes du 6e, couverts par l'aviation, se replient. Le bataillon rejoint Ba Na Uong après une course épuisante de douze heures, tandis que les Bearcat arrosent les poursuivants VM de napalm et de bombes. Le 6e BPC réintègre le camp de Seno où le commandant Bigeard reçoit sa vingtième citation. Le 1er RCP, dont la 3e compagnie s'est heurtée au

PC de la Division 325, se replie à partir de Ban Nakhemay en direction du 1er BPC qui a été aérotransporté à Seno le 26 décembre.

Depuis le 5 janvier, le GAP1 aux ordres du colonel Bastiani, adjoint du colonel Sauvagnac, est à Seno pour coordonner l'action des bataillons parachutistes, 3e BPVN, 1er BPC, 6e BPC, II/1er RCP, mis à la disposition du groupement opération du Moyen-Laos. Le 9, tandis que le 6e BPC s'est installé défensivement, un groupement commandé par le colonel de Maison-Rouge et auquel appartient le II/1er RCP, le 1er BPC et le 2e BEP arrivé à Seno le 27 décembre, agit à partir des routes coloniales 9 et 13 en direction du nord-est. Après une tentative réussie sur la RC9, l'ennemi se dérobe. Le 26 février, Muong Phalane est dégagé par le II/1er. La menace sur le Moyen-Laos a été écartée par l'action conjuguée des bataillons parachutistes et des GM2 et 51.

Le 2e BEP a quitté le camp de Seno pour Saïgon, le 12 janvier 1954. Le 16, il est à pied d'œuvre à Nha Trang afin de participer à la première phase de l'opération « Atlante », baptisée « Aréthuse ». Vingt-cinq bataillons venus du sud de l'Indochine sont engagés dans une vaste opération politico-militaire entre Tourane et Nha Trang, contre le Lien Khu V. Le GAP3 coiffe les éléments des 1er BPVN, 2e BEP ; GM 35e RALP et 17e CGP. Le débarquement par mer est effectué dans la région de Tuy Hoa, le 20 janvier. A partir du 29, le GAP est engagé sur les Plateaux. Le 2e BEP opère entre Pleiku et An Khé. Le GM35 rejoint les bataillons le 31. Puis, peu à peu, les unités de réserve générale sont ramenées sur les bases arrière. La 17e CGP rentre à Hanoï, via Saïgon, le 14 mars. Le GM35 est aérotransporté sur Gia Lam le 16, tandis que le 2e BEP rallie Hanoï le 18 mars. La division 325 s'infiltre jusqu'au Cambodge, « dispersant les unités, presque toutes vietnamiennes, qui lui sont opposées... L'armistice stoppera à temps cette progression... Atlante est un échec peut-être plus grave que Dien Bien Phu [1] ».

* * *

Autour de Dien Bien Phu, le corps de bataille VM est maintenant prêt à passer à l'attaque du camp retranché. La division d'élite 308, après son raid de diversion sur Luang Prabang, a rejoint le 25 février les bataillons des divisions 316 et 312 qui ont investi les défenses de la cuvette. Le débouché de la division de fer sur le Laos a nécessité l'envoi d'un bataillon parachutiste. Le 1er BPC, rassemblé à Seno, a été largué sur Muong Saï le 13 février pour renforcer la garnison qui n'aura pas à se battre. Depuis le 24 janvier, la division 304 est en place après avoir parcouru 320 km de jungle en dix jours de marche. Les bataillons d'armes lourdes et de mortiers divisionnaires sont épaulés par la division lourde 351 qui aligne 24 obusiers de 105, 15 canons de

1. Jacquin, *op. cit.*

75 de montagne, 20 mortiers de 120 et 40 de 82. Le régiment de DCA 367 couvre la cuvette et les routes de ravitaillement protégées par 10 000 hommes. 30 000 coolies travaillent au profit des unités combattantes. Quatre régiments du génie assurent le maintien des communications. 800 camions Molotova circulent sur la RP41 remise en état par une multitude de paysans réquisitionnés. Ces chiffres atteindront progressivement — d'après les écoutes radio — 60 000 combattants, 99 000 coolies, 1 000 camions Molotova. L'ampleur de l'aide chinoise et soviétique est connue du haut-commandement. La défaite de Dien Bien Phu sera due à bien des erreurs et des insuffisances, mais certainement pas à la carence du renseignement.

2e BEP

XV

LA CHUTE DU CAMP RETRANCHÉ

mars-août 1954

Primitivement, Vo Nguyen Giap avait fixé la date de l'assaut contre le camp retranché de Dien Bien Phu au 26 janvier 1954. A la dernière heure, il décommande l'assaut. Depuis la veille, il a auprès de lui un déserteur du GCMA, un capitaine français marié à une Vietnamienne. Cet officier révèle à Giap que les Français sont au courant de ses projets, des moyens dont il dispose, des points d'attaque. Autant dire que les Vietminh ne disposeront pas de l'effet de surprise, que le combat se prolongera et que le stock de munitions d'artillerie se révélera, comme si souvent dans le passé, insuffisant. Dien Bien Phu risque de devenir un nouveau Na San. L'assaut est remis à une date ultérieure.

Pendant qu'on poursuit l'effort logistique, la division 308, « très encadrée par les Chinois », effectue le raid sur Luang Prabang dont nous avons parlé au chapitre précédent. Elle apporte à Giap la preuve qu'il pourra s'emparer du Laos quand il lui plaira... et à Navarre la preuve que Dien Bien Phu n'est pas, pour son adversaire, un point de passage obligé. D'ailleurs, le général en chef n'ignore pas que, de Chine, une autre voie alimente l'armée de Giap : une voie prenant naissance au Yunnan et se dirigeant directement vers le Laos. Mais ce second cordon ombilical n'est pas encore opérationnel ; d'autre part, la date approche où l'on peut envisager de lancer pour de bon l'assaut à Dien Bien Phu. La 308 est rappelée.

De tous ces faits et constatations, il semble que la conclusion s'impose : abandonner Dien Bien Phu « dare-dare », récupérer ses troupes pour Atlante et le delta tonkinois. Giap aura perdu son temps en allées et venues. Son plan napoléonien sera retardé d'un an.

Mais il est peut-être outrecuidant de juger et de condamner ainsi après coup. Salan aurait été plus timide et par conséquent plus sage ? Linarès, plus rigoureux ? Gilles, de meilleur conseil (mais il ne donnait son avis que lorsqu'on le lui demandait) ? Allez savoir !

Le vendredi 12 mars, au rapport du soir, le colonel de Castries lève la séance en déclarant : « Messieurs, c'est pour demain, 17 h. »

Parmi les 10871 hommes du camp retranché, les parachutistes sont alors une minorité. L'état-major du GAP2 du lieutenant-colonel Langlais est en réserve avec le 1er BEP du commandant Guiraud, le 8e BPC du capitaine Tourret et des éléments de la 342e compagnie de transmissions. La 1re CEPML, qui a reçu au début de l'année un renfort en personnel et matériel, est organisée depuis le 14 janvier en deux sections de six pièces de mortiers de 120. Elle est installée dans le PA « Claudine ». Le 8e groupe de commandos du GM1 cohabite avec le PC dans le CR central.

Le 13 mars, à 17 h, l'artillerie VM commence à tirer sur le PA « Béatrice ». Sur les cotes 633, 674 et 701, des pièces antiaériennes se dévoilent et prennent à partie, dans l'axe de la piste, les avions qui cherchent à décoller en catastrophe. A 18 h 15, les vagues d'assaut des régiments 141 et 209 de la division 312 abordent les défenses extérieures de « Béatrice ». Les abris s'effondrent sous les coups des obus à fusée à retard. Le lieutenant-colonel Gaucher, commandant le GM9 à qui a été confié le sous-secteur centre, est tué. A 20 h, le lieutenant-colonel Langlais, désigné pour le remplacer, cède le GAP à son chef d'état-major le commandant de Seguin-Pazzis. Dans la nuit, vers 2 h du matin, les derniers éléments du III/13e DBLE doivent abandonner leurs positions.

La consternation règne dans le camp retranché. Personne ne comprend que l'ensemble des trois PA de « Béatrice », tenus par un aussi bon bataillon, ait succombé en quelques heures de combat. Aucune contre-attaque n'a été déclenchée. Les pertes ont été sévères, notamment parmi les officiers.

Lorsque les rescapés du III/13e rejoignent la vallée, ils croisent les parachutistes du GAP qui s'apprêtent à contre-attaquer. Appuyées par les chars Chaffee du 1er chasseurs, les compagnies débouchent à 7 h 30, atteignant la RP 41 et sont aussitôt clouées au sol par un feu violent.

Après l'acceptation d'une trêve proposée par les VM qui permet de relever les morts et blessés de « Béatrice » et de constater que le PA capturé est matériellement irrécupérable, le colonel de Castries décide de surseoir à la contre-attaque. Il préfère conserver ses réserves pour agir au profit du PA « Gabrielle » qui, de toute évidence, sera le prochain objectif de l'ennemi.

A partir de 14 h 45, le 5e BPVN du commandant Botella est largué par quarante-trois Dakota sur trois DZ différentes (« Natacha », « Octavie » et « Simone ») à 200 mètres de hauteur pour gêner le tir de l'artillerie VM. La 1re compagnie et la CCB subissent des pertes importantes avant de se regrouper avec le reste du bataillon vers 18 h, sur la rive gauche de la Nam Youn, dans les PA « Eliane ». A 15 h, c'est au tour de l'ACP3, aux ordres du médecin-lieutenant Rézillot, de sauter au milieu des barbelés du CR principal. Réclamés par le médecin-commandant Grauwin pour travailler au profit d'« Isabelle », les médecins et infirmiers rejoindront le PA en camion.

A 20 h, le 5e BPVN s'est enterré dans les trous hâtivement creusés malgré la pluie d'orage qui n'a cessé de tomber dans l'après-midi. La piste d'aviation est maintenant criblée de trous. Des Morane, des hélicoptères et des chasseurs Bearcat ont été détruits. Le camp retranché ne dispose plus maintenant de son appui aérien local.

Les tirs de préparation sur « Gabrielle » ont déjà commencé depuis 18 h. A la nuit, les VM, renonçant à attaquer par vagues comme ils l'ont fait la nuit précédente, s'infiltrent lentement dans le périmètre défensif. La division 308, avec ses régiments 88 et 102, attaque à huit contre un. Les Algériens du 7e RTA effectuent cinq contre-attaques sur la position. Les attaques VM reprennent vers 3 h 30, coordonnées avec des actions de diversion sur les autres PA. Le commandant du V/7e RTA demande le déclenchement de la contre-attaque qui a été préparée les jours précédents par les deux bataillons du GAP avec les chars M24.

Contre toute attente, (erreur de psychologie ou nécessité ?) c'est le 5e BPVN qui est désigné pour effectuer la contre-attaque, alors qu'il n'a pas reconnu le terrain et qu'il est épuisé par le saut et le regroupement de la veille. La compagnie Martin du 1er BEP est néanmoins accordée pour renforcer le bataillon fraîchement arrivé. Les Vietnamiens traversent sous le feu la moitié du camp retranché et viennent se placer derrière les légionnaires qui progressent dans le sillage des chars. La contre-attaque, qui a démarré à 5 h 30, atteint le gué de Ban Khé Phat. A ce moment, après quelques coups de réglage, un violent tir d'artillerie s'abat sur les parachutistes. La compagnie Martin arrive à passer en serrant de près les chars. Mais le 5e BPVN est coupé en deux. La 3e compagnie, la CCB et une partie de la 2e seulement ont passé la rivière. Un bataillon VM se dévoile. Il est 7 h 30. Le commandant de Seguin-Pazzis rend compte qu'il est au pied de « Gabrielle » et que le 5e ne suit pas. Il a besoin d'un bataillon pour réoccuper le point d'appui. Pour le PC, il ne s'agit plus de cela, mais de récupérer les survivants. A 8 h 30, ceux-ci rejoignent les chars qui sont également cloués au sol. Puis, c'est le repli en plein jour, sous le feu ennemi, la traversée du gué battu par l'artillerie VM. A 9 h, les rescapés rejoignent les PA « Anne-Marie » et « Huguette ». La compagnie du 1er BEP a perdu la moitié de son effectif. Le commandant Botella exclut de son bataillon tous les hommes, officiers compris, qui ne se sont pas conduits irréprochablement au cours de la contre-attaque.

Aux premières heures du 16 mars, le PC de Dien Bien Phu fait connaître à Hanoï que seule la DZ sud devra être utilisée dorénavant. En effet, un quart seulement des parachutages de la veille ont pu être récupérés dans des conditions satisfaisantes. Il est également nécessaire d'inclure dans les renforts prévus pour le camp retranché des artilleurs capables de remplacer les servants des canons de 105 et des mortiers de 120 détruits depuis le début de l'attaque. L'ordre de largage est le suivant : sur la DZ principale, personnel, radiophare de rechange pour remplacer celui qui a été détruit le premier jour de l'attaque, fournitures médicales; sur « Octavie », tubes de 105 démontés, munitions et vivres. Ces ravitaillements deviennent vitaux pour la garnison qui a consommé en moins de trois jours près de cinq unités de feu.

Les posés « ravitaillement » sont arrêtés depuis le 13 mars au soir et les seuls ravitaillements sont effectués par parachutage. Ceux-ci ont lieu sur des DZ situées, jusqu'au 14, dans un rayon de 2 à 3 kilomètres du CR central et d'un kilomètre d' « Isabelle » dont la garnison assure la protection.

A partir du 16, les opérations sont exécutées sur les DZ situées pratiquement à l'intérieur des PA du nord et sur la partie nord-ouest d' « Isabelle ». Les C-47 larguent à trois ou quatre avions au-dessus du PC, à deux avions au-dessus d' « Isabelle », à raison de quinze passages chacun. Espacés de cinq à dix minutes au décollage d'Hanoï, les Dakota parachutent d'abord à 1 200 pieds/sol, puis à 600 pieds/sol[1] lorsque les tirs VM deviennent trop violents. A partir du 20, cette DCA va écarter les équipages américains qui assurent quotidiennement cinq missions de largage sur C-119. Cet avion a l'avantage, aux mêmes hauteurs que le C-47, de lâcher ses 6 tonnes groupées en colis d'une tonne environ en trois ou quatre secondes.

Sur « Octavie », le VM ne cesse de tirer avec son artillerie. Vers 11 h, la pluie cesse enfin et le brouillard s'effiloche le long de la vallée. Le 6e BPC arrive dans 42 C-47 guidés par le Dakota PC. Après Seno, le bataillon a assuré la garde de la base de Cat Bi, commandée par le lieutenant-colonel Brunet, qui a subi un raid du bataillon 204 dans la nuit du 7 mars. La garnison a bien besoin de ces renforts : 613 parachutistes du 6e et 100 hommes de maintenance pour le 1er BEP et le 8e BPC. Malgré les tirs de mortier et d'artillerie, le 6e BPC du commandant Bigeard ne perd que trois tués. Le saut a fait treize blessés, dont le chef de bataillon qui rejoint en jeep son unité. Le 6e BPC va partager le PA « Eliane 4 » avec le 5e BPVN.

L'arrivée du 6e BPC et la réputation du commandant Bigeard redonnent de l'espoir à tout le camp retranché qui subit sans arrêt les tirs, surtout aux blessés qui commencent à s'entasser dans l'hôpital souterrain en attendant une problématique évacuation par air.

Le 17 mars dans la matinée, une partie des Thaïs du BT3 qui tient les PA d' « Anne-Marie » déserte. Le colonel de Castries préfère ne pas lancer de contre-attaque pour économiser les faibles réserves dont il dispose. Les deux PA du sud qui n'ont pas été réoccupés par les VM sont rattachés aux PA « Huguette ».

1. Pour avoir l'altitude en mètres, diviser le nombre de pieds par trois.

Ce jour-là, trois C-47 parviennent à se poser sur la piste avec des fournitures médicales. Le premier pourra repartir avec 32 blessés, tandis que le second attend en vain une ambulance avant de décoller. L'ACP n° 6 du médecin-lieutenant Vidal atterrit à 15 h et installe aussitôt une annexe de l'hôpital sur la rive gauche de la Nam Youn.

Un troisième obusier de 105 est largué, avec le lieutenant Singland qui vient prendre le commandement de la 1re CEPML. La compagnie a perdu son commandant d'unité le 12, lors d'une reconnaissance conduite par le 1er BEP sur « Béatrice ». Le successeur du lieutenant Molinier, le lieutenant Turcy, a été tué le 14, et le 16 trois pièces de 120 ont été détruites dans les alvéoles. C'est le lieutenant Bergot qui assure alors le commandement.

Les difficultés de ravitaillement ne cessent de croître. Le sous-GMMTA, qui disposait initialement d'une centaine de Dakota et de vingt-quatre C-119 ne peut mettre en l'air que quatre-vingts C-47 et dix-huit Flying Boxcars.

Le 18, la 1re compagnie du 5e BPVN relève sur « Huguette 7 » (ancien « Anne-Marie 4 ») une compagnie thaï rescapée du BT3 qui rejoint le PA « Isabelle ». Sur la piste, remise hâtivement en état sur 1000 mètres, deux Dakota se posent pour enlever les blessés. Les hélicoptères légers venus de Muong Saï parviennent à évacuer un seul blessé.

Dans la soirée, les aviateurs inaugurent une nouvelle méthode de poser. Tandis qu'un Dakota fait semblant de larguer et attire ainsi sur lui le tir de la DCA, un second appareil, tous feux éteints, atterrit en planant sur la piste jalonnée de quelques lampes discrètes. La ruse sera éventée le 27 mars mais, entre-temps, 213 blessés auront été évacués. Le 19, dans la nuit, seront ramenés 95 blessés, après que les pilotes du groupe de chasse « Saintonge » eurent été récupérés par les hélicoptères du GFH du commandant Crespin.

Le 22, le 6e BPC est accroché près de « Dominique ». Grâce au brouillard et à l'intervention de l'artillerie, le bataillon parvient à se dégager. Un groupe de 15 artilleurs du 35e RALP est parachuté pour venir renforcer les équipes de pièce du camp retranché. L'action de nettoyage en direction de Ban Kho Laï débouche à 7 h 30. Les deux compagnies du régiment 57 se défendent avec acharnement. Les pertes sont sévères de part et d'autre. Le 1er BEP a perdu 9 tués dont les lieutenants Lecoq, Raynaud et Bertrand, 72 blessés et 1 disparu. La liaison avec le PA « Isabelle » a été chèrement payée.

Le 24 mars, le colonel de Castries charge le lieutenant-colonel Langlais de l'ensemble de la défense de Dien Bien Phu. Le commandant de Seguin-Pazzis conserve le GAP tandis que le commandant Bigeard devient l'adjoint aux interventions de la défense. L'ordre hiérarchique est quelque peu bouleversé. Les quartiers du sous-secteur est sont confiés aux chefs et unités sûrs.

Autour des PA de « Dominique », les Vietnamiens du 5e BPVN

ont du mal à nettoyer les tranchées des abords et doivent être épaulés par des éléments du 1er BEP et du 8e « Choc ». Le lendemain, 26 mars, deux compagnies du BEP, toujours soutenues par les chars, nettoient les boyaux qui entourent « Huguette 6 ».

Le massacre des avions de transport continue. Devant l'état moral et physique dans lequel se trouvent ses équipages, le colonel Nicot décide d'interrompre les largages à basse altitude. Les premiers parachutages en Dakota à moyenne altitude (8000 pieds) donnent de mauvais résultats. La CRA d'Hanoï met au point un système de retard pyrotechnique qui assure bientôt un rendement de 85 %. Mais les créneaux réservés aux C-119, la météo, l'absence de système de visée gênent considérablement l'activité des Dakota. Pour le matériel, les C-47 ne seront utilisés qu'à raison de dix-huit avions par jour pour chacune des deux DZ avec un décollage toutes les vingt minutes. Ils seront, en revanche, largement utilisés de nuit pour parachuter le personnel de renfort en deux ou trois passages sur la partie sud de la piste nord. 4336 hommes, dont 3000 de nuit, seront ainsi mis à terre entre le 13 mars et le 5 mai.

A côté des 34 C-47, pratiquement réservés au maintien des capacités en hommes et en matériel du camp retranché, les 24 C-119 assurent l'essentiel du ravitaillement. En raison des difficultés d'approche et de la visibilité médiocre, et des problèmes que pose la récupération des colis volumineux au sol, les largages de nuit sont évités. Le largage de jour à basse altitude est effectué à raison de trente missions par jour avec protection de chasseurs et de bombardiers.

Le 27, à 19 h, le commandant Bigeard est convoqué chez le colonel de Castries pour préparer un raid de va-et-vient contre les positions de DCA installées à Ban Ong Pet, à moins de 2500 m à l'ouest de « Claudine ». A 2 h du matin, les ordres sont prêts et les commandants d'unités rassemblés pour le *briefing*.

Il y a là les trois chefs des bataillons parachutistes : Tourret, Guiraud et le capitaine Thomas du 6e BPC, le patron d'« Huguette », le commandant de l'artillerie, l'officier d'appui aérien ainsi que le capitaine Hervouët, de l'escadron de chars.

L'opération se déroule comme à la manœuvre. A 5 h, le I/2e REI s'installe en recueil tandis que le 1er BEP est placé en réserve. Une demi-heure plus tard, les deux bataillons d'assaut, 6e et 8e BPC, sont sur leur base de départ. A 6 h, l'attaque démarre, appuyée par les feux de 26 obusiers et mortiers. Les chars progressent avec l'infanterie, mais l'aviation, gênée par le plafond bas, ne peut intervenir qu'à partir de 9 h. A 15 h, tout est terminé. Le régiment 36, surpris par tant d'agressivité, laisse sur le terrain 400 cadavres, 2 canons de 57, 14 mitrailleuses, 14 FM, plus de 1000 armes individuelles. Mais cette opération a coûté cher et il est douteux qu'elle puisse être renouvelée sans anéantir totalement les bataillons qui n'ont même pas pu conserver le terrain conquis. Le 6e a perdu les lieutenants Levigouroux et Jacob, tués, et le lieutenant de Wilde, blessé.

Sur « Huguette 7 », le lieutenant Rondeau, blessé, est remplacé à la tête de la 1re compagnie du 5e BPVN par le capitaine Bizard qui a été parachuté deux jours auparavant.

Le lieutenant-colonel Langlais, qui sent que les VM attaqueront la prochaine fois sur les collines, là où les Français ne peuvent appliquer leur puissance de feu, s'attache à renforcer la rive gauche de la Nam Youn. Le 8e BPC vient occuper « Dominique 4 » qui devient indépendant et est baptisé « Epervier ». Quant à « Claudine 6 », il est rebaptisé « Junon » et confié au 1er BEP, renforcé de Thaïs et du détachement de l'armée de l'air du capitaine Charnod. Des compagnies de bataillons réservés sont envoyées pour tenir les positions clés et servir de points forts à la défense. La 4e compagnie du 5e BPVN prépare la relève d'une compagnie algérienne sur « Dominique 1 ». Une compagnie du 6e BPC vient renforcer le 5e BPVN à « Eliane 4 ».

La pluie tombe sur la vallée. Les largages et les reconnaissances ont été suspendus. La météo annonce des passages de gros nuages avec averses et grêle. Dans le delta, le crachin rend les décollages dangereux.

Autour de Dien Bien Phu, sont rassemblés maintenant la totalité des divisions 308 et 312, sept bataillons de la 316, un régiment de la 304, le tout appuyé par deux régiments d'artillerie de la 351 et quatre bataillons de DCA.

La pluie ne cesse de tomber pendant la nuit du 29 au 30 mars. Les hommes pataugent dans la boue des tranchées. Dans la journée, le lieutenant-colonel Langlais fait le tour des centres de résistance de l'est. Il fait renforcer « Eliane 2 » par une compagnie du BEP.

A 18 h, l'artillerie VM commence à pilonner « Dominique », « Eliane » et « Huguette ». Les vagues d'assaut des divisions 312 et 316 progressent derrière le barrage roulant. La 4e compagnie du 5e BPVN qui arrive pour relever les Algériens sur « Dominique 1 » tire sur les fuyards, récupère les cadres, les partisans thaïs, les survivants des mortiers de la Légion, tient à 1 contre 10 avant d'être engloutie sous la marée VM vers 22 h. Ce répit permet à l'artillerie de ralentir les vagues de la division 312 qui sont définitivement stoppées par les champs de mines. Peu après minuit, des éléments de deux compagnies du 1er BEP contre-attaquent sur « Eliane 3 » bientôt suivies par la compagnie Trapp du 6e BPC envoyée à la rescousse. Sur « Eliane 4 », la 3e compagnie du 5e BPVN perd les lieutenants Gaven et Marquèze, tués, et le lieutenant Delobel, blessé.

Le 31, à 7 h 45, les chars d' « Isabelle » et un bataillon de Légion essaient de forcer le passage en direction de Dien Bien Phu. C'est le prélude à la contre-attaque qui doit être menée par l'ensemble du GAP2 et le 6e BPC. Bloqué par le régiment 57, le III/3e REI doit faire demi-tour avec de fortes pertes. Les PA d'« Isabelle » sont désormais isolés.

La contre-attaque sur « Eliane 1 » et « Dominique 2 » débouche à 13 h 30. Le ciel s'est dégagé. La pluie a cédé la place aux C-119 et aux chasseurs bombardiers. Tout le monde scrute le ciel, attendant l'arrivée du bataillon parachutiste réclamé la veille pour renforcer les unités d'intervention à bout de souffle. Chacun sait que c'est le II/1er RCP du commandant Bréchignac qui doit sauter... mais aucune corolle de parachute n'apparaît.

Le 8e BPC attaque sur « Dominique 2 » et s'en empare après avoir gravi sous le feu une pente de 400 mètres de large et de 150 mètres de dénivellation. Des centaines de cadavres jonchent le sol. Le capitaine Pichelin est tué par une rafale de mitrailleuse. A 15 h, le 6e BPC, renforcé par une partie du 5e BPVN ayant coiffé « Eliane 1 », le commandant Bigeard rend compte que tous les objectifs ont été atteints. Mais le terrain chèrement conquis ne peut être conservé qu'avec des troupes fraîches. Le bataillon Tourret décroche donc à 15 h 30.

Dès la tombée de la nuit, la division 316 déferle sur « Eliane 2 » que le commandant Bigeard a refusé d'abandonner. Les combats durent toute la nuit. Sur « Huguette 7 », les parachutistes vietnamiens du capitaine Bizard bousculent en hurlant les réguliers désorientés de la division 312. Les compagnies parachutistes contre-attaquent jusqu'à l'aube sur « Eliane 2 ». Les pertes sont terribles. Les compagnies du 1er BEP et du 6e BPC sont réduites à une centaine d'hommes. Le 5e BPVN ne comprend plus que trois compagnies de deux sections. Les hommes et cadres de ce bataillon ont largement effacé, par leur courage, l'hésitation du premier jour et Botella peut se montrer fier de leur comportement.

La nuit suivante, vers 22 h 30, un avion commence à tourner au-dessus de la vallée. Pendant que le reste de la formation de transport orbite sur un circuit d'attente, les premiers appareils se présentent sur la DZ encombrée par les épaves des Dakota. Un seul stick peut être largué par passage. Les carlingues sont éclairées par les éclairs de départ de l'artillerie. La DCA se déchaîne. Le parachutage trop lent est interrompu pour entreprendre le largage des munitions et des approvisionnements. Seuls ont pu être mis à terre la 4e compagnie et une partie de la CCB du II/1er RCP.

Dans la nuit du 1er au 2 avril, le général Giap, qui a pris la direction des opérations, lance la bataille pour la conquête de « Huguette ». Les Thaïs décampent. Les équipes de pièces d'artillerie qui tirent sans arrêt depuis soixante-douze heures à partir d'alvéoles à ciel ouvert, sont décimées. Faute de réserves, le colonel Langlais doit se résoudre à abandonner les « Huguette ». De son côté, le commandant Bigeard profite des bombardements au napalm effectués par les C-119 pour consolider ses positions. Le 1er BEP subit encore de très fortes pertes. Le commandant Guiraud, blessé, est remplacé par le capitaine Vieules.

Le Génie a dégagé au bulldozer les épaves qui jonchent la DZ. Dans les airs, le scénario de la nuit précédente se répète. Le largage, selon les ordres du colonel Sauvagnac, qui a remplacé le 10 mars le général Gilles à la tête des TAPI, doit être effectué sur une DZ balisée et non sur toute la position centrale comme le propose le colonel Langlais. Le point de vue de celui qui peut juger sur place ne prévaut pas contre l'opinion de celui qui juge de loin. Les artilleurs du 35e RALP, 34 hommes qui savent se servir d'un obusier de 105, sont largués les premiers. Puis viennent 75 fantassins de la 4e compagnie du 1er RCP. Cent hommes par nuit, c'est bien peu. Deux sticks disparaissent complètement. Il reste dans le camp retranché 6295 combattants valides. Le 1er BEP en compte 300, le 5e BPVN 350, le 6e BPC 300 et le 8e BPC 400.

Le 3 avril, à 19 h, l'assaut reprend sur « Huguette 6 ». La compagnie Desmont, du 8e BPC, contre-attaque avec les chars et rejette les bo-doï de la division 312. Les lucioles qui éclairent le champ de bataille retardent le largage du 1er RCP. Le lieutenant-colonel Langlais, après bien des palabres à la radio, obtient que les aviateurs larguent directement sur le centre du camp retranché. Dans la nuit, 305 hommes sautent. Le commandant Bréchignac laisse son pantalon dans les barbelés. Le bataillon dispose maintenant de la CCB, des 3e et 4e compagnies et d'une partie de la 2e. Contrairement à ce qui s'est passé la nuit précédente, aucun parachutiste n'est tombé chez les Viets. La controverse Langlais-Sauvagnac est définitivement réglée. Il n'y aura plus de DZ réglementaire à Dien Bien Phu. Comme, de toute façon, le CITAPI n'est pas en mesure de former selon les normes des parachutistes confirmés, il n'y aura bientôt plus de parachutistes brevetés, mais seulement des volontaires accrochés à un parachute qu'ils verront s'ouvrir pour la première fois. Du 14 mars au 6 mai, 2700 hommes sauteront en renfort. Parmi ceux-ci, 709 seront des néophytes choisis parmi 2600 volontaires (légionnaires et Nord-Africains). La garnison reçoit également du matériel et des mortiers destinés à la 1re CEPML. La nuit suivante, la pluie qui a repris interdira tout largage.

A l'aube, les éléments du 1er RCP qui ont sauté dans la nuit traversent le camp retranché pour rejoindre leurs positions sur « Eliane 10 » et « Dominique 3 ». Leur tenue de combat camouflée est bien tirée ; leurs armes luisent de propreté. Ils ont la même démarche que leur chef, à la silhouette trapue : un pas un peu lourd, allongé, économique. Ils répandent en passant une tranquille assurance.

Le 4, à 14 h, les VM abandonnent « Eliane 3 » transformé en charnier : 1800 cadavres y pourrissent au soleil. A 22 h, la préparation d'artillerie sur « Huguette 6 » est suivie par l'attaque de cinq bataillons de la division 312. Les maigres réserves sont jetées dans la bataille. A 1 h 15, la 3e compagnie du 8e BPC contre-attaque avec l'appui des chars. Quarante-cinq minutes plus tard, c'est le tour de la 2e du 1er RCP qui traverse en courant les plaques PSP de la piste et dans la foulée bouscule les VM qui encerclaient le PA par le sud. Elle entreprend ensuite le nettoyage des tranchées.

Le commandant Bigeard, de son côté, lance une contre-attaque avec deux compagnies du 6e BPC. 160 parachutistes se portent au-devant de 3 000 réguliers. Le jour s'est heureusement levé. L'artillerie française appuie de tous ses feux et prend à partie un bataillon frais que la division 312 engage pour emporter la décision. Les chasseurs-bombardiers arrivent en temps opportun pour straffer les vagues ennemies surprises à découvert. Sur « Huguette 6 », les parachutistes du 1er RCP découvrent 1 100 cadavres dans les tranchées, sur les barbelés et les champs de mines qui entourent la position. 21 prisonniers hébétés et transis sont envoyés dans le camp installé au CR principal.

* * *

La deuxième offensive VM contre Dien Bien Phu vient d'échouer. Mais la bataille des Cinq Collines et des « Huguette » a coûté cher de part et d'autre. La dernière nuit, les quatre compagnies parachutistes ont perdu 23 tués, 112 blessés et 86 disparus. Dans l'état d'épuisement des unités, les pertes sont exorbitantes. Quant au général Giap, il ordonne l'envoi de 25 000 hommes actuellement à l'instruction dans les régiments de dépôt du Nord-Vietnam et demande aux Chinois de lui livrer 67 canons de 37 antiaériens, de quoi mettre sur pied un nouveau régiment de DCA.

Le 6 avril, on fait le point de la situation dans le camp retranché. Pour ce qui concerne les effectifs, l'essentiel des unités combattantes est maintenant constitué par les bataillons parachutistes : cinq bataillons, dont quatre de 300 hommes environ et le II/1er RCP, à peu près 600 hommes. La question des ravitaillements est tout aussi grave. La plupart des approvisionnements sont largués par les C-119 soit dans les lignes VM, soit dans les no man's lands. Il faut chaque fois monter de petites opérations pour récupérer ce qui n'a pas été détruit ou volé par les « rats de la Nam Youn », la population qui a renoncé à se battre et vit au sein du camp retranché, en marge des combats.

Le général Cogny consent enfin à renforcer la garnison avec un bataillon parachutiste. Des deux bataillons de Hanoï, c'est finalement le 2e BEP du chef de bataillon Liesenfelt qui est désigné. Les 7e et 8e compagnies et une partie de la compagnie de commandement sautent dans la nuit du 9 au 10 et rejoignent « Dominique 3 ». Le reliquat du bataillon est largué la nuit suivante malgré une forte DCA.

A l'aube du 10 avril, l'attaque pour la réoccupation

d'« Eliane 1 », conçue et conduite par le commandant Bigeard, démarre. Ce point d'appui commande en effet tous les PA environnants. La totalité des mortiers et de l'artillerie appuiera celle-ci ainsi que les mitrailleuses quadruples de 12,7 mm. Pour économiser les effectifs, il est prévu de n'engager que le 6e BPC reconstitué à trois compagnies de GV de 80 hommes. A 6 h 10, dès que les derniers obus fumigènes sont tombés, la 2e compagnie s'élance vers le sommet d'« Eliane 1 ». Les chasseurs-bombardiers neutralisent les pitons environnants. La compagnie s'infiltre sans s'attarder à réduire les résistances isolées que les unités de deuxième échelon prennent à leur compte. L'artillerie VM ne peut ainsi tirer sur ses propres troupes imbriquées dans les vagues d'assaut. La 1re compagnie vient à la rescousse de la 2e, clouée au sol.

Le piton est nettoyé au lance-flammes. Et à 11 h 30, les compagnies Trapp et Lepage tiennent le PA tandis que les Helldiver de la Marine finissent d'anéantir le bataillon qui tenait « Eliane 1 ». Deux compagnies fraîches du 1er RCP assurent la relève. Le 6e BPC a perdu dans cette affaire le quart de son effectif : 15 tués, 26 blessés et 10 disparus.

A 18 h 45, le régiment 98 repart à l'attaque du PA. Les vagues d'infanterie succèdent aux vagues d'infanterie. Les deux compagnies sont submergées. Le capitaine Minaud est blessé pour la seconde fois. Le commandant Bigeard rameute les compagnies de réserve. Les compagnies Martin et Brandon du 1er BEP répondent les premières. Puis c'est au tour des 2e et 3e compagnies du 5e BPVN. En approchant d'« Eliane 1 », les légionnaires commencent à entonner un chant de parachutistes venu d'outre-Rhin. Les Français se joignent à eux, puis les Vietnamiens. Les voix graves et solennelles du BEP se mêlent aux accents nasillards des *bawouan* qui chantent la Marseillaise comme une mélopée guerrière.

A 2 h, les survivants des compagnies d'assaut de trois bataillons tiennent solidement le point d'appui. Lorsque le jour se lève, la 7e compagnie du 2e BEP, qui a suivi la bataille depuis « Dominique 3 », vient relever les 80 parachutistes du 1er RCP. Le BEP et le BPVN ont encore perdu une centaine d'hommes. 400 cadavres ennemis sont restés sur le terrain. Les parachutistes du 2e BEP regardent étonnés ce paysage dantesque, ces abris étayés par les armes ou les canons abandonnés par les morts. « Eliane 1 » tiendra encore vingt jours, gardé par deux compagnies du 1er RCP et du 2e BEP qui seront relevées toutes les quarante-huit heures. Les morts serviront bientôt de sacs de sable, déchiquetés par les éclats d'obus, empoisonnant l'atmosphère.

Le 11 avril, le colonel Langlais décide de réorganiser la défense. La position principale est divisée en cinq quartiers confiés à des officiers en qui il a toute confiance : Bréchignac pour les Cinq Collines; Chenel, du BT2, pour la rive gauche de la Nam Youn;

Guiraud, blessé, au nord ; Tourret sur « Epervier » et Vadot, de la 13e DBLE, à l'ouest et au sud. Le commandant Bigeard devient officiellement l'adjoint aux contre-attaques et s'installe au PC. Le commandant de Seguin-Pazzis a pris en main l'état-major du GONO. Le *briefing* a lieu tous les jours à 9 h, avec l'artilleur, le logisticien et l'aviateur.

A la tombée de la nuit, le régiment 98 repart à l'assaut d' « Eliane 1 ». Les 1re et 2e compagnies du 6e BPC passent à la contre-attaque pour stopper les infiltrations entre les PA. A sept contre un, les deux bataillons VM au corps à corps sont pourtant repoussés par une poignée d'hommes. Les 3e et 4e compagnies du 1er RCP doivent être regroupées en une compagnie de marche aux ordres du sous-lieutenant Leguère. Les hommes parachutés la nuit ne suffisent même pas à combler les pertes quotidiennes. L'ACP 5 du médecin-capitaine Hantz est larguée le 13 et s'installe avec la DBLE.

La bataille marque un temps d'arrêt. Les Français sont suspendus aux ravitaillements, aux munitions, aux renforts qui leur parviennent au compte-gouttes. L'eau commence à manquer. Dans la nuit du 14 au 15, des éléments des 1er et 2e BEP essaient de ravitailler « Huguette 6 » par la piste « Pavie ». La colonne de ravitaillement atteint le capitaine Bizard, mais son décrochage nécessite l'engagement de la 3e compagnie du 8e BPC. La nuit suivante, 250 tonnes sont larguées par les C-119 pilotés par les volontaires américains, les C-46 et C-47 civils et militaires. Le camp retranché dispose maintenant de deux jours de vivres, cinq d'obus de 105 et six de 120. Le 16, les CRA d'Hanoï et Haïphong conditionnent et parachutent 216 tonnes, dont une partie tombe toujours chez l'ennemi. Cette nuit-là, pour apporter quelques jerrycans d'eau et les munitions à « Huguette », le combat dure dix heures.

Dans la journée, tous les officiers ont été promus au grade supérieur. Le colonel Langlais demande au général de Castries d'évacuer « Huguette 6 » dont le ravitaillement coûte trop cher en vies humaines. L'évacuation est décidée pour la nuit prochaine. A 20 h, le gros du 1er BEP renforcé par des éléments du 8e BPC et de la Légion progresse vers la tranchée de l'aérodrome, la nettoie homme par homme, vient buter sur une défense plus solide. Le combat s'enlise. A 7 h 30, le lieutenant-colonel Bigeard arrête les frais et laisse carte blanche au capitaine Bizard. Appuyé par les mortiers lourds de la Légion, celui-ci tente une percée à 8 h, traverse les rangs des VM abasourdis. Légionnaires, Vietnamiens et parachutistes confondus se ruent vers les PA amis, le corps protégé des éclats de grenade par des sacs à terre à demi remplis suspendus sur la poitrine et le dos. Lorsque le point est fait sur « Huguette 3 », l'on compte 106 tués, 49 blessés et 79 disparus.

Le drame d' « Huguette 6 » va se répéter sur « Huguette 1 » pour lequel chaque envoi d'approvisionnements nécessite une petite opération. 135 tonnes ont été larguées dans la nuit. Près du quart tombe chez les VM, quant au reste il disparaît dans les PA sur lesquels il est tombé. Cette nuit-là, les largages à moyenne altitude avec parachutes à retard sont utilisés pour la première fois. Ils sont réalisés, toutefois, en plusieurs passages, avec de grandes précautions pour éviter les erreurs. De nombreux incidents sont cependant signalés. Le sous-GMMTA travaille depuis longtemps à la limite de ses possibilités, malgré la DCA, la situation des DZ, les missions particulières... Pour assurer à la garnison un ravitaillement quotidien de 127 tonnes sur les 182 demandées, l'aviation de transport dispose de 34 C-47 et 24 C-119. Du 13 mars au 7 mai, 7000 tonnes et 4300 hommes vont être acheminés sur le camp retranché, 66 évacuations sanitaires exécutées. 103 appareils seront touchés par la DCA, 9 détruits. 17 membres d'équipage seront tués ou blessés. Les deux CRA du Tonkin auront manipulé plus de 56000 voitures.

« Huguette 1 » est submergé le 22 avril dans la nuit. Le Vietminh contrôle maintenant la quasi-totalité de la piste d'aviation sur laquelle peuvent être assurés les largages de renfort. Cela prouve également que la nouvelle tactique de l'adversaire qui consiste à s'infiltrer lentement et à grignoter les PA un à un plutôt que de les enlever par des attaques de grand style, est payante.

Contre l'avis de ses subordonnés, le général de Castries décide de faire l'impossible pour reprendre le point d'appui à l'ennemi. La contre-attaque, préparée dans les conditions habituelles, est confiée au 2e BEP qui est relevé sur « Eliane » par les éléments réservés du 1er RCP, du 6e BPC et de la Légion. Un fort appui aérien est demandé à Hanoï.

Les parachutistes débouchent à 14 h. La chaleur est accablante, les plaques PSP du terrain d'aviation sont brûlantes. La 5e compagnie est retardée dans le dédale des tranchées. Les 7e et 8e compagnies subissent de fortes pertes. Les VM réalisent rapidement ce qui se passe et concentrent les feux de leur artillerie sur le malheureux bataillon : le commandant du bataillon, faute de contact radio, ne coordonne pas l'action. La contre-attaque dont Langlais et Bigeard ne voulaient pas, a échoué. Le BEP vient de perdre 150 hommes. Le 25 avril, les survivants seront regroupés avec ceux du 1er BEP en un bataillon de marche aux ordres du commandant Guiraud.

La bataille des trois « Huguette » est terminée. Il reste maintenant dans le camp retranché 3620 combattants dont 1300 parachutistes franco-vietnamiens et 500 du BEP. Il reste encore 18 pièces d'artillerie sur les 24 du début. 3 ou 4 chars arrivent tant bien que mal à fonctionner.

Le général Giap a rameuté pour la bataille toutes les forces disponibles : trois bataillons des régiments 148 et 176 qui opéraient jusqu'alors comme conseillers du Pathet Lao ; le régiment 9 de la division 304, encore dans la région de Phu To ; le PC de cette division qui rejoint Dien Bien Phu vers le 27 avril. La Chine accorde 720 tonnes de munitions, 300 camions pour les transporter. Un régiment de DCA et une unité d'« orgues de Staline » passent également la frontière. Les conseillers chinois sont nombreux, notamment dans l'artillerie qui causera 75 % des pertes parmi les défenseurs du camp retranché. Le commandement VM, personne n'en doute, se prépare pour l'offensive finale.

* * *

Le 14 avril, le colonel de Castries a reçu d'Hanoï un message l'informant qu'une opération baptisée « Condor » venait d'être déclenchée par les forces du Laos. Un groupement aux ordres du lieutenant-colonel Godard et comprenant quatre bataillons doit créer à partir de Muong Saï une diversion au profit du GONO.

Cette opération est planifiée depuis décembre 1953. Il s'agissait à l'origine de participer à la destruction du corps de bataille VM défait devant Dien Bien Phu. Elle comportait notamment le largage sur la Nam Ou d'un GAP de trois ou quatre bataillons renforcés par une batterie du 35e RALP et de la 17e compagnie du Génie. La variante « Pivert » prévoyait, dans le cas où la capture du col des Calcaires ne nécessiterait pas la mise à terre des parachutistes aussi loin, le parachutage au sud du PA « Isabelle ». Les besoins en avions de transport s'élevaient à cent quinze Dakota et soixante C-119 quotidiens avec vingt-quatre Dakota supplémentaires pour le ravitaillement. Il fallait ajouter à cela les moyens nécessaires au soutien du camp retranché. L'impossibilité de réunir un aussi grand nombre d'avions et les réticences américaines à fournir des appareils autres que les C-119 pilotés par les volontaires, feront éliminer du plan la phase aéroportée.

Le commandant de l'opération, dans sa version révisée, espère par une série de ruses attirer le maximum de forces VM jusqu'au 15 mai au nord de la Na Nam Ou, puis atteindre par le sud le camp retranché le 25 mai, mais à une condition : qu'il puisse recevoir, pendant la seconde phase, quatre bataillons à Muong Heup. Il réclame notamment à cet effet les 1er et 3e BPVN dont l'engagement n'est pas prévu à Dien Bien Phu. Le groupement Godard, dont fait partie le 1er BPL, a commencé son mouvement et intercepté le 21 avril les premiers éléments VM. Le 22, il est net que plusieurs bataillons ennemis se mettent en place pour couvrir le corps de siège face à « Condor ». Le 26, le 1er BPL se heurte près de Muong Khoua à des positions défensives qu'il doit prendre d'assaut. Le 29, les différentes colonnes du GM Nord se regroupent à Muong Khoua.

En avant de celles-ci, le groupement de commandos du lieutenant-colonel Mollat s'est déjà enfoncé dans la jungle ainsi que les maquis du GM1. L'un d'eux occupe la DZ de Nga Na Song, là où il a été finalement décidé de parachuter éventuellement un petit GAP. Mais le mauvais temps a retardé le ravitaillement de Dien Bien Phu et tous les moyens aériens sont conservés par Hanoï pour recompléter les maigres réserves du camp retranché. Privée du renfort aéroporté qui lui est nécessaire pour se porter avec succès au-delà de la ligne atteinte, l'opération est arrêtée. Il ne s'agit plus de foncer vers Dien Bien Phu, mais seulement de s'établir défensivement sur la rive gauche de la Nam Ou. « Condor » est devenue « Ariège ». Le 8 mai, le groupement Godard reçoit l'ordre de faire demi-tour sur Muong Saï. La tentative de diversion a échoué. Un quart des parachutistes du 1er BPL déserte à l'issue de cette opération.

Ainsi, des opérations offensives destinées au mieux à compléter la victoire qu'on escompte à Dien Bien Phu, au pire à attirer l'ennemi loin du camp retranché de façon à le fractionner et à le vaincre en des batailles successives et éloignées les unes des autres — mais auxquelles nos moyens de transport nous permettraient de faire participer les mêmes troupes d'élite, si besoin était (une campagne d'Italie à la Bonaparte, en somme) — ces opérations, non seulement ne dissuadent pas l'adversaire de concentrer des moyens énormes autour de Dien Bien Phu, mais lui donnent l'occasion soit de couper l'Indochine en deux et de préparer une action d'envergure vers le sud, soit de nous obliger à renoncer à tendre la main au Laos vers les pays Thaïs. Comme lors du désastre de la RC4, un plan ambitieux est mis sur pied. Les moyens de le mener à bien faisant défaut, on ne change rien à l'idée initiale. Des échecs préliminaires révélant que les conditions existant au moment de la conception du plan ont largement empiré, on persévère dans l'erreur et on précipite les choses au moment où tout indique qu'il faut temporiser.

* * *

Le mauvais temps n'est pas la seule raison des difficultés de ravitaillement par la voie des airs. Dans la nuit du 23 au 24, 117 tonnes sont larguées, principalement par les équipages américains des C-119 qui prennent de gros risques. Mais le danger est tel qu'ils refusent d'y revenir la nuit suivante. Le commandant des FTNV, qui n'a pas autorité sur les moyens de transport, demande au commandant en chef le transfert des équipages militaires de C-47 sur C-119.

Le dispositif du camp retranché est remanié. Le bataillon de marche du commandant Guiraud renforcé par des Marocains prend en charge les « Huguette ». Le bataillon du 1er RCP, qui a perdu depuis son arrivée 56 morts, 35 disparus et 267 blessés, est regroupé sur « Eliane ». Ses 3e et 4e compagnies sont fondues en une compagnie de marche. La compagnie Bizard, du 5e BPVN, évacue le PA « Opéra » pour s'installer au nord de « Dominique 4 », dans la boue et les eaux ruisselantes du marécage que l'on appellera le « PA sans nom ». Les relèves se font maintenant pour permettre aux unités les plus exposées de prendre au moins un repas chaud. La CEPML, qui a reçu des renforts par parachutage, dispose de huit tubes en état de tirer. Le lieutenant Singland reprend son commandement le 22 avril.

Le 26, l'autorisation de transfert des équipages sur C-119 arrive enfin. Ce jour-là, un Hellcat et deux B-26 sont abattus par la DCA. Selon les Américains, la DCA autour de Dien Bien Phu dépasse en intensité la Flak de la Ruhr ou l'artillerie chinoise de Corée. Dans la nuit, des gilets pare-balles sont enfin largués pour les artilleurs et les fantassins, les guetteurs en particulier.

Chaque jour ou chaque nuit, les parachutistes effectuent des petits coups de main d'aération. La boue atteint maintenant un mètre dans les tranchées. La saison des pluies bat son plein. Le 29, 30 tonnes seulement sont larguées. Le 30, les équipages américains, devant la gravité de la situation, décident de revenir sur Dien Bien Phu. Les C-119 apportent 212 tonnes. Les légionnaires fêtent Camerone au vinogel.

Le samedi 1er mai, fête du travail, les drapeaux rouges fleurissent sur les tranchées VM. Mais, à 17 h, les premiers tirs de préparation commencent à tomber sur « Claudine » et « Huguette ». Puis le tir se transporte sur « Dominique 3 » et « Eliane 4 ». A 20 h 30, les deux divisions 312 et 316 montent à l'assaut des deux PA. 35 000 *bodoï* affrontent les 3 500 combattants du camp retranché. « Dominique 3 » succombe le 2 mai à 2 h. Sur « Eliane 1 », la marée VM submerge les survivants du II/1er RCP. Au matin, 18 rescapés rejoignent sur « Eliane 4 » la 2e compagnie. Le lieutenant de Stabenrath disparaît avec « Huguette 5 ».

Dans la nuit, le général Cogny prend la décision de larguer un bataillon de renfort. Le 1er BPC, affecté jusqu'alors à la garde du terrain de Gia Lam, est désigné pour sauter à partir du 2 mai. Le 3, à 2 h 50, la 2e compagnie saute avec 109 hommes. Les compagnies des « Eliane » sont renforcées par les blessés qui ont demandé à quitter les hôpitaux pour rejoindre leurs camarades. Les 125 hommes de la 3e compagnie arrivent la nuit suivante vers 1 h 15. Les huit C-119 renoncent à larguer peu après. Les pilotes, bien qu'ils volent à 300 mètres au-dessus de la vallée, ont du mal à trouver la DZ au milieu des éclatements de la DCA, des balles traçantes et des remous près des trajectoires des tirs d'artillerie. En bas, d'ailleurs, les troupes exténuées ont de plus en plus de mal à récupérer le ravitaillement qui arrive dans nos lignes.

Sur « Huguette 4 », le capitaine Luciani et sa compagnie de marche de Légion sont submergés sous l'assaut de sept bataillons. A 6 h, le commandant Guiraud rameute une centaine de parachutistes et de tirailleurs marocains pour essayer de reconquérir le PA. Mais la tentative échoue. Dans la journée, la compagnie Pouget, du 1er BPC, met six heures à parcourir les 1 500 mètres qui la séparent d'« Eliane 3 ».

Le 5 mai, à 2 h 40, le capitaine Bazin de Bezons saute avec des éléments de la CCB et la 4e compagnie du 1er BPC. Ils vont rejoindre la compagnie Clédic sur « Eliane 4 ». Dans la soirée, les compagnies Pouget et Edme prennent à leur compte « Eliane 2 » sur lequel pourrissent 1 500 cadavres. Le reliquat du bataillon, la 1re compagnie exceptée, arrive le 6 mai à 5 h 20, mais le jour commence à poindre et il faut arrêter le parachutage. Le 1er BPC, dont le chef a eu la cuisse fracassée par un obus, ne dispose que de 383 hommes sur un effectif de 876. Un gros tonnage est largué cette nuit-là, les pilotes civils français ayant repris leur place. Quatre-vingt-dix Dakota et C-119 larguent près de 200 tonnes. Le jour venu, c'est également une débauche d'appareils, plus de cent B-26 Privateer, Corsair, Helldiver, Bearcat qui parviennent à juguler la DCA. Mais les approvisionnements ne pourront être ramassés qu'à la nuit. A la fin du *briefing* de 10 h, un message d'Hanoï annonce que selon les services de renseignement, la grande attaque est pour ce soir. Il est trop tard pour récupérer les colis déjà largués et la 1re compagnie du 1er BPC n'a plus le temps d'arriver.

A 17 h 30, l'artillerie VM ouvre le feu. A 21 h 30, l'attaque menée sur « Eliane 2 » par le meilleur régiment VM, le 102, le « régiment de la capitale » de la « division de fer » démarre. Tous les tubes du camp retranché sont braqués sur les vagues d'assaut qui subissent un tir d'arrêt terrible ; 200 réguliers restent sur le terrain. A 22 h, deux régiments des 312 et 316 s'en prennent à « Eliane 4 » et « Eliane 10 ». La 3e compagnie du 5e BPVN vient à la rescousse de la 2e compagnie réduite à 60 hommes, bientôt suivie de deux sections du BEP. Et l'attaque sur « Eliane 4 » est repoussée. Sur « Eliane 10 », le 6e BPC essaie de tenir. La compagnie Bailly du 8e BPC arrive à 3 h sur le PA. Le capitaine Lepage mène contre-attaque sur contre-attaque. Le capitaine Le Boudec est blessé par des éclats d'obus. Mais le point d'appui tient finalement grâce à l'aide de deux sections de légionnaires blessés.

A 23 h, « Eliane 2 » est soulevé en un énorme geyser de terre, la compagnie Edme disparaît sous l'explosion de la mine que le régiment 102 a patiemment préparée depuis plusieurs jours. La compagnie Lecour-Grandmaison, qui doit venir épauler, arrive à l'aube sur « Eliane 4 » : il lui reste 6 hommes. Le 7 mai, à 4 h 40, les derniers coups de feu sont tirés sur « Eliane 2 ». La 1re compagnie du 1er BPC, qui devait être larguée dans la nuit, a été renvoyée sur Hanoï par le colonel Langlais, les missions luciole au profit d' « Eliane 4 » ne pouvant être interrompues.

Le matin du 7 mai se lève. A 8 h 5, la division 308 lance l'assaut final contre les « Eliane ». La fin est proche. Les hommes tiennent depuis cinquante-cinq jours, sans sommeil, sans repos, sans nourriture

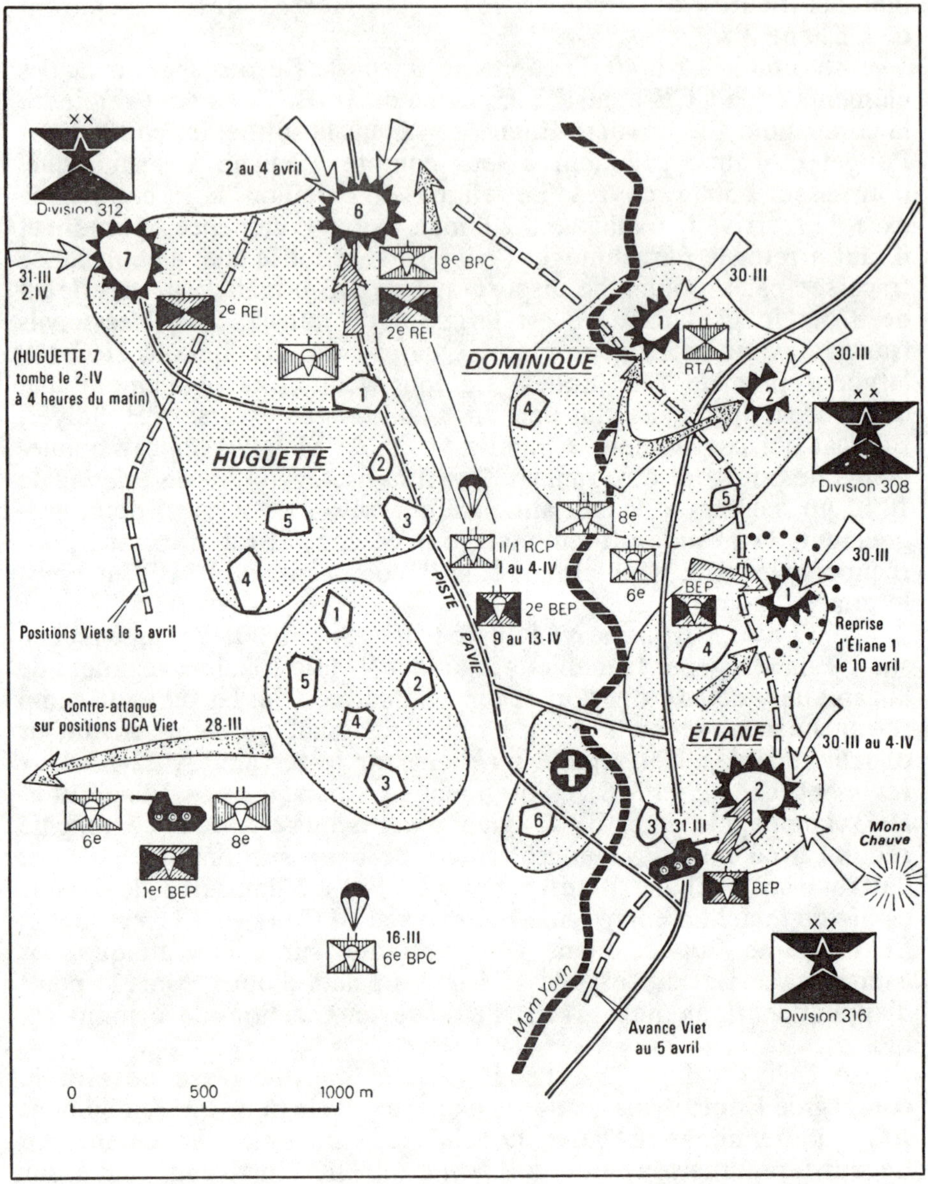

Dien Bien Phu. Deuxième offensive (30 mars au 10 avril).
Bataille des cinq collines.

correcte. Les survivants du 1er RCP, du 5e BPVN, du 6e BPC sont submergés. Quelques-uns arrivent à s'échapper vers « Epervier », vers le PC.

A la radio, l'autorisation de tenter une sortie est confirmée par Hanoï au général de Castries. Comme il n'y a plus d'espoir de défense, la sortie est décidée. Les unités qui doivent y participer se regroupent une à une sur « Junon ». Il s'agira d'abord de quitter la cuvette en prenant soin de bloquer toute velléité de poursuite de la part du Vietminh, ensuite de rejoindre la colonne « Condor » après une marche épuisante de 100 km dans la jungle. Deux colonnes doivent être constituées, dont l'une avec les parachutistes aux ordres du lieutenant-colonel Bigeard. L'une devra attaquer dans le sens opposé afin de couvrir la sortie de l'autre.

Mais il ne sera pas nécessaire de tirer à la courte paille qui sera chargé de la mission de sacrifice. A 12 h, comme chaque jour, un jeu de photos aériennes est largué sur le PC. Toutes montrent clairement que le passage sud de « Junon » est maintenant barré par une ligne de trois tranchées. Il n'est plus question d'effectuer une sortie au travers d'une position fortifiée. Il ne s'agit plus que de se battre jusqu'au dernier ou bien capituler. La solution préconisée par tous ceux qui sont consultés est, afin d'épargner le plus possible de blessés, de faire savoir au commandement VM que la position principale cessera le feu à 17 h 30.

Les derniers points d'appui de la rive gauche de la Nam Youn succombent. Au PC du GONO, le lieutenant-colonel de Seguin-Pazzis appelle personnellement chaque centre de résistance : « Par ordre du général commandant, le cessez-le-feu sera effectif à partir de 17 h. Tout le matériel et tout le ravitaillement sera détruit. »

Tout se passe ensuite très vite. Les armes sont sabotées, les stocks de munitions détruits. Les réguliers VM investissent peu à peu chaque PA, sans tirer un coup de feu. Aucun drapeau blanc ne flotte sur le camp. Le lieutenant-colonel Bigeard conserve sur la tête son inséparable béret rouge.

* * *

Les hommes de la garnison Dien Bien Phu croyaient avoir connu l'enfer pendant ces dernières semaines de combats ininterrompus. Leur véritable calvaire va commencer. Près de 70 % des prisonniers vont disparaître pendant les trois mois qui vont suivre, disparaître physiquement. D'autres y perdront leur âme. Les officiers qui rejoindront le camp nº 1 marcheront pendant soixante-trois jours pour parcourir 900 kilomètres, tandis que certains hommes de troupe atteindront Vinh en vingt-quatre jours et 500 kilomètres de pistes. A partir du 10 mai, les colonnes seront prises en compte par les cadres politiques. Il faudra alors subir le lavage de cerveau, les brimades morales, les souffrances physiques des blessés, les rations ridicules : 435 grammes de riz par jour et dix cacahuètes tous les dix jours. La déshydratation transformera les prisonniers en squelettes ambulants. Et, comme les barbares vaincus par l'orgueilleuse Rome, il leur faudra défiler en troupeau devant les caméras d'un cinéaste soviétique. Epuisés, matraqués par les slogans idéologiques, les prisonniers perdent peu à peu toute volonté, toute dignité. Le père Jeandel, qui avait sauté à Tu Le avec le 6e BPC en 1952 et qui avait été fait prisonnier lors de la retraite vers la rivière Noire, déclarera : « Le pire n'était pas de mourir, mais de voir son âme changer. » Ce calvaire sera plus terrible que la « marche de la mort » après la défaite des troupes philippines et américaines de Bataanet Corrégidor, aussi effroyable que les derniers mois dans les camps de Dachau ou Buchenwald.

Quelques-uns des combattants de Dien Bien Phu arrivent à s'évader soit au moment de la fin des combats, soit pendant la marche vers les camps de prisonniers. Il y aura très peu de parachutistes, ceux-ci, notamment les officiers, étant particulièrement surveillés.

Le sergent Cuq, du 8e BPC, s'évade de la colonne le 10 mai dans la nuit entre Tuan Giao et le col des Méos, pour rejoindre le Laos. Pendant quatorze jours, il vit seul, avec pour toute nourriture, outre des feuilles, 3 kg de riz sec et 300 g de sel. Marchant la nuit, il suit la piste à Molotova et se fait reprendre. Il s'évade et, pour gagner du temps, prend plus de risques. Repris par les Thaïs, il est battu, attaché avec du fil de fer, enfermé avec les lépreux. Là, il aperçoit des commandos thaïs couchés à terre, les tendons d'Achille sectionnés avec une lame de rasoir. Nourris d'un verre de riz par jour, ils tiennent vingt à vingt-cinq jours. Leurs femmes sont attachées aux rochers par des chaînes fixées aux pieds. Leurs enfants autour d'elles sont également condamnés à mort par le commissaire politique. Ils meurent plus vite que les adultes. Dans le village, un Européen vêtu d'un pantalon de tenue camouflée tourne en rond autour d'un piquet et aboie lorsque les enfants lui jettent des grains de riz. Après six jours de captivité, Cuq réussit à s'enfuir dans la forêt. Pendant seize jours, il marche, se nourrit de la chair crue et du sang de trente-cinq tortues. Dans une cascade, il perd le riz conservé dans sa musette et... sa casquette qu'il mettra deux heures à retrouver, s'accrochant désespérément à ce souvenir du monde civilisé. Pendant deux jours, il est terrassé par la fièvre. Puis, ses yeux restent bloqués dans leurs orbites. Il négocie l'échange d'une chaînette d'or contre de la nourriture et recouvre quelque force. Le 10 août, il atteint enfin un poste au bord du Mékong tenu par des tirailleurs marocains. Méfiant, il ne se présente que le lendemain. Le sergent Cuq a perdu 20 kg et mettra cinq mois avant de pouvoir manger normalement. Son périple solitaire a duré soixante et un jours.

Certains auront plus de chance et s'évaderont directement de la cuvette par petits groupes. Le sergent Sentenac, avec trois sergents-chefs du 6e BPC, parcourt 600 km par la route du Muong Saï avant de retrouver, le 24 mai, trois parachutistes du 35e RALP qui ont été pris en charge par les fidèles méos. Le 7 juin, le groupe grossi de deux autochtones du 8e BPC atteint Lassa. (20 km au sud-est de M. Khoua, à vol d'oiseau.) Le 2 juillet, un hélicoptère vient les récupérer. Sentenac refuse d'être évacué pour demeurer dans un maquis méo. Il va terminer la guerre d'Indochine avec sept blessures, la Légion d'honneur et treize citations.

* * *

Le 18 mai 1954, le général Ely arrive à Saïgon accompagné du général Salan, chargés d'une mission d'information. Ils sont vite informés. La chute de Dien Bien Phu a coûté plus de 15 000 hommes. Six bataillons de parachutistes, la compagnie de mortiers lourds et trois ACP ont disparu dans la fournaise. Depuis le 1er janvier, le corps expéditionnaire a perdu six fois plus de monde qu'en 1953. 450 officiers, plus d'une promotion de Saint-Cyr a disparu en cinq mois.

Le général Ely revient à Tan Son Nhut le 8 juin mais, cette fois, comme commissaire général et commandant en chef. Parmi ceux qui l'accompagnent, le général Salan et le colonel Gracieux.

En Centre-Annam, bien que prévue par une directive du 20 mai du futur commandant en chef, l'évacuation de la garnison d'An Khé n'a toujours pas été entreprise. Depuis février, le GM100 combat sur les Hauts Plateaux dans des conditions très difficiles. Le 1er mars, le GAP a été retiré pour participer à la bataille de Dien Bien Phu. Mais la menace n'a pas été écartée.

Le 20 juin, les Dakota et les Bristol embarquent le matériel le plus critique. Ce qui ne peut être emmené doit être laissé sur place et détruit par le GM100 qui se portera ensuite sur Pleiku en empruntant les 80 km de RP19 contrôlés par les VM. Le GM42, composé en majeure partie de montagnards, doit le recueillir au col de Mang Yang après avoir été renforcé par un groupement parachutiste.

Le 24 juin, à 3 h du matin, la colonne quitte An Khé vers l'ouest. La veille, on a appris que le régiment régulier 803 s'était mis en route vers le nord pour intercepter le groupe mobile. Depuis le 22, le GM42 est en position au col. Le GAP3, aux ordres du lieutenant-colonel Romain Desfossés, s'est installé à Dak Ayun.

Il se compose du 7e BPC du chef de bataillon Balbin (qui a été transporté en Indochine la deuxième quinzaine d'avril par les C-124 Globemaster de la 322e *air division*) et du 3e BPVN du commandant Mollo. Dès son arrivée, il est harcelé par des éléments VM, probablement du régiment 108.

Sur la RP19, arrivé au PK15, le GM100 tombe dans une

embuscade de plusieurs kilomètres. Mis en alerte à 16 h, les parachutistes reçoivent l'ordre à minuit de se porter au PK22. Après dix heures de marche pour parcourir 25 km en formation de combat, ils rejoignent le 43e RIC qui les attend. Peu à peu, les survivants sortent de la brousse. Toute la journée, les rescapés sont évacués vers l'ouest. Le GM100 a perdu tout son matériel et la moitié de ses effectifs.

La position de PK22 devenant intenable, le 3e BPVN doit décrocher. Le GAP forme arrière-garde de la colonne. A Dak Ayun, il faut déloger les VM qui se sont solidement installés. Le 1er bataillon de Corée l'emporte. Le 28, c'est au tour du régiment 108 de tendre son embuscade. Les parachutistes tiennent la route pour que les convois des GM42 et 100 puissent passer. Une fois la mission remplie, les deux bataillons s'enfoncent dans la jungle et couvrent le repli. Début juillet, les deux bataillons sont ramenés sur le Tonkin.

* * *

Le 29 juin, les premiers éléments de la division 304 ont commencé à opérer dans le delta. L'opération « Auvergne » permet de dégager les effectifs nécessaires à la défense de Hanoï. Le 1er BPVN participe encore à une opération en zone ouest dirigée par la 1re DMT du Tonkin.

Et le 22 juillet, c'est l'annonce du cessez-le-feu. Les prisonniers sont peu à peu libérés. 8516 sur 14590 présumés prisonniers ou disparus. Le mouvement des forces françaises et vietnamiennes ainsi que des populations en direction du sud s'amorce avec l'aide de la flotte américaine du Pacifique.

Les hostilités s'arrêtent officiellement le 11 août 1954.

Les bataillons parachutistes sont regroupés au sein de la BAPEO qui succède aux TAPI le 1er janvier 1955.

A Saïgon, le groupe de transport « Béarn » retrouve l'« Anjou » qui a été équipé sur Nord 2501 en juin. Le 15 octobre 1955, le S/GMMTA d'Extrême-Orient est dissous. Des quatre groupes qui ont glané vingt palmes à leurs croix de guerre des TOE, seul demeure provisoirement en Indochine le GT 1/64 « Béarn ».

Déjà, le GT 2/64 a rejoint l'Afrique du Nord. Pour soutenir les opérations de police en Algérie, un sous-GMMTA est créé à Alger le 1er avril 1955. Le 1er juillet, un nouveau 6e BPC a été constitué à la citadelle de Bayonne. Ses premiers éléments partent pour l'Extrême-Orient le 23 octobre. Mais, le 1er novembre, le premier bataillon « Blizzard » est formé pour l'Afrique du Nord. Des unités de la 25e DIAP commencent à faire mouvement sur la Tunisie et l'Algérie, sous forme de bataillons ou de groupes de marche.

Une autre guerre est en train de commencer.

TROISIÈME PARTIE

L'AIGLE, LA FLÈCHE ET LA CHIMÈRE

LA GUERRE D'ALGÉRIE
1954-1962

La guerre d'Indochine venait d'être perdue. Les soldats qui en revenaient n'avaient pas le sentiment d'avoir démérité. A plusieurs reprises, ils avaient même eu l'impression que leur obstination viendrait à bout du fanatisme de l'ennemi et de l'attentisme de la population. Cependant, la défaite militaire de Dien Bien Phu permettait à la vague et vacillante entité qu'il fallait bien appeler le pouvoir, de se décharger sur le commandement de la responsabilité de l'échec ; les marxistes constataient avec satisfaction que les faits venaient de confirmer la vérité scientifiquement établie selon laquelle la « sale guerre » ne pouvait que se conclure par une fin conforme au sens de l'histoire ; enfin, commençaient à paraître quelques ouvrages rédigés par cette sorte d'écrivains qui, tout en affichant une hypocrite compassion pour les pauvres soldats sans idéal, ne découvrent de véritable vertu que chez l'ennemi de la cause qu'ils prétendent servir, n'accordent une lâche complaisance qu'aux objections venues de l'adversaire, et dont l'âme femelle ne peut concevoir d'admiration que pour la brutalité du vainqueur, juste châtiment de notre indignité.

Certains militaires, surtout parmi ceux qui n'avaient accompli en Extrême-Orient qu'un seul séjour, parfois réduit à quelques mois par l'arrêt brusque des combats, s'efforçaient d'oublier un intermède dont ils ne tiraient nulle conclusion, car les hostilités en ces contrées lointaines n'avaient finalement aucun rapport avec la vraie guerre, celle qu'on étudie dans les écoles, à coups d'extrapolations sur l'ambiance nucléaire, l'ennemi potentiel et le sexe des anges. Les autres, inlassables coureurs de pistes, grenouilleurs de boue deltaïque, argumenteurs d'action-psychologique-sans-le-savoir auprès de paysans autochtones, auditeurs forcés et goguenards de commissaires politiques chargés de les transformer en combattants-de-la-paix, les autres dépouillaient leur insouciance et cherchaient à comprendre comment tout cela avait pu arriver. Partis romantiques, ils revenaient logiciens, sous-lieutenants enthousiastes, ils revenaient capitaines résolus. Comme une pointe d'épieu, leur courage s'était durci au feu.

Lors des premiers accrochages de cette nouvelle guerre qui vient de débuter par le triple assassinat de personnes désarmées, il apparaît qu'un des principaux soucis des pouvoirs civils responsables du maintien de l'ordre consiste à faire respecter la lettre de la loi : la mort de chaque rebelle doit donner lieu à une enquête et à un constat de gendarmes-revêtus-de-leur-uniforme-agissant-sur-l'ordre-de-leurs-chefs. Le prologue de la pièce qui va se jouer sur le théâtre algérien livre ainsi, sous une apparence comique, le ressort qui provoquera, tout au long de ce drame kafkaïen, les rebondissements de l'intrigue principale jusqu'à la catastrophe finale. Car le dramaturge s'ingéniera à nouer et enchevêtrer de multiples intrigues parmi lesquelles acteurs, spectateurs et critiques choisissent, selon leurs préjugés personnels, celle qui leur paraît rendre compte de la seule vérité digne d'être retenue par l'histoire : la leur.

En Algérie plus qu'en tout autre lieu et qu'en tout autre temps, les troupes aéroportées ont détenu la clé de la victoire. Lors de tous les événements importants leur action s'avère primordiale : Port-Saïd, bataille d'Alger, frontière tunisienne, Sahara occidental et oriental, grandes opérations du plan Challe, sauvetage de la base de Bizerte. Mais ces succès spectaculaires ne sont, sans jeu de mots, que les morceaux de bravoure de la mise en scène. La guerre civile qui oppose l'armée et une partie du peuple algérien d'une part à une autre partie de ce peuple d'autre part, ne constitue finalement que le cadre et le support de l'intrigue. Le fil conducteur du scénario est ailleurs. Le véritable sujet du drame, c'est le conflit de la forme contre le fond, de la légalité bureaucratique contre le bon sens, des apparences contre le réel, des illusionnistes aux mains gantées contre les artisans aux « mains sales ».

En 1956, les choses semblent s'arranger. L'ère Lacoste en Algérie rappelle l'ère de Lattre en Indochine. La France porte même les hostilités sur le sol des complices de ses ennemis. Les parachutistes sautent sur Port-Saïd, l'Egypte vacille, la rébellion est frappée de stupeur. Mais la 10e DP est stoppée en plein élan. Son retour en Alger se fait presque à la sauvette, comme celui d'une armée vaincue. Certaines voix autorisées — pas toutes mal intentionnées d'ailleurs — laissent entendre que le fiasco de la campagne d'Egypte est dû à l'inertie du général commandant la division, alors que jamais son avis n'avait été sollicité sur la conception de l'opération[1]. Comme l'écrira plus tard Ysquierdo, officier du 1er REP : « La hiérarchie est un escalier qui permet de jeter les ordures sur les étages inférieurs. » En cette occasion, on se souvient du désastre de la RC4 dû à l'accumulation de décisions aberrantes prises malgré les protestations des

1. Voir : *Vérité sur Suez 56,* de Massu et Le Mire. Plon, 1978.

exécutants par un commandement lointain ne dévoilant leurs missions aux chefs de colonnes que par bribes successives, manœuvrant des punaises de couleur sur une carte fausse et exigeant des troupes souffrant comme des damnés dans un terrain dantesque, de se conformer à ses schémas abstraits.

Cette fois-ci, le pouvoir avait engagé la plus belle division du monde dans une aventure fondée sur une triple fiction : diplomatique (neutralité bienveillante des USA), juridique (le droit des Britanniques à réoccuper le canal en cas de conflit) et stratégique (une offensive aéro-psychologique d'une semaine). Paris avait adressé aux exécutants, par-dessus les échelons hiérarchiques multipliés à plaisir, des ordres dont on savait très bien qu'ils ne pourraient pas les exécuter, embarqués qu'ils étaient dans une galère dont ils ne détenaient ni la barre, ni le gouvernail, ni l'accélérateur.

Dès cet instant, les parachutistes savent qu'en cas de crise, il sera vain d'implorer le ciel et qu'ils ne devront compter que sur eux-mêmes. La preuve leur en est d'ailleurs administrée dès leur retour. L'édifice compliqué et sclérosé de la justice et des multiples polices craque sous la poussée du terrorisme qui trouve dans l'application stricte de la loi son plus sûr auxiliaire. On présente le nœud gordien aux paras en leur déclarant : « Allez-y, essayez de le dénouer, on vous regarde ! » Les paras tranchent le nœud ! A l'applaudissement des victimes potentielles, mais au grand scandale de l'Eglise qui trouve le procédé peu catholique, de l'intelligentsia qui juge cela peu intelligent, des progressistes qui estiment la méthode rétrograde, et des terroristes à leur tour terrorisés.

Ailleurs, l'armée qui, pour chasser le fellagha, court les djebels et le bled, prend conscience de la misère honteuse dans laquelle croupit la majeure partie de la population algérienne. Il est scandaleux de n'accorder à ces Français musulmans qu'une demi-citoyenneté. Durant les deux guerres mondiales, ceux qui sont morts pour la France n'ont pas donné la moitié de leur vie. Comme les légionnaires, les Algériens sont français par le sang versé.

L'armée se donne à fond à sa mission la plus essentielle : administrer, soigner, en un mot pacifier. Ysquierdo écrit : « Ceux-là mêmes qui, en d'autres temps, les circonstances exceptionnelles de la mission l'ayant exigé, s'étaient montrés les plus durs, devinrent aussi les plus acharnés dans l'accomplissement total de leur nouvelle tâche ; et s'il est vrai que des sentiments véritables de fraternité s'établirent rapidement entre les deux communautés, il n'est pas douteux que les plus sincères étaient ceux qui liaient les paras " ci-devant tortionnaires " à leurs ex-victimes devenues leurs amis. »

En avril 1948, le plus dur est accompli. Le terrorisme est vaincu, la frontière tunisienne bouclée. Dans le champ clos ainsi délimité, la destruction systématique de l'ALN intérieure et la pacification peuvent se développer. Les Français de souche, sauvés par l'armée, admettent de jouer son jeu généreux. Ceux des musulmans dont le moral et la fidélité à la rébellion ne se maintenaient, de l'aveu même d'un commandant de Wilaya, que par la menace de l'égorgement, se départissent de leur attentisme. Mais aucune politique cohérente ne peut se développer favorablement sur le terrain si les objectifs n'en sont pas auparavant clairement définis. Or en engageant l'armée dans la voie de l'action psychologique, les gens de Paris ont gardé un silence prudent sur les buts ultimes de cette action. Pour aller de l'avant, les commandants de secteurs, les SAS, tous ceux qui vivent au contact de la population agissent, d'un accord unanime quoique non concerté, en vue de l'instauration de l'Algérie française. En cela, ils ne font que suivre un courant maintes fois indiqué par les plus hautes instances du pays. On agit avec d'autant plus de détermination que toute faiblesse, tout fléchissement de notre part, risqueraient de tout remettre en question et de rejeter la population vers ceux qui promettent non pas le sort le plus enviable, mais le châtiment le plus effrayant à ceux qui laisseraient soupçonner quelque tiédeur à leur égard.

L'armée — et d'abord les paras — qui avait dû, à son corps défendant, jouer le rôle de la police puis, par souci de protéger la population, se substituer souvent à une justice inadaptée, et enfin prêter main-forte à une administration aux effectifs scandaleusement insuffisants, cette armée doit maintenant, par la force des choses, définir sa propre mission et formuler elle-même les buts de guerre que le gouvernement laisse volontiers dans le vague.

Les parachutistes, pour leur part, n'oublient pas les surprenants documents trouvés dans les repaires des chefs terroristes d'Alger. Ils savent que le danger désormais ne viendra ni de l'ALN de Tunisie, ni de celle des Wilayas, mais de France même, voire de Washington où un certain sénateur Kennedy prétend nous dicter la solution du problème algérien, et de New York où des diplomates très distingués amusent la galerie avec des discours dont la hauteur de vue se perd dans les nuages, alors que dans les couloirs les véritables manipulateurs de la politique internationale parlent bases navales méditerranéennes et pétrole saharien — ce pétrole que nous avons découvert et qui, si nous avions su le garder, ferait de la France un membre de l'OPEP... ou tout au moins mettrait la France à l'abri du chantage au pétrole et lui assurerait une véritable indépendance.

Aussi, lorsque le gouvernement est à nouveau renversé, et qu'il apparaît que le nouveau ministère va probablement confier à de tierces puissances le soin de régler l'affaire algérienne, les parachutistes voient déjà s'enclencher le processus qui avait transformé en échec le succès de Port-Saïd. En novembre 1956, ils avaient ignoré les causes du cessez-le-feu, et se trouvaient ligotés par le commandement et la logistique britanniques. Le 13 mai 1958, rien de tel ne les paralyse. Ils offrent à leur patrie la possibilité de renverser le cours de l'histoire et de demeurer une grande nation.

Cette chance, la métropole n'en voudra pas. Elle lâchera les arpents de sable du Sahara comme en d'autres temps elle avait lâché les arpents de neige du Canada. Elle croira faire une bonne affaire en abandonnant au massacre les chrétiens et les musulmans qui, contre toute prudence, s'obstinent à lui demeurer fidèles. Retirant progressivement à l'armée tous les moyens de parachever sa victoire, elle dissimulera son lâche soulagement en feignant de constater qu'il est chimérique d'espérer un succès total. Aux réalités offertes par le développement du *far south,* elle préférera l'illusion d'un leadership de l'Europe que seule, justement, aurait pu lui assurer la possession d'un prolongement africain avec ses possibilités stratégiques et énergétiques, et l'illusion d'un leadership du Tiers Monde qu'elle croira conquérir en reniant ses anciennes alliances, mais qu'elle manquera aussi parce que ce leadership ne peut échoir qu'à une grande puissance. Avec le recul du temps, les accords d'Evian apparaissent ce qu'ils furent dès le début : une capitulation sans conditions ni garanties du vainqueur entre les mains du vaincu.

La science médicale a établi qu'un homme auquel on interdit de rêver, dépérit et meurt. En cela, les nations sont semblables aux hommes. Les « vainqueurs » avaient offert à leur patrie un rêve exaltant. Désenchantés, ils voient — sans même une amère satisfaction — leur pays drapé comme un roi de Shakespeare, dans les oripeaux de la grandeur, rampant devant les puissants et hurlant avec les fous et les bouffons dont il croit ainsi gagner les faveurs.

Les « vainqueurs » n'ont pas l'outrecuidance — leur orgueil est silence — de croire qu'avec eux tout finit. Mais avec eux, un certain type d'homme disparaît. Avec leur histoire, quelque chose de grand, d'unique et de généreux se termine.

La flèche figurait sur l'insigne de bras de la 25e DP.

L'aigle figurait sur l'insigne de bras de la 10e DP.

La chimère figure sur l'insigne de bras des parachutistes coloniaux : chimère doit également être compris dans un sens figuré.

11e DBPC

I

DES BATAILLONS « BLIZZARD » AUX DIVISIONS PARACHUTISTES

octobre 1954-août 1956

Dans la nuit du 31 octobre au 1er novembre 1954, une trentaine d'attentats sont perpétrés sur l'ensemble du territoire algérien. Les montagnards de l'Aurès entrent ouvertement en rébellion. Radio Le Caire annonce triomphalement que « l'insurrection nationale algérienne » vient de commencer. Le gouvernement français reste sceptique. L'ordre n'a réellement été perturbé que dans une région notoirement sous-administrée.

En Afrique du Nord est stationnée la 41e demi-brigade de parachutistes aux ordres du lieutenant-colonel de Cockborne. Dès le 17 octobre, le I/1er RCP du chef de bataillon Dangoumau a mis sur pied, à Philippeville, un bataillon type « maintien de l'ordre » à une CB et trois compagnies de combat. Le lendemain, le bataillon rejoint Souk Ahras tandis que le III/1er RCP constitue à son tour un bataillon de marche qui, le 1er novembre, est à Khenchela aux ordres du chef de bataillon Ducruc. Le 20, le I/1er RCP accroche pour la première fois une bande rebelle à Madjez Sfa et l'anéantit. Le 20 décembre, il rentre sur sa base. Toujours dans les Aurès, le III/1er participe à l'opération « Ali Baba », le 23 décembre, en renforcement du GAP1 constitué d'éléments venus de métropole.

Le 18e RPC a en effet dépêché sur l'Algérie l'EM du GAP commandé par le colonel Ducournau, le 1er bataillon du commandant Grall et le 2e bataillon du capitaine Delpech. Pour compléter le GAP, la brigade coloniale de Bayonne et Mont-de-Marsan a mis sur pied un bataillon « Blizzard » aux ordres du commandant Demaret.

Le 8 novembre, l'installation du GAP est terminée : PC et I/18e à Arris, II/18e à Foum Toub, détachement colonial à Tkout. Le III/18e du commandant Bloch, qui a quitté Pau isolément le 5 novembre, opère d'abord dans la région de Tebessa. Ce n'est que plus tard qu'il rejoint le gros du régiment et s'établit dans la vallée de l'oued El Abdi, autour de Manea, Chir, Teniet el Abed.

La mission du 18e est de pourchasser les « bandits » qui ont participé aux attaques des gorges de Tighanimine et du centre de colonisation de Foum Toub, aux harcèlements de Tkout, Khenchela et Batna. Les rebelles ne sont pas nombreux, 3 à 400 seulement, mais ils connaissent admirablement la région et sont soutenus par la population qui leur assure secret et ravitaillement. La neige et le froid gênent considérablement les opérations qui sont menées initialement à l'échelon compagnie. Les effectifs sont en effet réduits, le bataillon « Blizzard » compte à peine 400 hommes et les garnisons fixes mangent les compagnies qui alignent en opération 80 à 90 combattants seulement.

Le 19 novembre, la fouille du djebel Chelia est néanmoins entreprise avec six compagnies et trois batteries d'artillerie de 105 HM2. Les parachutistes coloniaux en reconnaissance dans la région de Bousettat perdent deux blessés, immédiatement évacués par hélicoptère sur Batna.

Le 23 novembre, le détachement Demaret devient, par changement d'appellation, le 5e BPC. Le 26, est déclenchée l'opération « Ichmoul 3 » à laquelle participent des forces importantes. Le GAP1 avec ses quatre bataillons est renforcé par le III/1er RCP et deux bataillons de tirailleurs. Les appuis comprennent cinq batteries, trois escadrons, une section du Génie. Parmi eux, deux batteries du 35e GALAP, mis sur pied par le I/35e RALAP, à Tarbes, et un escadron du 1er RHP, constitué en unités « Blizzard ». Le général Gilles prend possession du PC du GAP installé dans la maison forestière de Lanasseur. Douze armes sont récupérées dont trois de guerre. Le 27, le III/1er RCP quitte le GAP pour être mis à la disposition du sous-secteur de Khenchela. Le 29, le 5e BPC, relevé par le 14e BTA, fait mouvement en partie à pied sur Liana où il s'installe sous la tente. Le I/18e qui « grenouillait » dans le djebel Bou Irhyal accroche des « bandits » retranchés de 11 h du matin à la tombée de la nuit. Les rebelles laissent sur le terrain 23 cadavres et 15 armes. Le bataillon a perdu un mort et 8 blessés.

Le 14 décembre, le GAP au complet, renforcé de jeeps, de half-tracks et d'automitrailleuses, gagne ses bases de départ pour l'opération « Rass Trabouch ». Il fait un temps épouvantable, un vent glacial souffle en tempête. La pluie a raviné les routes, les véhicules sont constamment stoppés par des incidents mécaniques. Vers 14 h, le II/18e accroche sur la cote 1401. 4 rebelles sont tués, trois armes récupérées. Une heure plus tard, la compagnie Brassens se heurte à une forte bande vers Djeniene dans un terrain de forêt claire. Les unités marchent au canon, le combat dure jusqu'à la nuit. Le bataillon a perdu 2 tués et 8 blessés.

Au cours de la nuit du 23 décembre, une opération mettant en œuvre des moyens importants est déclenchée dans la région du massif du Rass Arhesdi. Placés sous les ordres du colonel Ducournau, les forces de l'opération « Ali Baba » comprennent l'EM du GAP avec la section de protection du PC, le I/18e renforcé de la 7e compagnie du

II/18e, le III/1er RCP, le 8e BPC renforcé de la 1re compagnie du 5e BPC, une batterie du 35e GALAP engagée à pied, un escadron du 1er RHP.

Le 8e BPC a été formé le 23 novembre à Boufarik par changement d'appellation du deuxième détachement « Blizzard » mis sur pied par la DBCCP à Bayonne. Le bataillon a fait mouvement sur Toulouse aux ordres du chef de bataillon Kohler afin d'embarquer le 5 dans les avions Armagnac qui l'ont transporté sur Alger. Après avoir opéré en Kabylie, il rejoint la région de Khenchela le 24 et rayonne autour de Tadjemout. Le 20 décembre, il fait mouvement sur Batna pour participer à l'opération « Ali Baba ».

La compagnie de livraison par air no 2 de Sétif est alors déployée pour assurer le ravitaillement « des unités engagées dans les opérations de police ». Le 6 novembre, un détachement est mis en place à Batna. Le 18, un deuxième DLA s'installe à Bône. Le 30 décembre, un autre DLA opère à partir de Biskra.

La situation s'est nettement améliorée dans les Aurès. L'arrivée de renforts de tabors et de la Légion permet de relever les parachutistes. Le 18e RIPC dont un officier, le lieutenant Thomazo, a été tué le 16 janvier 1955, se déploie le 4 février autour d'Oran, le II/18e étant cantonné à Mostaganem. Le III/18e est dissous par suite de la libération d'un contingent. Le 5e BPC est à Djidjelli depuis le 3, tandis que le 8e BPC relevé par des éléments du 1/5e REI, du 1er BME et du 3e BTA arrive le 10 février à Boufarik.

Depuis le 16 janvier, le I/1er RCP opère dans la région de Khenchela sous les ordres de la 41e DBP. Il est rejoint le 7 mars par le III/1er qui a été réorganisé début février à Philippeville sur le type « maintien de l'ordre ».

Le 18e RIPC rejoint Batna le 21 mars et s'insère dans un dispositif beaucoup plus étoffé. Le 28, il exécute l'opération « Belesma » avec le 3e BEP du chef de bataillon Dussert. Le 8e BPC rejoint ce jour-là les Aurès. Le 5e BPC cantonne ou bivouaque le 26 dans les environs de Gambetta. Renforcé par une compagnie du 99e BMIA à Montesquieu et un goum encadré par des parachutistes, le bataillon reçoit la charge d'un sous-secteur frontière.

Du 12 au 30 avril, le 19e RIPC nettoie la forêt des Beni Melloul avec le III/1er, le 14e BTA et deux compagnies du 8e BPC implanté à Tkout. De son côté, le I/1er RCP opère dans la région de Khenchela avec les 6e et 9e BTA, le 3e zouaves et le 3e BEP.

Fin avril 1955, le 18e quitte l'Aurès et fait mouvement sur le Nord-Constantinois. Le PC s'implante le 7 mai à El Arrouch avec un bataillon à Condé-Smendou et un autre à Zardesas. Le 35e GALP lui est adjoint. Le régiment entreprend la pacification de la zone comprise entre les importants massifs forestiers de Collo et Beni Medjaleb. Le 1er septembre les deux bataillons fusionnent pour donner naissance au BM no I/18e RIPC. Les autres unités « Blizzard » sont également réorganisées du fait des rapatriements sur la métropole. Il ne doit plus rester en AFN, le 15 septembre 1955, qu'un bataillon de marche à 750 hommes et les 5e et 8e BPC. Le 1er escadron du 1er RHP, le 35e GALP et la 17e compagnie du Génie du capitaine Elissalde regagnent leurs garnisons du Sud-Ouest.

Le 10 mai, le III/1er RCP est transféré dans le secteur d'El Milia et s'installe à Catinat et Aïn Kecheria. Le 19 juin, il est relevé par le I/93e RI et se regroupe à Philippeville, au camp Pehau. Le 10 août, deux compagnies sont aérotransportées sur Touggourt, puis le bataillon part relever le I/1er RCP à Khenchela.

Le 20 août, une grave émeute éclate dans le Nord-Constantinois. Des combats de rue se déroulent dans Philippeville où le I/1er rétablit l'ordre. Le lieutenant-colonel Mayer de la 41e DBP est désigné comme commandant civil et militaire à Philippeville-Stora. Ces pouvoirs lui permettent de ruiner rapidement la rébellion dans la région.

Le 3e BEP a quitté Sétif le 28 avril. Du 2 mai au 30 juin, il opère dans les montagnes autour de Batna et de Biskra. Le DLA implanté à Batna a rejoint Tebessa le 1er mars. Pendant le premier semestre 1955, la CLA2 a largué au profit des unités en opérations dans les Aurès plus de 340 tonnes de vivres et de munitions.

Dans l'Algérois, le 11e BPC participe au maintien de l'ordre et à la pacification depuis la fin de l'année 1954. Un EM opérationnel aux ordres du chef d'escadrons Decorse et comprenant une compagnie de commandement et deux de combat a fait mouvement sur l'Afrique du Nord le 12 décembre et s'est implanté en Kabylie dans la région de Dra El Mizan — Tizi Reniff. Deux autres centaines viennent bientôt renforcer le bataillon de marche et s'installent à Campo-du-Maréchal et à Haussonvillers. Le 11e BPC quitte le territoire de la 10e région militaire le 27 août. Son bilan se monte alors à 19 HLL tués, 15 prisonniers et 31 armes récupérées.

Les deux bataillons coloniaux continuent à opérer dans le Constantinois, le 5e vers Sedrata à partir du 17 juin, le 8e autour de Tkout depuis le 17 avril. Le 30 septembre, les deux bataillons « Blizzard » regroupés à Constantine sont dissous, une partie du personnel est ramenée sur Bayonne.

* * *

Le stade du terrorisme est dépassé, les opérations n'ont plus de police que le nom. Depuis le 20 août, après les massacres de Oued Zem au Maroc et de Constantine, le gouvernement a décidé de rappeler 60 000 réservistes des classes 1952 et 1953. La pacification de l'Algérie est entreprise.

Le 27 décembre 1955, le lieutenant-colonel Chateau-Jobert commandant le 2e RPC est chargé d'une opération dans la région de

Bou Saada. Un détachement de 300 hommes prend aussitôt la route tandis qu'un commando de 50 hommes est maintenu en réserve aéroportée à Alger. A la demande du commandant de l'opération en cours dans le djebel Mender, le commando est largué le 30, à 18 h, à partir de deux Nord 2501 qui ont décollé de Maison-Blanche. Le largage effectué sur une DZ balisée par les troupes au sol dans de bonnes conditions permet l'occupation rapide de l'observatoire qui constitue l'objectif du commando.

Les unités parachutistes continuent à parcourir sans répit tout le Constantinois, des confins du Sahara à la côte. Le 1er RCP du lieutenant-colonel Mayer a relevé le 19 janvier 1956 le 2e REP comme unité d'intervention du territoire opérationnel des Aurès-Nementchas. Après Khenchela, Biskra, Batna, Guentis, il rejoint Bône le 4 août. Le 1er REP opère dans la même zone, essentiellement autour de Tebessa, aux ordres du lieutenant-colonel Brothier, à partir de février 1956. Le 2 avril, un détachement aux ordres du commandant Jeanpierre part dans l'Oranais, vers Marnia. Le 5 avril, un violent accrochage se produit dans la région de Djeurf. L'unité de secteur perd 22 tués dont 2 officiers. Le 6, cinq hélicoptères sont mis hors de combat. A 10 h 40, la division de Constantine demande à Alger le parachutage d'un renfort. La 3e compagnie quitte ses cantonnements de Zeralda pour le terrain de Maison-Blanche. Après un vol de 450 km, elle est larguée à 17 h 15. La 4e compagnie saute le lendemain. Le 2e RPC a assuré le balisage. La situation est rétablie.

Le 2 mai 1956, le 1er REP regroupé part pour Molière, dans l'Ouarsenis. Le 18, 245 légionnaires sautent à Chelala-Reibell pour compléter un bouclage destiné à encercler les rebelles signalés. Malgré les moyens engagés, un Dakota PC, un Dakota ravitaillement par air et sept Nord 2501, l'opération ne donne aucun résultat. Un changement d'horaire et le vent trop fort ont empêché le parachutage à l'endroit prévu.

Le 7 juin, le régiment est placé en alerte afin d'être parachuté ou aérotransporté sur Tindouf. Le 8, l'équivalent en nombre de trois compagnies est aérotransporté pour assurer la garde de l'aérodrome. Le lendemain, le reliquat du REP (2e et 4e compagnies) est largué à Guentis à partir de sept Nord afin de renforcer le 3e RPC. Le colonel de Rocquigny commande l'OAP. Alertés à 11 h 45, les 280 légionnaires sont largués entre 18 h et 19 h. Le 8 juillet, c'est au tour de la division d'Alger de recevoir le 1er REP vers Médéa, Laverdo et Champlain.

Le 2e REP est engagé dès le 1er janvier 1956, deux compagnies étant détachées dans les secteurs de Guelma et de Batna. Ces deux dernières compagnies accrochent le jour de Camerone, en liaison avec le 1er REP : 28 rebelles tués. Le régiment passe peu après en réserve générale. « C'est alors la vraie vie de parachutiste. Largué d'avion, déposé d'hélicoptère, débarqué par le bateau, il est de toutes les opérations importantes. » Le 11 juin, 267 hommes des 2e et 4e compagnies sautent à Tamentout, entre Djidjelli et Fedh M'Zala. Le Dakota PC et les 4 Nord ont décollé de Philippeville. Le terrain est très difficile, le vent violent : que ce soit au cours de l'atterrissage ou du combat, les légionnaires perdent 19 blessés évacués, mais les HLL laissent 19 tués sur le terrain.

Le 22 juin, les 1re, 3e et 4e compagnies sont à nouveau larguées dans les mêmes conditions pour exploiter un renseignement de contact au douar Tamza dans les Aurès-Nementchas. Les pertes infligées à l'ennemi sont impressionnantes pour l'époque : 75 tués, 5 prisonniers, 31 armes de guerre et 16 armes de chasse. En novembre, le PC du régiment s'installe à Tebessa.

Le 2e RPC, après avoir quitté l'alerte, fait une escapade en février 56 vers Oujda et Tlemcen. Le 19 mars, le régiment est à nouveau à pied d'œuvre à Tebessa. Le 3e RPC, de son côté, crapahute en Kabylie, se distingue particulièrement en février 1956 au djebel Ifri, puis en octobre vers Tizi Ouzou dans le cadre de l'opération K.

Le 6e RPC est toujours au Maroc. Le 19 août 1955, la 1re compagnie saute en mission de maintien de l'ordre à Khenifra. Le régiment opère ensuite dans le Rif, puis sur la frontière algéro-marocaine. Le 4 juillet, la 3e compagnie saute dans le Sud, à Foum el Hassan.

Depuis novembre 1955 intervient également sur l'ensemble du territoire le groupement léger d'intervention de la demi-brigade de Choc. La 11e demi-brigade parachutiste de Choc, composée du 11e BPC de Perpignan et du 12e BPC de Calvi, a finalement mis sur pied un groupement de marche à quatre centaines de combat qui intègre le GLI. Aux ordres du lieutenant-colonel Decorse, le GM s'implante en Kabylie dans la région des Béni Douala. Après quatre mois d'opérations dans ce secteur, le groupement quitte le 27e DIA fin août pour préparer l'opération « Mousquetaire » contre l'Egypte.

La nécessité de regrouper les réserves générales engluées dans les opérations de secteur du Constantinois n'est pas étrangère à la relève des éléments du GP1 par les formations de la toute neuve 25e DP. Lorsque la relève s'amorce, le GP1 est déjà devenu la 10e DP.

* * *

La 25e Division Parachutiste a été créée le 1er juin 1956. Elle comprend un élément opérationnel destiné à être employé en AFN sous le commandement du colonel Sauvagnac et un groupement de mobilisation et d'instruction aux ordres du colonel Millet. Le 20, tout le PC de la division est regroupé à Castiglione. Le 10 juillet, le colonel Sauvagnac, commandant provisoirement la DP, prend à sa charge le secteur de Djidjelli en zone Nord-Constantinois.

La 25e DP se compose alors de deux états-majors de brigade, de deux régiments de cavalerie, d'un groupe d'artillerie et de cinq régiments d'infanterie parachutiste :

— le 2e REP.

— le 8e RPC qui, aux ordres du Lt-Cl Fourcade a rejoint l'Algérie le 15 juin 1956.

— le 13e RDP, implanté en Kabylie, auquel est venu se joindre le 1er Hussards. Ce régiment stationné dans la région de Djidjelli, comprend les éléments du groupe d'escadrons de marche engagés au Maroc depuis mars et l'état-major du 1er RHP qui a fait mouvement sur l'Algérie avec un quatrième escadron au début de juillet. Avant de quitter la France, le régiment a fourni les cadres nécessaires à la mise sur pied des escadrons de trois régiments métropolitains.

— le 18e RCP, constitué par transformation du II/18e RIPC qui a relevé le I/18e en février 1956. Détaché de son régiment en Algérie, le bataillon est implanté à Oued Zenati jusqu'à sa dissolution. Le 9e RCP est mis sur pied le même jour, 1er juin 1956, avec les éléments du IV/18e RIPC du commandant Grall. Le bataillon opère vers Batna, Randon, Duvivier avant d'être transformé en régiment à Laverdure.

— le 14e RCP, constitué de toutes pièces, lui, avec les éléments de la 14e demi-brigade le 1er juin 1956. Parmi ceux-ci, le 35e BTA, qui a effectué un séjour en Tunisie de juillet 1954 à septembre 1955, et le 19e BTAP. Ce bataillon est passé en Algérie fin mai 1955 aux ordres du chef de bataillon Boffy. Il a rejoint le Maroc après les massacres d'Oued Zem et a été engagé dans le Rif à partir d'octobre. Sa 1re compagnie a été particulièrement accrochée au « piton vert », au nord de Tizi Ouzli. Retiré à Agadir à l'issue des opérations, il a été ramené en catastrophe en métropole à la suite d'une mutinerie avortée pour être dissous et transformé en centre d'instruction à Caylus-Montauban. Le 14e s'installe à El Affroun.

— le I/35e RAP, installé dans la région de Taher, qui vient d'être mis sur pied par fusionnement du groupe de marche envoyé en Tunisie en janvier et du I/35e constitué à Tarbes avec des rappelés.

La relève des unités de la 10e DP constituée le 1er juillet à partir des unités du GP1 s'effectue progressivement pendant les mois d'été par demi-régiment.

Entre le 10 et le 14 septembre, la 10e DP est regroupée dans les environs d'Alger par l'opération « Mousquetaire ». La 25e DP l'a remplacée dans le Constantinois, à l'exception du 14e RCP et du 13e RD qui sont conservés dans l'Algérois.

* * *

Les années 1955 et 1956 semblent, à lire ce qui précède, avoir été consacrées à des séries de mutations et de changements d'appellations assez anarchiques sous prétexte de réorganisations de troupes et d'unités qui dépendaient de « boutiques » diverses plus ou moins antagonistes (« Chocs », coloniaux, métro, SDECE, hussards, légionnaires à pied et à cheval, artillerie, commandos, blizzards issus de ceci et de cela, de métro, d'Indo, de Bretagne, Bayonne, Mont-de-Marsan, Mont-Louis... J'en passe). Tous ces bataillons transformés en régiments prêtés, détachés, à la disposition de zones, de secteurs, de divisions, giclaient dans tous les sens et toutes les directions.

Tout cela ne fut-il qu'agitation vaine, courses inutiles, et perte de temps ? Certes non ! Un petit peu quand même.

En tout cas, très instructif pour les paras, à plus d'un titre. C'est durant cette période qu'ils mesurent l'étendue du travail qui n'a pas été fait en Algérie et dont il va bien falloir qu'ils s'occupent un jour ou l'autre. Le général Massu, chef presque sans troupe jusqu'en août 1956, a déjà appelé leur attention sur l'action sociale à entreprendre. Certains, à première lecture du général, balaieront de leur bureau les circulaires de leur lointain patron : « Qu'on ne nous casse pas les pieds avec ces trucs-là ! » Mais ils y viendront, comme les copains, et avec autant de foi ! Le capitaine Hovette, de la boutique Bigeard, en fera l'expérience, un des premiers, dans le secteur de Collo. Comme les autres compagnies, il grenouille, s'embusque, patrouille de nuit. Lorsque sa connaissance du terrain devient parfaite, que les oueds, les cailloux, les villages n'ont plus de secrets pour lui, il lui reste à apprendre les hommes. Il s'y attelle et capte la confiance du vieux chef de la Djemaa, qui probablement avait été — était peut-être encore — le chef des rebelles. Quand Hovette connaît enfin tout de son sous-quartier, il est devenu aussi fort que le fellagha. Et, effectivement, nous savons que les rebelles n'osent plus s'aventurer de nuit dans le secteur de Bigeard. Mais Hovette obtiendra plus que ses camarades des autres compagnies : la population lui remettra spontanément les quelques armes qu'elle détenait encore. Elle obéit désormais à tout ce que décide le capitaine : des routes sont créées, le ravitaillement est assuré, on se presse aux consultations du toubib...

Hélas, on reparlera de la presqu'île de Collo jusqu'à la fin de la guerre. Car ce qu'a fait le 3e RPC, d'autres le laisseront péricliter. D'autres paras y reviendront, le 3e RPC repassera par là. De pacification en laisser-aller, de nettoyage en dissidence, on ira ainsi, cahin-caha, jusqu'en 1962 : « D'autres unités ne vivront pas notre vie dans la nature au contact des Musulmans, écrira Bigeard. Mon successeur installera son PC dans une villa à El Milia. »

D'autres paras seront mordus par le virus de la pacification. On les retrouvera officiers SAS un peu partout, comme Assemat ou Oudinot.

II

L'EXPÉDITION D'ÉGYPTE

août — décembre 1956

Le 2 août 1956, le général Massu reçoit l'ordre de regrouper la 10e Division Parachutiste dans l'Algérois et de la tenir prête à faire mouvement avec tous ses moyens sur préavis de cinq jours. Le 18 août, le général Gilles est mis à la disposition du général Beaufre pour prendre éventuellement le commandement des actions aéroportées initiales de l'opération que sont en train de préparer les états-majors de Londres et de Paris en vue de reprendre aux Egyptiens le contrôle du canal de Suez. La Force A, qui doit participer du côté français à cette expédition, comprend, outre la 10e DP, des éléments de la 7e DMR alors engagée en Algérie.

La division se prépare à casser de l'Egyptien avec enthousiasme et débrouillardise. Les canons de 106 sans recul sont montés sur les jeeps avec les moyens du bord. Le peloton de SS 10, frais émoulu des champs de tir de l'est de la France, doit être mis dans le coup. Les postes d'appui aérien montés sur véhicules 4 × 4 sont remplacés par les ANTRC-7 obtenus à grand-peine à Tunis. Le colonel Godard, chef d'EM de la DP, résout personnellement le problème des transmissions d'appui feu naval. A l'occasion des séances d'entretien au saut à Bône, le général Gilles obtient du 1er RCP et du 3e RPC les équipes radio nécessaires à la mise en œuvre de « son » avion-PC. C'est lui qui a promu l'avion-PC au rang d'élément classique et indispensable du commandement des OAP. En survolant la zone d'action pendant la phase délicate de mise à terre et d'isolement, le commandant de l'OAP peut à tout instant renseigner le commandement et adapter ses moyens aux fluctuations du combat, en engageant ses forces d'assaut vertical et ses appuis là où l'effort principal est requis.

A Chypre, les Français sont regroupés au camp Michel Legrand. Y cohabitent l'EM venu de Paris et de Bayonne, la base aéroportée et le camp de passage où piaffent, s'agitent, espèrent, intriguent, trompent leur attente les trois régiments de la 10e DP : 1er RCP, 2e RPC et le 3e RPC sans son chef, le lieutenant-colonel

Bigeard, blessé le 5 septembre, lors d'un attentat au cours de son cross matinal. Son adjoint, le chef de bataillon Lenoir, le remplace.

Le 29 octobre au soir, un bataillon israélien est parachuté à l'est de Suez. Dans la nuit, la CLA et nos Nord 2501 lui larguent eau, munitions, jeeps et canons. L'EMOAP et la 10e DP sont prévenus qu'une opération ayant pour but l'occupation très rapide du canal de Suez est envisagée. Elle comporterait le largage du 2e RPC sur Port-Fouad ou Port-Saïd le jour P. Le 3e RPC serait engagé soit à Port-Saïd pour renforcer le 2e RPC, soit à El Kantara à P + 1. Le troisième jour, le commandant de la 10e DP prendrait l'affaire à son compte, le 1er RCP étant parachuté sur El Kantara.

Mais les plans initiaux avaient lié l'action aéroportée à l'assaut amphibie. Et la plupart des éléments amphibies est à Malte, car on veut jouer jusqu'au bout le scénario imaginé pour tromper l'opinion internationale : les alliés n'interviennent sur le canal que pour séparer les combattants. Cela, l'Angleterre a le droit de le faire, le cas a été prévu dans les accords passés avec l'Egypte à l'époque où Londres avait retiré ses forces armées de la zone du canal. Et comment pourrions-nous apparaître comme des médiateurs (armés, il est vrai) si nos forces se dirigeaient sur l'Egypte avant même que la raison de notre intervention (l'attaque israélienne) ne se soit produite ? Donc, il faut attendre.

L'ennui, c'est qu'il faut six jours aux amphibies pour couvrir la distance Malte-Egypte — autant qu'en mettaient les navires grecs au temps d'Homère !

Un autre ennui, c'est que le commandement interallié est organisé de telle façon qu'à tous les échelons l'autorité anglaise prime (nous n'écrivons pas : brime) l'autorité française. Il est vrai qu'à Paris, on avait une confiance absolue dans le talent du général Beaufre. Lui-même, quoique placé au deuxième échelon de la pyramide du commandement de l'opération (au-dessus de lui, le général Keightley et l'amiral Barjot siègent au sommet), croyait pouvoir amener son homologue britannique — homologue dont il n'est que l'adjoint — le général Stockwell, à partager ses idées. A eux deux, ils convaincraient aisément Keightley et Barjot de bénir leur plan de bataille.

Troisième contretemps : Stockwell se révèle aussi inébranlable que le rocher de Gibraltar et jamais Beaufre n'arrivera à le convaincre. C'est lui qui finalement se lassera et se laissera influencer. Et les choses suivront leur cours selon le plan initial, c'est-à-dire à un rythme processionnel qui nous interdira d'arriver à temps sur le canal. A temps, parce que l'ONU s'émeut, l'Amérique se scandalise, et l'URSS s'apprête à faire les gros yeux — elle ne pouvait d'ailleurs faire que cela, comme diverses sources le révéleront par la suite. Mais reprenons un peu avant.

La guerre du Sinaï a commencé le 29 octobre à 17 h. Elle est presque terminée le 1er novembre au soir. Les Israéliens bordent le canal. Le soir même, le général Ely télégraphie à l'amiral Barjot : « Situation exige mise à terre éléments dans 24 heures. »

Dès le début, Beaufre avait prévu qu'une telle éventualité pourrait se produire. Il avait insisté pour que le plan « Mousquetaire » comporte deux hypothèses : soit déroulement normal des opérations, soit effondrement égyptien exigeant un débarquement accéléré avec préavis de quarante-huit heures. Pour jouer cette deuxième hypothèse, il fallait disposer à Chypre même d'une flottille de débarquement. Les Britanniques n'avaient pas voulu en entendre parler. Tout au plus Stockwell avait-il envisagé un plan « Omelette » comportant intervention des aéroportés au cas où Nasser s'effondrerait.

Ce n'est pas à Chypre mais à Londres qu'il faut fléchir les hésitants.

Le 4 novembre au soir, soit la veille du parachutage finalement prévu, une communication téléphonique de Londres semble vouloir tout arrêter, ou du moins tout remettre au 6, voire au 7 ou même au 9 novembre. Le colonel Hobbs, chef d'EM de Keightley, répond à son correspondant : « *French command horrified.* »

Quelques minutes de suspense. Puis Londres se résigne : « *March. I repeat March !* » On y va ! Mais sur les bords de la Tamise on sait déjà que l'ONU imposera un cessez-le-feu pour le 6 novembre à minuit.

Finalement, les opérations aéroportées auront lieu le 5 novembre, l'assaut amphibie demeurant fixé au 6 novembre. On a quand même gagné un jour. On n'a rien gagné du tout ! Car le déboucher sur El Kantara pour la conquête du canal aura lieu, ordre des Anglais et de Beaufre, le 7 novembre, comme primitivement prévu. Il n'a jamais été question, comme d'aucuns l'ont écrit, que la date et l'heure de ce déboucher soient laissées à l'initiative de Massu. Les ordres de Stockwell prévoient même que l'unité qui marchera en tête sera la 16ᵉ para brigade de Butler. Massu ne peut même pas organiser sa colonne lui-même.

Les Britanniques ont refusé de parachuter sur les ponts : aucune DZ convenable n'existe à leur proximité. Ils se feront larguer sur l'aérodrome de Gamil puis traverseront Port-Saïd et fonceront sur les ponts. Les Français concluent que les Egyptiens auront cent fois le temps de les faire sauter. Il faut donc que nous nous en occupions. Depuis deux mois, Massu avait envisagé cette éventualité. Et Gilles, commandant désigné de l'OAP, avait tout prévu pour que l'opération débute par un coup de commando sur l'*interior : basin.* Les Allemands l'avaient bien fait sur les ponts du canal Albert en mai 1940, pourquoi des Français ne le feraient-ils pas en novembre 1956 ? Certes, les Britanniques disposent d'une vingtaine d'hélicoptères et pourraient se charger de cette mission délicate. Ce serait bien dans leurs cordes. Qu'on se souvienne des coups des commandos de Lord Mountbatten sur les côtes norvégiennes et françaises, qu'on se souvienne du coup de Saint-Nazaire. Malheureusement, en 1956, les Britanniques n'ont encore qu'une conception embryonnaire du rôle des hélicoptères dans le combat. Pour eux, ces engins sont de simples camions ; on n'emploie pas les camions comme des chars, même si ce sont des camions volants.

Mais puisque les Français se font fort de saisir les ponts intacts, qu'ils y aillent. Bravo et merci ! Aussi décide-t-on de larguer un demi-régiment le matin sur une mini-DZ au sud de l'usine des Eaux. L'après-midi, la seconde moitié du régiment sera larguée au sud de Port-Fouad afin de tâter les défenses de la ville. Le général Gilles désigne le 2e RPC pour ces missions du 5 novembre. Le colonel Chateau-Jobert sautera à l'usine des Eaux, le Lt-col. Fossey-François à Port Fouad. Les deux autres régiments sont conservés à Chypre en réserve, le 3e RPC pour sauter sur El Kantara et le 1er RCP du colonel Mayer pour s'emparer d'Ismaïlia. Quant à la centaine du 11e « Choc », à laquelle la rumeur publique avait attribué le noir dessein d'aller se poser au Caire avec deux avions Hurel-Dubois afin de s'emparer des documents relatifs à l'aide apportée par l'Egypte au FLN, elle reçoit la mission plus prosaïque de s'assurer de l'intégrité de l'usine des Eaux. Le débouché sur El Kantara, s'effectuera « sur les ordres du commandant de la force alliée » au lieu d'être laissé à l'initiative des exécutants. Il faut se prémunir contre une initiative de Massu qui pourrait prendre le mors aux dents.

Le colonel Chateau-Jobert décide de faire larguer à 150 mètres. Si les 30 parachutistes sautent par les deux portes en quatorze secondes, ils auront quelque chance d'arriver sur la DZ. Ils disposeront de vingt secondes pour vérifier la coupole, dégrafer et laisser filer le sac ou la gaine de jambe, éviter les copains et puis, s'il reste un peu de temps, essayer de faire une traction pour éviter un obstacle.

Chateau-Jobert insiste, dans le *briefing* des commandants de compagnie et chefs de section : ce n'est pas une opération aéroportée ordinaire. C'est une opération de commando. Un commando d'un demi-régiment. Il n'y aura pas de regroupement suivi d'une progression vers les divers objectifs. On ne peut pas compter sur un total effet de surprise. Dès l'arrivée au sol, chaque para doit foncer sans attendre les autres, ainsi le regroupement se fera à l'arrivée sur l'objectif. « A défaut de surprise, c'est la vitesse qui doit y suppléer. Il faut foncer ! » [1].

Il a mille fois raison. Lorsque le para se lance dans le vide, il n'y a plus à tergiverser : les dés sont jetés, les vaisseaux brûlés et les lauriers coupés. Il joue son va-tout. Seule la suprême audace peut l'en faire sortir vivant et vainqueur.

1. *Feux et Lumière sur ma trace* par Chateau-Jobert. Presses de la Cité.

* * *

Les éléments du détachement Chateau-Jobert se rassemblent le 5 novembre à 0 h 30. Trois heures dix plus tard, le premier Nord 2501 décolle du terrain de Tymbou. Le courant de transport de 41 Noratlas se forme et met le cap au sud. Il atteint la côte égyptienne à l'est du canal, pénètre dans la presqu'île du Sinaï puis vire à droite afin d'aborder l'objectif face au nord.

A 7 h 15 locale (l'heure locale devance l'heure Z — universelle — de deux heures), les Britanniques du brigadier Butler commencent à sauter sur l'aérodrome de Gamil. La résistance est sérieuse. Les hommes du 3e para progressent de tonneau en tonneau, obstacles placés là pour interdire tout poser d'avion. Ils nettoient les nids d'armes automatiques à la grenade, au PM, à la baïonnette tandis que l'aviation d'appui muselle les pièces de DCA et neutralise les automoteurs SU100.

Plus au sud, le largage des Français sur la DZ nº 5 débute à 7 h 30. Il s'effectue rapidement et malgré l'exiguïté de la zone, aucun homme n'atterrit dans l'eau. Dès la sortie des avions, les 488 parachutistes du colonel Chateau-Jobert (c'est son 26e saut d'opération) sont pris à partie par des tirs de mitrailleuses. La DZ est criblée de trous creusés dans le sable meuble. Les obus de mortiers viennent s'y enfoncer en chuintant. Au milieu des cris, des éclatements, des fumigènes, le regroupement s'effectue au pas de course dans un désordre apparent. La 4e compagnie du capitaine Fesselet est chargée de s'emparer du pont de 5 tonnes à l'est. Pour l'atteindre, elle doit traverser l'usine des Eaux, dédale de clôtures, de bassins, de bâtiments cubiques qui ralentissent sa progression. Lorsqu'elle parvient sur son objectif, les Egyptiens font sauter le pont. Derrière elle, la centaine du « Choc » du lieutenant Moutin entame le nettoyage de l'usine.

La 1re compagnie du capitaine Engels doit se saisir du pont de 30 tonnes à l'ouest. Progressant le long de la route, elle est bloquée à découvert sous le feu des mitrailleuses. L'aviateur, le lieutenant Andrieux qui a sauté avec le capitaine Griffith, a récupéré son poste ANTRC-7 et peut prendre à sa charge le guidage des chasseurs bombardiers. Il prend la relève de l'avion PC du général Gilles qui n'a cessé depuis le début du largage de tourner imperturbablement au-dessus de la zone, orientant l'aviation embarquée et renseignant le navire de commandement, le *Gustave-Zédé*. Les F-84 et les Corsair piquent, straffent ; la 1re compagnie s'élance, franchit le pont intact dans la foulée et se met en garde deux cents mètres au nord. Il est 9 h, la mission du groupement Chateau-Jobert est remplie.

A 300 kilomètres au sud-ouest de Port-Saïd, deux colonnes israéliennes prennent Sharm et Sheik, à la pointe du Sinaï. Pour les

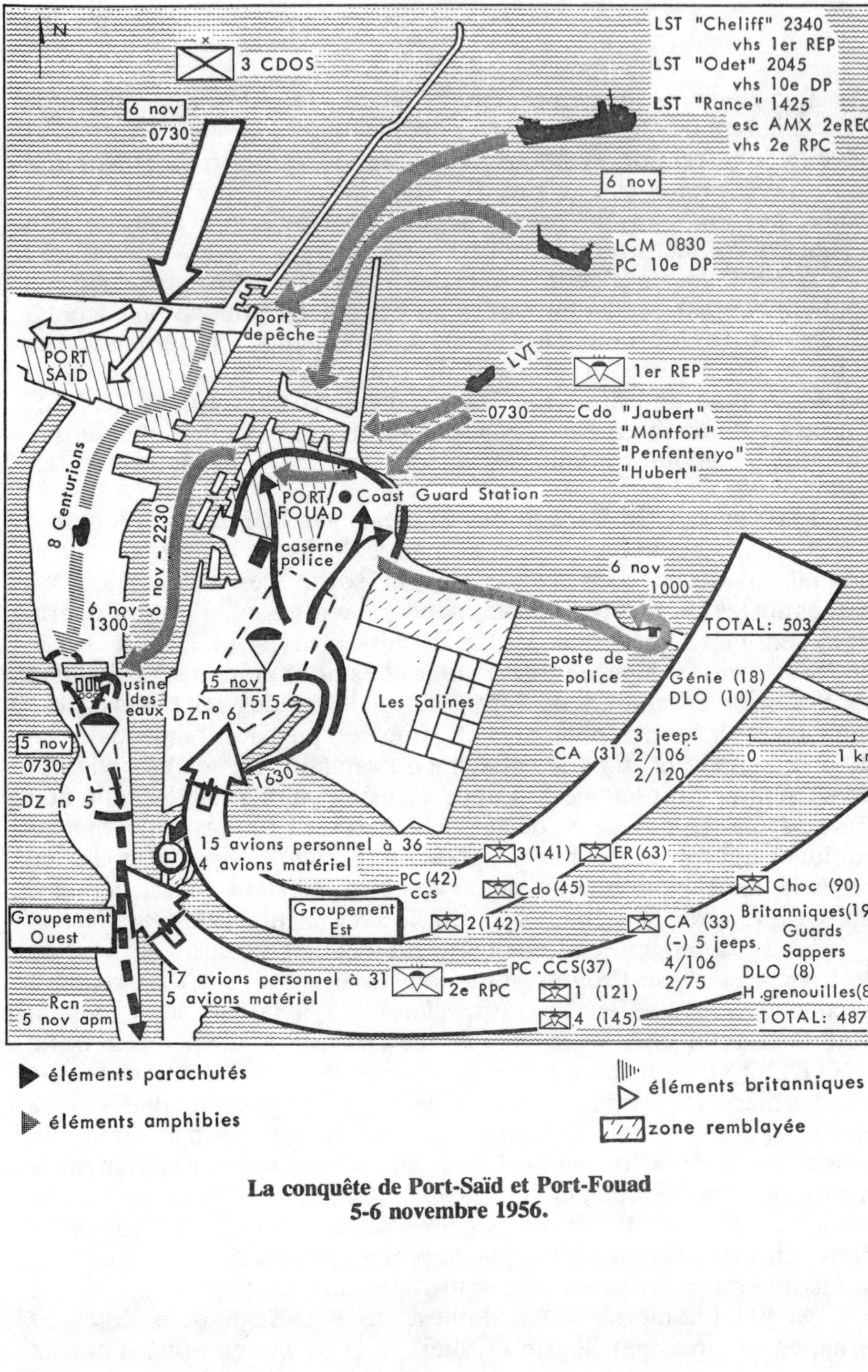

La conquête de Port-Saïd et Port-Fouad
5-6 novembre 1956.

fantassins hébreux, la guerre vient de se terminer. Pour les alliés, elle commence à peine.

Sur la DZ, les tireurs isolés qui essaient d'atteindre le personnel en train de récupérer le matériel largué, sont peu à peu neutralisés par les éléments du PC et de la compagnie d'appui. Deux cents mines sont disposées par la section du génie du lieutenant Camescasse devant le dispositif de la 1re compagnie et la CA qui avec ses jeeps 106 sans recul couvre le groupement face au sud. Jusqu'à 15 h, les contre-attaques venues du nord sont repoussées grâce à l'appui permanent et immédiat de l'aviation. A 13 h, les blessés sont évacués par hélicoptère sur le terrain de Gamil conquis par les Britanniques. Au sud, le détachement britannique largué avec le 2e RPC se porte au-delà de la *bomb line,* jusqu'au km 17, sans rencontrer de résistance.

Le parachutage du groupement Fossey-François est exécuté sur la DZ n° 6 à 15 h 15. Les Egyptiens s'enfuient d'abord en direction de Port-Fouad. La section Cros de la CA s'empare de deux mortiers et d'une mitrailleuse et couvre la réarticulation face au sud. Mais des chars ennemis ouvrent le feu sur les positions ouest. La 2e compagnie se rue sur Coast Guard Station et anéantit les 19 défenseurs. L'escadron nettoie les salines tandis que la 3e compagnie progresse le long des bassins afin de déloger les éléments défendant les installations portuaires et atteindre le ferry-boat intact. C'est une véritable course de vitesse entre les compagnies qui ne s'attardent même pas à ramasser les armes et regrouper les prisonniers. Le commando du lieutenant Lebeurier s'infiltre au centre de Port-Fouad, prend d'assaut la caserne des « commandos de la Mort », tuant 49 fedayin et faisant 49 prisonniers.

A 17 h, l'antenne chirurgicale du capitaine Robert est larguée derrière l'usine des Eaux, se déploie et se met aussitôt à l'ouvrage. L'équipe des nageurs de combat effectue alors une liaison sur *Amarante François* pour évacuer ses blessés. La nuit calme se passe en palabres pour obtenir un cessez-le-feu[1]. A 22 h 25, le général El Mogy, commandant le secteur Port-Saïd-El Kantara fait savoir par téléphone au PC du 2e RCP qu'il ne peut accepter les conditions qui lui sont imposées.

Le régiment a perdu 3 tués (le 11e « Choc », deux autres) et 22 blessés contre 70 Egyptiens tués et 18 blessés. Un armement lourd important a été capturé.

Au même moment, le général Stockwell prescrit d'effectuer le débarquement de vive force le lendemain selon le plan prévu. Ce qui a pour conséquence d'annuler le parachutage projeté par les Français sur El Kantara. Le bombardement de la marine, qui doit précéder l'assaut, inquiète les deux commandants de groupement parachutiste.

1. Voir : *Vérité sur Suez 56* par Massu et Le Mire. Plon, 1978.

Le lieutenant-colonel Fossey-François surtout qui a réussi à s'assurer le contrôle de Port-Fouad avec l'aide du chef de la Police locale[1].

A 5 h 55, un message parvient au PC du général Massu sur le LCH indiquant que le 2e RPC tient toute la zone ouest. Les tirs sont suspendus in extremis. Il est indiqué aux forces amphibies que l'assaut contre les plages pourra être guidé par les parachutistes.

Le 1er REP débarque de ses Alligator sans coup férir, termine le nettoyage de la ville et pousse vers l'est en direction du poste de police. Pour accélérer le mouvement vers le sud, il est décidé de mettre à terre le maximum de véhicules et de chars sur la plage de Port-Saïd conquise par la 3e brigade de commandos. Le largage d'un régiment sur El Kantara est prescrit pour le lendemain, 7 novembre. La liaison des chars britanniques avec le groupement Chateau-Jobert est effective vers 13 h. Les chars poussent une pointe vers le sud, escortés par un détachement du 11e « Choc ».

La piste de la rive asiatique est envahie par les eaux et donc impraticable pour les véhicules. Comme les LST commencent à déverser leurs chargements sur le port de pêche, le général Massu, pour gagner du temps, fait passer le 1er REP sur la rive ouest à coup de rotations de LCM. Entre 18 h 30 et 20 h, les troupes et les véhicules qui débarquent des LST « Odet » et « Chelif » reçoivent l'ordre de présentation à l'usine des Eaux, point de première destination des éléments devant participer à l'exploitation du lendemain en direction du sud. Vers 19 heures, un *briefing* se tient dans une salle de l'usine des Eaux pour arrêter les détails de l'avance du groupement d'exploitation qui doit comprendre le 1er BEP renforcé d'un escadron de chars Centurion et d'un bataillon des paras du brigadier Butler. Le général Beaufre quitte le général Massu en lui disant « A demain, à El Kantara ! »

Vers 20 h, la BBC annonce que les gouvernements français et britannique ont donné l'ordre de l'arrêt des hostilités pour minuit, temps universel. Le brigadier Butler, sur la radio de sa jeep, et le colonel Godard, par un message du Lt-Col Olion, chef du 3e Bureau de la force A (encore à bord du *Gustave-Zédée*), reçoivent peu après confirmation de l'ordre de cessez-le-feu. L'avant-garde essaie de se porter le plus loin possible et atteint à 2 h du matin El Cap au km 37. La ville d'El Kantara n'a même pas pu être atteinte.

La journée du 7 est consacrée à regrouper les unités. Le 2e RPC est rassemblé à Port-Fouad dans la soirée. Le 1er REP est à cheval sur le canal au nord du km 37. Sur le terrain de Tymbou, le 1er RCP et le 3e RPC attendent toute la journée l'ordre d'embarquer pour l'Egypte, mais en vain. Et au 3, l'on dira narquoisement : « Quand les Russes ont appris que le Régiment Bigeard allait sauter, ils n'ont plus hésité et ont menacé d'intervenir. » Toujours modestes et fiers de l'être !

1. Voir : *Vérité sur Suez 56* par Massu et Le Mire, Plon, 1978.

L'opération a coûté aux Français 11 tués et 44 blessés. Mais le bilan matériel est considérable. Le 2e RPC à lui seul, pour 11 tués et 41 blessés dans ses rangs, éléments du 11e « Choc » compris, a infligé de lourdes pertes aux Egyptiens : 203 tués, 158 prisonniers, 531 armes capturées dont 47 canons, mitrailleuses et mortiers.

Le 19 novembre, il est décidé de ne conserver en Egypte que les éléments suivants de la 10e DP : 1er REP avec ses renforcements, 2e RPC, 1re compagnie du GT507 ainsi que des moyens de soutien divers. La 5e centaine de la 11e DBPC est également maintenue sur le continent. Le 22, devant l'éventualité d'une reprise des combats du côté égyptien, une intervention afin de s'emparer du canal est envisagée. La saisie de l'entrée du canal est confiée à un régiment aéroporté (3e RPC), sautant sur Ismaïlia, renforcé éventuellement par un second régiment (1er RCP) conservé en réserve à Chypre. Cet élément doit être rejoint par deux groupements motorisés progressant le long du canal, le 1er REP à l'est, le 2e RPC à l'ouest. Dans le cas où le second régiment serait largué sur Suez, il serait rejoint par le 1er REP fortement renforcé par des éléments blindés et portés. L'ensemble du groupement opérationnel doit être coiffé par le commandant de la 10e DP. Les deux centaines du 11e « Choc » sont prévues pour participer avec le 4e RIC à la relève des opérationnels. Mais ce plan, baptisé « Verdict », n'est qu'un mirage.

Depuis le 21 novembre, les contingents des Forces de l'ONU arrivent sur le sol égyptien. A partir du 10 décembre, les compagnies du 1er REP et du 2e RPC sont relevées par les Indiens et les Colombiens à El Cap et El Tinah, puis dans Port-Fouad même. Le 22 décembre à 11 h 30, la ville est remise solennellement aux troupes des Nations Unies.

Le 2e RPC embarque sur l'*Athos II* et fait route sur Alger. Le 29 décembre, le régiment est regroupé dans sa base arrière de Koléa. L'EM de la 10e DP a rejoint sur le *Pasteur* bien connu des anciens d'Indochine. Le détachement de la BETAP rentre progressivement à Pau en février et mars 1957, tandis que les éléments de la 1re CLA rallient la caserne « sous-lieutenant Bertin » à Kehl-Sundheim, le 2 avril. Du 28 octobre au 8 novembre 1956, la base aéroportée a effectué 46 missions de largage dont 18 missions de largage lourd (71 tonnes) et 28 légers (87 tonnes). En outre, 4000 sauts d'entraînement ont été effectués en deux mois à Chypre. Dans le tableau récapitulatif des missions, on peut lire :

— nuit du 29 au 30 octobre : largage au profit des paras israéliens devant Mitla (Sinaï), à partir de Chypre ;

— nuit du 30 au 31 octobre : 2e ravitaillement devant Mitla ;

— nuit du 31 octobre au 1er novembre : ravitaillement aérien au profit de la 202e brigade israélienne sur l'itinéraire le long du golfe de Suez vers Sharm et Sheik ;

— 2 novembre 20 h 00 : atterrissage Nord-Atlas à Tor sur flanc occidental presqu'île du Sinaï au profit des parachutistes de la 202e brigade.

L'escapade de Suez est terminée. Il ne reste que quelques souvenirs, photos de journalistes parues dans *Paris-Match,* armes soviétiques récupérées parmi l'immense butin conquis sur l'armée égyptienne et qui vont venir décorer les salles d'honneur des régiments.

2e RPC

III

LA BATAILLE D'ALGER
décembre 1956-septembre 1957

Succès militaire sur le terrain, l'opération de Suez est un échec politique sur la scène internationale. La preuve vient d'être fournie qu'il est possible de contraindre autrement que par la force des armes la France à se retirer d'une contrée qu'elle contrôle solidement. Et cela par le jeu des Nations unies. Du moins est-ce ainsi que le ressent l'homme de la rue.

Le Front de libération national algérien en tire aussitôt les conclusions. Il prépare la mise en condition de l'ONU qui doit se prononcer au début de l'année 1957 sur le problème algérien. Par ailleurs, la mise en application des décisions prises par les chefs rebelles de l'intérieur lors du congrès de la Soummam en août 1956, donne un surcroît de cohésion et de dynamisme à l'organisation politico-administrative et de combativité aux bandes armées.

Ces bandes reçoivent maintenant des armes régulièrement, soit par le Maroc (trois cents par mois), soit par la Tunisie (cinq cents mensuellement en moyenne). La lutte contre la rébellion devient donc plus dure. Les unités de l'armée de libération sont maintenant mises sur pied à l'extérieur, franchissent les frontières en toute quiétude. Elles y trouvent souvent refuge pour se reconstituer et se réorganiser.

Le terrorisme bat également son plein. Le chiffre record de quatre mille attentats par mois est atteint en décembre 1956. Les régions les plus touchées sont l'agglomération algéroise et l'Oranie qui avait été jusque-là à peu près épargnée. Vers l'Oranie commencent également à s'acheminer des unités fraîches du FLN formées au Maroc qui, transitant par l'Atlas saharien, s'implantent jusque dans l'Ouarsenis, éliminant les bandes rivales du MNA.

Le 14 décembre 1956, le général Salan succède au général Lorillot comme commandant en chef interarmées en Algérie. Si Lorillot n'a pas obtenu de succès spectaculaire sur le terrain, il a du moins gagné la bataille des effectifs. Début 1957, le nouveau commandant en chef dispose de 405 000 hommes (son prédécesseur en avait réclamé 440 000). Le nombre des hélicoptères moyens et gros porteurs est passé de 60 à 240. L'action psychologique et la guerre subversive sont maintenant activement étudiées et mises en pratique par le 5ᵉ Bureau et les Sections Administratives Spécialisées (SAS), grâce à l'enseignement des officiers des AI marocaines que le général Parlange a fait venir en Algérie.

Le premier souci du général Salan est de reprendre l'initiative contre l'OPA et les bandes armées. Pour cela, il réorganise les structures du commandement, jusqu'alors resté conforme aux normes et aux habitudes d'avant les événements. Aux divisions et groupes de subdivisions territoriales correspondant aux départements du temps de paix, avaient peu à peu été juxtaposés des zones et secteurs opérationnels créés en fonction de l'extension de la rébellion. Le 15 janvier 1957, la concordance entre l'organisation civile et militaire est réalisée. L'Algérie comprend alors quatre igamies de quatre départements chacune. Puis, à partir de mars 1957, à chaque région correspond un corps d'armée divisé en quatre zones opérationnelles adaptées à chacun des départements.

Les moyens aériens (liaison, reconnaissance et appui au sol, hélicoptères) sont rassemblés en un groupe d'appui tactique adapté à chaque CA.

La construction de barrages combinant barbelés et réseaux électrifiés a été entreprise afin d'arrêter le passage d'armes et de munitions à travers les frontières orientale et occidentale. Celui de la frontière marocaine est déjà largement réalisé ; il a permis de dégager une division au profit du centre de l'Oranais maintenant menacé.

Quant aux grandes unités, elles sont au nombre de quatorze : sept d'infanterie, une alpine en Kabylie, deux motorisées, une mécanique rapide, une blindée et deux parachutistes. Mais la plupart sont maintenant affectées à des tâches de secteur du fait de l'extension de la rébellion à l'ensemble du territoire algérien. Les seules réserves véritables sont, de ce fait, la 7ᵉ DMR et la 10ᵉ DP, classées « réserves ministérielles avec hypothèque d'emploi » et qui, à ce titre, viennent de participer aux opérations du Moyen-Orient. Ce sont donc elles qui vont être jetées dans la bataille de l'Algérois.

Le 26 décembre 1956, les responsables du FLN réunis à Alger décident une grève générale accompagnée d'une recrudescence des attentats contre les Européens. Cette action doit être soutenue jusqu'à l'ouverture des débats sur l'Algérie à l'ONU, en janvier. Le terrorisme devient une arme efficace. Les équipes de tueurs et les poseuses de bombes déclenchent la bataille d'Alger.

Le 12 janvier 1957, le général Massu, commandant la 10ᵉ DP, prend à sa charge la Zone Nord-Algérois. En un premier temps, il laisse à leurs propres forces les secteurs de Blida et d'Ain Taya et applique la 10ᵉ DP en entier à l'agglomération d'Alger. Les régiments se mettent en place entre le 13 et le 22 janvier : le 3ᵉ BPC dans la Casbah, le 2ᵉ RPC au Ruisseau et à l'est d'Alger, les 1ᵉʳ REP à

Hussein Dey et Belcourt, et le 1er RCP à Maison Carrée et la banlieue est.

Dans la nuit du 27 au 28 janvier, Massu déclenche le plan Champagne : 1 500 suspects sont arrêtés *a priori*. Ce serait bien le diable si parmi eux ne se trouvaient pas bon nombre de cadres — petits ou grands — de la rébellion. Le 28, la consigne de grève est totalement suivie. Au lever du jour, la 10e DP entre en action. Les parachutistes pénètrent partout, appellent les ouvriers. Ceux-ci, de gré ou de force, grimpent dans les camions qui les emmènent vers leurs lieux de travail. Les half-traks et les Dodges arrachent au treuil les volets roulants des boutiques. Rapidement, les boutiquiers regagnent leurs magasins et ouvrent d'eux-mêmes. Tant pis pour les absents, leurs boutiques restent à la merci des voleurs — non pas des voleurs, mais des passants européens et musulmans. On voit des dames fort distinguées rafler tout ce qu'elles peuvent.

Les musulmans ne savent sur quel pied danser. Car, dans bien des endroits, il n'y a plus de militants FLN pour dicter la conduite à suivre. Ils ont été arrêtés lors de l'opération « Champagne ». Le lendemain, les travailleurs se rangent sur les trottoirs pour attendre que les militaires les forcent à aller au travail. Des gosses se rendent à l'école. Le 1er février, 70 enfants fréquentent les écoles d'Alger ; le 15 février, il y en aura 8 000. Le 1er avril, on atteindra 37 500.

Ayant vaincu la grève sans un coup de feu, la 10e DP s'attaque au terrorisme. Le 10 février, deux bombes éclatent dans les tribunes des stades de football : 11 morts, 56 blessés. Le 3e RPC parvient à faire cesser la ratonnade qui s'ensuit ; 3 musulmans sont quand même lynchés. Il est temps de faire cesser le massacre des innocents. Le 14 février, un suspect conduit les hommes de Bigeard à une cache de bombes. On arrête le transporteur des engins. Dès lors, c'est une enquête passionnante, le roman de *La Filière bombes* qui se déroule. Rien n'y manque : les fausses identités, les coïncidences, les impasses, et les rebondissements. Au total le 3e RPC récupère entre le 14 et le 19 février quatre-vingt-sept engins explosifs, arrête un bachaga (gros scandale !), capture Ben M'Hidi — un des cinq du CCE, le nouvel organe de commandement que la rébellion s'est donné au congrès de la Soummam — et plusieurs dizaines de tueurs patentés. Nous écrivons patentés parce qu'on sait exactement quels crimes ils ont commis, soit que des documents rebelles les mentionnent, soit que les intéressés eux-mêmes avouent.

La filière est rompue avec la mort de Bouhired (le père de Djemila). La PJ renoue les fils en arrêtant les filles et les garçons qui ont déposé les bombes aux stades. Espoir déçu. La filière ne sera vraiment renouée que quelques mois plus tard, lorsqu'une patrouille arrête Djemila. Interrogée par le capitaine Graziani, elle révélera d'autres cachettes. On arrêtera Djemila Bouazza, presque aussi gourde que belle. Graziani acquiert la certitude que l'affaire bombe n'est pas terminée.

A Belcourt, Faulques, OR du 1er REP travaille en silence. Il mène la lutte sur trois fronts : les bandes armées de l'ALN, les réseaux communistes et les Européens complices de la rébellion. Quel coup de pied dans la fourmilière ! On arrête des Européens « au-dessus de tout soupçon », un ou deux curés ; une filière conduit jusque dans l'entourage du maire d'Alger. Ça proteste de partout : de Paris, de la mairie, du gouvernement général. Les journaux s'en mêlent et fulminent contre les tortionnaires. Vingt-cinq ans plus tard, les passions ne sont pas encore apaisées.

Puis Massu retire la 10e DP d'Alger, ne laissant par roulement qu'un régiment dans la ville. Mais après une certaine période de calme relatif, pendant laquelle le lieutenant-colonel Trinquier met en place un quadrillage et un système de contrôle de la population, le terrorisme reprend. Les quatre survivants du CCE — qui habitaient tous à Alger — ont fui l'Algérois, puis l'Algérie. A Alger, par la disparition de ses chefs, Yacef Saadi se trouve brusquement le patron.

Et il semble reprendre du poil de la bête. Bien pire, les enquêtes piétinent, tout montre que l'on risque de retomber dans les errements et les erreurs antérieurs. Le Commandement civil, autant que le militaire, se rend compte de la nécessité de concentrer la responsabilité de la lutte sur une seule tête. Les pouvoirs de Massu sont renforcés. L'igame de l'Algérois, le procureur général, tout le monde se dépouille de ses privilèges. Aussitôt, Massu annonce qu'il nomme le colonel Godard commandant du secteur Alger-Sahel et lui délègue entièrement les pouvoirs dont il vient d'être investi. C'est dans cette concentration entre les mains de Godard qu'il faut voir la clef de la nouvelle phase de la bataille d'Alger.

Godard va avoir la chance de disposer successivement du 3e RPC puis du 1er REP. Chance également de disposer du capitaine Léger et de ses bleus de chauffe, rebelles arrêtés et retournés ; Léger va pénétrer la Casbah, s'y faire des complicités. Il permet au 3e RPC de récupérer trente-deux bombes supplémentaires. Les chefs terroristes Kamel et Mourad sont tués.

Le 1er REP, quant à lui, arrête un nommé Ghandriche qui révèle tout le système de l'acheminement du courrier destiné à Yacef. On tient l'arrestation de Ghandriche secrète et, par son intermédiaire, on écrit à Yacef qui, dès lors, est piégé. Le 24 septembre, le piège se referme, Yacef et son égérie Zohra Driff se rendent.

On obtient ensuite l'adresse d'Ali La Pointe, l'exécuteur des hautes œuvres de Yacef Saadi. On l'obtient par le subterfuge de la correspondance Ghandriche et — on l'a su beaucoup plus tard — par une confirmation de la bouche même de Yacef. Ali La Pointe saute avec l'immeuble branlant où il se cachait, entraînant dans la mort son agent de liaison et une vingtaine de personnes qui, évacuées par les paras, étaient subrepticement revenues chez elles.

Tout était fini. Ah non ! Il y avait un commissaire politique, Ben Hamida Abderrhamane, homme très méfiant. Après moult hésitations, lui aussi écrit à Ghandriche ! Rendez-vous est pris. Ghandriche le fait monter dans sa voiture, où sont déjà assis deux inconnus. Au bout de quelques minutes, le subtil Ben Hamida dit : « J'ai l'impression que je suis arrêté. » Il l'était.

* * *

Pendant que Godard mettait ainsi un terme à la bataille d'Alger, les régiments relevaient le défi du chef de la Wilaya 4 qui avait, dans un tract, déclaré en substance : « Les paras peuvent croire qu'ils ont gagné dans Alger, mais qu'ils viennent un peu dans le bled et le djebel, je leur réserve un accueil dont ils se souviendront. »

Le 20 avril, le 1er REP et le 1er RCP sont mis à la disposition de la zone Sud-Algérois et font mouvement sur Boghari à partir de leurs bases arrière de Zeralda et Chebli. Le 14 mai, ils découvrent dans le Bou Zegza tout un arsenal de bombes et d'armes destinées à la guérilla urbaine ainsi que de nombreux documents confirmant la collusion entre le PCA et le FLN et l'aide apportée à celui-ci par les réseaux de soutien.

Le 3e RPC est à pied d'œuvre dans l'Atlas blidéen depuis le 28 mars. 600 km^2 de djebels sont nettoyés dans des conditions atmosphériques très difficiles. Puis, le 22 mai, le régiment quitte sa base arrière de Sidi Ferruch pour Champlain où il est mis à la disposition de la 20e DI de Médéa : une forte bande, l'élite de la Wilaya 4, a tendu avec succès une embuscade à un convoi du 5e BTA.

Convoqué par le général Salan en personne, le lieutenant-colonel Bigeard pressentant la direction prise par les fellagha après l'embuscade, décide de s'infiltrer de nuit dans le massif montagneux et de les attendre à 40 km à l'ouest de l'endroit où ils ont réussi leur coup. Les rames de GMC arrivent à Médéa à 19 h ; les ordres sont donnés sur les capots de jeeps tandis que les hommes vérifient leurs équipements et avalent à la hâte le contenu d'une boîte de ration.

A 20 h, le convoi prend la route de Champlain tous feux éteints. Les véhicules roulent lentement dans la nuit ; à 23 h 30, c'est Champlain ; la cote 895 deux heures plus tard. La CA doit s'y installer en réserve héliportée, les « hélicos » devant la rejoindre vers 6 heures du matin. Les compagnies disparaissent une à une dans le noir, en file indienne. A 4 h, le poste de « Bruno » appelle les unités pour le calage radio. Le PC est en place sur la cote 1298, avec les mortiers de 81. Quatre compagnies sont alignées face au nord tandis que la 3 boucle la zone au nord. La mise en place s'est faite dans un ordre parfait, malgré l'obscurité, la végétation. Le « carré MY 34 » selon son appellation sur le carroyage chasse, est heureusement bien connu du régiment qui y a crapahuté récemment. A 6 h 30, les hélicoptères arrivent. A Médéa, le Piper d'observation est en stand-by. Les 700 hommes du régiment sont tapis aux aguets. Pas un mouvement ne trahit la présence des fauves. « Bruno » s'est donné jusqu'à midi.

A 10 h 30, la compagnie Llamby, installée au nord, signale que plus d'une centaine d'hommes progressent en file indienne dans le fond de l'oued Boulbane en direction de l'ouest. A 10 h 45, plus de doute, ce sont des fellagha ; la 3 ouvre le feu à bout portant.

Le commando d'Azzedine est surpris au moment où il croyait toucher au but, au confluent des oueds Boulbane et El Akfa. Prévenu par un berger de la présence des parachutistes plus au sud, Azzedine avait décidé de les contourner au nord en échelonnant la colonne du commando et des deux katibas accompagnant les responsables régionaux de plusieurs groupes.

La 3e compagnie a fort à faire à un contre trois. Mais déjà le Piper a décollé de Médéa, les T-6 sont en route et la CA est en train d'embarquer dans les hélicoptères pour se poser à Agounenda sur les hauteurs dominant l'oued au nord. Trois autres compagnies, laissant la garde des sacs à deux gars fatigués se lancent en marche commando en direction du nord. La 4 et l'escadron à pied se rassemblent pour être héliportés à leur tour. Chacun suit l'évolution des événements à la radio ; lorsque les ordres parviendront, ils trouveront à tous les échelons des exécutants prêts intellectuellement et matériellement.

A 11 h 30, la compagnie Chabanne est regroupée et au contact. Les « fells » donnent l'assaut au moment où le colonel Bigeard se pose pour diriger de plus près la manœuvre. Les chasseurs straffent dans l'oued tandis que les compagnies déboulent en courant au sud de l'oued et que les héliportages se poursuivent plus à l'est. La nasse est fermée.

Les combats vont durer quarante-huit heures. Des contre-attaques très violentes sont lancées par une cinquantaine d'hommes sur les pentes sud d'Agounenda pour essayer d'échapper à l'encerclement. Le nettoyage du terrain permet de dénombrer 96 cadavres et de récupérer 12 prisonniers. Mais plus de la moitié des morts ont été dépouillés de leurs armes reprises par des camarades de combat. Il ne reste qu'un FM, 5 PM et 39 autres armes. Le 3e RPC a perdu dans cette affaire 8 tués et 29 blessés. Cinq tirailleurs sont libérés.

Deux cents fellagha ont réussi à traverser le filet tendu et aucun des grands responsables n'a été pris. Mais cette opération est une magnifique démonstration de ce que peut donner un régiment bien entraîné obéissant au doigt et à l'œil à un chef énergique et agressif.

Le général Massu déclare dans son ordre du jour, le 1er juin 1957 : « Cette manœuvre, conçue d'instinct par un chef très riche d'une profonde expérience de guerre et exécutée à toute allure, est à étudier par tous les chefs de corps de la zone Nord-Algérois et à citer en exemple. »

Le 30 juillet, la 10e DP déclenche une opération d'envergure vers Tablat avec trois régiments et une batterie du 20e GAP. Les régiments accrochent sans arrêt dans l'Atlas blidéen, sur la frange ouest de la Kabylie ou la bordure est de l'Ouarsenis. Le REP tombe sur les fellagha le 11 août, le 2e RPC le lendemain au Bou Zegza.

En dix mois, les rebelles ont perdu l'initiative des opérations dans Alger et hors d'Alger. Tous les grands chefs terroristes et leurs réseaux ont été neutralisés. Les gorges de Palestro, artère vitale en direction du Constantinois, sont maintenant ouvertes à la circulation. L'Atlas blidéen, passé en compte à la 20e DI, se hérisse de postes et s'équipe de pistes propices aux ravitaillements et aux interventions rapides.

Depuis le 10 juillet, le 6e RPC venant du Maroc a rejoint la division. Installé à Chréa, dans l'Atlas blidéen, il s'y aguerrit et se fait remarquer lors de l'opération « Merdja » en septembre. Le 28 octobre, le régiment est mis à la disposition du secteur de Blida dont il prend en charge le quartier autonome. Depuis le 17, un élément du PC opérationnel et l'ER ont fait mouvement sur Djanet dans l'Est saharien. Après la bataille d'Alger, la 10e DP est engagée dans la bataille du pétrole.

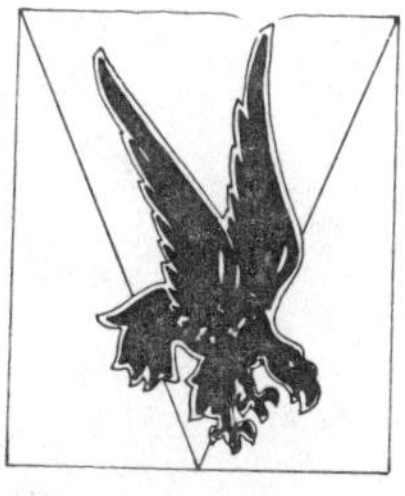

10e DP

IV

DU SAHARA AU CONSTANTINOIS

décembre 1956-juin 1958

Ce n'est pas la première fois que les parachutistes opèrent au Sahara. Au début de décembre 1956, une compagnie du 14e RCP a été aérotransportée à Colomb-Béchar et y a accroché une bande en provenance du Maroc. Le 21 janvier, deux compagnies ont fait mouvement par air sur Méchéria ; le 6 février, une troisième a rejoint Bou Saada. Et le 17, le régiment a été regroupé avec ses éléments venus par la route jusqu'à Aïn Sefra. Le 16, l'ER du 1er REP est aérotransporté jusqu'à Fort-Trinquet par les soins de la CLA2. Le 14e RCP rejoindra Boufarik fin mars afin de participer aux opérations de nettoyage dans la région de Miliana, tandis que l'escadron de Légion ralliera la base de Zeralda au milieu du mois de juin.

Dans le même temps, le 4e BCCP du chef de bataillon Chaudrut a été amené à intervenir en Mauritanie à partir de Dakar. Le 13 janvier, une compagnie s'est envolée à bord de cinq Nord 2501 décollant de Yoff à destination d'Atar. Aussitôt arrivée, elle se lance à la poursuite d'une bande d'une centaine de rebelles opérant au nord d'Atar. Elle est rejointe le 15 par le commandant du bataillon et une seconde compagnie de marche. Le 18, le contact est établi à 17 km au nord-ouest d'Atar. La compagnie Heulard (1re compagnie de marche) accroche vers midi. La fouille du terrain entreprise le lendemain permet de récupérer une dizaine d'armes dont un FM. A la fin de la matinée, la compagnie Coudurier (2e compagnie) accroche à son tour et, après avoir parlementé, obtient la reddition de 26 rebelles disposant d'un autre FM. En fin d'après-midi, un troisième FM est récupéré. Les compagnies reviennent alors sur Atar.

Le 4e BCCP dispose, à partir du 20, d'une troisième compagnie de combat acheminée par DC-4. Le 24, la 2e compagnie en alerte aéroportée saute de quatre Nord, à Ameillag, en début d'après-midi, et accroche le soir. Les rebelles ont perdu 10 tués avec leur armement.

Le 14 février, alors qu'il ne reste plus qu'une seule compagnie à Atar, l'alerte est déclenchée au profit de Fort-Trinquet. La compagnie Heulard est ramenée du Sénégal. Le 15, le largage des deux unités est prévu. Le capitaine Ziegler les précède en Dassault pour reconnaître la DZ. Le saut est finalement annulé pour raison météo et les deux compagnies se posent à Fort-Trinquet.

Le 25 mars, l'ensemble du bataillon Chaudrut est regroupé à Dakar. Le 1er mai, la 1re escadrille d'avions légers des TDM lui est rattachée. Le bataillon comprend alors 30 officiers, 99 sous-officiers, 244 parachutistes européens et 476 autochtones. Le 1er juillet 1957, il donne naissance au 7e RPC qui passe aux ordres du colonel Grall.

Le régiment est amené l'année suivante à opérer à nouveau en Mauritanie dans le cadre de l'opération « Ecouvillon ». Le groupement Grall comprenant 1 770 hommes et 330 véhicules est rassemblé le 8 février 1958 à Fort-Trinquet. Sa mission consiste à occuper Smara en liaison avec les forces espagnoles du Rio de Oro, puis de nettoyer, en liaison avec le détachement de Tindouf, la partie est du Seguiet el Hamra des éléments de l'armée de libération mauritanienne qui l'occupent. Smara est occupé le 10 sans coup férir tandis qu'une compagnie espagnole est larguée sur le terrain d'aviation. Le lendemain, la 1re compagnie du 7 est parachutée avec la section lourde au nord du gué de Sidi Ahmed. La bande est accrochée, l'ER boucle le terrain à l'ouest. A 17 h 30, les combats sont terminés ; 56 rebelles tués, 16 prisonniers dont 4 Marocains. Le 17 février, les premiers Regueibat commencent à se rallier. Le 25 février, le groupement Grall, qui a rejoint Fort-Trinquet, est dissous.

Le 3e RPC de son côté est aérotransporté le 22 octobre 1957 sur Colomb-Béchar, la 2 et l'ER rejoignant par la route : le 20 octobre, les méharistes de la compagnie du Touat à 500 km au sud de Béchar sont passés à la rébellion après avoir assassiné leurs cadres européens. A 1 000 km d'Alger, le régiment découvre les grands espaces vides du désert et la pénurie des moyens.

Le 8 novembre, un convoi de la Compagnie des Pétroles algériens tombe dans une embuscade. Le 3e RPC est regroupé le 10 et arrive le 15 à Timimoun où le lieutenant-colonel Bigeard prend le commandement du sous-secteur opérationnel créé le 6 par le général Salan, commandant supérieur interarmées. Les moyens finissent par arriver : trois Pipers d'observation, deux patrouilles de T-6, trois Nord 2501 qui viennent renforcer les trois Toucan essoufflés, un détachement de six puis douze hélicoptères aux ordres du lieutenant-colonel Brunet accompagné d'un commando de l'air.

Les moyens locaux sont chargés d'assurer la protection de l'axe Beni Abbès-Timimoun. En liaison avec le 2e Bureau, les parachutistes entreprennent la recherche du renseignement dans les oasis de la région : Zaouïet ed Debahr, Oulad Aïssa et Charouine. L'ER se transforme sur Land Rover offerts par les « pétroliers ». Une compagnie et le commando de l'air sont maintenus en alerte aéroportée et héliportée à Timimoun. Les avions légers L-19 volent par patrouilles de deux, à basse altitude, guidés plus haut par un T-6 qui assure la navigation et la liaison radio. Le 16, les différentes unités se mettent en place.

Le lendemain, le commando effectue une opération héliportée au nord de Timimoun pour se mettre dans le coup. Le 18, rafle dans l'oasis en exploitation des renseignements. Les interrogatoires vont permettre de situer l'emplacement précis de la bande rebelle vers Hassi Rambou. Le 19, héliportage sur Tégant avec deux unités. Les renseignements divers confirment la position des rebelles au nord. Le 20 à minuit, le commandant du 3e RPC donne ses ordres. La compagnie Llamby à Zaouïet ed Debahr doit être héliportée de Tabelzoka qu'elle devra rejoindre à pied. Le PC léger et l'escadron feront mouvement par la piste sur la 3. La 4e compagnie sera en alerte au terrain de Timimoun.

A 8 h, l'héliportage de la 3 commence. Puis la compagnie entame sa progression vers le nord à travers les dunes, guidée et appuyée par le Piper et la chasse. A 9 h 30, le contact est pris. Le Piper orbite vers le nord pour surveiller la zone et détecter toute tentative de fuite. A 12 h 40, les trois Nord larguent la 4 qui coupe la retraite. Les combats sont violents. Une section de l'escadron est en renfort en début d'après-midi. A 18 h 45, le feu cesse. La bande est anéantie avec tout son armement et ses postes radio. Parmi les morts, 20 méharistes déserteurs. Mais cet accrochage contre un ennemi aguerri et bien instruit coûte au 3e RPC 12 tués, dont le lieutenant Rhoer et le sergent-chef Sentenac, et 8 blessés.

Le 23, l'escadron est héliporté à son tour mais n'accroche pas. La CA maintenue en alerte aéroportée en l'air n'a pas à intervenir.

Pour recouper les renseignements obtenus dans les oasis à la suite de l'accrochage, la 3 est poussée sur Beni Abbès. Le 3 décembre, deux compagnies sont parachutées à Hassi Bou Krelala vite transformé en base d'hélicoptères, les JU-52 posés en campagne ayant acheminé jusque-là essence et mécano. La 4e CSPL passe directement aux ordres de Bigeard, le Commando de l'Air ayant été rappelé sur sa base arrière en pleine opération.

Le 4, la CSPL accroche à Ouskir. Le 7, le Piper signale des indices suspects au puits de Hassi Ali. Les H-34 se déplacent avec le PC sur Belguezza. L'escadron, héliporté en deux rotations, accroche. La compagnie Planet, qui a décollé de Timimoun et était maintenue en *stand by* au-dessus de la zone, saute et arrive aussitôt au contact. Le combat commencé à 15 h s'arrête à la nuit. Les rebelles ont perdu 45 tués, 6 prisonniers. L'opération « Timimoun II » se termine le 12 décembre lorsque tous les éléments éparpillés dans le désert sont enfin regroupés.

Le 1er REP suit avec attention les événements de Timimoun car, depuis le 18 novembre, il est en alerte pour le Sud. Le 25, c'est le départ pour Hassi Messaoud. Les équipages de l'escadron qui ont passé quelques mois à Tindouf, en AOF, de février à juin, font figure de vétérans. Le PC s'installe à Touggourt, une compagnie à Ouargla, une autre à Hassi Messaoud. Sa mission est de protéger la route du pétrole contre laquelle on craint des attentats. Des « Bananes » du GH2 sont mises à sa disposition.

Le 8 janvier 1958, le pétrole jaillira à Hassi Messaoud. La région est assainie. Les rebelles ont perdu leur chef, Baddari, et soixante et onze armes de guerre.

Le 13 octobre 1957, le 1er RCP fait mouvement par la route sur Tiaret pour participer à l'opération A. Le 20, il opère sa jonction avec le sous-groupement Pouget, vers Aflou. Le 24, il rejoint Djelfa puis Aïn Taya.

Le 20 janvier 1958, le 1er REP se portera dans la région de Guelma. L'escadron du 6e RPC quittera Djanet pour rejoindre le gros du régiment. La situation dans les territoires sahariens paraît suffisamment rétablie au commandement supérieur pour qu'il récupère ses précieuses troupes de réserve générale.

Pendant que la 10e DP engage ses régiments dans ces opérations importantes et spectaculaires dans l'Algérois et la bordure nord du Sahara, la 25e DP continue le travail ingrat des actions de détail, par régiments séparés, concentrant l'essentiel de son activité dans le Constantinois où elle a relevé le GP1 dans le courant de l'été 1956.

L'état-major opérationnel du général Sauvagnac est toujours chargé du secteur de Djidjelli. Il dispose du III/11e RIC et du 24e Dragons comme unités de secteur, du 1er RHP et du I/35e RAP. Les deux états-majors de brigade sont dissous. Le 13e Dragons, bien que rattaché à la division, est maintenu en Kabylie à la disposition de la 27e DIA. Le 14e RCP continue à opérer à partir de Boufarik, de l'Est-Oranais à l'Ouest-Constantinois.

Les quatre autres régiments parcourent en tous sens l'Algérie orientale, prêtant leur concours aux opérations de chaque zone, vers El Milia, Tebessa, Collo, par groupe de compagnies ou par régiments entiers.

Le 9e RCP, par exemple, commence l'année 1957 dans le secteur de Batna. Le 18 mars, il participe avec le 2e REP à l'opération E1 destinée à créer dans le massif montagneux et boisé des Beni Melloul un ensemble de pistes opérationnelles et à y détruire l'infrastructure logistique rebelle. Des éléments des secteurs d'Arris, de Biskra et de Khenchela participent également à Echo 1. 1 000 km^2 sont minutieusement fouillés, 36 camps sont détruits en vingt jours d'opérations. Une seule bande est accrochée et Amirouche s'échappe, en raison du peu de discrétion des moyens importants déployés.

Le 17 avril, c'est E4 dans la partie ouest du massif de Belezma. En liaison étroite avec le 7e RTA, dans une végétation de taillis touffus, une bande est entièrement anéantie. Les unités sont si proches que les appuis peuvent jouer. Le PC doit contrôler directement le tir et la progression des compagnies de parachutistes et de tirailleurs qui vont à la rencontre les unes des autres sans se voir et sans apercevoir les rebelles retranchés dans des emplacements individuels camouflés sous les buissons.

Le 19 mai, une opération est montée sur renseignement au nord du djebel El Malou dont certains sommets sont à plus de 2000 mètres. Des éléments locaux du 24e RIC, du 94e RI et du 17e BCP sont mis à la disposition du lieutenant-colonel Buchoud, commandant le 9e RCP. La 2e compagnie donne l'assaut avec un peloton de M-24 du 9e RCA.

Le nettoyage du massif des Beni Melloul est entrepris à partir de juin, dans le cadre de l'opération D3 placée sous les ordres directs du général commandant la ZSC qui doit durer trois semaines et met en œuvre quatre groupements. Le massif constitue un refuge excellent pour les rebelles qui maintiennent en permanence des coupures sur les quatre itinéraires d'accès venant de Bou Hamama, Tkout et Medina. Leur rétablissement demande une journée de travail sur chaque axe et consomme au moins une compagnie de protection.

Le 9e RCP est chargé de prendre pied rapidement dans la cuvette de Sidi Ali et de surprendre les HLL couverts par le système de coupures. Il doit également assurer le bouclage au sud de la cuvette afin d'intercepter les fuyards. La tête de pont conquise et le bouclage en place, les troupes locales pourront alors intervenir et pénétrer dans le massif.

L'opération aéroportée prévue est préparée en liaison avec l'antenne aéroportée de la 10e RM. Un *briefing* général a lieu à Telergma, à J-1, avec le GH2 et les aviateurs.

L'opération se déroule le 18 juin sans incident. Après un quart d'heure de straffing de la chasse, la 4e compagnie est larguée de Dakota par demi-stick sur une zone herbeuse. Le PC et la 4e compagnie sont parachutés un quart d'heure plus tard de Nord 2501. L'avion PC, celui de Suez, dans lequel a pris place le lieutenant-colonel Buchoud, a balisé les deux DZ. Le sous-groupement du commandant Bloch prend ensuite liaison avec les éléments héliportés assurant le bouclage. Les huit Bananes du GH2 sont guidés par l'Alouette du commandant du Puy-Montbrun et le capitaine Lamsfus.

Depuis le 1er juin, la 25e DP assure le commandement civil et militaire de l'arrondissement de Djidjelli et de la zone de Collo. La zone d'opération d'El Milia a été créée le 24 mai pour coiffer les actions se déroulant dans la presqu'île de Collo et dans le secteur de Philippeville. Le 2 juin, le PC avant de la ZOEM s'installe dans l'ancienne gare de El Milia. Le 4 octobre, le GT513 est affecté à la zone. Le 1er novembre, la ZOEM devient le groupe de secteurs opérationnels du Nord-Constantinois. Les régiments parachutistes viennent tour à tour opérer dans la région, deux d'entre eux agissant en permanence avec les unités du secteur.

Depuis septembre, le 8e RPC s'est joint au 9e RCP. Le régiment du lieutenant-colonel Fourcade, qui a été l'un des premiers corps coloniaux à réaliser l'amalgame entre Européens et Africains jusque dans les plus petites unités, vient de se signaler dans le secteur de Tebessa.

Le 8e RPC est initialement chargé de fouiller la partie nord du djebel Kifene dans lequel une forte bande est signalée. La fouille se termine, sans résultat, quand une fusillade crépite au sud. Le colonel demande au général commandant le secteur autonome de Tebessa de démonter sa manœuvre et d'engager ses compagnies au sud au fur et à mesure de leur récupération. A partir de ce moment-là, les unités marchent au canon sans autre idée tactique que la recherche de l'accrochage. A 10 h 30, la CA, qui est parvenue à 200 mètres de la falaise de la cote 1310, essuie des coups de feu. Elle atteint la crête en escaladant la falaise rocheuse, appuyée par deux chars du 6e cuirassiers par une noria de T-6 qui straffent *a priori* en avant des premiers voltigeurs. La 4e compagnie progresse plus au sud. A midi, les deux compagnies sont fixées. Les blessés évacués, les deux compagnies entament le nettoyage qui se poursuit jusqu'à 17 h. Le reste du régiment s'est porté sur la cote 1207. Une section de la 1re puis une de la 3 accrochent violemment. Le sous-lieutenant Lauterfing est tué lors du combat au corps à corps. Appuyée par des chars, la 3 prend en chasse les rebelles sur près de 2 km et les anéantit. La 2e compagnie venant de l'est encercle, vers 15 h 30, un groupe de rebelles dans un ravin et leur donne l'assaut.

A 20 h, les unités regroupées auprès des véhicules font mouvement sur Tebessa. Les HLL ont perdu 135 tués et 7 prisonniers, 99 armes dont deux FM, auxquelles il faut ajouter les 33 autres récupérées par les cavaliers derrière l'échelon d'assaut et qui, très sportivement, seront remises le lendemain au régiment. Celui-ci a perdu 14 hommes tués et 24 blessés.

Dans le secteur de El Milia, le 8e RPC constate comme les autres régiments qu'une bande rebelle ne peut être vraiment exterminée que par encerclement et par l'engagement d'effectifs dix à quinze fois supérieurs. Le colonel Buchoud préconise également l'emploi des canons de 155, supérieurs en efficacité et en portée au 105 HM2.

L'emploi massif des hélicoptères commence également à poser quelques problèmes. En septembre, en Petite Kabylie, une Alouette, trois Piper et 14 Bananes ont opéré en permanence avec les parachutistes.

Ceux-ci ont été les premiers à les utiliser avec efficacité et vont être de ce fait les artisans de leur doctrine d'emploi et de mise en œuvre. De plus, nombreux seront les parachutistes qui rejoindront les rangs de l'ALAT, le colonel Crespin du GH2 en tête, et donneront à cette nouvelle aviation son dynamisme et son agressivité.

Les forces d'Algérie disposent bientôt de deux escadres de l'armée de l'air à la Reghaïa et à la Senia, du groupe no 2 de l'ALAT à Aïn Arnat et du groupe d'hélicoptères de l'aéronavale. Ces moyens sont employés en détachements d'intervention capables d'enlever une demi-compagnie en une seule rotation. Le DIH type comprend un hélicoptère léger de commandement et de guidage, six hélicoptères lourds (Sikorsky H-34 ou HSS, Piasecki H21) et un hélicoptère armé chargé initialement de protéger les zones de poser et qui participe ensuite à l'appui-feu rapproché des « Trosols ».

Le règlement sur l'emploi des unités hélicoportées en maintien de l'ordre en AFN insiste sur le fait que l'hélicotransport, comparable à l'aérotransport des aéroportés, doit être exceptionnel, l'hélicoportage, manœuvre d'assaut, étant de loin le moyen le plus rentable. Ces opérations héliportées nécessitent un accord parfait du binôme transporteur-utilisateur, une adaptation poussée des troupes à l'esprit hélicoporté, des actions rapides et de très courte envergure, un esprit de décision et beaucoup d'imagination. L'analogie de l'esprit hélicoporté avec l'esprit aéroporté est évidente. Cela explique le rôle prédominant des TAP dans la gestation de l'aéromobilité.

Le 3e RPC s'est taillé la part du lion dans l'élaboration de cette doctrine. Ses opérations particulièrement réussies (744 et 745 en février, 962 en mars 1956) ont fait l'objet de dossiers d'études. C'est à ces occasions que le rôle de l'appui aérien, de l'hélicoptère PC, de l'avion d'observation a été précisé. Chaque régiment conserve toutefois un peu de son originalité. Au 3e RPC, les armes lourdes sont maintenues auprès des véhicules, prêtes à être héliportées au premier accrochage, tandis que le 9e RCP juge les délais d'acheminement trop importants et préfère conserver les mortiers et canons sans recul sur un train de mulets.

Quoi qu'il en soit, le tandem hélicoptère-parachutiste va rapidement être considéré comme le meilleur en Algérie. Les parachutistes auront pour eux l'habitude des actions de Choc, un armement léger et puissant, de nombreux postes radio, un fort pourcentage d'officiers et de sous-officiers encadrant une troupe dont l'instruction de base est parfaitement adaptée au travail avec les hélicoptères.

18e RCP

V

LA BATAILLE DES FRONTIÈRES

janvier-mai 1958

L'accession de la Tunisie à l'indépendance a permis au FLN d'y installer en toute quiétude des bases et des camps d'entraînement. Au printemps de 1956, les armes anglaises en provenance d'Egypte commencent à remplacer dans les maquis les armes allemandes et italiennes achetées aux trafiquants de Tunisie ou de Tripolitaine. En octobre, 400 armes passent mensuellement à travers la frontière. Ce trafic modeste est encore entravé par la présence des troupes françaises.

Lorsque le gouvernement français ramène en juillet 1957 la 11e division d'infanterie en Algérie, l'ALN s'empresse d'installer ses bases sur la rocade Ghardimaou, Le Kef, Tadjerouine, Thala, Thelepte, Gafsa. Le trafic passe au cours de l'été 1957 à mille armes par mois. Des détachements de recrues en provenance de l'intérieur sont sommairement instruits dans les camps tunisiens et rentrent sur leur territoire, guidés et encadrés par des rebelles déjà aguerris, armés et chargés de munitions.

Les passages atteignent à l'automne deux mille par mois, dont un dixième seulement a pu être intercepté. De fait, en plusieurs points de l'Aurès, du Nord-Constantinois, de Kabylie, de petites unités commencent à apparaître. A la fin de l'année 1957, la mission principale de la zone de l'Est-Constantinois devient l'interception et la destruction des bandes armées qui traversent son territoire s'étendant sur 450 km de la mer Méditerranée au Sahara.

Au mois d'avril 1957, le général Salan a pris la décision de construire dans la ZEC un barrage électrifié semblable à celui qui vient d'être expérimenté sur 30 km de frontière marocaine. Simple et rustique, il permet de localiser rapidement le point où une coupure est effectuée.

Le 2 octobre 1957, après trois mois et demi de travail, six bataillons du Génie ont achevé le barrage et mis sous tension des haies électrifiées. Le 6 novembre, la seconde haie est terminée. Edifié le long de la rocade Bône-Tebessa sur une longueur de 290 km, le barrage que les journalistes appellent la ligne Morice, comprend deux réseaux de 8 à 9 mètres de large encadrant la voie ferrée et 27 postes électriques.

Plus au sud, six postes radar-canons, un radar associé à une section de canons de 105 mm d'une portée de 17 km, sont construits à partir de la mi-novembre. Cette solution a été adoptée pour des raisons d'économie.

Mais en quelques semaines, les rebelles découvrent les points faibles de ce barrage. Des équipes de passeurs s'entraînent à camoufler les coupures de courant. Le mauvais temps qui sévit cet hiver-là, des débordements d'oueds qui arrachent des pans entiers de barbelés, les effectifs trop faibles affectés à la garde du barrage de nuit, le nombre insuffisant des pistes d'accès, facilitent grandement la tâche de l'ALN.

A la fin du mois de décembre, le commandement de la ZEC dresse un premier bilan. En deux mois, une centaine de franchissements ont été tentés ; trente échecs. 2000 hommes armés sont entrés en Algérie, tandis que plus de trois mille recrues ont rejoint la Tunisie. Ces opérations n'ont coûté que 400 hommes à la rébellion. La preuve est faite qu'un obstacle mal surveillé peut toujours être franchi.

Les bandes doivent néanmoins redoubler de précautions, ne progresser que la nuit, se dissimuler pendant la journée qui suit le franchissement du barrage et ce relativement à courte distance de celui-ci. Enfin et surtout, l'heure, le lieu et l'importance de chaque franchissement sont maintenant rapidement connus de façon précise. Il reste à mettre au point un système d'interception des bandes rebelles basé sur les renseignements fournis par les postes électriques et l'engagement de troupes mobiles réservées.

Le général Salan, commandant supérieur en Algérie, décide en janvier 1958 de mettre à la disposition du général Vanuxem, commandant la ZEC, « cinq régiments parachutistes dont la caractéristique principale est le sérieux et l'application hors de pair avec lesquels leurs colonels remplissent leurs missions ».

Le général Vanuxem propose alors de conduire la manœuvre d'intervention des bandes en arrière du barrage, afin de bénéficier des renseignements précis du réseau électrifié. De plus, quatre mois d'expérience ont permis de constater que les rebelles, bien que suivant des itinéraires nombreux et variés, utilisent toujours les mêmes zones montagneuses. Cela ne dépend d'ailleurs pas de leur volonté. Obligation de se trouver à couvert au lever du jour, distance à parcourir entre le barrage et les zones refuges... c'est la géographie qui commande.

L'articulation des unités et leur souplesse d'emploi constitueront un chef-d'œuvre d'intelligence tactique, dont le premier mérite sera dû au général Vanuxem, on n'y insistera jamais assez.

Les régiments parachutistes sont donc mis en place sur les grands axes de déplacement des bandes de l'ALN. Au nord, le 1er REP basé à Guelma, le 9e RCP à Souk Ahras sont chargés des monts de la Medjerda qui conduisent aux Kabylies par les monts du Constantinois. Au sud, le 8e RPC dans les monts de Tebessa et le 3e RPC basé en Youks, en bordure des Nementchas, barrent la route qui, par les monts du Hodna, conduit des Aurès à l'Algérois. Au centre, enfin, le 14e RCP installé à Aïn Beida prend à son compte la région des plateaux, des petits djebels aux environs de la Meskiana qui permettent de rejoindre l'un ou l'autre des itinéraires.

Les colonels ont toute liberté d'action dans les zones qui leur incombent. Ils peuvent être renforcés sur simple demande, par les bataillons et groupes d'artillerie des unités de secteur. A partir de la fin de mars, d'ailleurs, ces éléments seront mis en permanence à la disposition des régiments parachutistes afin de constituer des groupes mobiles. Leur mission est d'intercepter et détruire les bandes qui franchissent le barrage, mais également de rechercher et anéantir les bandes locales qui les guident et les protègent.

Un commandement du barrage, aux ordres du colonel Boussarie, est chargé de l'alerte des régiments d'intervention et du pistage des bandes qui ont traversé le barrage. Ainsi coexistent deux commandements : celui du barrage et celui de l'adjoint opérationnel de la ZEC, le colonel Craplet, qui coordonne l'action des parachutistes. Les commandants de secteur se trouvent dépossédés de leurs attributions opérationnelles, celle du renseignement exceptée. Mais leur abnégation et leur sens de la discipline contribueront pour beaucoup aux succès des régiments des deux DP et à la réussite de la bataille des frontières.

Au centre du dispositif, sur les plateaux, le 1er Spahis marocains met au point un système de va-et-vient incessant, de jour et de nuit, de jeeps armées, d'EBR, tantôt en mouvement, tantôt en embuscades. Cette herse mobile, procédé bientôt étendu à l'ensemble du barrage, permet au 14e RCP du colonel Ollion de se consacrer entièrement à la lutte contre les bandes locales. La compagnie régionale de la Meskiana est d'ailleurs accrochée le 25 février et détruite en coopération avec le 26e RIM.

Dans les monts de la Medjerda, le 1er REP du colonel Jeanpierre et le 9e RCP du colonel Buchoud mettent au point leur tactique d'interception. Dès qu'un franchissement est signalé, les groupes mobiles encerclent largement la zone où la bande est supposée se dissimuler. Tous les moyens de recherche terrestres et aériens sont mis en œuvre. Dès que la bande est repérée, tous les moyens de combat et d'appui sont concentrés rapidement sur elle, en utilisant au maximum les hélicoptères des deux, puis trois DIH, dont un de la marine, mis à la disposition du secteur opérationnel.

Une bande importante franchit le barrage dans la nuit du 9 au

10 février vers 23 h 15. Le 9e RCP, qui se trouvait en opération avec des éléments des 152e et 153e RIM, se porte à Khemissa, dans la soirée du 10, afin de rechercher sur le pourtour du Kef el Aks la bande qui doit s'y trouver si elle suit le passage habituel par les Rass el Alia et Ouenkel en direction de l'ouest. Dans la nuit, l'artillerie harcèle les itinéraires venant de l'est en direction du Kef.

Le 12, vers 16 h, le colonel commandant le secteur de Laverdure (60e RI) signale que la bande aurait passé la journée dans le djebel Ourès. La journée du 13 est consacrée à fouiller les approches ouest du Kef par lesquelles les HLL ont pu passer, sans résultat. De toute évidence, et cela est confirmé vers 21 h par un renseignement en provenance de la SAS de Hammam N'bails, la bande a pris la direction du nord, au-delà du djebel Gourine. Le bond suivant doit être la forêt des Beni Mezzeline dans le secteur du 1er REP.

Aussi, à 22 h, un message est adressé en urgence flash au régiment voisin afin de l'informer des renseignements obtenus, des hypothèses émises et de lui proposer de traiter en commun la région des Beni Mezzeline. La réponse arrivée au PC du 9 à 4 h 30 donne son accord ainsi que le cadre du montage d'une opération commune.

L'heure du débouché est prévue à 6 h, mais les différents éléments dépendant du 9e RCP doivent être regroupés et briefés. Le régiment quitte la route Guelma-Bône à 8 h, tandis que le 1er REP est déjà à pied d'œuvre plus à l'est, aux environs de Duvivier.

La 2e compagnie du REP a quitté Guelma vers minuit trente. Les légionnaires, une fois débarqués des GMC qui roulaient en black-out, se mettent en place après trois à quatre heures de marche. A 6 h 30, tout est en place. Le régiment connaît bien la forêt des Beni Mezzeline. Au début du mois, il y a accroché et détruit une bande d'une cinquantaine de rebelles.

Vers 7 h, la 3e compagnie du sous-groupement Lilas est prise à partie sur les pentes du Fedj Zezoua par plusieurs armes automatiques. Il n'y a pas de doute, la bande recherchée depuis cinq jours se trouve là. L'escadron atteint la cote 515 et récupère une quinzaine d'armes dont deux MG. Les rebelles sont retranchés dans la falaise à 300 mètres en contrebas de la ligne de crête. Deux T-6, puis deux Mistral et deux Corsair attaquent à la roquette. L'une d'elle arrive en plein sur l'escadron ; 3 officiers sont blessés. La 2e compagnie vient relever l'ER, tandis que la 1re et la CA sont héliportées aux environs de 515 vers 9 heures.

A 15 h, la 2e compagnie reste maître du terrain. Elle a dû être réapprovisionnée à trois reprises en munitions par les H-21 qui se posaient légèrement en arrière de la falaise. Bilan : 47 HLL tués, 4 armes automatiques récupérées. Le REP n'a perdu que 2 tués et 10 blessés.

A la tombée de la nuit, le fond de l'oued Regaga est nettoyé. Le bilan total s'établit à 116 tués, un prisonnier, 10 mitrailleuses, 2 FM,

30 PM, 73 fusils. La fouille du terrain est poursuivie par l'ensemble des troupes jusqu'au 16 février. La bande a perdu 190 tués, 4 prisonniers, 13 mitrailleuses, 5 FM, 42 PM, 117 fusils, des obus de mortiers, 60 000 cartouches. Les forces de l'ordre comptent 16 tués et 42 blessés, dont 5 officiers du 1er REP.

Le même scénario se reproduit à quelque chose près dix jours plus tard, le 23 février. Un franchissement au nord de Duvivier ayant été signalé au colonel Jeanpierre, une action commune avec le 9e RCP est mise sur pied par radio. Tous les sous-groupements se mettant en place pour l'opération prévue ultérieurement sont rattrapés par le colonel Buchoud qui les rejoint en hélicoptère et les oriente vers le djebel Gourine.

Le sous-groupement Lilas du REP engage le combat vers 9 h 30 avec un groupe important de rebelles qui progressait sans méfiance en direction du nord. L'artillerie ouvre le feu et masque l'héliportage du reste du régiment en bouclage.

La violence des combats confirme les renseignements au sujet de Duvivier : la totalité de la bande signalée se trouve en face du 1er REP ; aucun élément n'a dû rejoindre le Gourine. En conséquence, le 9e RCP et le 60e RI sont placés en réserve du REP.

A 19 h, quelques isolés tiraillent encore. Les régiments ont perdu 16 tués dont le lieutenant Maroni du REP et 54 blessés pour 225 HLL tués et 16 prisonniers, 9 mitrailleuses, 8 FM, 187 armes de guerre.

Le 1er REP accroche encore le 3 mars, puis le 6 avec le 9e RCP mais l'insuffisance du bouclage et le mauvais temps permettent à la bande de s'échapper. Le 29 mars, le REP, avec le 151e RIM, intercepte une bande pistée par le 4e Hussards avec un peloton cynophile. Une compagnie du II/3e RTS participe au bilan. Le 31 mars, le 9e RCP accroche dans le secteur de Sedrata une bande locale et lui inflige de lourdes pertes : 61 tués, 8 prisonniers, 53 armes. Le reste de la compagnie, acculé au barrage alors qu'il cherchait à passer en Tunisie, est détruit par le II/60e huit jours plus tard.

Les rebelles suspendent pendant les trois premières semaines d'avril les tentatives de forcement du barrage. C'est en fait pour préparer le plus important franchissement jamais tenté. Des passeurs doivent en principe se prémunir contre les conséquences d'une alerte en creusant sous le réseau électrifié de petites tranchées que les hommes suivront en rampant. Du 22 au 25 avril, 1 300 rebelles quittent leurs bases de Tunisie à destination des Wilayas 2 et 3. Ils sont guidés par des éléments de la Wilaya 4 qui a reçu pour mission de remplacer dans les montagnes, à l'ouest, les bandes locales anéanties depuis le début de l'année.

Le premier franchissement a lieu dans la nuit du 27 au 28 avril à l'ouest de Souk Ahras. Moins de 200 hommes sur les 700 partis de Tunisie réussissent à passer malgré la présence du commandant du 2e faïlek qui a pris la direction des opérations. Harcelés par l'artillerie

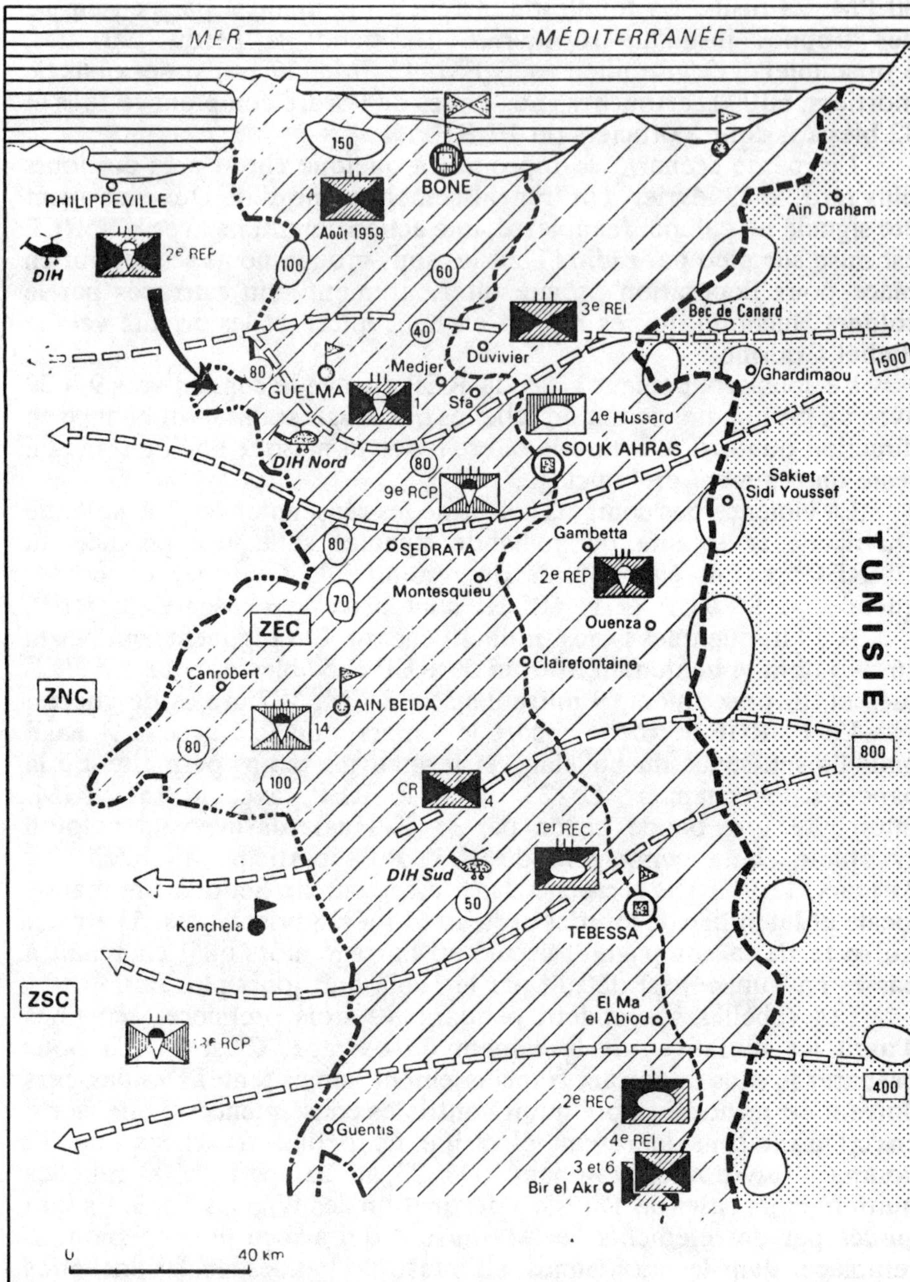

1958. Bataille du barrage à la frontière tunisienne.

et la « herse », ces éléments sont anéantis dans la soirée du 28 par le groupe mobile du 9e RCP.

La nuit suivante, 600 HLL réussissent à passer au sud immédiat de Souk Ahras sans que l'alerte soit donnée. Les tranchées ne sont découvertes qu'à 7 h par une patrouille de routine. Etant donné l'heure déjà avancée et l'incertitude du moment du franchissement et de la direction prise, il est décidé de lancer avec de gros moyens une large opération de recherche systématique du contact dans un rayon de quinze kilomètres autour du point de franchissement. Trois groupements sont constitués, dont deux autour du 14e et du 9e RCP. Le 1er REP est gardé en réserve de la ZEC à Duvivier.

Alors que le ratissage du djebel Tiffech est entrepris, les renseignements, puis des tirs contre des hélicoptères confirment la présence de rebelles du 4e faïlek dans le djebel el Mouadjene au sud-ouest de Souk Ahras. Deux compagnies du 9e RCP sont héliportées par les Bananes du DIH de Sétif auquel s'est joint le DIH de Tebessa, adapté au 14e RCP. Le colonel Buchoud a pris à sa charge la direction des opérations à partir de l'Alouette PGA. Deux autres compagnies sont amenées en renfort vers 16 h, les posers ayant lieu sous la protection permanente de la chasse. La 3e compagnie s'est posée entre deux katibas qui ne se sont dévoilées qu'au dernier moment.

Le GM du 14e RCP reçoit l'ordre de quitter le Tiffech, les deux DIH sont mis à sa disposition. Une demi-heure plus tard, à 17 h 30, le DIH de Guelma amène une compagnie du REP en renforcement de la 2 du 9e RCP. Les compagnies du 14e RCP sont engagées directement en véhicules au fur et à mesure de leur arrivée.

La compagnie Beaumont est encerclée sur le djebel. Les HLL manœuvrent au sifflet comme à la manœuvre. Le capitaine ordonne le regroupement, puis la percée en direction du sud. Grièvement blessé, il maintient la liaison radio jusqu'au bout. La compagnie Gueguen accentue sa pression et permet aux survivants de se dégager et d'échapper à l'encerclement. Mais le bilan est très lourd : la 3e compagnie a perdu 27 tués et 27 blessés dont certains seront achevés sur place par les HLL.

A 20 h, la nuit tombe et le 1er REP arrive. Un bouclage serré est mis en place. Le lendemain, 30 avril, l'ensemble du terrain compris entre la route Souk Ahras-Sedrata et le barrage est nettoyé ; les rebelles sont acculés au barrage. L'effort principal est fourni par le 1er REP tandis que le 9e RCP nettoie le djebel Mouadjene, théâtre des combats de la veille, et récupère une partie de son armement. Au soir, l'ALN a perdu 270 hommes, 10 mitrailleuses, 11 FM, un mortier, 4 armes antichar, 265 armes individuelles...

Un troisième franchissement a lieu dans la nuit du 30 avril au 1er mai. A 9 h 30, le Piper repère des HLL dans le Chabet Abiod. Vingt minutes plus tard, le commando du 153e RIM accroche sur le djebel Dekma. Le 2e REP, qui est arrivé de Philippeville dans la nuit, prend l'affaire à son compte. A 17 h, les rebelles sont complètement encerclés et subissent les tirs de toutes les armes d'appui : mortiers de 81 et 120, canons de 106 sans recul, aviation. A 18 h, le REP donne l'assaut en descendant du Mouadjene. A 19 h 45, l'affaire est terminée.

Le 2 mai à 23 heures, un renseignement signalant 160 HLL à 50 km à l'ouest du barrage, une opération est montée avec les 14e et 18e RCP, ce dernier étant héliporté sur le djebel Besseba après un violent bombardement aérien sur la zone suspecte. 90 rebelles restent sur le terrain.

Le bilan des combats de Souk Ahras est impressionnant : sur les 1300 HLL qui ont quitté les bases tunisiennes, 800 ont pu franchir le barrage ; 160 seulement parviendront à rejoindre la Kabylie et le Nord-Constantinois au lieu du millier attendu par la rébellion.

Au sud de Tebessa où n'existe qu'un médiocre système de surveillance par postes radar-canons, la situation reste mauvaise malgré l'activité constante des 3e et 8e RPC. Le 2e Bureau estime que 1200 à 1500 rebelles ont passé la frontière. Depuis la fin de mars, les secteurs de Tebessa et de Bir el Ater sont placés aux ordres du général Sauvagnac, commandant la 25e DP.

Le 2 avril, une opération est lancée par le 3e RPC sur le djebel Rhifouf à la suite d'un écho radar. La bande est encerclée, deux tentatives de sortie dans la nuit sont repoussées à la lueur des « lucioles ». Le 3e nettoie le terrain appuyé par le 8e RPC. 90 cadavres, sept armes automatiques jonchent le terrain. Le chef de bande et 38 hommes sont faits prisonniers.

Le 5, le GT 513 et trois escadrons du 1er RHP rejoignent la DP. Le 8, le 14e RCP est héliporté par le DIH Marine et le DIH de Batna. La bande encerclée se défend farouchement. Un T-6 est abattu, trois autres sont touchés. Le 8e RPC, le I/60e RI, le 1er escadron de hussards doivent intervenir. Les HLL ont perdu 147 tués, 29 prisonniers, 4 MG-42, une Lewis, 5 FM, 19 Beretta, 103 fusils...

Le 30 avril, le 3e RPC dont le chef, le colonel Bigeard, va prendre le commandement du centre de guerre subversive à créer à Philippeville, rejoint sa base arrière algéroise.

Mais la leçon a porté et la décision est prise de pousser le barrage électrifié jusqu'au sud de Negrine. Les travaux sont terminés le 30 juin sans que l'ALN de Tunisie se soit manifestée. A partir de la fin de 1958, un barrage avant est construit de part et d'autre de Souk Ahras. La frontière est devenue pratiquement étanche. En 1959, les rares tentatives de franchissement échoueront entre les deux réseaux.

Du 20 janvier au 3 mai, l'ALN perd 3320 combattants, 2240 armes dont 220 collectives sont récupérées par les forces françaises. Mais 2700 hommes environ, dont plus des deux tiers ont contourné le barrage par le sud et 200 armes automatiques viennent renforcer les bandes de l'intérieur. En Tunisie, 8000 combattants de l'ALN, dont 4500 des Wilayas de l'Algérois et du Nord-Constantinois, vont attendre l'arme au pied le cessez-le-feu.

Chez les parachutistes, une page est en train également d'être tournée. Bigeard a quitté le 3e RPC, Mayer le 1er RCP, Masselot le 2e REP que va prendre Lefort. Le 29 mai dans l'après-midi, alors que le 1er REP accroche des HLL sur les pentes du djebel Mermera, l'Alouette transportant le colonel Jeanpierre est touchée et s'écrase au sol. Le régiment est frappé de stupeur. Un suprême hommage lui est rendu à Guelma, le 31 mai. Le 9 juin, le 1er REP est relevé par le 2e REP et rejoint Zeralda. En quatre mois, il a mis hors de combat 1275 HLL, récupéré 92 mitrailleuses et 970 armes individuelles. Mais 111 légionnaires ont payé ce succès de leur vie.

Et dans l'annexe de son rapport sur la bataille du barrage « réservée à certains destinataires », le colonel Buchoud insiste sur le « travail d'un commandant de GM assisté d'un seul capitaine et qui, dans une même journée, monte quatre opérations engageant chaque fois une dizaine de compagnies, assiste à trois briefings en des lieux différents, assure la direction de huit héliportages de compagnie, effectue trois à quatre heures de vol en Alouette, déplace trois fois son PC »... Il cite « ce commandant de compagnie qui est posé le 28 avril à 10 h en hélicoptère à 200 mètres des rebelles, leur démolit une section, ramène trois armes automatiques, se trouve engagé à 18 h, embarque en véhicule dans la nuit, fait quatre heures de route, se trouve à minuit à 20 km de là, est engagé au petit jour et démonté à 8 h. Est engagé à nouveau à midi après quatre heures de camion, repris enfin en hélicoptère à 15 h et posé à 20 km de là où il trouve le contact de deux compagnies rebelles ».

Alors que la bataille des frontières se termine à notre avantage et que l'offensive de renforcement de l'armée de libération de l'intérieur vient de ce fait d'échouer, le front subit un autre échec, politique celui-là, dans Alger même. Depuis le 13 mai, des événements graves se déroulent dans la capitale algéroise auxquels la 10e DP, qui assure également le commandement de la ZNA, se trouve intimement mêlée.

1er REP

VI

LES GRANDES OPÉRATIONS

juin 1958-juin 1961

Le 13 mai 1958, des manifestations se produisent un peu partout en Algérie pour protester contre l'exécution de trois prisonniers français en Tunisie. Dans la nuit, un comité de Salut public est constitué à Alger avec le général Massu à sa tête.

Depuis le 10, le 3e RPC du lieutenant-colonel Trinquier a relevé dans la ville le groupement du 6e RPC aux ordres du commandant Balbin. Trois compagnies du 2e sont venues renforcer le régiment. Quant au 1er RCP du lieutenant-colonel Coustaux, il assure initialement la garde des aérodromes des alentours avant de rejoindre le 3e le 21 mai.

Les pouvoirs civils et militaires sont confiés au général Salan tandis que les manifestations d'amitié franco-musulmane se multiplient. Le 22, le 2e RPC du lieutenant-colonel Le Mire, qui a récupéré ses trois unités envoyées dans l'Algérois, est en alerte aéroportée en vue d'un engagement éventuel en Tunisie. Des Nord 2501 arrivent le lendemain à Telergma venant de métropole avec moniteurs et largueurs à bord. Le général Ducournau vient le dimanche de Pentecôte briefer les parachutistes et les équipages des 23 Nord. La garnison de Remada est assaillie par les Tunisiens.

Pendant ce temps, en France, on prépare l'opération « Résurrection » dont le but est de soulever le peuple parisien et obtenir la chute du gouvernement. Le groupement de Vismes, composé de 800 hommes de la BETAP de Pau, doit se poser au Bourget vers 1 h 30 et foncer sur l'Hôtel de Ville et le central international. Il sera suivi une heure plus tard par le 1er RCP chargé d'investir le ministère de l'Intérieur. Aux mêmes heures sont prévus le groupement Chateau-Jobert, 800 parachutistes coloniaux de Bayonne, chargé de la Tour Eiffel et du central militaire Gabriel, et le 3e RPC du commandant Moulié qui doit s'assurer le contrôle de l'ensemble des ministères situés dans le 7e arrondissement. Le général Massu, commandant des troupes, et l'EM de la 10e DP doivent s'installer sur la base de Villacoublay à partir de 2 h 30.

Le capitaine Lamouliatte sert d'agent de liaison entre les conspirateurs de métropole et les insurgés d'Algérie. L'opération d'abord prévue le 28 est reportée au 30. Le 29 mai, le jour où le colonel Jeanpierre est tué sur le barrage, le général de Gaulle est chargé par le président Coty de former un nouveau gouvernement. L'Algérie et la Corse, où le 1er « Choc » a joué un rôle prépondérant dans l' « insurrection », se rallient à la métropole. Le but paraît atteint : le « gouvernement d'abandon » a été renversé et la victoire des partisans de l'Algérie française semble assurée.

Les troupes aéroportées représentent alors, le 1er juin 1958, 34 830 hommes. En haut de la hiérarchie se trouve le général Gilles, commandant des TAP à Paris, avec une antenne aéroportée à Alger disposant de la 114e compagnie de QG et d'un détachement de transmission. Ces deux organes de commandement sont en mesure de mettre sur pied un PC d'OAP mettant en œuvre le volume d'une division parachutiste.

Deux commandos de réserve générale sont rattachés administrativement à la CQG, le commando d'Extrême-Orient et le commando Guillaume. Le premier est formé de montagnards cambodgiens, de Vietnamiens du Sud du 22e RIC de Marnia et de Nungs et Tonkinois du RICM de Tlemcen, autorisés par le gouvernement vietnamien à rester dans les unités françaises avec lesquelles ils avaient combattu. Tous ces éléments sont regroupés en novembre 1956 à Marnia et combattent sur la frontière marocaine.

Fin 1957, le général Salan décide d'appeler auprès de lui les volontaires vietnamiens. Affecté aux TAP, le commando s'installe au camp de Beni Messous le 5 décembre. Après une période de mise en condition, le commando placé aux ordres du capitaine Marietton est mis à la disposition du secteur de Guelma. Intégré au groupe mobile du 1er REP à partir du 10 mars, il participe à toutes les opérations le long de la frontière, notamment le 29 mars dans le Chaba ben Saïd (bilan : 23 HLL tués, 3 mitrailleuses récupérées). Le 15 avril, le capitaine Simon prend la tête du commando à Guelma. Le 22 mai, il vient assurer la garde du général en chef à Hussein-Dey.

Le second commando a été mis sur pied par la brigade coloniale. Le 19 janvier 1957, le lieutenant Guillot est mis à la disposition de la 10e DP avec ses 64 parachutistes. D'abord affecté en surnombre au 2e RPC, le commando, dont le lieutenant de vaisseau Guillaume prend le commandement en février, est rattaché le 12 avril à la 114e CQG. Le 1er juillet, il rejoint Orléansville et la zone Ouest-Algérois.

Deux divisions, les 10e et 25e DP, sont stationnées en Algérie. Il semble que le projet de création d'une troisième grande unité parachutiste en AFN le 1er septembre 1957, à partir des éléments de la 11e DI rentrant de Tunisie, ait été abandonné. Du personnel des 1er et 14e RCP a néanmoins été muté dans le courant du mois d'août au

60e RI en vue de sa transformation en régiment de chasseurs parachutistes.

Le 1er RCP est mis à la disposition du CA de Constantine. Le régiment est encore marqué par les violents accrochages du début de l'année. Le 5 mars, mis à la disposition de la ZSA, il a été chargé de rechercher au nord de Masqueray une bande de la Wilaya signalée comme composée de la compagnie régionale de Si Ali Moustache et du commando Si Azzedine. Le brouillard du petit matin est dense. Les voisins accrochent vers 9 h dans l'oued Safi. Le sous-groupement P (1re et 2e compagnies) accroche une heure plus tard sur les pentes est de la cote 1058. La 1re est stoppée. Le brouillard qui se lève permet de constater que le piton est fortement tenu et que les rebelles disposent d'armes automatiques. La chasse qui intervient à 13 h 30 bombarde par erreur la 1re et le commando. Deux compagnies du 2e RI sont héliportées, deux chars M-24 viennent les appuyer.

A 16 h 30, les 3e, 4e, l'ER et le commando se replient de 1058 sur 1003 pour permettre un matraquage massif de l'artillerie. A 17 h 30, le sous-groupement P enlève l'objectif tenu par le commando Azzedine et la compagnie Si Ladkar. Le lendemain, la fouille du terrain permet de capturer dix recrues cachées dans une grotte. Le régiment a perdu 12 tués et 45 blessés, pour 39 HLL tués, 16 prisonniers et seulement 4 armes récupérées.

Du 21 au 23 juin, le colonel Coustaux commande un groupement composé de son régiment, du 18e RCP et d'une batterie d'artillerie à la limite des secteurs de Biskra et de Batna. Le bilan est maigre. Le chef de corps se plaint des longs déplacements, 800 km en dix jours, qui fatiguent inutilement les hommes, de la discontinuité dans le commandement et le renseignement, du mauvais fonctionnement des transmissions, des mises en place tardives et pas assez discrètes.

Le 28 juillet, le 1er RCP débarque en camion à la station des Portes de Fer. Le faïlek de Choc d'Abd el Kader est signalé dans les Bibans. Le colonel Le Mire, du 2e RPC, dirige l'opération qui rassemble quatre groupements. Les compagnies atteignent les crêtes malgré la chaleur. La 3e compagnie, flanquée par la 1re et appuyée par l'aviation, l'artillerie et la CA, enlève la cote 1005 à 14 h 35. Les rebelles sont bien là. Ils se réfugient sur le piton voisin. A la nuit tombante, les compagnies combattent encore. Le 1er RCP et les deux compagnies de fouille du 2e RCP se partagent le bilan : 56 tués, 17 prisonniers, un sergent-chef rallié, 4 mitrailleuses. « L'état moral, lui, est au mieux. »

Le 2e RPC a fait mouvement sur la Kabylie le 14 juin. Le 16, l'EM opérationnel de la 10e DP arrive à Akbou pour coordonner les activités des 2e et 6e RPC. Le 24, lors d'une opération héliportée à partir du col des Chênes, un chasseur heurte un H-34 qui tombe à pic avec le capitaine Guilleminot et 8 parachutistes. Les régiments reçoivent la mission de regrouper les populations des zones interdites et de construire des villages pour les héberger.

Le 7 juillet, relevé par le 1er REP, le 3e RPC quitte Alger pour être mis à la disposition du secteur de Djelfa et opérer dans la zone tenue par les troupes du « général » Bellounis. Le commandement, devant la dégradation de la situation dans les secteurs de Djelfa et Bou Saada, a décidé de désarmer les 3 000 hommes des commandos du Sud-Algérois.

Les opérations sont menées de manière classique, dans le style bouclage-ratissage ; les moyens rassemblés sont importants : en plus des unités des secteurs voisins, Djelfa voit arriver un bataillon du 5e REI, le 3e RPC avec la 3/20e GAP adaptée, un DIH et le groupement des commandos de l'air.

Le djebel Sahari est traité en priorité : Bellounis est abattu le 16 juillet. Le 29 juillet, c'est le tour du Bou Kahil, repaire de Meftah, ancien du FLN rallié, retourné en dissidence avec Bellounis le 11 juillet, qui dispose de 400 hommes bien armés. La Légion accroche, puis l'escadron de jeeps armées du 3e. La chasse intervient au napalm. Le 28, la bande a perdu 49 tués, 13 prisonniers et 54 armes. Le 11 août, le 3e RPC intervient au profit du secteur de Paul Cazelle dont les éléments sont en difficulté. En quatre heures de combat et avec 2 blessés seulement, le 3e RPC aidé des unités locales anéantit la compagnie rebelle dans le Goulib et Tir. Le 13, le régiment rejoint Sidi Ferruch.

Les commandos de l'air qui viennent d'opérer avec le régiment Trinquier ne sont pas des nouveaux venus. La décision de création a été prise en mars 1956 sous l'impulsion du général de Maricourt, alors commandant de l'air en Algérie. La formation de deux, puis trois centuries de 102 hommes est entreprise. Les premiers volontaires sont rassemblés au camp de Mourmelon pour y subir un entraînement intensif aux ordres du capitaine Meyer.

Chaque centurie, après l'obtention du brevet parachutiste, est accueillie pour une période de deux mois par un régiment parachutiste pour y suivre un stage opérationnel. D'abord répartis en sections constituées au sein des compagnies, les commandos sont ensuite regroupés pour manœuvrer en tant qu'unités. Ce système a été adopté pour pallier la pénurie d'instructeurs qualifiés dans l'armée de l'air et l'impossibilité pour les TAP de fournir ces instructeurs.

C'est ainsi que la 1re centurie opère avec le 3e RPC dans les Nementchas, puis, relevée par la 3e, rejoint le secteur de Djidjelli. La 2e, formée à la Reghaïa, travaille avec le 8e RPC et le 1er RHP en Kabylie. En octobre 1956, les commandos « écoliers » sont jugés opérationnels. Les stagiaires, officiers compris, ont servi deux semaines à l'échelon du groupe, sous le commandement exclusif du chef de section parachutiste. Les deux semaines suivantes, ils ont formé une cinquième section de la compagnie. Accueillis d'abord avec curiosité, les commandos de l'air forcent bientôt la sympathie des anciens. C'est parmi les parachutistes qu'ils vont connaître leurs premières pertes, c'est par eux qu'ils vont recevoir leurs premières citations.

En avril 1957, les trois commandos parachutistes de l'air 10, 20 et 30/541 prennent officiellement le titre de groupement des CPA. Le lieutenant-colonel Coulet en prend le commandement ; il est secondé par le commandant Meyer. Deux sont basés à la Reghaïa, un à Boufarik auprès des unités de H-34. Un quatrième commando est en cours de formation. Le projet de création d'une centurie lourde équipée de 75 sans recul et de mortiers a été abandonné.

C'est en effet la tendance de l'intervention légère et rapide qui l'emporte plutôt que l'action en bataillon constitué. Le GCPA devient unité d'intervention héliportée du CA d'Alger et, à ce titre, participe à toutes les grandes opérations de ce territoire.

Le 3e RPC a repris le chemin de la Kabylie pour traquer Amirouche dans l'Akfadou, démanteler l'OPA et préparer le référendum du 26 septembre. Le 25 octobre, les 3e et 6e RPC et deux batteries du 20e GAP, renforcés de nombreuses unités de secteur aux ordres du colonel Mayer, sont engagés pour rechercher et détruire les bandes rebelles opérant de part et d'autre de la crête du Djurdjura. Le 3e RPC accroche le 27 dans la région de Tizi Tifra la compagnie régionale 324. Le « colonel » Amirouche a été manqué de peu.

Le 17 novembre, le général Massu commandant la 10e DP et la ZNA lance l'opération « Couronne 1 » dans les secteurs d'Aumale et de Palestro. Le 3e accroche avec le 5e BTA sur la cote 878. Si Azzedine, chef militaire de la Wilaya IV, est capturé le premier jour. La Katiba 412 est détruite, une quinzaine d'HLL réussissent à s'enfuir. Un élément de la Katiba 414 est bombardé dans l'oued Agrib puis accroché par le 6e RPC. Le commando zonal 41 « Ali Kodja » est accroché sur la cote 635 en fin de journée et réussit à se replier dans la nuit. La Katiba 413 est prise à partie par la chasse près de Sidi Salem et perd 35 tués devant le 5e BTA et la 5e compagnie du 3e RPC. Selon les renseignements de prisonniers, le commando zonal et la Katiba 411 protégeaient une réunion importante des chefs des Wilayas III et IV.

Le 1er REP a quitté Alger et rejoint Mascara le 13 octobre. Dès le 14, il accroche au sud de Charrier. Le 20, il opère en liaison avec le 5e REI du côté de Dominique Luciani. Le 10 novembre il part pour Géryville, puis Aflou. Il y retrouve le 1er RCP mis également à la disposition du CA d'Oran depuis le début du mois. Il pleut, les pistes sont souvent impraticables, les cartes à trop grande échelle plus qu'imprécises. Les parachutistes découvrent les charmes du djebel Amour dans lequel gravitent une katiba et deux commandos.

Le 1er RCP a déjà accroché une bande le 5. Le 18, il quitte son bivouac au lever du jour. La fouille de l'oued Morra, gorges

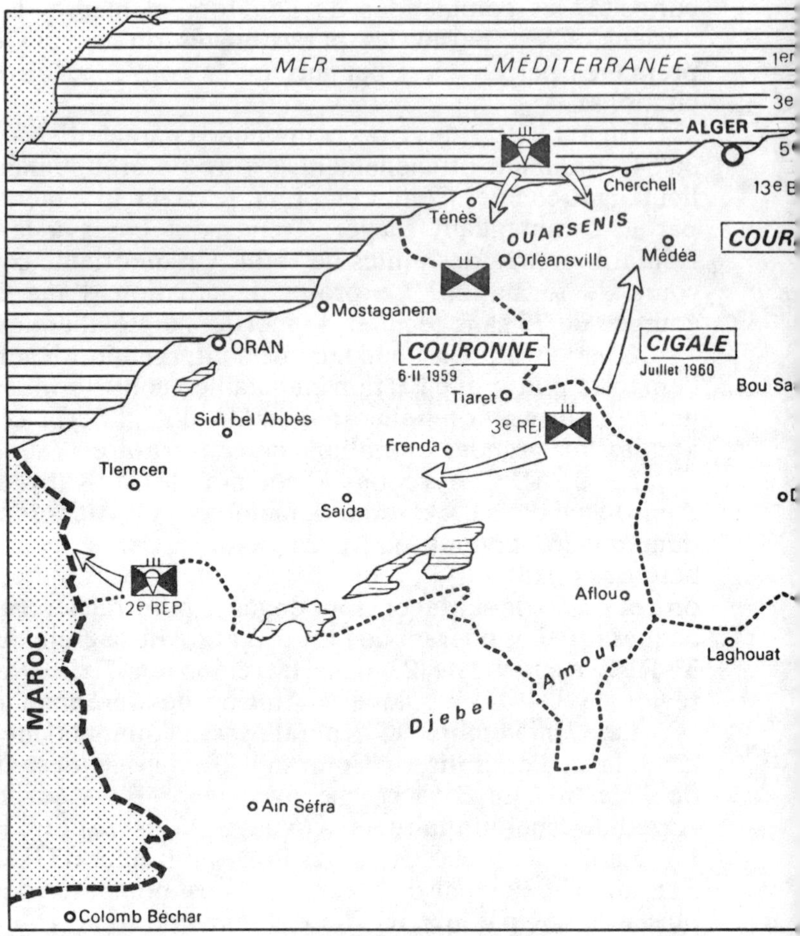

1959 et 1960. Les grandes opérations du plan Challe.
Assainissement des zones rebelles traitées les unes après les autres par l'ensemble des Forces d'intervention disponibles.

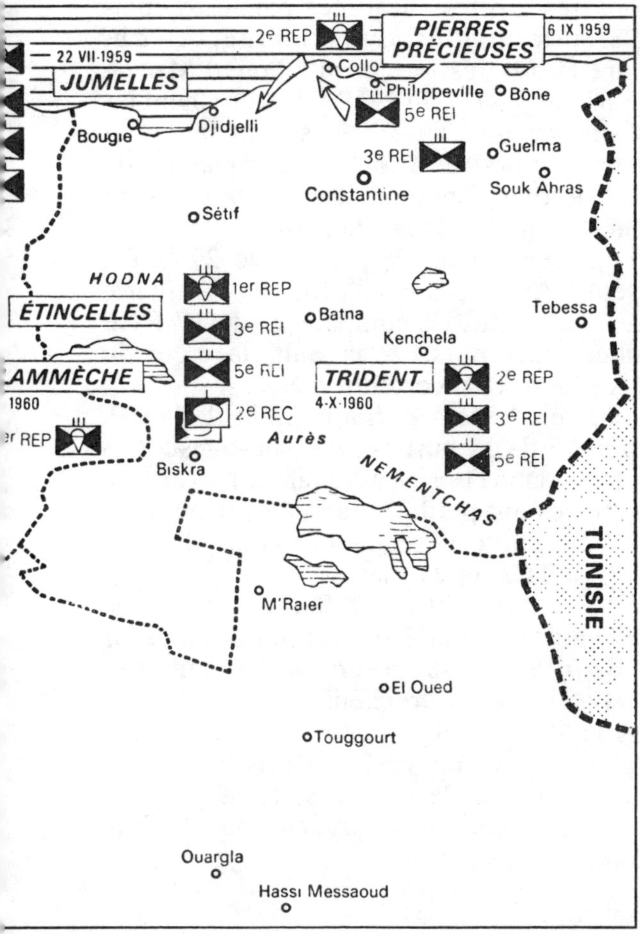

2e REP
PIERRES PRÉCIEUSES
6 IX 1959
22 VII-1959
JUMELLES
Collo
Philippeville
Bône
5e REI
Bougie
Djidjelli
3e REI
Guelma
Constantine
Souk Ahras
Sétif
HODNA
1er REP
ÉTINCELLES
3e REI
Batna
Tebessa
Kenchela
AMMÈCHE
5e REI
TRIDENT
4-X-1960
2e REP
1960
2e REC
3e REI
er REP
Aurès
5e REI
Biskra
NEMENTCHAS
TUNISIE
M'Raier
El Oued
Touggourt
Ouargla
Hassi Messaoud

profondes recelant de nombreuses grottes encadrées par les djebels Metna et Mokna couverts d'arbustes touffus, est entreprise. A 12 h, l'ordre est donné de reprendre la progression jusqu'à l'oued Mzi. A 12 h 15, la 4e compagnie et une compagnie du 29e BTA accrochent les HLL fortement retranchés sur les lignes de crêtes. L'aviation et l'artillerie interviennent pour permettre à la 1re compagnie de déborder la 3 sur sa droite et de fixer l'ennemi. La 2 et la CA sont poussées sur roues au sud-ouest afin de boucler la zone.

Aucun renfort ne peut intervenir ; le 1er RCP et le 29e BTA doivent se débrouiller tout seuls. Appuyées par l'aviation, l'artillerie et les armes lourdes du régiment, toutes les compagnies du 1er RCP mènent des assauts particulièrement durs. A la nuit, la crête du Mokna est prise. Le 29e BTA n'a pu avancer d'un mètre.

Le 5e REI arrive à marche forcée vers 20 h à hauteur de la CP. Les HLL s'infiltrent à la tombée de la nuit vers le sud-ouest. Les évacuations sanitaires continuent dans l'obscurité, malgré l'étroitesse des DZ d'hélicoptères. Les rebelles ont perdu 71 tués, 14 prisonniers, 29 armes, mais la Gaada d'Aflou a coûté au régiment 14 tués, dont les lieutenants Doucet et Delafon de la 3, et 24 blessés.

Le 2e RPC et le 1er REP se retrouvent à Aïn Sefra au début de décembre. La 4 et la CP du 2e qui devaient être parachutées à partir de Blida dans le djebel Beni Smir, se posent à Béchar. Les compagnies y sont héliportées le 11 et y accrochent.

Signe des temps, depuis le 1er décembre, les troupes coloniales sont devenues « troupes de marine ». La BEPC a pris le titre de brigade de parachutistes d'outre-mer et le G 1 s'est transformé en GIBPOM. En Algérie, les RPC sont maintenant appelés des RPIMa, régiments parachutistes d'infanterie de marine.

* * *

Le général Challe, aviateur, ancien major général des armées, arrive à Alger le 18 octobre 1958 et prend les fonctions d'adjoint interarmées. Le 18 décembre, il succède au général Salan qui a déjà cédé la délégation générale qu'il détenait depuis les événements de mai à un civil, Paul Delouvrier.

Le 22 décembre, la directive no 1 que l'on baptisera le « plan Challe » est adressée aux forces terrestres, aériennes et maritimes. Un bilan est dressé des actions passées ; on y constate le caractère non définitif de la pacification en profondeur par suite du voisinage de zones refuges rebelles et le renforcement du potentiel extérieur de l'ALN. Pour ramener la totalité de la population sous le contrôle des forces françaises, il faut donc maintenir l'étanchéité des frontières et, dans le champ clos ainsi créé, poursuivre la destruction des bandes et de l'organisation politico-administrative.

La chasse aux bandes sera entreprise par des unités légères

spéciales, les commandos de chasse, à base de harkis, appuyées par les unités d'intervention de secteur, les DIH et l'aviation. Dans les zones de l'Atlas tellien ou des montagnes côtières où ce procédé sera insuffisant, un effort plus considérable sera entrepris par l'emploi de moyens de réserve générale. Les troupes de secteur devront s'employer, une fois la zone nettoyée, à la préserver de tout foyer d'infection. L'effort sera porté sur l'Oranie, puis l'Algérois et le Constantinois. La destruction de l'OPA sera menée de pair avec la destruction des bandes en utilisant les méthodes du contre-espionnage opérationnel. Pour ce faire, des détachements spécialisés du centre de coordination interarmées seront mis en place jusqu'à l'échelon secteur.

L'amélioration du rendement sera recherchée par la réorganisation du commandement et de la structure des unités. Le quadrillage devra être maintenu sur toute la surface contrôlée. A l'échelon secteur, un commando de chasse et un élément d'intervention devront être constitués ; à l'échelon corps d'armée, une réserve d'éléments héliportables sera disponible sur alerte pour intervenir au profit des commandos de chasse ou des barrages. Les unités de réserve générale seront conservées pour les missions d'assainissement dans les Atlas tellien et saharien.

Ces dispositions ne sont pas nouvelles, mais elles ont l'avantage d'être généralisées et explicitées. Elles devraient empêcher chacun de mener dans son coin la guerre qu'il juge la plus efficace.

Comme pour la création de l'ALAT, de nombreux parachutistes participent à la mise sur pied des commandos de chasse. En Oranie, par exemple, le chef de bataillon Tourret prend en charge le stage de formation des cadres au C1 de contre-guérilla d'Arzew. A Saïda, le capitaine Grillot crée avec d'anciens fellagha le commando « Georges » sous l'impulsion du colonel Bigeard qui vient de prendre le secteur après avoir cédé en août 1958 le centre d'entraînement à la guerre subversive au colonel Buchoud. A Martimprey, c'est le lieutenant Josz qui opère dans les monts de Frenda avec « Bernard ».

Chaque commando doit marquer une katiba ou un élément rebelle organisé. Les procédés utilisés doivent être ceux des HLL et en dehors des zones fortes de la rébellion. Leurs déplacements seront liés à ceux des bandes. Ils peuvent également agir dans le sillage d'une grande opération.

Le procédé du « chouf » a notamment été mis au point en 1958 par le commando expérimental du capitaine Morel, du CATAC n° 1. La trentaine d'hommes, dont dix fellagha ralliés, est d'abord instruite chez le colonel Bigeard, à Philippeville. Puis elle participe à des posers en pleine zone rebelle, par équipes de 4 à 6 hommes agissant à un ou deux kilomètres de distance. Les renseignements retransmis au PCA permettent soit l'intervention feu de l'aviation, soit l'héliportage d'un commando. L'unité devient en février 1959 le CPA 50 et est intégrée au

GCPA. Il est envoyé à Colomb-Béchar pour participer à la destruction des caravanes d'armes en provenance du Maroc. Le CPA 40 s'est entre-temps spécialisé dans l'appui sur hélicoptère et met en œuvre, à bord des H-34 « Pirates », les canons de 20 mm à tir rapide. Un Pirate travaille généralement avec trois autres cargos ; il est guidé par une Alouette 2 dans laquelle « Félix », le colonel Brunet, conduit la mission d'assaut découverte.

Le plan Challe fait également la part belle aux TAP qui, constituant l'essentiel des réserves générales, vont pouvoir donner le meilleur d'elles-mêmes. En août, le lieutenant-colonel Coustaux ne déclare-t-il pas dans un de ses comptes rendus : « Depuis douze ans et très régulièrement, les opérations dites " d'envergure " sont condamnées. Depuis douze ans et très régulièrement, elles réapparaissent (...) L'opération à 9 bataillons prévue pour un jour est à proscrire. En revanche, l'opération à 9 bataillons à engager successivement sur une longue période de quinze jours minimum, voilà la véritable opération d'envergure, celle qui recherche et précise le renseignement opérationnel, prend le contact, marque l'adversaire, renouvelle sans arrêt ses effectifs et ses formules puis, au besoin, plaque tous ses moyens dans la zone d'accrochage (...) Il faut notamment pour les parachutistes prendre le pouls de l'adversaire, s'habituer à la région et enfin seulement détruire... »

Les grandes opérations débutent en Oranie, région que le général Challe juge la plus facile, celle où l'implantation rebelle est la moins dense et où l'application de méthodes nouvelles ne doit pas poser d'emblée de problèmes trop ardus. C'est aussi celle qui exige le moins de moyens, car cinq régiments seulement ont pu être dégagés des autres corps d'armée.

Le 6 février 1959, l'ensemble de Saïda, de Frenda et de la partie occidentale du Dahra et de l'Ouarsenis est investi. Aux troupes du CAO du général Gambiez est venue se joindre la 10ᵉ DP commandée par le général Gracieux depuis le 3 et qui a quitté la ZNA pour passer réserve générale à la disposition directe du commandant en chef.

Le groupement opérationnel de la 10ᵉ DP doit opérer dans les secteurs d'Orléansville, Inkerman (5ᵉ REI, 2ᵉ RPIMa et une batterie du 20ᵉ GAP), Ténès (1ᵉʳ REP et une batterie du 20ᵉ GAP) et Tiaret. Le 3ᵉ RPIMa est engagé avec la 3ᵉ batterie du GAP dans le secteur de Frenda où il s'épuise à chercher en vain le renseignement en liaison avec les compagnies du 5ᵉ GCP. Le 24, toutefois, il s'empare du service liaison-renseignement du PC de la zone 6 disposant d'un AN/GRC 9. Le 5 mars, il rejoint la DP dans l'Ouarsenis.

Deux compagnies du 6ᵉ RPIMa, le commando Guillaume et les commandos de l'air « Manoir » et « Martel » participent également aux opérations dans le Nord. En deux mois, toute la zone est en partie nettoyée, la moitié des HLL ont été mis hors de combat, toutes leurs armes récupérées.

Après l'Oranie, c'est le tour de l'Algérois. L'opération « Courroie » se déroule du 18 avril au 18 juin contre la Wilaya 4, dans l'Ouarsenis algérois et la couronne autour d'Alger, sur le territoire du CA d'Alger du général Massu. Le 3e RPIMa installe sa BOA à Lamartine ; le détachement aéroporté qui n'a pu sauter du fait des mauvaises conditions atmosphériques rejoint en camion. Les compagnies « nomadisent » et accrochent la Katiba 431 le 27 avril, puis la 543 le 13 mai. Celles-ci ont perdu leur esprit combatif et les armes manquent. Le 2e RPIMa opère dans la région de Boghari, le 1er REP du côté de Molière et de Cherchell.

Les résultats sont moins bons qu'en Oranie, car le rebelle a su se fractionner et courir plus vite. Le potentiel adverse est jugé comme réduit à 40 %. Mais il est temps de songer à s'attaquer à la Kabylie avant la saison pluvieuse et l'opération « Courroie » est interrompue.

A la demande du CA de Constantine, une opération est montée dans le Hodna par lequel se font les liaisons entre les Wilayas 3 et 1. Dans la nuit du 4 au 5 juillet, les réserves générales en route pour la Kabylie sont détournées. L'opération « Etincelle » dure sept jours. La chaleur est épouvantable, les dénivelées de 500 mètres sont courantes, les hélicoptères servent surtout à apporter de l'eau. La totalité de la 10e DP, à l'exception du 13e RDP toujours avec la 27e DIA, y participe. Elle est réunie pour la première fois depuis les opérations de Suez. Les moyens rebelles sont estimés réduits de 50 % et la Wilaya 3 est maintenant isolée.

Le 22 juillet, après dix jours de repos et de remise en condition, la presque totalité des unités de réserve générale est engagée dans l'opération « Jumelles » déclenchée sur la zone à cheval sur les CA d'Alger et de Constantine. Le général Challe en prend personnellement la direction et installe son PC « Artois » au col de Chellata, en plein Djurdjura. La 10e DP en assure le soutien et le fonctionnement. Une forêt d'antennes lui permet de rester en liaison avec tous ses subordonnés et d'obtenir l'intervention de la chasse et des trois commandos associés aux trois DIH de l'armée de l'air en moins de quarante-cinq minutes.

Le général Faure, commandant la ZEA et la 27e DIA, a implanté son PC en forêt d'Akfadou où le 6e RPIMa, aux ordres du chef de bataillon Balbin, a été parachuté le 22 en lever de rideau. C'est ce fameux 6e qui, aux ordres du lieutenant-colonel Ducasse, est intervenu dans la région de Djelfa et a mis hors de combat 200 HLL le jour de Pâques ; parmi les morts du djebel Tsameur, on a trouvé le grand chef kabyle Amirouche, vêtu d'une tenue camouflée : la 2e compagnie du capitaine Mademba Sy venait de venger le capitaine Graziani et les 34 parachutistes tombés le 6 janvier 1959 près de Tizi Ouzou.

Les moyens engagés sont considérables : trois régiments de Légion, trois bataillons de tirailleurs, un bataillon de marche de la demi-brigade de fusiliers marins, un DIH de l'ALAT, trois régiments de la 25e DP, les commandos de l'air adaptés aux H-34 et, bien sûr, la 10e DP avec son peloton avions, le GAP et ses cinq régiments d'infanterie. Les moyens génie, transmissions et artillerie sont dispensés en conséquence.

Le 1er RCP connaît bien la Kabylie, il y « grenouille » depuis le début de l'année avec le 6e RPIMa ; il a jeté le désarroi en zone 4 après quatre mois de travail patient au milieu des villages pour anéantir l'OPA. Cela lui permet d'accrocher la Katiba 341, le 5 mars, à l'est de Bordj Menaïel, puis la 321, le 22 mars. Ce jour-là, la katiba est prise au piège dans son repaire de la Maison de Pierre. Le colonel Coustaux est blessé et doit être évacué. Quatre jours plus tard, le régiment se heurte à une katiba des Aurès venue en renfort dans la zone, puis il est entraîné dans le tourbillon des opérations « Couronne », accrochant la Katiba 414 dans le djebel blidéen.

Après quinze jours de larges mouvements, l'opération « Jumelles » entre dans une phase plus statique : les régiments reçoivent une zone d'intérêt à traiter en liaison avec les troupes de secteur. Le 2e RPIMa s'implante à Tigzirt, le 1er REP sur les pentes nord du Djurdjura, près du col de Tidourda. Le 2 août, le 3e RPIMa, aux ordres du chef de bataillon Bonnigal, le colonel Trinquier ayant rejoint le secteur d'El Milia, est mis à la disposition du secteur de Bougie.

« Pour nos troupes, c'est le temps de la patience qui commence, des embuscades, des sorties incessantes de nuit comme de jour : travail fastidieux, épuisant (...) On peut voir un farouche capitaine du 1er REP diluer lui-même la poudre de lait au creux d'une bassine... » Les régiments tournent à l'intérieur de la zone, le 1er REP descend par exemple dans la plaine vers Boubehir, tandis que le 2e RPIMa monte au col de Tagma. Les compagnies tournent pour continuer à contrôler les villages maintenant pacifiés en apparence. Le 24 novembre, le 2e RPIMa accroche dans le brouillard et la pluie et tue 21 HLL armés. Le 19 décembre, dans la région d'Iffira, le lieutenant Pasteau du REP tombe en attaquant un refuge rebelle... Les régiments quittent parfois la zone « Jumelles » pour faire une escapade plus à l'ouest ou laisser reposer une compagnie en base arrière.

Le 17 octobre, la 10e DP fait le bilan. La Wilaya 3 est en train de s'asphyxier, le quart des bandes a été anéanti avec le tiers de l'OPA. 2 245 tués, 149 ralliés, 1 073 prisonniers, 1 127 OPA arrêtés, 3 mitrailleuses, 17 FM et 344 armes de guerre récupérées. Vue du PC Artois, la manœuvre s'est déroulée en trois phases. Du 22 juillet au 8 août, l'opération « Pelvoux », aux ordres de la ZEA, s'est attaquée aux zones refuges de la Grande Kabylie (Bou Naaman, Akfadou, Djurdjura), tandis que l'opération « Mont Viso » menée par la ZOC à l'est de la Soummam et au sud de la RN5, permettait le cloisonnement de la première zone d'action.

L'effort est porté à partir du 11 août sur la partie ouest de la

Petite Kabylie entre Bougie et Kerrata. « Mont Viso », renforcé par trois unités de réserve générale, dispose alors de huit unités à égalité avec « Pelvoux » qui vient d'être diminué. Puis, le 17 août, la médiocrité des résultats obtenus au cours des deux premières phases contre les bandes ou l'OPA incite le général Challe à abandonner les opérations en force et à généraliser le travail en surface indispensable pour maintenir l'étouffement de la Wilaya kabyle. L'adversaire refuse en effet le contact et se disperse, le renseignement fait défaut.

Le dispositif de « Jumelles » subit alors un remaniement profond. En ZEA, les secteurs de Dra el Mizan, Tizi Ouzou, Azazga, Fort-National et Bouira bénéficient chacun de l'action d'un régiment de réserve générale (deux pour Bouira). En ZOC, le même appoint est fourni aux secteurs d'Akbou, Sidi Aïch, Lafayette et Bordj bou Arreridj, le secteur de Bougie conservant trois unités (18e RCP, 3e RPIMa et 29e BT) en raison du déclenchement de « Rubis » en ZOC par les éléments de la 25e DP. Le PC conserve une réserve de douze compagnies à proximité des trois DIH, capables d'intervenir rapidement sur l'ensemble de la zone. Il se garde également la possibilité d'exploiter directement par l'intermédiaire du PC tactique de la 10e DP certains renseignements si ceux-ci dépassent les moyens d'un secteur.

Début novembre, en effet, le général Challe étend vers l'est la zone traitée en engageant la 25e DP dans le secteur de Kerrata. Depuis le 20 août, la division a été relevée à Tebessa par la 7e DMR qui a pris à son compte le groupement opérationnel des secteurs du Sud (Tebessa, Clairefontaine, Aïn Beida) constitué au mois d'avril. Grande unité de réserve générale, la DP est mise à la disposition du CAC pour emploi.

Le 21, l'état-major s'installe à Saint-Charles, un PC planning à Constantine. Le général Ducournau à pris la suite du général Sauvagnac depuis le 26 novembre de l'année précédente. Rivé à Tebessa, il a vu ses régiments continuer à opérer en tous sens dans le Constantinois.

Le 18e RCP, par exemple, a parcouru avec ses véhicules organiques 1 852 371 km en 1958. Il a participé à 108 opérations tout en se déplaçant pendant 254 journées et perdu 45 tués, 121 blessés pour un bilan de 250 HLL tués, 194 prisonniers et 192 armes récupérées dont 9 collectives. Sa situation est assez typique de celle de l'ensemble des régiments de la DP. Bien que dépendant organiquement de la 25e DP, il est mis successivement à la disposition des divers généraux commandants de zone, voire des commandants de secteur auxquels il est rattaché pour une opération déterminée.

En juin 1958, ses services administratifs sont en base arrière à Philippeville en ZNC. L'EM et la CCS se trouvent à Batna en ZSC (PC annexe et services à Soukiès dans le groupe de secteurs de Tebessa). Le régiment opérationnel bivouaque en ZEC à la Meskiana avant d'être engagé dans une opération dans les Aurès sur le territoire de la ZSC.

Le 2e REP, un peu plus stable, partage son temps entre Philippeville et Guelma. Le 26 avril 1958, il participe dans le secteur d'El Milia à l'opération « Roméo 50 » dirigée par le commandant de la ZNC. Trois groupements, dont le 18e RCP, manœuvrent à pied, tandis que les compagnies du REP et du 14e RCP sont en réserve héliportée.

L'héliportage commence dans les Beni Sbihi vers 7 h, les unités du 2e REP devant passer aux ordres des trois groupements à pied vers 8 h 30. A 9 h, le commandant Masselot décolle en Alouette pour surveiller la cote 1114 où sont signalés des mouvements suspects. A 10 h 30, la CP repère une vingtaine de rebelles se dirigeant vers l'est. Un tir de mortiers de 120 est déclenché sur la cote 764. La 2e compagnie accroche peu après sur ce piton et la 1re vient la renforcer vers midi. La 3e est regroupée sur la cote 860 afin d'être héliportée, elle est relevée par la CP qui s'installe en bouclage sur la ligne de crête. La 2 est toujours à 60 mètres des HLL retranchés dans les rochers. L'aviation intervient, la 1re arrive sur la cote 608 tandis que l'ennemi essaie de rompre l'encerclement en fonçant vers le nord. La 3e compagnie est en effet prise à partie vers 15 h par des tirs d'armes automatiques. A 17 h 40, le PC se porte sur la cote 998 et une heure plus tard, l'assaut coordonné du PC par le commandant Caillaud est lancé. Les 1re et 2e compagnies attaquent vers le nord, tandis que les 3e et 4e viennent à leur rencontre du nord-ouest et du nord-est. Les unités progressent chacune à leur tour afin de ne pas se gêner. Un tel mouvement concentrique tout en tiraillant et débusquant les HLL à l'affût n'est possible que grâce à la parfaite discipline et à la cohésion de tous les cadres et légionnaires du régiment. A 19 h 10, la crête est occupée. Le terrain est fouillé le lendemain. On dénombre 199 cadavres, dont celui du chef de la Nahia de Constantine ; la 2e a récupéré 3 mitrailleuses et 3 FM. Le nombre total des armes récupérées s'élève à 27 armes automatiques et 63 armes individuelles. Le REP, les 14e et 18e RCP qui assuraient le bouclage lointain, n'ont subi que des pertes faibles.

Trois jours plus tard, les fêtes de Camerone sont interrompues à la suite d'un franchissement du barrage dans la région de Souk Ahras. Le régiment passe en réserve de la ZEC, en alerte au profit du barrage. Le 1er mars 1959 il intervient à nouveau, un passage ayant été tenté du côté de Gambetta. Le colonel Lefort prend à son compte l'interception, les compagnies sont héliportées tandis que la CP va renforcer les éléments de la herse. La 2e compagnie accroche une première fois dans un fond de thalweg, tue 11 rebelles et récupère 10 armes ; la CA et la CP tiraillent dans leurs secteurs ; le capitaine Bourgin est tué. La 2e compagnie accroche à nouveau le lendemain pendant la fouille des pentes sud de l'oued Bou Salah. La bande est anéantie avant d'avoir pu franchir le barrage.

Le 23 juin, une autre bande est interceptée dans les orangeraies des environs de Bône. Un important matériel est récupéré, dont trois postes de radio AN/GRC 9, avec 29 HLL tués et 10 prisonniers. Mais entre les accrochages, vers Batna, El Kantara, Philippeville, ce sont les tâches ingrates « où les résultats ne compensent pas les fatigues qu'occasionne une suite ininterrompue d'opérations qui ont pour but la recherche des derniers reliquats rebelles encore implantés dans la région mais qui refusent obstinément le combat ».

Au début du troisième trimestre, à l'occasion du déclenchement de l'opération « Pierres précieuses », le 2e REP rejoint les autres régiments de la 25e DP qui opèrent depuis juillet dans le cadre de « Jumelles » : 1er RHP, 18e RCP et 8e RPIMa.

Le 8e RPIMa a également opéré sur l'ensemble du Constantinois, se distinguant en 1958 au djebel Tarf où le capitaine Romer est tué le 10 janvier, en 1959 dans les secteurs de Morsott et de Mila. Le 11 février, aux ordres du chef de bataillon Kohler, le GM 8 participe à l'interception d'une bande de 200 HLL qui a franchi le barrage électrifié. La 2e compagnie accroche à 9 h 30, le capitaine Biancamaria est blessé. Un rebelle fait prisonnier par la CA signale que la bande s'est scindée en deux. A 13 h, tout le régiment accroche sur le djebel Metloug, près de la cote 1094. Les unités de secteur arrivent à la rescousse, les blindés du REC tirent à priori et gênent la progression des sections de fouille. L'accrochage a duré de 8 h du matin à la tombée de la nuit ; les rebelles, qui ont été surpris grâce au brouillard, laissent sur le terrain 56 tués, deux FM, deux LRAC, un mortier et 49 autres armes. Le régiment n'a perdu qu'un tué et 20 blessés.

Le 22 mai suivant, le régiment du lieutenant-colonel de Seguins-Pazzis quitte Philippeville en direction de Grarem. Trois compagnies sont héliportées le lendemain à partir de 6 h 30. Une heure plus tard, la CP et les 3e et 4e compagnies rencontrent les premières résistances dans les grottes du djebel Mcid Aïcha. Un groupe de 106 sans recul, puis une équipe de destruction de grotte sont héliportés au profit de la 4e. La 2e accroche à son tour à 14 h et est stoppée. Les unités tentent la réduction des résistances, mais le manque de matériel adapté à la mission ne le leur permet pas. A 15 h, un Dassault équipé de SS 11 vient travailler au profit des 2e et 3e compagnies. La CA se met en place, mais en dépit des tirs de 57 sans recul et de SS 11, aucune des grottes ne peut être réduite avant la nuit. A 22 h, les HLL tentent une sortie en poussant des femmes devant eux. Le chef de la Katiba réussit néanmoins à disparaître dans l'obscurité.

La fouille se poursuit les deux jours suivants, la CP et la 4e nettoyant les grottes. La bande a perdu 22 tués et 74 prisonniers avec 25 armes seulement. L'opération a montré l'insuffisance des moyens (hélicoptères, équipes de grottes, armement lourd d'appui) affectés aux petites actions de secteur.

L'opération « Rubis » est déclenchée le 6 septembre. Elle est suivie par « Saphir » le 19 octobre. Le PC du Secteur opérationnel temporaire se déplace de Tamesguida à Selma. Le 1er novembre, le PC « ops » de la 25e DP quitta la base arrière de Saint-Charles pour s'installer au poste de Beinen. Le général Ducournau prend à sa charge la ZOT ouest dépendant de la ZNC. L'opération « Turquoise » débute le 3 novembre.

Laissant la 10e DP opérer sur la Grande Kabylie, le général Challe attaque la Wilaya 2 avec la 25e DP et la 11e DI qui prend à son compte les secteurs de Collo et Philippeville.

Les régiments de la 25e DP sont déjà à pied d'œuvre, renforcés par les moyens de la ZOC. L'action de force initiale n'a pas donné les résultats escomptés, les trois Katibas de la Nahia 211 n'ont pas été accrochées sérieusement. Comme pour « Jumelles », le travail de détail en profondeur est à reprendre également en Petite Kabylie. La zone d'action s'étend plus à l'est de « Saphir », le 2e REP et le 9e RCP dans le secteur Djidjelli, le 8e RPIMa et le 18e RCP dans celui d'El Milia et le 14e RCP à Tessala, dans celui de Mila. Le 1er RHP est implanté à Djemila.

La vie des régiments se déroule, semblable à celle des corps de la 10e DP. Coups de main sur renseignement, travaux de pistes, visites d'autorités, contrôles et regroupements de populations, opérations « Granit », « Porphyre », alerte « Balançoire » au profit de la ZEC. Le bilan se traduit plus en ralliés, suspects arrêtés, tonnage de ravitaillement récupéré qu'en mitrailleuses prises d'assaut.

* * *

Au début de l'année 1960, la fièvre monte à nouveau à Alger. Les unités territoriales ont pris les armes et manifestent avec la population. Le commandant du secteur Alger-Sahel, qui dispose de 2 300 gendarmes et CRS, juge plus prudent de réclamer des parachutistes au CA d'Alger que ne commande pas le général Massu, muté après ses démêlés journalistiques. En accord avec le plan « Balancelle » adopté la semaine précédente par le général Challe et le délégué général, trois régiments de la 10e DP arrivent dans l'après-midi du samedi 23 janvier.

Le lendemain, peu après 17 h, les parachutistes reçoivent l'ordre d'épauler les gendarmes chargés de refouler les manifestants du Forum. Mais, à 18 h, ni le 1er REP ni le 1er RCP n'ont pu atteindre le plateau des Glières et la Grande Poste. Les gendarmes chargent donc seuls et se font tirer dessus. Le général Gracieux reçoit dans la soirée le commandement du secteur ; les régiments entourent et isolent les barricades. Le 1er février, quelques derniers insurgés rejoignent le

1er REP pour y former le commando « Alcazar ». Depuis la veille, le 3e RPIMa et le 1er RCP ont quitté Alger ; le général Gracieux a transmis ses pouvoirs. La mission la plus dramatique et la plus difficile que la 10e DP ait jamais eu à accomplir se termine sans effusion de sang. La semaine des barricades coûte à l'EM de la division son transfert d'Hydra à Blida.

Des éléments de la 25e DP viennent assurer le maintien de l'ordre dans la capitale. Le 15 février, des équipes du 1er RCP partent dans la région de Philippeville reconnaître les futurs cantonnements des compagnies. Et le 30 mars, le régiment est affecté à la 25e DP en remplacement du 9e RCP qui passe à la 10e DP.

Le 5e Bureau, bureau d'action psychologique, est supprimé le 10 février. Le 17, le colonel Le Mire, qui avait été évacué fin décembre sur l'hôpital de Tizi Ouzou, rend visite à son ancien régiment maintenant commandé par le lieutenant-colonel Toce. Le 18, la Kabylie voit partir le général Faure muté en métropole. Il avait depuis longtemps cédé le sommet de l'Akfadou, 1 621 mètres, au PC « Artois ».

Le 12 mai, le *Journal Officiel* annonce la nomination du général de corps d'armée Gilles au commandement de la région militaire de Toulouse, la dissolution du commandement des TAP et son remplacement par une inspection des TAP. Le général Gracieux, nommé inspecteur, est remplacé à la tête de la 10e DP par le général de Saint-Hillier. Gracieux est surtout chargé de donner tous avis utiles, de proposer, de suivre, de correspondre... Le 16 août enfin, la suppression de l'antenne d'Alger à compter du 1er octobre est décidée. Elle sera remplacée par une section opérationnelle technique aéroportée mise à la disposition du commandant en chef en Algérie pour lui permettre de mener à bien la préparation et le déroulement d'une OAP d'envergure. La SOTAP et le détachement de transmissions adapté sont rattachés à la BAP/AFN dont le commandant Botella, le lieutenant-colonel Moulié puis Le Bourhis ont pris successivement le commandement en juillet 1958, juin 1959 et juin 1960. La 114e CQG est en effet dissoute et les éléments du 2e bataillon de transmissions d'outre-mer, mis à la disposition du général commandant la FTI, rejoignent Nogent-le-Rotrou.

La rébellion est à ce moment à son point le plus bas. Les bandes sont réduites à une quinzaine d'hommes, l'organisation logistique et politique est tronçonnée et disloquée. Tous les postes radio ont été pris et les transmissions, aussi bien internes que celles à destination de l'ALN de l'extérieur, sont pratiquement coupées. Au début de mars 1960, les chefs de la Wilaya 4 demandent à traiter. Lors des pourparlers secrets, ils se font fort d'obtenir l'assentiment du chef de la Wilaya 3, Mohand ou el Hadj, successeur d'Amirouche ; de la Wilaya 6, sous le contrôle pratique de la 4 depuis la mort de Si

Haoues, tué avec Amirouche du côté de Djelfa ; et de la Wilaya 5 très affaiblie et commandée du Maroc.

Ce sont les trois quarts de la rébellion intérieure qui risquent de basculer, la totalité des réserves générales pouvant être appliquée sur les zones intactes de la Wilaya 2 et des Aurès-Nementchas.

Le plan est déjà prêt. Le général Challe a prévu de retirer la 10ᵉ DP de Grande Kabylie où la pacification est en bonne voie, et de monter une opération en force sur les Aurès contre les katibas intactes. L'effort sera ensuite porté sur le Nord. C'est l'opération « Trident » qui doit débuter dans un mois ou deux.

Le 23 avril, le général Challe rejoint Fontainebleau pour assurer le commandement en chef des forces alliées du Centre-Europe. Il est remplacé par le général Crépin. Puis dans le courant de juillet, Si Salah, de la Wilaya 4, est intercepté par des membres du FLN.

Pendant ces événements, « Jumelles » et « Pierres Précieuses » se sont poursuivies. Fin mars, les régiments de la 10ᵉ DP rejoignent leur base arrière afin de se remettre en condition après huit mois d'opérations en Kabylie. Puis, dans la nuit du 17 au 18 avril, toute la 10ᵉ DP quitte l'Algérois pour se porter sur le barrage. Le général Crépin a préféré en vérifier l'étanchéité et de se couvrir face à la puissante et immobile ALN de Tunisie avant de s'engager dans les Aurès.

Le REP nomadise entre le barrage et la frontière pour essayer d'intercepter les isolés qui viennent « bazooker » les blindés de la herse, déposer des mines ou tirer quelques obus de mortier. Le 20 mai, trois régiments dont le 9ᵉ RCP qui a rejoint au début du mois, participent à l'opération « Flammèches » dans le Hodna. Le 9 juin, c'est « 85 » dans le Belezma et, fin juin, la presqu'île de Collo dans la zone de « Pierres Précieuses ». Fin juillet, toute la DP se transporte dans l'Orléansvillois pour l'opération « Cigale ». Le 2ᵉ RPIMa accroche vers Lamartine et perd le lieutenant Fossey-François. Le REP, parti de Vialar, grenouille vers Souk el Haad et fait du bilan au détail.

Le 4 octobre, c'est enfin la grande opération attendue, « Ariège », à laquelle participent les 10ᵉ et 25ᵉ DP dans les secteurs d'Arris et de Khenchela. Les éléments de la 25 sont en ZSC depuis juillet. Le 8 septembre, le 1ᵉʳ RCP a accroché dans la cuvette de la maison forestière d'Aïn Taga une bande de 260 HLL de la Nahia 122. Avec l'aide du 2ᵉ REP et du 8ᵉ RPIMa, il a mis hors de combat 95 HLL avec 39 armes. Il n'y a pas de doute, il existe encore de fortes bandes armées, agressives, manœuvrières, dans le Sud-Constantinois.

Le 14 octobre, une bande surprise par une opération héliportée à 25 km au sud d'Arris perd 172 hommes et 31 armes. Les 17 et 18, au sud-ouest de Kheirane, 121 HLL avec 32 armes sont mis hors de combat à la suite d'une opération montée sur renseignement. Le 10 novembre, le 1ᵉʳ REP accroche des éléments de la Katiba III. La dernière phase « Ariège 5 » se termine le 19 novembre, 650 rebelles ont été mis hors de combat dans les Aurès, la moitié d'entre eux ont été faits prisonniers sans résistance. Nos pertes sont néanmoins encore très fortes, au 1er REP notamment. Les deux divisions éclatent ensuite pour opérer sur l'ensemble du Constantinois.

Le 1er janvier 1961, la 25e DP fait mouvement sur l'Algérois pour assurer le maintien de l'ordre pendant le référendum. L'état-major, le 8, le 14 et le 18 sont mis à la disposition du CA d'Alger, le 2e REP à celle du CA d'Oran ; le reste est confié au CA de Constantine. Pendant ce temps, la 10e DP opère dans le Nord-Constantinois.

Fin janvier, la 25e DP est à nouveau à pied d'œuvre dans le Sud-Constantinois et lance le 8 février la phase suivante de l'opération « Trident » baptisée « Dordogne ». Le 16 mars, à la fin de « Dordogne », on annonce 152 HLL tués, 4 mitrailleuses, 75 armes capturées. Le 1er avril débute « Isère 3 ». La DP, maintenant aux ordres du général Autrand, est placée pour la circonstance sous le commandement du général Ducournau commandant la ZSC et la 21e DI. L'opération est démontée le 18 avril : on prépare la première phase de « 4 LI ». Le 14e RCP doit sauter de 25 Nord 2501 sur la DZ de Guerbès avec des éléments de la 191e CMRP, tandis que le 18e RCP débarquera à l'embouchure de l'oued el Kébir. Le 2e REP est héliporté, le 8e RPIMa manœuvre à pied et le 1er RCP reste en réserve.

Or, le 22 avril dans la nuit, le 1er REP aux ordres du commandant de Saint-Marc fait prisonniers les généraux Gambiez, commandant en chef en Algérie, et Saint-Hillier, commandant la 10e DP et s'empare d'Alger assisté d'éléments du groupement de commandos parachutistes de réserve générale. Le GCPRG a été mis sur pied par le commandant Tourret en octobre 1959 en regroupant les différents commandos des régiments parachutistes dont l'ancien commando Guillaume. En avril, six commandos sont en opération dans l'Ouarsenis, terrain de chasse favori des Totem, et deux sont au repos en base arrière à Beni Messous. Après les commandants Tourret et Lamouliatte, c'est le commandant Robin qui en est le chef.

Le GCPA, avec le commandant Emery, se rallie également aux insurgés. Les 14e et 18e RCP quittent Philippeville et l'opération « 4 LI » pour rejoindre Alger. Aussitôt arrivés, ils sont envoyés dans l'Oranais. Des éléments de la 10e DP aux ordres du colonel Ceccaldi marchent sur Telergma.

Mais la situation se détériorant, le général Challe, chargé des questions militaires au sein du conseil supérieur de l'Algérie entré en dissidence avec le gouvernement de Paris, décide de ramener sur l'Algérois les RCP des colonels Lecomte et Masselot engagés à Oran et Mers-el-Kébir. Le 26 avril, le putsch des généraux est terminé. Le 30 avril, toutes les unités ayant participé à l'insurrection sont dissoutes, les officiers arrêtés. Certains éléments suivent le général Salan dans la clandestinité et l'OAS.

Du GCPA, seul demeure le commando 50 qui quitte la Reghaïa pour Oran avant de rejoindre l'année suivante la base de Bremgarten, en Allemagne. Les trois divisions de réserve générale, 11e DI, 10e et 25e DP, disparaissent pour donner naissance, le 1er mai, à la 11e division légère d'intervention normalement stationnée dans le Constantinois et à trois brigades de réserve générale adaptées à chacun des trois corps d'armée.

Le 4 mai, le général Marzloff prend le commandement de la 11e DLI avec, comme adjoint, le colonel Fourcade. Le 1er juillet, le transfert de la division en métropole est décidé. Les harkis et le 2e REP seront rattachés à la 3e BRG. Regroupées le 2, les unités commencent à embarquer le 5. Il ne s'agit plus de faire la chasse aux fellagha, mais de panser les plaies profondes laissées par les événements.

Trois régiments défilent à Paris le 14 juillet. Le 19, un groupe mobile est mis en alerte en 6e région au profit de Bizerte.

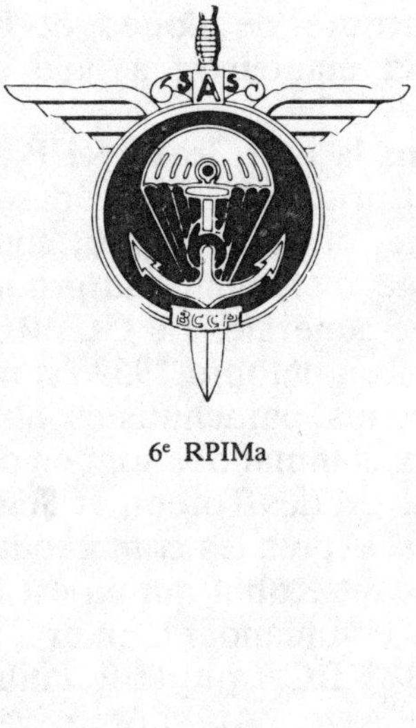

6e RPIMa

VII

LA BATAILLE DE BIZERTE

juillet 1961

Le 4 juillet 1961, des volontaires tunisiens commencent à creuser des tranchées le long du périmètre de la base aérienne de Bizerte. Le 18, au lendemain d'un discours belliqueux prononcé par le président Bourguiba, d'importants mouvements de troupes ont lieu autour de la base stratégique. Le 19 à midi, les diverses installations sont isolées les unes des autres. La base comprend un complexe opérationnel : bases aérienne de Sidi Ahmed et aéronavale de Karouba, et un ensemble logistique composé de l'arsenal de Sidi Abdallah et des ateliers de la Flotte.

Le commandement de la base stratégique de Bizerte, en abrégé COMSTRABI, dispose pour assurer la défense des enceintes militaires du 8e RIA équipé notamment d'une vingtaine de Chaffee et appuyé par les chasseurs Mystère de la 7e escadre et les Corsair et Aquilon des trois flottilles de l'aéronavale. Du côté tunisien, il semble que quatre bataillons sont déployés avec un groupe d'artillerie à cinq batteries, soit au total 5 000 hommes accompagnés de 6 000 jeunes Destouriens mal armés mais fanatiques.

Depuis le 14 juillet a été constituée en Algérie une force d'intervention aux ordres du colonel Lalande, commandant la 1re brigade de réserve générale. Elle se compose des 2e et 3e RPIMa, du 3e REI, du 8e RH et d'une section du Génie.

Le 19 à 13 h 30, une Alouette décollant de Sidi Ahmed est mitraillée par les Tunisiens. Vers 16 h, un canon de 77 mm et deux mitrailleuses lourdes sont mis en batterie à quelques centaines de mètres de l'extrémité ouest, dans l'axe de la piste principale. Les croiseurs *Colbert* et *De Grasse* ainsi que le porte-avions *Arromanches* croisent en baie de Bizerte. Il est alors décidé de faire intervenir les forces d'Algérie, de déclencher l'opération « Charrue ».

Le 2e RPIMa, aux ordres du chef de bataillon Mollo, est en alerte depuis le 11 juillet. Les 2e et 3e compagnies, parachutables, la 4e et une partie de la CCS, aérotransportables, sont rassemblées à Blida. Le reste du régiment est regroupé à Oran sous le commandement du commandant Bonnet. Le 19 à midi, un préavis d'alerte d'une heure est notifié. Peu après parvient l'ordre de décollage.

La mission de l'élément parachuté de la première vague est d'assurer la sécurité des axes d'atterrissage et de dégager les abords immédiats du terrain d'aviation de Sidi Ahmed. L'avion PC précédant le flot de transport doit prendre contact avec COMSTRABI dès l'arrivée dans la zone d'action, afin de déterminer, en fonction de la situation au sol, les modalités de mise à terre. Le parachutage ne sera effectué que si la situation l'exige.

La 3e compagnie est chargée d'assurer la couverture du terrain à l'est et au sud, la 2e compagnie remplissant la même mission à l'ouest. La seconde vague doit pouvoir, soit renforcer les éléments aérotransportés de la première, soit effectuer un parachutage de diversion en dehors du terrain, soit carrément se poser sur Sidi Ahmed. Le fractionnement est réalisé dans les avions selon l'axe de largage afin que les arrivées au sol correspondent aux zones de regroupement définies en fonction des missions de chacun des éléments de compagnie et de section.

A 16 h 14, les quatorze Nord 2501 décollent de Blida. Les dix Nord de la Senia suivent à trente-cinq minutes. A 16 h 45, l'ordre est donné de s'équiper dans les avions. Le PC aéroporté signale qu'en raison de la situation de la base aérienne, le largage de la 1re et de la 3e a été décidé.

Les deux compagnies sautent à 18 h 15 entre les deux pistes. Le vent souffle à 6 m/s. Dès la sortie des avions, les hommes sont pris à partie par un tir de mitrailleuse qui devient plus ajusté à l'arrivée au sol. Le regroupement des 272 parachutistes s'effectue rapidement et quinze minutes après le largage, les six Nord transportant l'échelon suivant se posent sous le feu du canon de 77 mm. Deux avions sont atteints.

Un tir de mortier s'abat d'abord sur les éléments de la 3e compagnie, puis sur les Nord, au parking. Les hélicoptères de l'ALAT qui évacuaient les blessés graves se font mitrailler sur la DZ de l'hôpital de Sidi Abdallah. L'autorisation d'ouvrir le feu est alors donnée partout. Les Corsair qui assuraient la couverture aérienne de l'OAP piquent et neutralisent la base de feux à l'ouest de la piste. Tandis que la 4e compagnie s'installe en réserve, la seconde vague se poste sur la piste nord sans encombre. Le PC se regroupe autour du poste gonio au centre du terrain, les liaisons sont établies. Le saut n'a fait que deux blessés graves et sept légers. Un seul parachutiste a été légèrement blessé dans un avion au sol.

Vers 19 h 30, le commandant Mollo se rend au PC de COMSTRABI où il lui est demandé d'assurer la sécurité de l'ensemble de la base pendant la nuit. Deux compagnies sont maintenues à Sidi Ahmed, deux autres sont envoyées à Karouba, les deux dernières s'installent à la base navale de la baie Ponty.

La nuit tombe. De tous côtés, les unités signalent des mouvements de troupes et de camions tunisiens. A 23 h, le commandant du 2e RPIMa est convoqué au PC pour préparer l'opération de dégagement de la base aérienne. Il s'agit essentiellement de s'emparer de la ligne de crêtes s'étendant à l'ouest et au nord du terrain. L'ordre de déclencher l'opération « Colline » est donné le 20 juillet à 5 h 30.

La 2e compagnie franchit aussitôt les barbelés de la piste et se trouve prise sous le feu de canons et de mitrailleuses. La résistance une fois réduite avec l'appui de l'aviation, la compagnie aborde son objectif, le marabout de Sidi Zid. L'assaut est donné à 8 h 30 et, à 10 h, le nettoyage de la position est achevé après des combats très durs contre une compagnie d'infanterie renforcée d'une section de mortiers de 81 et d'un groupe de mitrailleuses. La 2e se porte ensuite sur le village de Djaffeur devant lequel elle piétine pendant quatre heures. Deux sections se trouvent en difficulté et sont menacées d'encerclement.

Pour lui venir en aide, l'héliportage de la 1re compagnie est demandé. Mais celle-ci doit rester en réserve afin d'intercepter d'éventuelles infiltrations. La 2e réussit finalement à se dégager, l'ennemi décroche vers le sud-ouest en laissant sur le terrain 80 tués et un matériel important. Le 6e bataillon tunisien a perdu dans toute cette affaire 150 tués, 90 prisonniers, 200 armes individuelles, 10 mitrailleuses, 4 mortiers de 81, 2 canons antichars...

La 3e compagnie débouche à 6 h et progresse vers le djebel Zergouna. Des combats confus se déroulent dans les vignobles contre le 12e bataillon récemment débarqué du Congo. L'objectif conquis en fin d'après-midi, la 3 s'installe définitivement pour la nuit.

Le sous-groupement Orange (CP + 4e compagnie) démarre de Karouba et se heurte immédiatement à une forte résistance. Un Pirate mis à la disposition de la CP est touché et se pose en autorotation. La progression reprend vers midi et le djebel Halloufa est occupé à 20 h.

La CA est à la disposition du commandant de la base de Sidi Abdallah depuis 5 h. Toute la journée, elle détruit les barricades qui enserrent la base et l'isolent du reste des installations. La 1re compagnie a été engagée à 17 h. Appuyée par un peloton de chars, elle s'est emparée de la cimenterie de Sebra vers 20 h.

Le dégagement de la base aérienne a coûté au 2e RPIMa 7 tués et 20 blessés. Les trois bataillons tunisiens ont perdu 302 tués, 144 prisonniers, 222 armes légères et 24 armes lourdes. Le régiment est relevé sur ses positions par des unités du 3e REI dans l'après-midi du 21 juillet.

Le 3e RPIMa, aux ordres du lieutenant-colonel Leborgne, s'est posé en une seule vague à Sidi Ahmed à partir de 15 h 15. La 2e compagnie a embarqué aussitôt dans des camions en direction de Sidi Zid où elle prend contact avec la 2e du 2, sérieusement accrochée.

A 17 h, elle pousse en direction du djebel Djaffeur et, avec l'appui de l'aviation, met en déroute une compagnie du bataillon de l'ONU.

La 4e compagnie attaque à 17 h 30 la gare de Sidi Ahmed, tandis que la 1re se porte à l'ouest de la base et que le commando entre en liaison avec la 3e du 2e RPIMa. Pendant la nuit, les trois compagnies restent sur place : une compagnie est détachée à la Pêcherie, le reste du régiment est placé en réserve au terrain d'aviation.

Les Tunisiens ont perdu 30 tués, 45 prisonniers, 12 canons et armes lourdes, 52 armes individuelles pour un blessé seulement au 3e RPIMa.

A la nuit, la base est à peu près dégagée mais le « goulet » est toujours obstrué. Les autorités tunisiennes ayant refusé un arrangement et donné l'ordre à leurs troupes de résister sur place, une opération de vive force est montée pour s'assurer le contrôle du « goulet » dans les meilleurs délais. Cette opération doit être conduite sans appui aérien ou d'armes lourdes à l'intérieur de la ville.

Le commandant du 3e RPIMa reçoit la mission de dégager Bizerte. Il dispose initialement de son régiment moins trois compagnies. Celles-ci, aux ordres du commandant Picherit, assurent la protection des abords est du terrain jusqu'à la relève par le 3e REI dont l'arrivée est prévue en début d'après-midi du 21. Il est toutefois renforcé par deux compagnies du 2e RPIMa, huit chars M24 et trois pelotons portés du 8e RIA. Il pourra disposer initialement des feux de quatre obusiers de 105 en position à Sidi Ahmed, de l'appui chasse et de 4 LCM de la marine.

Les renseignements sur le volume et l'implantation des forces tunisiennes sont vagues. L'ensemble doit regrouper 3 à 4000 hommes. Le colonel Leborgne a prévu d'atteindre d'abord la route nord-sud Bijouville — Dar El Koudia, puis, flanc gardé vers le nord et suivant la tournure des événements, soit d'agir au plus vite pour dégager les rives du « goulet » en faisant effort au nord, soit reprendre l'attaque le lendemain avec la totalité des deux régiments parachutistes et s'emparer de la ville en la débordant plus largement par le fort d'Espagne. Le démarrage de l'attaque est prévu assez tard afin de pouvoir disposer des compagnies hypothéquées par ailleurs.

Le groupement d'action principale du commandant Picherit se met en place à 10 h sur sa base de départ au nord de la Pêcherie. La progression commence à 10 h 30 et se passe initialement sans incident. Puis, la 3e compagnie accroche sérieusement à 12 h 30 dans le parc à fourrage, et sur les pentes est de l'Hôpital. Elle est finalement arrêtée par un feu violent aux abords de la porte de Mateur.

Le commando s'est porté en flanc-garde au nord, à la cote 38. La 5e compagnie musulmane est bloquée devant le cimetière. Les canons de 57 ouvrent le feu, le peloton de chars légers est mis à la disposition de la 3e qui s'empare de la porte de Mateur à 14 h. Les deux Corsair en alerte en vol ne peuvent intervenir par suite de mauvaises liaisons avec le Piper. La 1re compagnie du 2, en réserve derrière la 3e, déborde vers le sud à partir de la baie de Sebra à travers les docks et les entrepôts.

Le 3e REI ayant commencé à arriver vers 12 h, en avance sur les prévisions, des rotations de véhicules amènent les compagnies de Sidi Ahmed au fur et à mesure de leur relève. La 2e compagnie rejoint à 14 h 30 et est engagée en liaison avec la 3e au-delà de la porte de Mateur. Après avoir subi quelques pertes, la 5e compagnie débouche du cimetière et atteint le mur d'enceinte. Il est alors environ 15 h.

Le combat diminue néanmoins d'intensité et paraît moins coordonné. La compagnie du 2 progresse rapidement sur les berges nord du canal. Le commandant de l'opération décide alors de jouer la solution rapide. Le groupement rive sud est lâché en direction de Zarzouna, tandis que deux LCM sont chargés d'appuyer la progression de la 1re du 2. Il demande au groupement principal de renforcer son effort sur l'artère centrale de l'avenue Bourguiba.

Le commandant Picherit pousse derrière la 3e compagnie la 4e qui vient d'arriver de Sidi Ahmed. Engageant toutes ses réserves, il constitue un sous-groupement aux ordres du capitaine de Cugnac qui dispose de sa compagnie (5e), de la CP et de la 1re. Sa mission : s'emparer au plus vite de la ligne des casernes avant que les Tunisiens n'aient eu le temps de s'y établir sérieusement.

Le lieutenant-colonel Leborgne demande au colonel Lalande, qui assiste à la bataille du PC de l'opération, de prévoir la mise en place d'un groupement du 2e RPIMa vers le carrefour d'El Koudia. Celui-ci devra être en mesure de faciliter et d'accélérer le mouvement sur le fort d'Espagne dans la nuit ou le lendemain. Le sort des familles françaises restées dans la ville commence en effet à inquiéter les autorités françaises et une issue rapide des combats est ardemment souhaitée par le commandement.

Le sous-groupement des casernes commence sa progression. La 2e compagnie s'empare de la caserne Farre en escaladant par surprise les murs ouest hauts de plusieurs mètres. Puis elle doit combattre dans la caserne Lambert qui jouxte la première à l'ouest.

Vers 18 h, la CP pénètre dans la caserne Japy, appuyée par le tir d'un peloton supplémentaire de M24. La 1re tient solidement le collège Pichon. Une véritable course de vitesse s'est engagée entre les compagnies, il s'agit de coiffer la première les objectifs, bâtisses administratives massives à l'intérieur desquelles les Tunisiens pourraient, si on leur en laissait le loisir, se retrancher et interdire toute avance ultérieure dans la ville.

La 3e compagnie est prise à partie par de nombreuses MG dans la Medina et n'atteint le port vers 20 h qu'avec l'appui du peloton blindé.

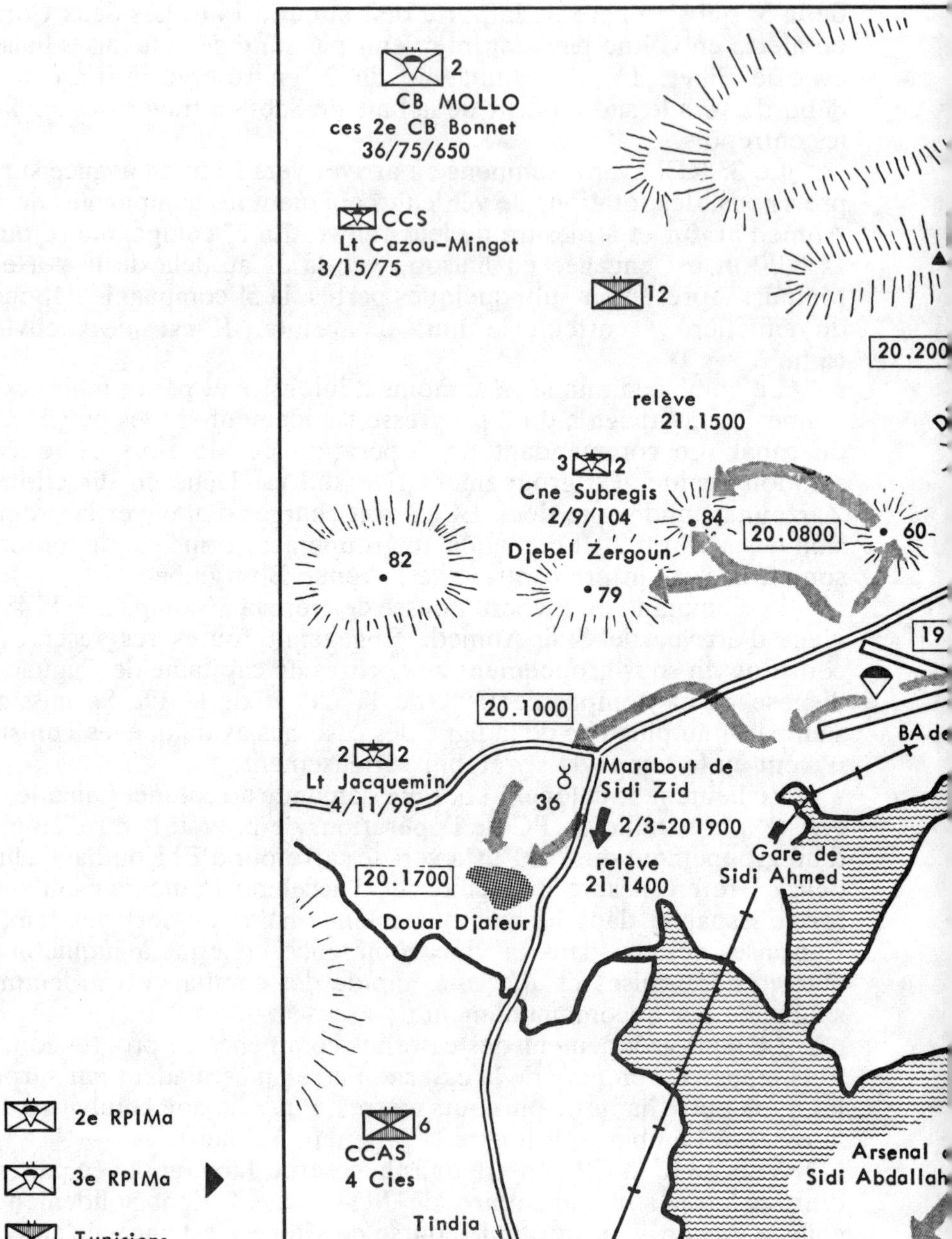

Dégagement de la base et de la ville de Bizerte 19-23 juillet 1961.

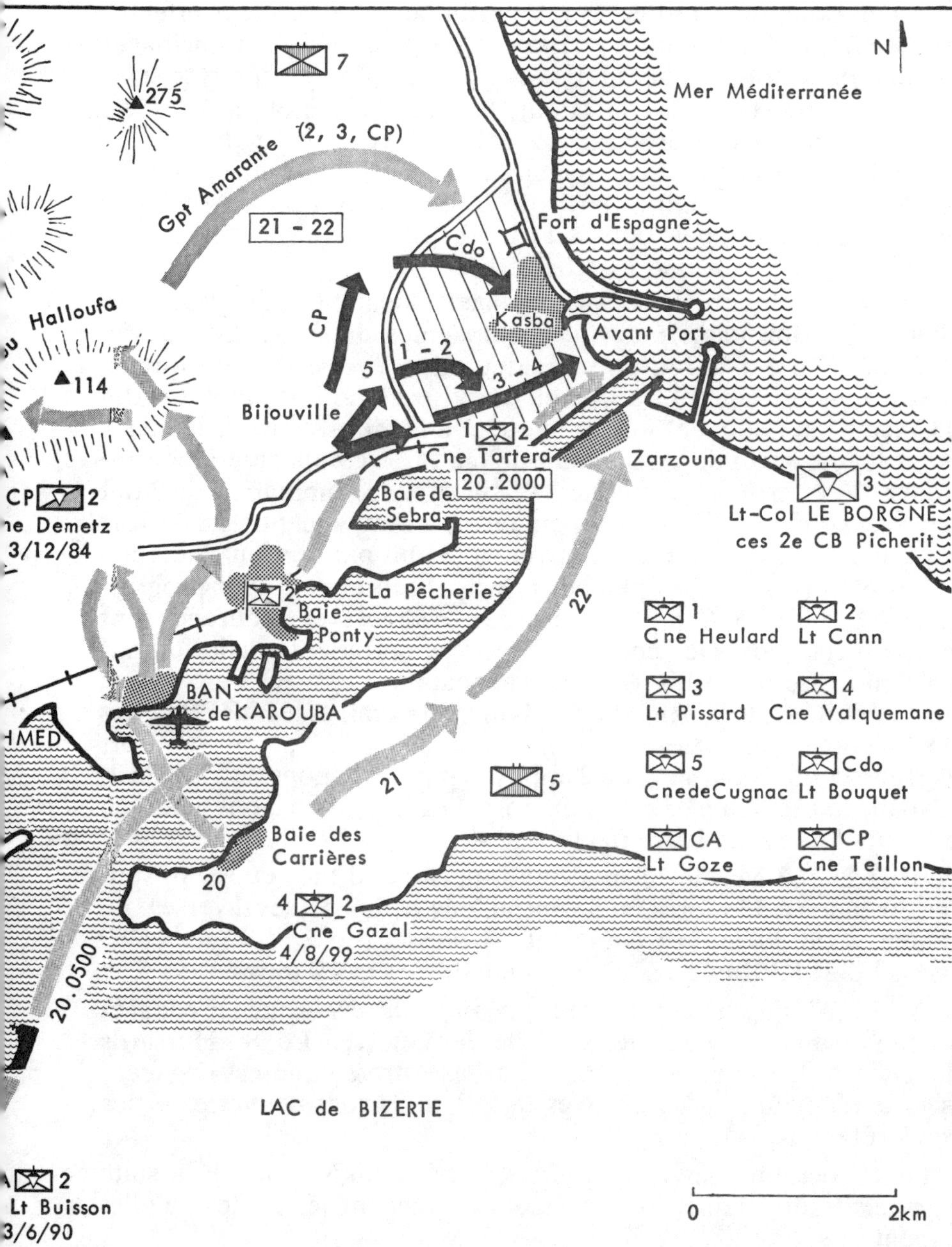

N
Mer Méditerranée
7
275
Gpt Amarante (2, 3, CP)
21 - 22
Fort d'Espagne
Cdo
Kasba
Avant Port
Halloufa
114
CP
5
1 - 2
3 - 4
Bijouville
1 2
Cne Tartera
20.2000
Zarzouna
CP 2
ne Demetz
3/12/84
Baie de Sebra
3
Lt-Col LE BORGNE
ces 2e CB Picherit
2
Baie Ponty
La Pêcherie
22
1
Cne Heulard
2
Lt Cann
3
Lt Pissard
4
Cne Valquemane
5
CnedeCugnac
Cdo
Lt Bouquet
CA
Lt Goze
CP
Cne Teillon
BAN de KAROUBA
HMED
21
5
Baie des Carrières
20
4 2
Cne Gazal
4/8/99
20.0500
LAC de BIZERTE
2
Lt Buisson
3/6/90
0
2km

Elle est à bout de souffle, ayant perdu le quart de son effectif. Derrière elle, la 4e nettoie les résistances sur le boulevard principal et dans les rues transversales. La compagnie du 2, appuyée très efficacement par les LCM, a atteint la jetée à 19 h 30 après s'être emparée à quai de l'escorteur *Destur* et de la vedette *Istiqlal.*

Sur la rive sud, la 4e compagnie du 2e RPIMa, appuyée par dix chars de Mennzel Djemil à partir de 16 h, réussit à faire sauter une résistance qui la stoppait depuis 14 h 30. Elle atteint Zarzouna, son objectif, à 20 h, après une marche forcée.

Pendant ce temps, le sous-groupement Amarante (aux ordres du capitaine de Boisboissel) à trois compagnies du 2e RPIMa quitte Karouba à 17 h par la route stratégique. Le convoi est stoppé quinze minutes plus tard au col du djebel Abiod par une forte embuscade. Les Corsair interviennent à la roquette et à la mitraillette. Une heure plus tard, une seconde embuscade oblige la 3e compagnie à contre-attaquer. Vers 19 h, le contact est établi avec le commando du 3 qui passe aux ordres du sous-groupement. Le mouvement vers le fort d'Espagne, aussitôt amorcé, est arrêté à la nuit par des feux violents.

Les éléments du groupement principal reprennent leur progression le 22 juillet à 8 h. Les casernes Philibert et Maurand sont occupées vers midi. Des combats de rue se déroulent encore durant l'après-midi. Le dispositif général est remanié. Le 3e REI est chargé du sud et de l'est, le 2e RPIMa de Mennzel Djemil et le 3e RPIMa des crêtes Kebir-Nador. Les derniers combats se déroulent au fort d'Espagne conquis par la 2e du 2 appuyée par des canons de 57 de la 2e du 3, dans la Medina et du côté du port. Les 3e et 5e du 3 ont perdu en deux jours le tiers de leur effectif.

Pour le 3e RPIMa, le bilan s'établit ainsi : 350 tués et 300 prisonniers, 36 canons, 13 mortiers, 54 mitrailleuses, 963 armes diverses. Le régiment a perdu le 21 : 6 tués et 43 blessés ; le 22 : 3 tués et 30 blessés. Le 2e RPIMa de son côté a eu 10 tués et 20 blessés.

A 12 h 30, l'escorteur d'escadre *Maillé-Brézé* a franchi le canal et est venu s'amarrer dans le port de la Guerre. Le 8e Hussards commence à débarquer vers 16 h. La base stratégique est dégagée. Dès le lendemain 23, les diverses installations sont couvertes et les liaisons rétablies.

Le 1er octobre, les troupes françaises et tunisiennes, à la suite d'un accord entre leurs gouvernements, évacuent les postes qu'elles occupent et se replient.

Comme le conclut le lieutenant-colonel Leborgne dans son compte rendu de la bataille : « Ce fut une manœuvre " à la française " ... Mille parachutistes ont réussi sans appuis lourds à enlever par la manœuvre, la surprise et leur élan une position tenue par des forces moins bien aguerries certes, mais trois fois plus importantes en nombre et en armement. »

L'épopée parachutiste de la guerre d'Algérie se termine en Tunisie. Le reste, qui aboutit à l'indépendance de l'Algérie, en juillet 1962, n'est plus vraiment de l'histoire militaire. Ni de la gloire.

3e RPC

VIII

LES COMBATS AFRICAINS

1963-1979

La fin de la guerre d'Algérie marquait la dernière étape de la décolonisation et la première étape de la liquidation — j'allais écrire : la liquéfaction — de la communauté instituée par la constitution qui, en 1958-1959, avait posé les fondations de la 5e République.

Pour certains des nouveaux états indépendants, la passation des pouvoirs s'effectua sans heurts et les élites autochtones formées dans nos écoles assurèrent sans grands problèmes le gouvernement et l'administration du pays ; on peut citer le Sénégal, la Mauritanie, la Côte-d'Ivoire, Madagascar, le Cameroun, le Congo-Brazzaville, le Tchad, d'autres encore. En bien des cas cependant, la tranquillité et la sagesse reposaient sur le prestige d'un homme esseulé, ou assisté de ministres capables mais ambitieux. Il y avait du coup d'État dans l'air, soit que les prétendants appartinssent à une ethnie différente de celle du chef de l'État, soit qu'ils estimassent qu'on faisait la part trop belle aux militaires et surtout aux hommes d'affaires (industriels ou dirigeants de sociétés commerciales) de l'ancienne puissance coloniale — s'imaginant pouvoir se passer, d'autre part, de l'assistance financière et de l'aide apportée sur place par les coopérants français.

Parfois, le coup d'État se traduisait par un simple remplacement de personnes, parfois — les nouveaux maîtres s'apercevant qu'ils ne pouvaient se passer de puissance protectrice — le changement de gouvernement entraînait l'adoption d'une politique diamétralement opposée à celle jusqu'alors suivie par le gouvernement précédent. C'est ainsi que l'abbé Fulbert Youlou ayant été mis en minorité par son parlement et ayant refusé d'exécuter à son propre profit un 18 Brumaire qu'il avait les moyens de mener à bien, le Congo-Brazzaville, faisant fi des avantages qu'aurait pu lui procurer une politique pro-occidentale, se tourna franchement vers les puissances du camp opposé. Il en subit, depuis lors, la tutelle dont la principale caractéristique est la transformation du pays en base de subversion à l'encontre des pays voisins.

Le divorce de l'union Mali-Sénégal fut provoqué brusquement

par Dakar, tant il devenait évident que Bamako, tirant la couverture à soi, avait l'intention de distendre jusqu'à les rompre les liens culturels, économiques et idéologiques qui subsistaient avec la France.

Un peu partout, des maires du palais renversèrent les autorités qu'ils étaient censés protéger. En cela, Bokassa n'agit pas autrement que Boumediene.

A Madagascar, le règne débonnaire du président Tsiranana (qui déclarait : il y a dix-sept tribus malgaches autochtones ; c'est avec satisfaction que nous constatons qu'il en existe une dix-huitième, celle des Français installés dans l'île qui, pour la plupart, ont adopté soit la nationalité malgache, soit la double nationalité), ce règne — tout à fait démocratique — s'effondra sous la pression d'une sorte de mai 68 provoqué par les étudiants de la capitale, qui déboucha finalement sur une révolution d'octobre 1917, et un complet renversement des alliances. La flotte soviétique de l'océan Indien dispose actuellement de l'abri et des installations de la baie de Diego-Suarez.

* * *

Le redéploiement des forces françaises en Afrique a également modifié la physionomie des parachutistes de l'ancienne AEF. La CPIMa est devenue autonome le 31 janvier 1963. Puis, après avoir perdu ses Africains, elle devient 6e CPIMa du 6e RIAOM avant de quitter Brazzaville pour Bouar, à Noël 1964.

Le 1er octobre 1964, quelques mois avant la date prévue du rattachement de la compagnie au 6e, l'armée gabonaise se révolte contre le président Léon M'Ba. Le 18 février, le général commandant la ZOM n° 2 reçoit de Paris mission de délivrer le chef d'Etat prisonnier et de rétablir l'ordre conformément aux accords bilatéraux. La CAPIMa de Brazzaville est mise en alerte aéroportée. Elle doit être renforcée par une compagnie du 7e RPIMa aérotransportée de Dakar. A 10 h, un commando de parachutistes se pose dans deux DC-3 sur l'aéroport de Libreville et s'installe dans la tour de contrôle gardée par une section gabonaise. A la même heure, la 3e compagnie du 7e reçoit ses directives du colonel Cortadellas tandis qu'à Bouar, en République Centrafricaine, le 6e RIAOM se prépare à faire mouvement avec deux compagnies de combat sur Libreville.

Le PC du 6e RIAOM arrive vers 19 h pour diriger la réduction du camp Barika où sont rassemblées les troupes révoltées. Après d'âpres discussions, la suggestion du capitaine Dominique, commandant la CAPIMa, « s'infiltrer par la forêt », est acceptée. Les autres éléments, motorisés sur des véhicules civils réquisitionnés, vont progresser à travers les 12 km de zone urbaine au risque d'être retardés par les obstacles ou les combats de rue. Un orage tropical très violent dissimule le départ de la CAPIMa qui s'enfonce dans la forêt à 23 h 30. Un quart d'heure plus tard, la compagnie Hubert, du 7e, se pose en Boeing. Elle reçoit pour mission du général Kergavarat, commandant la ZOM2, de désarmer les mutins qui tiennent la tour de contrôle et la station de Radio Gabon. Toutes ces actions sont prévues entre 5 h 30 et 6 h.

La CAPIMa est en place sur sa base de départ à l'heure prévue, mais elle n'a aucune liaison avec le PC de la ZOM ou du RIAOM. Le jour se lève et le capitaine décide d'obliger les rebelles à ouvrir le feu pour pouvoir ensuite réagir brutalement. Il s'avance seul vers le poste de police du camp. Lorsque deux AA52 se mettent à tirer, les 1er et 3e commandos se lancent à l'assaut et s'emparent de la partie haute. Le 6e RIAOM, qui a accéléré le mouvement et rétabli la liaison radio, est alors bloqué par des tirs de mitrailleuses. La CAPIMa le dégage et termine le nettoyage du camp Barika. Elle a perdu seulement 1 tué et 3 blessés.

La 3e compagnie du 7e a réussi à désarmer les mutins de la tour de contrôle puis ceux de Radio Gabon. A 8 h, elle se présente devant les bâtiments de la Présidence. A 9 h la CAPIMa vient renforcer pour donner l'assaut. Les négociations menées par ailleurs aboutissent et les rebelles consentent à se rendre.

Le succès de l'affaire de Libreville a entièrement reposé sur les deux capitaines parachutistes. Sûrs de leur troupe, « soudée, entraînée et ardente », ils ont pris les plus grands risques personnels pour tenter de prendre les mutins de vitesse et éviter de créer l'irréparable entre les deux armées.

* * *

Au Tchad, les choses allèrent tout autrement. Ce furent des rivalités non pas tribales mais ethniques qui mirent le feu aux poudres. A l'heure actuelle, sensibilisé par l'affaire Claustre dont les *media* firent largement leurs choux gras, le public français connaît approximativement les données du problème : le Tchad se compose de plusieurs « îles » séparées par de larges « mers ». Les îles sont les territoires habités par des gens que rien ne prédispose à vivre sous les mêmes lois ; la mer est le désert de pierraille et de sable, sorte de *no man's land* rébarbatif, obstacle aux échanges entre des populations qui n'ont rien à s'offrir les unes aux autres.

Le Sud est le pays des Saras, une des plus belles races de l'Afrique, anciennement pourvoyeuse de tirailleurs de nos unités de l'armée coloniale. La plupart sont chrétiens. Ils aiment les choses simples, sans ambiguïté. Le Nord est la contrée la plus étrange des anciennes colonies françaises de l'AOF et de l'AEF. Les monts du Tibesti sont aussi différents des autres massifs sahariens, Tassili des Ajjers et Hoggar, que peuvent être dissemblables l'Enfer de Dante vu par Gustave Doré, et tel coin des Dolomites ou de la Cappadoce vu par quelque paysagiste de la fin du XVIIIe siècle. Ses habitants, les

Toubous, sont les plus sahariens des Sahariens. De race noire, alors que les autres sillonneurs du grand désert, Touaregs, Chaambas, « Bidanes » de Maurétanie et de l'ex Rio de Oro appartiennent à la race blanche, ils sont pour la plupart musulmans. Leur origine demeure, quoi qu'en aient prétendu certains théoriciens, aussi mystérieuse que celle des bushmen du Kalahari ou des aborigènes du centre de l'Australie. Entre Nord et Sud, nomadisent des pasteurs misérables, les Missiriés, guidant leurs troupeaux de vaches étiques et de chevaux au rythme des saisons.

Or, lorsque le Tchad accède à l'indépendance, le pouvoir central passe aux mains des « Sudistes » de Fort-Lamy (aujourd'hui N'djamena). Tombalbaye, le nouveau chef d'État, entend conserver à son pays — à l'instar de tous les nouveaux États africains — les frontières tracées par l'ancien colonisateur. De même que l'Algérie indépendante a hérité d'un Sahara que seule la France avait su pénétrer et administrer, de même les Saras héritent des déserts et des montagnes du Nord. Et l'administration de Tombalbaye entend faire appliquer ses lois aux « Nordistes » qui, jusqu'alors, n'avaient connu que des coutumes, on n'ose même pas écrire : un droit coutumier, tant le Toubou est individualiste.

Il aurait peut-être fallu partager le pouvoir, faire du nouvel État une confédération aux liens très élastiques. Il n'en fut pas ainsi. Quoi qu'il en soit, les tribus du Nord refusèrent ce qu'elles considéraient comme une sorte de dictature étrangère ; elles la refusèrent les armes à la main. Dès le début, elles reçurent l'appui moral des États musulmans ; plus tard, ce sera une aide matérielle en armes et munitions.

Les accords passés entre la France et ses anciennes colonies font une obligation à Paris d'aider le gouvernement légal de ce pays deux fois grand comme la France et qui ne compte que trois millions d'habitants. Des unités de parachutistes et de troupes d'infanterie d'outre-mer sont dépêchées sur place. Leurs actions revêtiront un caractère décousu, du fait que leur liberté de manœuvres et leurs initiatives doivent toujours recevoir, avant exécution, l'aval à la fois de Fort-Lamy et de Paris, c'est-à-dire, à l'époque, de M. Foccard, secrétaire des Affaires africaines et malgaches.

D'ailleurs, le colonel Cortadellas — qui en assurera longtemps le commandement, tant à cause de sa valeur militaire que de son sens diplomatique et de sa connaissance des rouages de la rue Saint-Dominique — ne décide pas en dernier ressort. Son rôle est de porter main-forte à l'armée tchadienne. Celle-ci a un chef envers lequel on doit sauver les apparences, et sans l'accord duquel nos unités ne peuvent agir.

Pendant des années, parachutistes, marsouins, aviateurs et hélicos exécuteront des opérations d'envergure ou de détail : coups de main, sauvetages de postes, poursuites — hélas souvent vaines — des bandes rebelles qui s'évanouissent comme un mirage. Un très long récit serait nécessaire pour en rendre un compte exact.

La rébellion s'étend vers l'est du pays. Elle n'offre d'ailleurs pas un front uni — toujours ce particularisme invétéré, cet orgueil des chefs, qu'ils possèdent des bandes importantes ou n'aient sous leurs ordres qu'une centaine, voire une cinquantaine de porteurs de fusils.

Pourtant, notre action n'est pas vaine. Dans le Nord, les Toubous de Goukouni se satisfont finalement de vivre sur leurs positions. Leur objectif n'est pas, après tout, de conquérir le Sud, mais de s'en séparer avec suffisamment de résolution pour que Fort-Lamy renonce en pratique à leur imposer ses lois. Parfois, ils lancent de petits raids vers le Sud, histoire de réaliser quelque pillage, de s'approvisionner en armes et d'affirmer leur particularisme.

On envoie un émissaire prendre contact avec le père de Goukouni, un vieux chef religieux qui pourrait mieux que son fils entendre la voix de la sagesse. Cet émissaire emporte avec lui une importante somme d'argent ; les petits cadeaux — surtout lorsqu'ils sont gros — facilitent les transactions. On est sûr de lui ; pensez donc, un homme qui a reçu en France une formation de sous-préfet ! Cet émissaire s'appelle Hissène Habré. Il disparaît avec l'argent. Son ambition est sans bornes, son culot et sa mauvaise foi immenses.

La suite est universellement connue : l'enlèvement de Mme Claustre, la mort atroce du commandant Galopin venu en parlementaire, le chantage à la livraison d'armes (H. Habré ne les aura pas mais gardera le milliard de francs qu'avait apporté le nouveau parlementaire que l'Elysée avait dépêché auprès de lui).

Mme Claustre sera libérée sur intervention du colonel Khadafi, car la Libye, qui s'occupe de plus en plus activement de l'affaire tchadienne, en profitera pour annexer de fait une large bande de territoire.

Cependant, le président Tombalbaye a fait venir auprès de lui des conseillers haïtiens qui l'initient au culte vaudou. Ses décisions deviennent de plus en plus bizarres, non plus dictées par le bon sens ou un semblant de bon sens, mais par l'obéissance aux ordres incohérents émanant de forces obscures. Il décide que tous les mâles de son pays devront subir les épreuves d'initiation du rite « yondo », selon la coutume ancestrale des Saras. Il envisage d'obliger les musulmans à suivre le rite, eux aussi. Bientôt, comme Caligula, il erre la nuit dans son palais, changeant de chambre à coucher à tout instant pour échapper à d'éventuels assassins.

Finalement, le général Malloum, chef des armées, renverse Tombalbaye et prend en main les rênes du gouvernement. Les forces françaises n'alignent plus au Tchad les effectifs de l'ère Cortadellas. Quelques opérations payantes sont montées par le colonel Delayen dans la région d'Abéché. Une bande rebelle, réfugiée dans des grottes et un chaos de rochers, est encerclée, attaquée par les hélicoptères-canons. Les rebelles répondent du tac au tac, et l'infanterie tchadienne répugne à donner l'assaut. Une noria de DC 3 (Dakota) va chercher à Fort-Lamy une compagnie d'élite de parachutistes tchadiens. Six hélicoptères Puma les amènent d'abord à Abéché, puis les larguent dans le massif de Berdoba. Les rebelles tirent — avec efficacité — sur tout ce qui vole, tout ce qui roule, tout ce qui marche.

Finalement, les paras tchadiens, enlevés par leur chef l'adjudant Delaporte, se lancent à l'assaut, pénètrent dans la chaotique forteresse naturelle des rebelles et dégrossissent le travail à coups de grenades et de mitraillettes. L'infanterie se décide enfin à se lancer dans la bagarre, malgré le fiasco lamentable de ses tireurs de mortiers de 120 (ils ont oublié d'apporter avec eux les appareils de pointage). Lorsque l'affaire se termine, la fouille du terrain permet de découvrir deux cent soixante Kalachnikov, un mortier de 82, cent mines antichars et des tonnes de munitions de tous calibres.

Dans le ciel aveuglant de blancheur, les vautours commencent à tourner au-dessus des cent cadavres qui commencent à pourrir.

Cependant, Hissène Habré, chassé par Goukouni qui n'entend pas partager son pouvoir, s'est replié dans son fief des Anakas, au sud du Tibesti, d'où il mène avec astuce et détermination des raids meurtriers. Lors de chaque accrochage, ses rebelles l'emportent avec brio sur les troupes tchadiennes lentes et peu manœuvrières.

Le jeu politique se complique à l'extrême. On verra des réconciliations inattendues. Hissène Habré sera même Premier ministre. Les trois adversaires qui sont devenus cinq essaieront de partager le pouvoir à l'amiable.

Il semble, en 1979, qu'ils aient trouvé au moins un point d'accord : les forces armées françaises doivent quitter le pays. On n'est pas loin de leur imputer toute la responsabilité de ces longues années de lutte.

De Libye, Kadhafi observe, attendant son heure. Le monarque carnavalesque de l'état voisin, Bokassa, entretient avec lui des contacts dont on peut tout redouter. A Paris, lors d'une interview télévisée, son fils aîné préconise de reconnaître le Frolinat, le mouvement tchadien le moins compromis, semble-t-il, avec le remuant voisin du Nord, et — pour le conforter — de faire de toute urgence appel aux Cubains. Ce serait la politique de Gribouille. Puis, le détestable empereur du Centre-Afrique est renversé. Deux compagnies de paras français, aérotransportés de N'djamena et Bangui, assurent l'ordre et chassent les conseillers libyens qui étaient déjà dans la place. Va-t-on vers plus de tranquillité et de sagesse dans cette partie du monde ? Il ne le semble pas. Au moment où ces lignes sont écrites, on apprend qu'au Tchad la crise rebondit : le docteur Abba Sidick, chef du Frolinat, vient de dénoncer le Front d'action commune provisoire. Ne restent donc plus au gouvernement que les tendances prolibyennes.

La Troisième Guerre mondiale est depuis longtemps commencée. Pour être mondiale, il n'est pas obligatoire qu'elle soit générale et enflamme d'un coup la planète entière. Actuellement, c'est en Afrique qu'elle bat son plein, astucieusement dirigée par la seule puissance mondiale capable de mener avec obstination une politique étrangère efficace et cohérente, car elle vise un objectif précis. D'ailleurs, d'où pouvaient-ils provenir, les deux cent soixante Kalachnikov du combat de Berdoba ?

* * *

A la décolonisation, le Congo connut la « période la plus noire de son histoire », selon le mot d'un journaliste africain participant à l'émission *les Dossiers de l'Ecran.* Durant les trois quarts de siècle au cours desquels la Belgique avait imposé sa paix à une multitude d'ethnies rivales, elle avait créé de splendides exploitations agricoles sur des étendues jusqu'alors à un abandon presque total, découvert et exploité des ressources minières fabuleuses, faisant des plateaux pelés du Katanga la province la plus riche de tout le pays, et enfin supprimé quelques fléaux endémiques tels que la famine, la lèpre, les guerres tribales. Les différents peuples fédérés jusqu'alors par la puissance colonisatrice (paternaliste diront certains, mais mieux vaut avoir un père, même imparfait, que pas de père du tout) se livrèrent, dans l'ivresse de l'indépendance retrouvée, au sport favori commun à bon nombre de nations nouvellement créées, où une ethnie essaie de confisquer le pouvoir à son seul profit. (Voir à ce sujet : les massacres mutuels entre Sikhs et musulmans du futur Pakistan ; la guerre civile des anciennes Indes néerlandaises ; la guerre du Biafra et, plus récemment, l'autogénocide du Cambodge).

Ces secousses furent heureusement évitées — le plus souvent mais pas toujours — aux nouveaux États où la puissance coloniale avait favorisé l'éclosion d'une élite qu'elle avait associée, trop timidement sans doute, à la gestion et administration des peuples autochtones.

Au Congo belge (capitale Léopoldville), devenu république du Zaïre (capitale Kinshasa), l'agitation commença dès le lendemain de la proclamation de l'indépendance. Une anarchie sanglante s'étendit à presque tout le pays. La province du Katanga demeura, à cet égard, exceptionnellement calme. Mais c'est pourtant là que naquit, pour le nouveau gouvernement de Léopoldville, le problème le plus préoccupant. Moïse Tschombé, chef de la province, constatait que le Katanga détenait à lui seul les trois quarts des richesses du nouvel État. Il n'avait l'intention ni de voir l'anarchie ambiante, plus ou moins consciemment encouragée par les nouveaux leaders installés dans la capitale, contaminer sa province, ni de gaspiller en faveur de cette fausse élite les profits que les Katangais tiraient de l'exploitation de leur sous-sol.

Au risque de nous répéter, soulignons que lesdits Katangais n'avaient pas plus en commun avec les populations des autres provinces que n'en a en Amérique du Sud un Patagon avec un Vénézuélien. Bref, en un mot comme en cent, le Katanga voulait faire sécession. Au nom du droit des peuples à disposer d'eux-mêmes, l'ONU — et en premier lieu les Américains qui avaient pourtant lutté contre la réunification, brutale il est vrai, de la Corée du Nord et de la Corée du Sud — intervint dans ce qui n'était après tout qu'une affaire intérieure dans laquelle elle n'avait pas à fourrer son nez ; l'ONU prétendit donc préserver à tout prix l'unité du Zaïre (appelons-le comme cela dès maintenant pour la commodité du discours, bien qu'à l'époque il ne fût encore question que du Congo-Léopoldville).

On connaît les péripéties parfois burlesques de la lutte des « casques bleus » contre les gendarmes katangais, aidés et conseillés par la poignée de mercenaires commandés par le chef de bataillon Faulques — celui de la RC 4 et de la bataille d'Alger — qui réglait ses comptes avec l'ONU (à cause de l'expédition de Suez) et les réglera plus tard avec Nasser (à cause de l'Algérie) lorsqu'il portera ses activités au Yemen, que les Egyptiens quitteront la queue basse.

Finalement, le Katanga rentra dans le giron de la « mère patrie », cette marâtre à l'égard de laquelle les Sudistes vaincus conservaient une sourde hostilité. A peu près 250 000 Katangais s'exilèrent dans les États voisins, principalement en Angola, à l'époque province africaine du Portugal. Toujours pour la clarté du récit, conservons à ces exilés le nom de Katangais, et appelons désormais leur ancienne patrie le Shaba, nom universellement adopté pour désigner l'ex-Katanga.

Il arriva qu'en Angola, devenu indépendant à son tour et immédiatement plongé dans la guerre civile, le pouvoir officiel tomba aux mains du MPLA, grâce à l'intervention des Russes et des Cubains. Comme de son côté le général Mobutu, président du Zaïre, jouait la carte occidentale, les Katangais, dont autrefois le patron Moïse Tschombé avait été affligé du surnom de « M. Tiroir-Caisse » se retrouvèrent paradoxalement embrigadés — j'allais écrire : embringués — dans le camp anti-capitaliste.

Les ex-gendarmes, ou leurs enfants, ne songeaient pourtant qu'à regagner, par la force s'il le fallait (et comment l'auraient-ils pu autrement ?), leur patrie d'origine, le Shaba ; le camp de la subversion universelle espérait bien de son côté profiter de l'occasion pour déstabiliser le Zaïre tout entier, afin d'y prendre pied.

En 1977, le chef des exilés, Natanaël M'Bumba, dispose d'une troupe bien armée, instruite et pour une part encadrée par les Cubains. Il lance ses hommes à l'attaque. Le président Mobutu ne peut lancer, lui, qu'un appel à l'aide aux pays de l'OUA. Par miracle, quelqu'un entend son appel ; c'est le roi Hassan II du Maroc qui décide d'envoyer deux bataillons de l'armée royale au secours du Zaïre. Pour transférer 1500 soldats marocains à pied d'œuvre, la France met à la disposition du Maroc dix avions cargos Transall et un DC 8.

En fin de compte, Nathanaël M'Bumba et ses Katangais repassent la frontière et regagnent l'Angola. Les FAZ (Forces armées zaïroises), qui avaient été incapables de défendre seules le Shaba, réoccupent le pays et se livrent à une sévère reprise en main (exactions de toutes sortes, brimades et meurtres) de la population qui avait trop ouvertement exprimé sa sympathie envers les rebelles.

En 1978, M'Bumba, instruit par son échec de l'année précédente, prépare plus soigneusement son affaire. Le 13 mai, ses « tigres » traversent le nord de la Zambie et deux colonnes convergent vers Kolwesi. Les « tigres », comme toutes les troupes novices, tirent dans tous les sens de longues rafales d'armes automatiques ; hommes et cadres des FAZ, n'écoutant que leur courage, s'enfuient dans toutes les directions. Une troisième colonne de Katangais s'empare de l'aérodrome situé à quelques kilomètres de la ville, détruit tous les appareils qui s'y trouvent et s'emparent de sept coopérants français qui procédaient à la réparation et à l'entretien du matériel. On ne les reverra jamais.

Les envahisseurs se montrent, en un premier temps, relativement disciplinés. Mais, dès le soir du 14 mai, les choses se gâtent ; des magasins sont pillés, des bouteilles d'alcool circulent. La population de race lunda, qui représente les trois quarts des noirs de Kolwesi, fête ses libérateurs. Les Kasaï, originaires du nord-ouest du Shaba, essaient de se faire oublier. Des adolescents ivres de danses, d'alcool et de paroles se répandent partout, entrent dans les maisons occupées par des blancs, font main basse sur tout ce qui les tente, brutalisent les habitants. Les « tigres » se mettent bientôt de la partie, ainsi que des soldats zaïrois rentrés en ville. La terreur s'installe ; on pille, on tape, on tue et on viole. Dès cet instant, tout homme, toute femme, tout enfant blanc est en danger de mort immédiate ; et tout spécialement les Français car on n'a pas oublié la part qu'avaient pris les Transall à l'acheminement des Marocains l'année précédente.

Dès le dimanche 14 mai, Mobutu appelle à l'aide. Mais ni Washington, ni Bruxelles, ni Rabat, ni Pékin ne semblent, cette fois-ci, disposés à intervenir. On tient rigueur à Mobutu de n'avoir rien fait pour assainir l'état financier et administratif de son pays et de tolérer une concussion générale. L'ambassadeur de France à Kinshasa et le colonel Gras, qui coordonne l'action des coopérants français au Zaïre, savent ce qui se passe et en informent Paris presque heure par heure.

Ils pressent le gouvernement d'intervenir pour éviter un massacre général.

A Paris, l'état-major de crise se réunit et entre en liaison avec le gouvernement belge. Il semble qu'on ait alors envisagé une opération en deux temps : occuper les aérodromes de N'Dolo, près de Lumumbashi (300 km à l'est de Kolwesi), et de Kamina (200 km à l'ouest). Puis, faire converger sur l'objectif les troupes massées en ces trois points. S'il s'agissait uniquement de refouler les Katangais, et de réoccuper le Shaba envahi, ce plan en vaudrait un autre, quoique nécessitant des délais assez importants. Or il ne s'agit pas du tout de cela mais de sauver des vies humaines, de toute urgence ; le massacre a déjà commencé. Les messages de l'ambassadeur et du colonel Gras se font de plus en plus pressants.

Le mercredi 17 mai, le 2e REP stationné à Calvi est alerté. Le colonel Gras, de son côté, est prévenu en ces termes : « REP PARAS CALVI ».

Cependant, un bataillon de paras zaïrois, instruit par des Français, arrive à l'aérodrome de Kolwesi. Comme au Tchad, il semble que seules quelques unités aéroportées possèdent l'instruction et le courage qui font complètement défaut au reste de l'armée. Les rebelles réagissent et les paras zaïrois tiennent l'aéroport malgré la masse des assaillants. Trois fois par jour, l'aviation zaïroise bombarde le paysage à tort et à travers.

Jeudi 18 mai, Paris adopte définitivement le principe de l'intervention du REP, avec saut sur l'objectif après escale à Kinshasa. Pour celui qui n'est pas dans le secret des dieux, une première remarque vient tout naturellement à l'esprit. En admettant que l'urgence de l'intervention, destinée à sauver 2500 personnes menacées de massacre, ne soit apparue évidente que le 14 au soir et qu'on ne pût donc réunir l'état-major de crise que le 15, pourquoi le REP du lieutenant-colonel Erulin n'a-t-il été alerté que le 17 ? Il existe sûrement une explication, mais elle n'a pas été livrée au grand public.

Les ordinateurs révèlent que les moyens nécessaires au transport des légionnaires de leur base de Solenzara à Kinshasa, sont insuffisants. Les Américains fournissent l'indispensable complément. Mais, en définitive, l'effectif emmené par Erulin pour sa difficile mission se réduit à 650 « bérets verts », la moitié seulement de son régiment. Deuxième remarque : en Indochine, il nous a toujours manqué une centaine de Dakota pour pouvoir parachuter un GAP entier ; à Port-Saïd, il avait fallu deux rotations de Noratlas pour enlever le 2e RPC du colonel Chateau-Jobert ; en 1978, aucun progrès n'a donc été réalisé dans le domaine de la logistique aérienne. On a des Mirages, des Mystères — on en vend même au monde entier — on a la Bombe, mais on n'a pas d'avions de transport.

A N'Djili, l'aéroport de Kinshasa, le colonel Gras et le lieutenant-colonel aviateur Bernier font tout leur possible pour préparer l'opération aéroportée. Trois Transall français venant de N'Djamena sont à pied d'œuvre. L'aviation zaïroise doit fournir le complément. Deux de ses appareils tombent en panne. La première vague sera limitée à 400 hommes. La seconde vague ne sera parachutée que le lendemain matin.

La préparation de l'opération aéroportée prend un certain temps. Le moindre détail soulève d'interminables palabres avec l'état-major zaïrois. Autre contretemps : il faudra utiliser des parachutes américains, différents de ceux avec lesquels les légionnaires ont été entraînés. La débrouillardise règle la question. Remarquons cependant que ce n'est pas au dernier moment qu'on met en place une base aéroportée, ni qu'on étudie l'OAP qu'elle sera chargée de soutenir. N'aurait-il pas été possible, n'était-il pas déjà nécessaire, dès J-5 (c'est-à-dire alors que le principe d'une intervention n'était pas encore arrêté, encore moins la forme qu'elle revêtirait) de tout mettre en place à Kinshasa ?

En cela, comme en toute affaire guerrière, la logistique doit précéder non seulement la mise en œuvre, mais même la décision de mettre en œuvre. C'est bien grâce à l'existence du BAP qu'en Indochine, un bataillon, prévenu le soir à 18 h, pouvait décoller vers son objectif à 6 h le lendemain matin. Pourquoi parachutes, cartes, maquette de l'objectif, équipes de largueurs et d'entretien de parachutes, éléments de CLA n'auraient-ils pas été transportés à Kinshasa *a priori* dès le 15 mai ? A supposer que, pour une raison quelconque, l'opération n'ait pas été lancée, on en aurait été quitte pour ramener tout cela sur la métropole. A-t-on craint qu'une telle mise en place ne donne l'éveil à l'ennemi ? C'eût été une crainte bien pusillanime ; toute la presse parlait déjà de la possibilité d'une initiative belge ou française, voire américaine.

Il est superflu de poursuivre plus avant le récit de l'affaire de Kolwesi. Elle a été racontée en détails — du moins pour ce qui concerne les combats eux-mêmes — par d'autres et par le colonel Erulin lui-même, dans un ouvrage sorti des presses quelques jours après sa mort inattendue.

Le lecteur nous permettra quand même de nous citer nous-même (*Histoire de la Légion de Narvick à Kolwesi*). Erulin conserve un calme imperturbable et la foi en sa réussite. Ses légionnaires, pour les neuf dixièmes d'entre eux, n'ont encore jamais essuyé le feu de l'ennemi. Mais, encadrés par les meilleurs officiers et sous-officiers du monde, instruits comme tout soldat devrait l'être — et ne l'est malheureusement presque jamais — ils vont combattre comme s'ils avaient derrière eux huit ans d'Indochine et huit ans d'Algérie. Ce que les appelés avaient fait en Egypte, des légionnaires le feront *a fortiori* au Shaba. Enfin, les ondes transmettent un message du général Méry : « Allez-y. »

Il fallait absolument surprendre l'ennemi et l'obliger à s'occuper immédiatement des adversaires qui lui tombaient du ciel, sans lui laisser le temps de massacrer les Blancs qu'il tenait enfermés. C'est pourquoi Gras et Erulin choisirent de sauter sur la ville même.

L'horreur des charniers que les légionnaires découvrirent fait mesurer quelle fin atroce le 2e REP permit d'éviter aux survivants barricadés chez eux.

Les avions belges atterrirent sur l'aérodrome. L'évacuation commença. Les troupes zaïroises réapparurent, bien décidées à se venger sur les Lundas de la grande peur qu'elles avaient éprouvée. Erulin intervint et tout rentra dans l'ordre. Après avoir sauvé les Blancs de Kolwesi, il en sauvait les Noirs. Le 311e bataillon de paras zaïrois, commandé par le major Mahele, après avoir tenu l'aérodrome, assura l'ordre dans la ville. Il permettait ainsi au 2e REP d'aérer le périmètre de sécurité en lançant des raids en brousse, au cours desquels plusieurs éléments retardateurs katangais furent débusqués, parfois après de sévères combats.

Le général Mobutu vint visiter sa bonne ville de Kolwesi. Il portait un bel uniforme camouflé et, sur le visage, l'orgueil du vainqueur. Toujours et partout l'ignoble se mêle à héroïsme. Cette fois-ci, c'était le grotesque à l'odieux. Enfin le REP rentra en métropole. A Paris, on se tressait des couronnes. Le prestige de l'armée française sortait grandi de l'aventure. Ne se rendait-on pas compte qu'on avait frôlé la catastrophe ?

Le problème katangais reste entier, et ce n'est pas de Kinshasa qu'on peut en espérer la solution. On parle d'une force interafricaine pour monter la garde. On espère que l'armée zaïroise deviendra à la longue une véritable armée. Il faudrait la confier à 3 000 instructeurs valables, il y en a moins de 100. Personne n'y croit ; après tout, il a fallu trois défaites cuisantes et vingt-cinq ans d'efforts à l'armée égyptienne pour se forger une technique et un moral. Dans vingt-cinq ans, où en sera la Troisième Guerre mondiale ?

5e BPVN

Debout, appuyé à un large pilier de pierre, un des assistants laisse mêler à sa prière muette le souvenir de ceux qui ont précédé Erulin au Royaume des Ombres. Il revoit, au hasard du cheminement de sa mémoire, Marienne, Michel Legrand, Bourdon, Liot, Charvet, Cazaux, Segrétain, Mayer, Raffali, Bobby, Guilleminault, le général Gilles et son fils, Lefort, Gracieux, Jeanpierre, Buchoud, Lahner, Beaumont, Barrès, Godard, Graziani... Il songe à tous ceux de Jebsheim, de la RC 4, de la RC 6, à ceux d' « Eliane 2 », vainqueurs d'un jour d'une armée qui, le lendemain, les submergerait, à ceux du barrage tunisien, à ceux du Ier REP et du 2e RPIMa... Comment croire que leurs drapeaux, un jour, ne claqueraient pas à nouveau dans le vent ?

Et maintenant, Erulin vient ajouter son nom au bas de la liste jamais close... Un avenir sombre nous menace.

Le romancier nous a dépeint le naufrage de tout ce pour quoi les parachutistes français se battent depuis quarante ans. « Un type d'humanité uniforme et grise s'est étendu sur toute la planète. » La foule qui erre dans les rues n'est plus formée que de zombies aux yeux morts, et soudain le regard de l'auteur accroche le regard de quelqu'un dont les yeux vivent. Cet être est encore un homme.

Vers quel futur marchent les parachutistes ?

Tout laisse supposer qu'ils n'ont pas fini de combattre...

Le songe se mêle à la prière. La prière pour les vivants, pour les parachutistes d'aujourd'hui et de demain, prière pour ceux qui refusent de subir. Prière pour ceux dont les yeux vivent.

Liste des abréviations

ABTC	Airborne Training Center
ACP	Antenne chirurgicale parachutiste
ADL	Au-delà de la durée légale
AEF	Afrique Equatoriale française
AFAT	Auxiliaires féminines de l'armée de terre
AFHQ	Allied Forces Head Quarter, QG des forces alliées
AFN	Afrique du Nord
ALN	Armée de Libération nationale
AM	Automitrailleuse
AMX	Atelier d'Issy-les-Moulineaux (automitrailleuse)
AOF	Afrique Occidentale française
BAPN	Base aéroportée Nord
BAPS	Base aéroportée Sud
BCA	Bataillon de chasseurs alpins
BCCP	Bataillon colonial de commandos parachutistes
BCL	Bataillon de chasseurs laotiens
BCP	Bataillon de chasseurs à pied
BCRAM	Bureau central de renseignements et d'action militaire
BEP	Bataillon étranger de parachutistes
BETAP	Base école des troupes aéroportées
BF/ONU	Bataillon français des troupes de l'ONU en Corée
BG	Bataillon du génie
BGAP	Bataillon du génie aéroporté
BI	Bataillon d'infanterie
BIA	Bataillon d'infanterie de l'air
BIP	Bataillon d'infanterie parachutiste
BMIA	Bataillon de marche d'infanterie alpine
BMTS	Bataillon de marche de tirailleurs sénégalais
BPC	Bataillon parachutiste de Choc ; Bataillon de parachutistes coloniaux
BPCP	Bataillon parachutiste de chasseurs à pied
BPL	Bataillon de parachutistes laotiens
BPIC	Bataillon parachutiste d'infanterie coloniale
BPVN	Bataillon de parachutistes vietnamiens
BT	Bataillon de transmissions

BTA	Bataillon de tirailleurs algériens
BTAP	Bataillon de transmissions aéroporté
BVN	Bataillon vietnamien
CA	Corps d'armée ; compagnie d'appui
CB	Compagnie de bataillon
CC	Compagnie de commandement ; compagnie de combat
CCA	Compagnie de commandement et d'appui
CCB	Compagnie de commandement du bataillon
CCS	Compagnie de commandement et des services
CEMG	Chef d'état-major général
CEMPS	Centre d'entraînement militaire physique et sportif
CEPML	Compagnie étrangère parachutiste de mortiers lourds
CES	Centre d'entraînement au saut
CETAP	Centre école des troupes aéroportées
CFA	Corps franc d'Afrique
CGP	Compagnie parachutiste du génie
CIA	Compagnie d'infanterie de l'air
CIET	Centre d'instruction des équipages de transport
CIP	Compagnie indochinoise parachutiste
CIPLE	Compagnie indochinoise parachutiste de la Légion étrangère
CLA	Compagnie de livraison par air
CLI	Corps léger d'intervention
CLRM	Compagnie légère de réparations de matériel
CLT	Compagnie légère de transmissions
CNEC	Centre national d'entraînement commando
COITAP	Centre d'organisation et d'instruction des troupes aéroportées
CP	Compagnie parachutiste ; compagnie portée
CQG	Compagnie de quartier général
CRA	Compagnie de ravitaillement par air
CRD	Compagnie de réparation divisionnaire
CREP	Compagnie de réparation et d'entretien de parachutes
CRI	Compagnie de ravitaillement et d'intendance
CRM	Compagnie de réparation du matériel
CSAP	Centre des spécialistes aéroportés
CSPL	Compagnie saharienne portée de Légion
CSTAP	Centre des spécialistes des TAP
CT	Compagnie de transmissions
DA	Division aéroportée
DAP	Division aéroportée
DB	Division blindée
DBCCP	Demi-brigade coloniale de commandos parachutistes
DBLE	Demi-brigade de Légion étrangère
DBMP	Demi-brigade de marche parachutiste
DBP	Demi-brigade parachutiste
DBPC	Demi-brigade parachutiste de Choc
DBSAS	Demi-brigade SAS
DCA	Défense contre aéronefs
DD	Daï Doan
DFL	Division française libre
DI	Division d'infanterie
DIA	Division d'infanterie algérienne

DIAP	Division d'infanterie aéroportée
DIC	Division d'infanterie coloniale
DICEO	Division d'infanterie coloniale d'Extrême-Orient
DIH	Détachement d'intervention héliporté
DIM	Division d'infanterie marocaine
DIUS	Division d'infanterie US
DLA	Détachement de livraison par air
DMR	Division mécanique rapide
DZ	Dropping zone, zone de saut
EBR	Engin blindé de reconnaissance
EDAP	Elément divisionnaire aéroporté
ECS	Escadron de commandement et des services
EM	Etat-major
EMA	Etat-major de l'armée
EMAA	Etat-major de l'armée de l'air
EMAT	Etat-major de l'armée de terre
EMG	Etat-major général
EMGA	Etat-major général de l'air
EMGDN	Etat-major général de la défense nationale
EMO	Etat-major opérationnel
ER	Escadron de reconnaissance
ERA	Elément de ravitaillement par air
ERGMA	Etablissement de réserve générale du matériel aéroporté
ETAP	Ecole des troupes aéroportées
FAFL	Forces aériennes Françaises Libres
FAPI	Forces aéroportées en Indochine
FFI	Forces Françaises de l'Intérieur
FFL	Forces Françaises libres
FLN	Front de Libération national
FM	Fusil-mitrailleur
FTA	Forces terrestres antiaériennes
FTP	Francs tireurs et partisans
GAEL	Groupement aérien d'entraînement et de liaison
GAFTA	Groupe d'artillerie des forces terrestres antiaériennes
GALAP	Groupe d'artillerie légère aéroportée
GAOA	Groupe aérien d'observation d'artillerie
GAP	Groupement aéroporté ; Groupe d'artillerie parachutiste
GARG	Groupement aéroporté de réserve générale
GAVN	Groupe d'artillerie vietnamien
GC	Groupe de chasse
GCA	Groupe de commandos d'Afrique
GCCP	Groupe colonial de commandos parachutistes
GCF	Groupe de commandos de France
GCMA	Groupement de commandos mixtes aéroportés
GCP	Groupement de commandos parachutistes
GEM	Groupe d'escadrons de marche
GI	Groupement d'instruction
GLA	Groupe de livraison par air
GLAM	Groupe de liaison aérien ministériel
GLAP	Groupement léger aéroporté
GM	Groupe mobile

GMEO	Groupement de marche d'Extrême-Orient
GMI	Groupement mixte d'intervention
GMMTA	Groupement des moyens militaires de transport aériens
GMNA	Groupement mobile nord-africain
GOMRN	Groupement opérationnel de la moyenne rivière Noire
GONO	Groupement opérationnel du Nord-Ouest
GPI	Groupement parachutiste d'intervention
GQG	Grand quartier général
GRC	Garde républicaine cochinchinoise
GT	Groupe de transport
GTLA	Groupe de transport et de liaisons aériennes
GTM	Groupement de tabors du Maroc
GVNS	Garde du Viet-Nam Sud
HLL	Hors-la-loi
JU	Junkers Ju 52
LCI	Landing Craft Infantry
LCM	Landing Craft Mechanized
LCT	Landing Craft Tank
LCVP	Landing Craft Vehicule and Personal
LRAC	Lance-roquettes antichar
LRDG	Long Range Desert Group
LST	Landing Ship Tank
LVT	Landing Vehicule Tank
MAC	Manufacture d'armes de Châteauroux
MAS	Manufacture d'armes de St-Etienne
MNA	Mouvement nationaliste algérien
OAP	Opération aéroportée
OG	Operational Group
ONU	Organisation des Nations Unies
OSS	Office of Strategic Services
OTAN	Organisation du traité de l'Atlantique Nord
PA	Point d'appui
PC	Poste de commandement
PDL	Pendant la durée légale
PM	Pistolet-mitrailleur
PPA	Popski Private Army
QG	Quartier général
RA	Régiment d'artillerie
RAC	Régiment d'artillerie coloniale
RACAP	Régiment d'artillerie de campagne aéroportée
RAF	Royal Air Force
RALP	Régiment d'artillerie légère aéroportée
RBCEO	Régiment blindé colonial d'Extrême-Orient
RC	Route coloniale
RCAP	Régiment de Choc aéroporté
RCC	Régiment de chasseurs à cheval
RCIAP	Régiment de choc d'infanterie aéroportée
RCP	Régiment de chasseurs parachutistes
REC	Régiment étranger de cavalerie
REI	Régiment étranger d'infanterie
RFM	Régiment de fusiliers marins

RH	Régiment de hussards
RHP	Régiment de hussards parachutistes
RI	Régiment d'infanterie
RIA	Régiment d'infanterie de l'air
RIAP	Régiment d'infanterie aéroportée
RIC	Régiment d'infanterie coloniale
RICAP	Régiment d'infanterie de Choc aéroporté
RICM	Régiment d'infanterie coloniale du Maroc
RIP	Régiment d'infanterie parachutiste
RIPC	Régiment d'infanterie parachutiste de Choc
RIUS	Régiment d'infanterie US
RMLE	Régiment de marche de la Légion étrangère
RP	Route provinciale
RPC	Régiment de parachutistes coloniaux
RPIMa	Régiment de parachutistes d'infanterie de marine
RTA	Régiment de tirailleurs algériens
RTM	Régiment de tirailleurs marocains
RTS	Régiment de tirailleurs sénégalais
RTT	Régiment de tirailleurs tunisiens
SAS	Special Air Service ; section administrative spécialisée
SBS	Special Boat Service
SCR	Signal corps radio
SD	Sicherheitsdienst
SDECE	Service de documentation extérieure et de contre-espionnage
SEAC	South East Asia Command
SEPP	Section d'entretien et de pliage de parachutes
SEPR	Service d'entraînement parachutiste des réserves
S/GMMTA	Sous-groupement des moyens militaires de transport aériens
SHAEF	Supreme Headquarter Allied Expeditionnary Forces
SHAPE	Supreme Headquarter of the Allied Powers in Europe
SIG	Special Interrogation Group
SOA	Sangle d'ouverture automatique
SOE	Special Operations Executive
SPIN	Section de parachutage d'Indochine du Nord
SRA	Section de ravitaillement par air
SSV	Section de saut en vol
STUP	Section technique des unités parachutistes
TAP	Troupes aéroportées
TAPI	Troupes aéroportées en Indochine
TDM	Troupes de marine
TFCA	Troupes françaises du Centre Annam
TFEO	Troupes françaises d'Extrême-Orient
TFIN	Troupes françaises d'Indochine du Nord
TFIS	Troupes françaises d'Indochine du Sud
TFL	Troupes françaises du Laos
TOE	Théâtre d'opérations extérieures
USAAF	United States Army Air Force
USAFE	United States Air Forces in Europe
VM	Vietminh
ZCO	Zone Centre Oranais
ZEA	Zone Est Algérois

ZEC	Zone Est Constantinois
ZNA	Zone Nord Algérois
ZNC	Zone Nord Constantinois
ZNO	Zone Nord Oranais
ZOA	Zone Ouest Algérois
ZOC	Zone Ouest Constantinois
ZOO	Zone Ouest Oranais
ZSA	Zone Sud Algérois
ZSC	Zone Sud Constantinois
ZSO	Zone Sud Oranais

Signes conventionnels

1er RCP

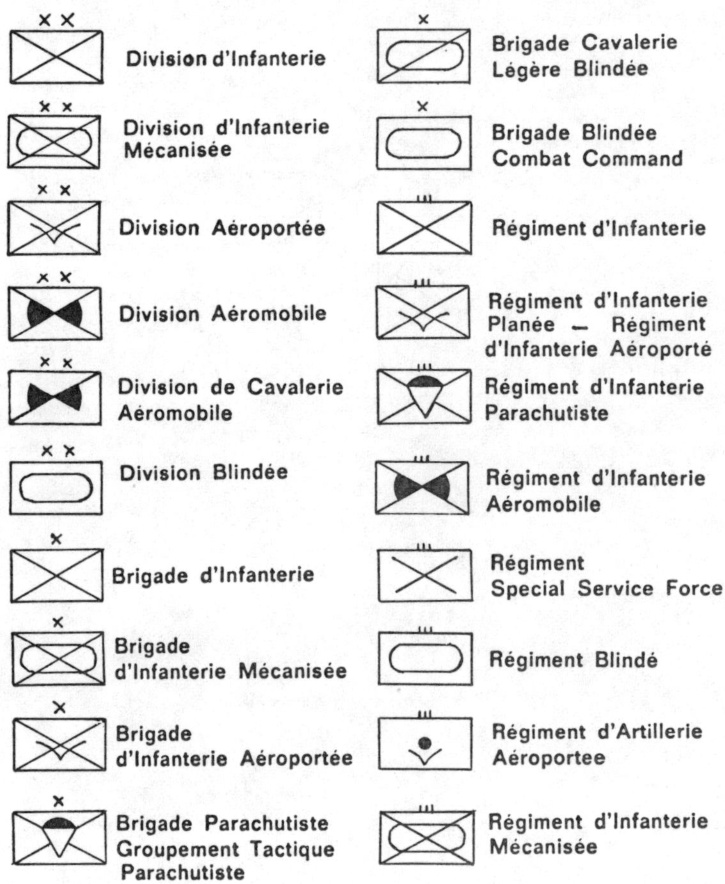
Division d'Infanterie
Division d'Infanterie Mécanisée
Division Aéroportée
Division Aéromobile
Division de Cavalerie Aéromobile
Division Blindée
Brigade d'Infanterie
Brigade d'Infanterie Mécanisée
Brigade d'Infanterie Aéroportée
Brigade Parachutiste Groupement Tactique Parachutiste
Brigade Cavalerie Légère Blindée
Brigade Blindée Combat Command
Régiment d'Infanterie
Régiment d'Infanterie Planée — Régiment d'Infanterie Aéroporté
Régiment d'Infanterie Parachutiste
Régiment d'Infanterie Aéromobile
Régiment Special Service Force
Régiment Blindé
Régiment d'Artillerie Aéroportee
Régiment d'Infanterie Mécanisée

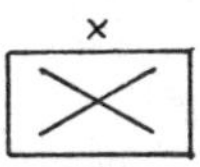 Special Service Force

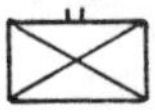 Bataillon d'Infanterie

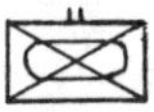 Bataillon d'Infanterie Portée

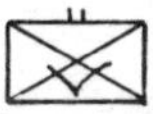 Bataillon d'Infanterie Planée — Bataillon d'Infanterie Aéroportée

 Bataillon d'Infanterie Parachutiste

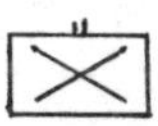 Special Service Force

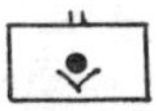 Groupe d'Artillerie Planée

 Groupe d'Artillerie Parachutiste

 Compagnie d'Infanterie Parachutiste

 Compagnie d'Infanterie Planée — Compagnie d'Infanterie Aéroportée

 Batterie d'Artillerie

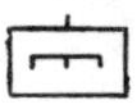 Compagnie du Génie

 (+) unité ayant reçu des moyens en renforcement

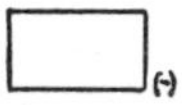 (–) unité à laquelle on a enlevé des moyens organiques

 Parachutage exécuté

 Parachutage prévu mais non exécuté

 Parachutage avec largage lourd

 Parachutage avec poser de planeurs

 Poser de planeurs

 Héliportage

Table

2e BPC

Première partie

L'AUDACE ET LA SURPRISE

La Seconde Guerre mondiale
1939-1945

Deuxième partie

L'ATTAQUE ET LA RESCOUSSE

La guerre d'Indochine
1945-1954

Troisième partie

L'AIGLE, LA FLÈCHE ET LA CHIMÈRE

La guerre d'Algérie
1954-1962

ANNEXES

La composition de ce livre
a été effectuée par Bussière à Saint-Amand,
l'impression et le brochage ont été effectués
sur presse CAMERON
dans les ateliers de la S.E.P.C. à Saint-Amand-Montrond (Cher)
pour les éditions Albin Michel

Achevé d'imprimer en mai 1994
N° d'édition : 13781. N° d'impression : 1222
Dépôt légal : mai 1994

Imprimé en France